FORSCHUNGSBERICHTE DES LANDES NORDRHEIN-WESTFALEN

Nr. 3188 / Fachgruppe Umwelt/Verkehr

Herausgegeben vom Minister für Wissenschaft und Forschung

Dr. -Ing. Bernhard Budde
Dipl. -Ing. Jörg Nolte
unter Mitarbeit von cand. ing. Markus Flocke u. a.

Abteilung Raumplanung
Fachgebiet Stadtbauwesen und Wasserwirtschaft
Universität Dortmund

Raumentwicklung und Wasserversorgung des Ruhrgebietes 1954 - 1980

Springer Fachmedien Wiesbaden GmbH 1983

CIP-Kurztitelaufnahme der Deutschen Bibliothek

Budde, Bernhard:
Raumentwicklung und Wasserversorgung des Ruhrgebietes 1954 - 1980 / Bernhard Budde ; Jörg Nolte. Unter Mitarb. von Markus Flocke u.a. - Opladen : Westdeutscher Verlag, 1984.

(Forschungsberichte des Landes Nordrhein-Westfalen ; Nr. 3188 : Fachgruppe Umwelt, Verkehr)
ISBN 978-3-531-03188-0 ISBN 978-3-322-91072-1 (eBook)
DOI 10.1007/978-3-322-91072-1

NE: Nolte, Jörg:; Nordrhein-Westfalen: Forschungsberichte des Landes ...

Additional material to this book can be downloaded from http://extras.springer.com

Ursprünglich erschienen bei Westdeutscher Verlag GmbH, Opladen 1984
Herstellung: Westdeutscher Verlag
Lengericher Handelsdruckerei, 4540 Lengerich

Vorwort

Anfang dieses Jahres veröffentlichte der Minister für Landes- und Stadtentwicklung NW den "Freiraumbericht" und den Entwurf zur Fortschreibung des "Landesentwicklungsplan(s) III - Umweltschutz durch Sicherung von natürlichen Lebensgrundlagen". Beide Dokumente belegen den hohen raumordnungspolitischen Stellenwert, den die Landesregierung Nordrhein-Westfalens der Sicherung der natürlichen Lebensgrundlagen beimisst.

Der Freiraumbericht stellt fest, daß

> "bislang kaum der Versuch unternommen (wurde), Flächenansprüche und raumwirksame Funktionen der Gesellschaft auf der einen Seite und flächenhafte Ansprüche von Seiten des Naturhaushaltes ... auf der anderen Seite in einem einheitlichen System zu verknüpfen, um die gegenseitigen Beschränkungen zumindest in Groben abzuschätzen."

Einen kleinen Teil dieses Defizits versucht der vorliegende, als Arbeitshandbuch konzipierte Bericht für das Umweltmedium "Wasser" abzubauen. In einer Art Synopse werden die Wechselwirkungen zwischen Raumnutzungen und dem Infrastruktursystem "Wasserversorgung", die im Ruhrgebiet zwischen 1954 und 1980 stattgefunden haben, zusammengefaßt. Dabei wurde auf dem Weg zu einer flächendeckenden Informationsbereitstellung analog zur "laufenden Raumbeobachtung" der Bundesforschungsanstalt für Landeskunde und Raumordnung lediglich ein erster Schritt getan; denn die bei den Wasserbehörden, Fachdienststellen, Wasserverbänden und Wasserversorgungsunternehmen vorhandene Sach-, Orts- und Problemkenntnis konnte wegen der Größe des Untersuchungsraumes nur ansatzweise genutzt und aufbereitet werden.

An dieser Stelle möchten sich die Autoren bei den Mitarbeitern der im Bericht genannten Institutionen und Unternehmen bedanken, die mit wichtigen Informationen, wertvollen Anregungen und Hinweisen zum Gelingen des Projekts beigetragen haben.

Dank gilt auch Petra Gessat für die Schreibarbeiten, den Kolleginnen und Kollegen des Service- und des Repro-Zentrums des Instituts für Raumplanung für Zeichen- und Reproarbeiten sowie Lothar Geisler, Claudia Greiff, Sabine Leiße und Monika Lührs für redaktionelle Arbeiten und Durchsicht des Manuskripts.

Dortmund, im April 1984

Bernhard Budde
Jörg Nolte

INHALT

VERZEICHNIS DER WIRKUNGSPROFILE

VERZEICHNIS DER THEMATISCHEN KARTEN

Die Karten 1 bis 8 befinden sich in der Beilage.

Die Karten 9 bis 14 befinden sich am Schluß dieses Berichtsbandes.

1. Problemstellung

Die Entwicklung der Wasserversorgung der Ballungsräume der Bundesrepublik ist seit Ende der Wiederaufbauphase nach dem 2. Weltkrieg durch den Zwang gekennzeichnet, die Wasserbeschaffung mehr und mehr in die Randbereiche der Agglomeration bzw. in entlegenere, periphere ländliche Regionen zu verlagern. Diese allgemeine Tendenz zur Verlagerung der Wasserbeschaffung in periphere Räume ist z.B. im Landesentwicklungsplan III des Landes Nordrhein-Westfalen als Ziel der Raumordnung und Landesplanung festgelegt /1/. Gleichwohl ist der Bereich der langfristig vorausschauenden Flächenvorsorgepolitik zur Sicherung der Naturgrundlagen der Wasserversorgung auf der Ebene der Landes- und Regionalplanung bisher als defizitär anzusehen.

So hat das im Bundesraumordnungsprogramm geschaffene Instrument der Wasservorranggebiete nur z.T. Eingang in die Landes- und Regionalplanung gefunden mit dem Ergebnis erheblicher Unterschiede bei Zielsetzung, Verbindlichkeitscharakter und inhaltlicher Ausfüllung des Programms /2/. Bezieht man das existierende Vollzugsdefizit der wasserwirtschaftlichen Fachplanung mit ein, so ist zu befürchten, daß sich die bereits jetzt schon abzeichnenden räumlichen Disparitäten "neuer Art" in Form von "wasserproduzierenden" und "wasserverbrauchenden" Regionen weiter verstärken /3,4/. Für den ländlichen Raum als Wasserlieferregion bedeutet dies Zunahme von Nutzungskonflikten mit ggf. spürbaren Einschränkungen der wirtschaftlichen Entwicklungsmöglichkeiten /2,5,6/.

Spiegelbildlich dazu wird für Ballungskern und -rand der potentielle quantitative und qualitative "Wassermangel" heute wieder als ein die regionalwirtschaftliche Entwicklung limitierender Faktor angesehen /7/. Die existierenden regionalen Ungleichgewichte zwischen Dargebot und Bedarf werden durch die überkommenen Nutzungsstrukturen (Wasserrechte) und die reale Raumentwicklung verstärkt /8/. So ist die Untersuchung der Wechselwirkungen zwischen Raumentwicklung und Wasserversorgung als Problem der Raumordnung in Form eines vom Bundesminister für Raumordnung, Bauwesen und Städtebau gesetzten Forschungsschwerpunktes "Regionale Probleme der Trinkwasserversorgung" in den Mittelpunkt des raum- und regionalwissenschaftlichen Interesses gerückt /8,9,10/.

Aus der Sicht der Wasserversorgung läßt sich diese räumliche Entwicklung als "Zangenwirkung" darstellen (vgl. Abb. 1). Die verschiedenen Raumnutzungen beanspruchen sowohl über ihren Wasserbezug bzw. -bedarf als auch über die von ihnen verursachten qualitativen und quantitativen Beeinträchtigungen das vorhandene Wasserdargebot, wobei bei ungünstigen natürlichen Gegebenheiten und/oder starkem Nutzungsdruck defizitäre Bereiche, d.h. Wassermangelgebiete entstehen (können).

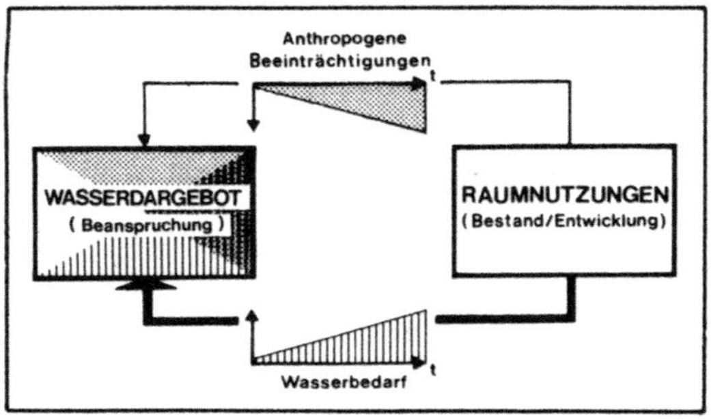

Abb. 1 Wirkungsschema 'Raumentwicklung–Wasserversorgung'

Diese entwicklungs-, ja existenzbedrohende Versorgungssituation trat im Ruhrgebiet bereits Anfang des Jahrhunderts ein. Nur durch eine bis heute beispielhafte großräumige, regionale Gewässerbewirtschaftung und regionsspezifische Ausgestaltung des Wasserversorgungssystems konnte die stürmische Entwicklung der wirtschaftlich dominierenden Montanindustrie und die damit einhergehende Bevölkerungs- und Siedlungsentwicklung ermöglicht werden. Dabei durchlief die Wasserversorgung als entwicklungsbestimmendes Infrastruktursystem die drei charakteristischen Entwicklungsstadien: Implikationsphase, Wachstumsphase und Konsolidierungsphase /11/. Der Eintritt in die Konsolidierungsphase (in negativer Sprachanwendung auch als Stagnationsphase zu bezeichnen) vollzog sich nach Überschreiten des produktiven und demographischen Kulminationspunktes mit Einsetzen des wirtschaftlichen Strukturwandels (Zechenstillegungen). Allgemeines Kennzeichen dieser Konsolidierungsphase war und ist die "Stabilisierung und bessere Absicherung des erreichten Versorgungsniveaus unter Berücksichtigung der (vernachlässigten) raumstrukturellen Auswirkungen" /11/.

Während die oben skizzierte Zangenwirkung für Regionen und deren Wasserversorgungssysteme in der Wachstumsphase unmittelbar einsichtig ist, ist der direkte Kausalzusammenhang bei Raumordnungsregionen des Typus "alt-industrialisiert" mit rückläufiger Bevölkerungs-, Produktions- und Beschäftigungsentwicklung nicht (mehr) vorhanden /12,13/. Für Regionen dieses Typus wie das Ruhrgebiet mit einem tiefgreifenden wirtschaftlichen Strukturwandel stellt sich daher die komplexe Frage, ob

- das o.a. Zangentheorem in der in Regionen anderen Typus mit Wasserversorgungssystemen in der Wachstumsphase zu beobachtenden Form zutreffend ist,
- aufgrund der demographischen und sozioökonomischen Entwicklung eher ein "Wasserüberschußgebiet" entsteht
  oder
- beide Entwicklungsrichtungen bzw. -kräfte wirksam wurden und werden.

Unter "Wasserüberschußgebiet" ist in diesem Zusammenhang nicht die positive Mengenbilanz der dem Ruhrgebiet zuzuordnenden Wasserwirtschaftlichen Rahmenpläne bzw. Einzugsgebiete zu verstehen, sondern vielmehr der vereinfachte Ausdruck für Anpassungsprobleme bzw. Friktionen des technischen Infrastruktursystems Wasserversorgung bei rückläufiger oder stagnierender Verbrauchs- bzw. Bedarfsentwicklung, die sich z.B. in Freisetzungen von Gewinnungskapazität in bestimmten Dargebotsräumen und/oder Unterauslastung vorhandener Verteilungsinfrastruktur bemerkbar machen.

2. Zielsetzung

2.1. Inhaltliches Ziel

Die Beantwortung der Frage, welchen Einfluß der räumlich-strukturelle Wandel der alt-industrialisierten Region "Ruhrgebiet" auf das technische Infrastruktursystem Wasserversorgung hatte und hat, ist von nicht unerheblicher Bedeutung für die Erarbeitung und die Aussagen der wasserwirtschaftlichen Fachplanungen für diesen Raum. Für die Berücksichtigung/Einarbeitung der Ergebnisse einer Wirkungsanalyse bieten die "Technischen Anleitungen zur Erarbeitung wasserwirtschaftlicher Rahmenpläne" und die "Mustergliederung für das Erarbeiten eines Bewirtschaftungsplanes" in Nordrhein-Westfalen eine Reihe querschnittsorientierter Ansatzpunkte bzw. Möglichkeiten zur integrativen planerischen Verzahnung /14/. Wasserwirtschaftlicher Rahmenplan und Bewirtschaftungsplan gem. §§ 36, 36 b WHG weisen als wasserwirtschaftliche Fachplanungsinstrumente vom potentiellen Daten- und Informationsinput und -output so enge Bezüge zur gesamträumlichen Planung auf, daß "sie in voller Ausnutzung ihrer vom Gesetzgeber vorgesehenen Funktion verbesserte Möglichkeiten zu einer Querschnittsplanung bieten, die über die wasserwirtschaftlichen Belange hinaus eine integrierte oder zum mindesten koordinierte Berücksichtigung anderer Bereiche erlaubt" /15/.

Da sich in Nordrhein-Westfalen z.Z. wasserwirtschaftliche Rahmenpläne und Bewirtschaftungspläne in der Erarbeitungsphase befinden, stellt sich den für die Erarbeitung zuständigen Fachdienststellen ganz aktuell die Frage, wie extensiv diese Möglichkeiten ausgenutzt werden (sollen). Das dabei sinnvoll zu erreichende Maß und die Art der Querschnittsorientierung ist abhängig von der Vollständigkeit der Einbeziehung relevanter Planungssektoren bzw. Raumnutzungen und der Berücksichtigung der Wirkungsbeziehungen zwischen Raumnutzungen und Wasserhaushalt. Auf die Funktion der Wasserversorgung reduziert, können letztere unter dem bereits angeführten Begriff "Zangenwirkung" subsumiert werden. Im Rahmen der Erarbeitung der og. wasserwirtschaftlichen Fachpläne kann nach Ansicht der Verf. eine vor allem vergangenheitsbezogene Analyse der og. Wirkungsbeziehungen einen Beitrag zur "Ermittlung der Grundlagen des Wasserhaushalts und der Auswirkungen menschlicher Eingriffe auf ihn" gem. § 19 LWG NW darstellen (vgl. /16/). So sind die Ergebnisse der Wirkungsanalyse als Arbeitshilfe zur synoptischen Berücksichtigung anthropogener Veränderungen des Wasserdargebotspotentials und sozioökonomischer Einflüsse auf die technischen Subsysteme der Wasserversorgung in jüngster Zeit anzusehen.

Neben der Aufgabe, mit Hilfe der wasserwirtschaftlichen Planungsinstrumente die verfügbaren und nutzbaren Wasservorräte zu bewirtschaften, beinhaltet der gesetzmäßige Auftrag der staatlichen Wasserbehörden u.a.,

- die für die Trinkwasserversorgung nutzbaren Wasservorkommen landesweit zu erkunden und
- im Hinblick auf die Erhaltung oder Verbesserung der Wassergüte und des Wasserdargebots die für die Trinkwasserversorgung genutzten oder zur Nutzung vorgesehenen unter- und oberirdischen Wasservorkommen zu sichern /17/.

Welche Maßnahmen zur Sicherung der Wasserversorgung zu treffen sind, muß im Rahmen eines Gesamtkonzeptes zur Raumordnung entschieden werden; denn die vielschichtige Konfliktsituation, in der die Wasserversorgung eingebunden ist, erfordert Planungs- und Entscheidungsgrundlagen, die die natürlichen Gegebenheiten einschließlich der landschaftsökologischen Verhältnisse ebenso berücksichtigen wie die Nutzungsstruktur und mögliche langfristige Veränderungen /17/. Zur näherungsweisen Abbildung der äußerst komplexen ökologischen Systemzusammenhänge sind seit neuestem deskriptiv-analytische Darstellungsmethoden im Form von Beschreibungen, Beziehungsschemata, historischen Analysen und Sachdokumentationen in den Vordergrund gerückt /18,19/. Insbesondere vergangenheitsbezogene Analysen tragen zur Aufhellung der "Konsequenzen anthropogener Einflüsse auf den Wasserhaushalt" /20/ bei, die sich in Ballungsräumen z.B. in starken Einengungen der "Handlungsspielräume zur besseren Nutzung lokaler und regionaler Wasservorkommen" äußern /21/. Die Wirkungsanalyse der Raumentwicklung als ein sich im Zeitablauf vollziehender Prozeß erfordert eine dynamische Betrachtungsweise im Sinne einer Raumbeobachtung, die Entwicklungen und Verschiebungen in den Strukturen von Nutzung und Belastung, beobachtete Wirkungen sowie verbesserte wissenschaftliche Erkenntnisse berücksichtigt /17,22/.

Im Aufgabenbereich der Kommunen und Wasserversorgungsunternehmen liegt die Ausgestaltung der technischen Infrastrukturteilsysteme Wasserbeschaffung (Gewinnung/Aufbereitung) und Wasserverteilung. Da die Systeme ganz wesentlich vom sozioökonomisch und raumstrukturell bestimmten Wasserbedarf der Nutzer- bzw. Verbrauchsgruppen geprägt werden, besteht das inhaltliche Ziel der Wirkungsanalyse für das in der Konsolidierungs- bzw.

Stagnationsphase befindliche Wasserversorgungssystem des Ruhrgebiets darin, Indikatoren zu bestimmen und funktionale Zusammenhänge herauszuarbeiten, die die Friktionen aufzuzeigen in der Lage sind, denen eine ganz auf die wasserintensive Produktion der Montanindustrie ausgerichtete Versorgungsstruktur unterworfen ist.

Innerhalb der detaillierten Analyse und Berichterstattung des/über den regionalen Strukturwandel(s) des Ruhrgebiets, die mit Hilfe regionalwirtschaftlicher Methoden und Indikatoren durchgeführt wird, spielen die Anpassungsprozesse des technischen Infrastruktursystems Wasserversorgung bisher nur eine untergeordnete Rolle /23,24,25/.

Die vorliegende Wirkungsanalyse versucht daher, in Form einer historischen Analyse des Strukturwandels der Wasserversorgung eine Arbeitshilfe für die mit der Wasserversorgung befaßten Planungs- und Entscheidungsträger (Wasserbehörden, Kommunen und Wasserversorgungsunternehmen) zu geben. Durch folgende inhaltliche Teilziele werden die Wechselwirkungen zwischen Raumentwicklung und Wasserversorgung beschrieben und dargestellt:

1. Beschreibung anthropogener Dargebotsveränderungen in Form einer flächendeckenden Synopse des infolge der Raumentwicklung erreichten Beeinflussungszustandes.
2. Darstellung der Nutzungskonfliktbetroffenheit von Einzugsgebieten der öffentlichen Wasserversorgung im Zeitablauf (Entwicklung des konfligierenden Flächennutzungsdrucks).
3. Ermittlung der Dargebotsbeanspruchung durch öffentliche und industrielle Wasserentnahmen in räumlich-zeitlicher Entwicklung.
4. Darstellung der qualitativen und quantitativen Anforderungen an die Gewinnungs- und Aufbereitungstechnik zur Bedarfsdeckung und zur Einhaltung normativer Qualitätsanforderungen im Zeitablauf.
5. Darstellung der Ausdifferenzierung bzw. Adaption des Verteilungssystems in Abhängigkeit von
   - wirtschaftlicher Entwicklung
   - demographischer Entwicklung
   - siedlungsstruktureller Entwicklung
   - technisch-wirtschaftlichen Zielen der Versorgungsunternehmen
   - versorgungspolitischen Zielsetzungen und Konzepten
   - Neuordnung der kommunalhoheitlichen Aufgaben auf dem Gebiet der Daseinsvorsorge.

2.2. Methodisches Ziel

Das inhaltliche Ziel, einen Beitrag zum wasserwirtschaftlichen Planungsinstrumentarium zu liefern bzw. eine Arbeitshilfe für die mit der Wasserversorgung befaßten Planungs- und Entscheidungsträger bereitzustellen, beinhaltet implizit bereits die methodische Zielsetzung /26/.

Neben dem allgemeinen Ziel, die Ergebnisse der Wirkungsanalyse "Raumentwicklung - Wasserversorgung" so handlungs- und praxisgerecht wie möglich für die wasserwirtschaftliche Fachplanung aufzubereiten, wird das Ziel verfolgt, die in den "Technischen Anleitungen zur wasserwirtschaftlichen Rahmenplanung" und in der "Mustergliederung für das Erarbeiten eines Bewirtschaftungsplanes" verankerte monokausale Sichtweise der Wirkungsbeziehungen zwischen Raumentwicklung und Wasserversorgung z.B. in Form der Ableitung des Wasserbedarfs aus sozioökonomischen Einflußgrößen der Raumentwicklung und entsprechender quantitativer Dargebotsbeanspruchung zu erweitern (vgl. /17, S. 21/). Für die bisher wenig entwickelte Darstellung der naturgesetzlich-ökologischen Wirkungsbeziehungen zwischen Raumnutzungen und der Naturressource Wasser (Wasserdargebot) sollte eine Methodik entwickelt werden,

- die den fachspezifischen Informationsbedürfnissen der wasserwirtschaftlichen Planung weitgehend Rechnung trägt und
- die die Konzeption eines fortschreibungsfähigen Informationssystems für die wasserwirtschaftliche Fachplanung darstellt.

Da die Naturressource Wasser "Produktionsgrundlage"der Wasserversorgung, gleichzeitig aber auch wesentlicher Leistungsträger des Naturhaushaltes ist, wurde die Konzeption der Informationsverarbeitung und -präsentation an EDV-gestützte Landschafts-Informationssysteme angelehnt, die sich in den USA und Kanada bereits seit einiger Zeit in der Anwendungsphase, in der Bundesrepublik zur Zeit erst in der Aufbau- bzw. Implementationsphase befinden (vgl. /27,28,29,30,31/).

Um die anthropogene Dargebotsveränderung, aber auch die raumstrukturell bedingten Veränderungen der technischen Infrastruktur in ihrem zeitlichen Verlauf erkennen und für die wasserwirtschaftliche Planung verwertbar machen zu können, wurde über

- die Auswahl geeigneter Indikatoren,
- Schaffung der Möglichkeit für Zeitreihenanalysen und
- möglichst EDV-gerechte, fortschreibungsfähige Ergebnisdarstellung

die in neuester Zeit in der Raumforschung entwickelte "Laufende Raumbeobachtung" für die Wasserversorgung umgestaltet und spezifiziert (vgl. /12,13,22/).

3. Methodik

Die Analyse der Wirkungsbeziehungen zwischen Raumentwicklung und Wasserversorgung erfordert aufgrund des spezifischen Systemcharakters der Wasserversorgung mit den Teilsystemen

- Dargebot in Form der Naturressource Wasser, als Leistungsträger des Naturhaushalts in ökologisch-naturgesetzliche Wirkungszusammenhänge eingebunden,
- Gewinnung / Aufbereitung und
- Verteilung (Fern- und Feinverteilung) als technisches Infrastruktursystem i.e.S.

eine entsprechend differenzierte, methodische Herangehensweise.

Der gesamten analytischen Herangehensweise liegt die Einschätzung zugrunde, daß von den beiden möglichen raumwirksamen Funktionen des technischen Infrastruktursystems Wasserversorgung,

- Entwicklungsfunktion und
- Versorgungsfunktion,

letztere im Ruhrgebiet maßgeblich war und ist (vgl. /32/). Dies bedeutet, daß die Raumnutzungen wie Siedlung, Industrie/Gewerbe usw. in ihrer Entwicklung die Ausgestaltung des Infrastruktursystems bestimmen und daß nicht umgekehrt durch infrastrukturelle Vorleistungen die regionale Entwicklung induziert wird.

3.1. Abgrenzung des Untersuchungsraumes

Die Abgrenzung des Untersuchungsraumes stößt auf einige Schwierigkeiten. Während eine räumliche Abgrenzung entsprechend der Verwaltungsgliederung kaum die hydrogeologischen Gegebenheiten des Untersuchungsraumes zu berücksichtigen vermag, so ist eine rein hydrogeologische Abgrenzung für die Berücksichtigung der weiträumigen, an die Organisationsstruktur der Wasserversorgung gebundenen technisch-funktionalen Beziehungen zwischen Wasserbeschaffung und -verteilung weitgehend ungeeignet.

Daher versucht die gewählte Abgrenzung einen Kompromiß zwischen den og. Abgrenzungskriterien dergestalt zu finden, daß auf der Basis von

Verwaltungsgrenzen die Bereiche bzw. Gemeinden einbezogen werden, die technisch-funktional bzw. organisationsstrukturell der Wasserversorgung des Ballungsraumes gem. LEP I/II zuzuordnen sind.

3.2. Wahl des Untersuchungszeitraumes

Der Problemstellung und Zielsetzung entsprechend ist der zu betrachtende Zeitraum so zu wählen, daß in Form einer vergangenheitsbezogenen Analyse bzw. einer retrograden Raumbeobachtung die Wechselwirkungen zwischenn Raumentwicklung und Wasserversorgung in ihrem zeitlichen Ablauf erkennbar werden. Darüber hinaus ist die beschränkte Verfügbarkeit und Vergleichbarkeit vergangenheitsbezogener Daten und Informationen zu berücksichtigen.

So richtet sich der Beginn des Untersuchungszeitraums (1954) einmal nach den verfügbaren Daten und Informationen, zum wesentlichen aber nach der methodischen Überlegung, zur Vermeidung eines verfälschten Ergebnisses Kriegseinflüsse so weit wie möglich auszuschalten. Das Ende der Wiederaufbauphase kann für das Infrastruktursystem Wasserversorgung in etwa mit dem gewählten Anfangszeitpunkt gleichgesetzt werden.

3.3. Analyse der anthropogenen Dargebotsveränderung

Während der Einfluß der räumlichen Entwicklung auf die infrastrukturellen Systemteile "Beschaffung" und "Verteilung" mit technisch-wirtschaftlichen, demographischen und/oder sozioökonomischen Kenngrößen bzw. Indikatoren hinreichend beschreibbar ist, steht die Analyse der Wirkungsbeziehungen zwischen den Raumnutzungen und der Naturressource Wasser (Wasserdargebot) methodisch vor dem Problem

- großer räumlicher Ausdehnung und Komplexität des Wirkungsgefüges und daher
- lückenhafter bzw. ungesicherter Erkenntnisse bzw. Datenbasis.

Eine Applikationsuntersuchung der bisher für Naturpotential-Wirkungsanalysen entwickelten Methodik (Nutzwertanalyse, ökologische Risikoanalyse, ökologische Konfliktanalyse) ergab, daß vor allem die Berücksichtigung von Wechselwirkungen und Nutzungsüberlagerungen sowie die der Subjektivität des Anwenders in mehr oder minder starkem Maße unterworfenen Bewertungs-,

Amalgamations- und Aggregationsschritte methodisch einige Probleme aufwerfen /33,34,35,36,37/. Ohne auf die methodisch-theoretischen Einzelheiten in diesem Rahmen näher eingehen zu können, bleibt festzustellen, daß vor allem wertende wirkungsanalytische Methoden neben der Erfassung und Abbildung von Wirkungszusammenhängen durch Reduktion von Komplexität und Informationsverdichtung (Sachdimension) bei Einsatz von Transformationsfunktionen (Wertdimensionen) die Gefahr in sich bergen, politische Normen gleich mitzuliefern; Analyse und Wertung werden nicht mehr deutlich getrennt /34,38/. Für die Erarbeitung einer Informationsgrundlage bzw. Arbeitshilfe der wasserwirtschaftlichen Planungs- und Entscheidungsträger kommen og. Methoden daher nicht in Betracht.

Der Wasserhaushalt läßt sich allgemein durch die Bilanzgrößen Niederschlag, Verdunstung und Abfluß (oberirdisch, unterirdisch) beschreiben. Anthropogene Flächennutzungen greifen in diesen Kreislauf dergestalt ein, daß sie die hydrogeologische Ausstattung von Dargebotsräumen verändern. Diese Eingriffe äußern sich in quantitativen und qualitativen, ober- und unterirdischen Abflußveränderungen, die entscheidenden Einfluß auf die Nutzbarkeit des verfügbaren Wasserdargebots nehmen (können). So wird die Gefahr bzw. der Umfang z.B. einer Grundwasserkontamination durch die von og. Flächennutzungen ausgehenden Belastungsquellen bestimmt durch

- Reinigungskraft der örtlichen Böden
- Mächtigkeit, d.h. Filterwirkung der Deckschichten und Gesteine,
- Verweildauer bzw. Fließzeit des Grundwassers sowie ggf.
- Stockwerkstrennung.

Bei der Schadstoffelimination sind die vier Wirkungspfade bzw. -komplexe

- Passage ohne Beeinflussung (Dispersion, Mischung),
- Adsorption und Ionenaustausch,
- Festlegung von Schadstoffen und
- Abbau zu unschädlichen Substanzen

zu unterscheiden /39/.

Bezüglich der Veränderungen der hydrogeologischen Ausstattung eines Untersuchungsraumes können je nach Art der anthropogenen Eingriffe grundsätzlich folgende Wirkungsarten unterschieden werden:

- Oberflächenversiegelung
- vorwiegend flächenhaft/linienförmig-gleichmäßiger Schadstoffeintrag (örtlich/stofflich)
- vorwiegend wechselnder Schadstoffeintrag (örtlich/stofflich)
- Entfernung von Deckschichten und Grundwasserleitern
- Geländeabsenkung durch untertägigen Massenverlust
- Schadstoffeintrag in Uferfiltrations- und Grundwasseranreicherungsbereiche durch belastete Oberflächengewässer
- Havarien bei Lagerung und Transport wassergefährdender Stoffe.

Diese Wirkungsarten lassen sich einzelnen, verursachenden Raumnutzungen zuordnen und der realen Flächenausdehnung entsprechend räumlich konkretisieren. Mit dem sich daraus ergebenden,gesamträumlich dargebotsbezogenen Wirkungsbild ist die Beeinträchtigungssituation bedeutsamer Dargebotsräume beschreibbar. Wird nun die dargebotsrelevante Realnutzungsstruktur zu ausgewählten Zeitpunkten des Betrachtungszeitraums (1954 und 1980) aufgenommen und überlagert, wird erkennbar, inwieweit dem Ressourcenschutz adäquat zu charakterisierende Raumnutzungen im betrachteten Zeitraum zugunsten anderer, mit Dargebotsveränderungen verbundenen Flächenansprüchen aufgegeben wurden. Darüber hinaus wird deutlich, in welchem Ausmaß die Brutto-Wirkungsfläche (gesamte anthropogen beeinflußte Fläche mit potentiell dargebotsverändernden Wirkungen) in den unterschiedlich bedeutsamen Dargebotsräumen zugenommen hat.

Ein besonderes, methodisches Problem stellt die Berücksichtigung des potentiellen Schadstoffeintrags durch Havarien in Einrichtungen bzw. Systemen der Lagerung und des Transports wassergefährdender Stoffe dar /40/. Neben den erheblichen Schwierigkeiten der flächenhaften Abgrenzung der Wirkungsbereiche hätten Überlegungen bzw. Abschätzungen der Havarie- bzw. Risikowahrscheinlichkeit den Rahmen dieser Untersuchung gesprengt. Ein Teil des flächenhaften Wirkungspotentials wird durch die Wirkungsarten "Oberflächenversiegelung" und "Vorwiegend flächenhaft/ linienförmig-gleichmäßiger Schadstoffeintrag (Straßen)" abgedeckt; bezüglich des flächenhaften Wirkungspotentials leitungsgebundener Transportsysteme bestanden die og. Abgrenzungsprobleme, aber auch Probleme der kartographischen Darstellung im synoptischen Wirkungsbild. Daher beschränkt sich die Darstellung auf die textliche Darstellung im Wirkungsprofil "Havarien leitungsgebundener Transportsysteme für wassergefährdende Stoffe".

Die methodische Konzeption entspricht im wesentlichen der Struktur kartographisch-geographischer Informationssysteme, die auf Flächendateien und Textdateien beruhen. Für jede der og. definierten Wirkungsarten wird in Form einer Textdatei ein deskriptiv-analytisches Wirkungsprofil erstellt. Diesen Wirkungsprofilen sind thematische Karten über die zeitliche Entwicklung der Flächeninanspruchnahme der (potentiell) dargebotsverändernden Raumnutzungen zugeordnet. Durch kartographische Überlagerung der wirkungsbezogenen realen Flächen mit der idealtypischen Struktur des Wasserdargebots wird abschließend eine flächendeckende Synthesekarte, das Wirkungsbild, erzeugt, dem die Wirkungsprofile inhaltlich zugeordnet sind (Abb. 2). Aufgrund des hohen Zeitaufwandes für die manuelle Bearbeitung wurde das Wirkungsbild nur für den Zeitpunkt 1980 erstellt; der dynamische Aspekt der Wirkungsbeziehungen hat Eingang in Karte 9 "Entwicklung der Konfliktbetroffenheit der Wassereinzugsgebiete" gefunden, in der die Beeinflussungssituation von 1954 und 1980 dargestellt und flächenmäßig ausgewertet wurde.

Da die gesamte methodische Konzeption gewissermaßen Pilotcharakter besitzt, sind die mit der manuellen, kartographischen Bearbeitung verbundenen Genauigkeitsverluste insbesondere bei Überlagerung von Kartenwerken unterschiedlichen Maßstabs nicht so gravierend (vgl. dazu /41/). Zudem sollten nur die Hauptentwicklungslinien für den gesamten Untersuchungsraum synoptisch erkennbar werden. Die angesprochenen kartographisch-methodischen Probleme lenken aber den Blick auf die bereits oben erwähnten EDV-gestützten Informationssysteme, mit denen unter Anwendung der inzwischen zur Verfügung stehenden CAD-Hardware und -Software ein Raumbeobachtungssystem für die Wasserversorgung aufzubauen wäre.

Im wesentlichen geht es dabei um die Digitalisierung von Kartenwerken bzw. Flächendaten, ihre Organisation in entsprechenden Flächendateien bzw. -datenbanken sowie ihre Abfragung und Auswertung. In speziellen Auswerteprogrammen können die Flächendaten durch Überlagern, Auswählen, Kombinieren und Aggregieren sowie mit Quantifizierungs-, Beziehungs- , Distanz- oder Ausbreitungsrechnungen umgesetzt und zu gewünschten Informationen verarbeitet werden /30/. Bausteine zu einem derartigen Informationssystem sind für den Untersuchungsraum bereits vorhanden; die Implementation dürfte z.Zt. jedoch an dem hohen Aufwand für die Erstdigitalisierung der vorhandenen Datenquellen (Karten, Luftbilder, tabell. Zusammenstellungen, Eigenkartierungen) und der Inkompatibilität der vorhandenen Systeme scheitern. Unter

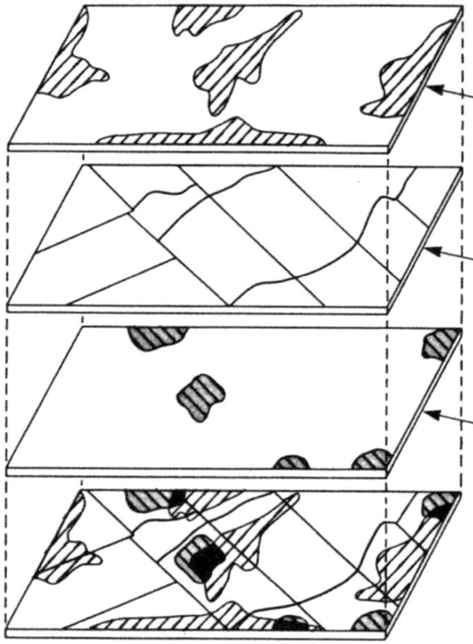

1. Struktur der Grundwasservorkommen
2. Topographische Karte (TK 100)
3. Entwicklung der Flächeninanspruchnahme durch Siedlung, Industrie und Gewerbe (Karte 2)

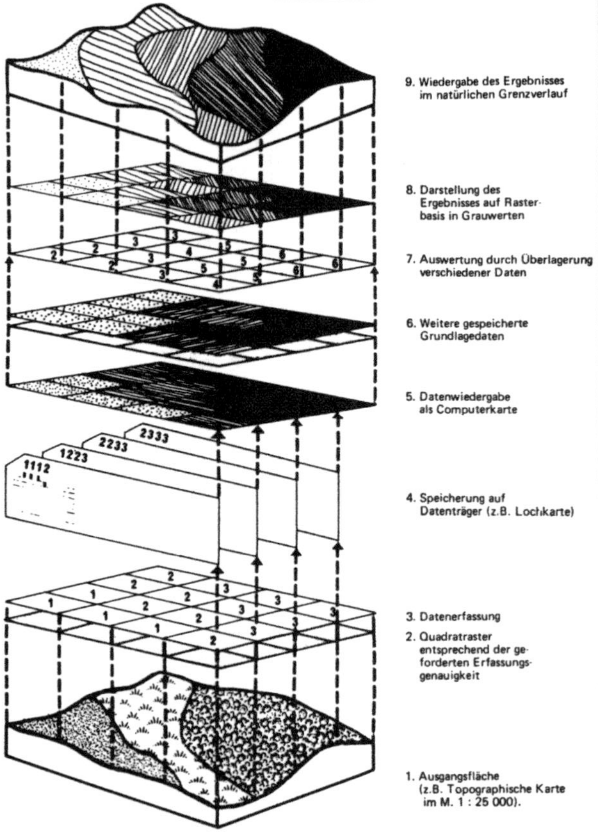

Abb. 2a Schematische Darstellung der Überlagerung topographischer und thematischer Karten am Beispiel der Wirkungsart OV (unter Verwendung von /27/)

Abb. 2b Ablaufschema der EDV–gestützten Kartenüberlagerung und –auswertung /30/

Vernachlässigung der genannten praktischen Implementationsprobleme wäre für die Erstellung einer thematischen Karte wie z.B. Karte 9 die Zusammenführung folgender Dateien und Systeme erforderlich/denkbar:

1. Digitalisierte Einzugsgebiets- oder Schutzgebietsabgrenzung aus den vorliegenden Katasterunterlagen
2. Realnutzung in der og. Abgrenzung zu gewünschten Zeitpunkten (Auswahl und Aggregation der wirkungsartbezogenen Nutzungsarten) aus dem Programmsystem REGMAP und dem Datenbanksystem FIDAS des Kommunalverbandes Ruhrgebiet /42,43/
3. Übertragung ausgewählter Merkmale (Art, Umfang, Zustand, Folgenutzung) von Abgrabungen aus dem Abgrabungskataster des Landschafts-Informationssystems LINFOS der LÖLF NW /31/.

Bei voller Verfügbarkeit og. Informationsysteme wie z.B. CLDS (Canada Land Data System) und seiner Fortentwicklung durch Alberta Energy and Natural Resources sind Wirkungsbilder beliebiger Kartenausschnitte, Maßstäbe und ausgewählter zeitlicher Zustände mit der Möglichkeit dynamischer Betrachtungen (vgl. Abb. 3 a,b) problemlos möglich /44/. Derartige dynamische Wirkungsbilder könnten Verwendung bei der EDV-gestützten Simulation anthropogener Wasserdargebotsveränderungen wie Wirkungsquantifizierung der Oberflächenversiegelung finden (vgl. /45, S. 61 f./).

3.4. Analyse der Wasserbeschaffung (Gewinnung / Aufbereitung)

Die Analyse für das Infrastrukturteilsystem Wassergewinnung/-aufbereitung wird gegliedert in

- Einzugsgebietsanalyse und
- Anlagenanalyse.

Erstere stellt im wesentlichen eine Konkretisierung des oben beschriebenen Wirkungsbildes in Form der Ermittlung der Konfliktbetroffenheit der Einzugsgebiete der Entnahmestellen dar. Die Konfliktbetroffenheit wird dabei durch den Flächenanteil eines Einzugsgebietes ausgedrückt, der von anthropogenen Beeinträchtigungspotentialen (Wirkungsarten) betroffen ist. Ein zeitlicher Vergleich der Konfliktbetroffenheit durch die definierten Wirkungsarten ermöglicht Aussagen über die Entwicklung des konfligierenden Nutzungsdrucks auf die Einzugsgebiete. Als Einzugsgebiete wurden die in Kartenwerken zum Stand 1980 dargestellten geplanten und festgesetzten

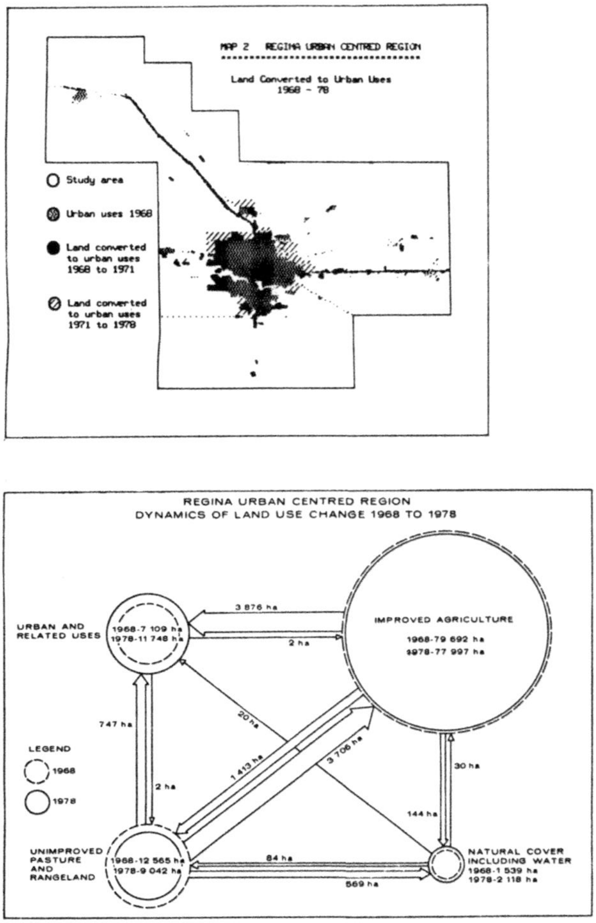

Abb. 3a,b Auswertungsbeispiele eines EDV–gestützten Raumbeobachtungssystems (CLDS) /27/

Wasserschutzgebiete zugrundegelegt, ohne auf die naturwissenschaftlich-technischen und rechtlichen Probleme der Schutzzonenabgrenzung und -festsetzung näher eingehen zu können (vgl. z.B. zu den naturwissenschaftlich-technischen Problemen /39, S. 237 ff./).

Zur Ermittlung der zeitlichen Entwicklung der Konfliktbetroffenheit wurde die flächenhafte Ausdehnung der Wirkungsarten zu den Zeitpunkten 1954/55 und 1980 in die og. Wasserschutzgebiete übertragen und EDV-gestützt auf einer CORAGRAPH-Zeichenanlage ausgewertet /46,47,48/. Die Ergebnisse genügen wegen der manuellen Kartenerstellung und des gewählten Kartierungsmaßstabes M 1 : 100.000 nicht den im Vermessungswesen üblichen Genauigkeitsanforderungen; sie sollten lediglich eine Grundlage zur generellen Einschätzung der Regionalentwicklung liefern.

Die Anlagenanalyse soll Aufschluß über die zeitliche Entwicklung der quantitativen und qualitativen Anforderungen an die Gewinnungs- und Aufbereitungstechnik mit folgenden Kenngrößen/Indikatoren geben:

- Fördermengen
- Neuerrichtung, Erweiterung, Stillegung von Anlagen
- Technische Auslegung der Anlagen (Förderkapazität, Aufbereitungsstufen).

Zur Darstellung der quantitativen Dargebotsbeanspruchung im Zeitablauf wurde für die Entnahmestellen der öffentlichen Wasserversorgungsunternehmen eine Primärerhebung durchgeführt, mit der die anlagenspezifische Fördermengenentwicklung nachzuvollziehen ist. Die zeitliche Entwicklung der industriellen Eigenförderung ist nicht anlagenspezifisch, sondern nur auf der Datenbasis des LDS NW (Aggregation auf Gemeindeebene) zu analysieren gewesen. Insgesamt wurde mit Karte 10 und 11 sowie der EDV-gestützten Auswertung der LDS NW-Daten /49,50/ der Versuch unternommen, so etwas wie ein "dynamisiertes Entnehmerkataster" zu erstellen /51, S. 498-500/. Ein Vergleich mit der inhaltlichen Gliederung der wasserwirtschaftlichen Rahmenplanung zeigt die vorgenommenen methodischen Modifikationen (vgl. Tab. 1 /52/). Entsprechend der methodischen Vorgehensweise bei der Laufenden Raumbeobachtung wurde der absolute Vergleich, standardisiert auf den Zeitpunkt t_0 zur Entwicklungsmessung herangezogen; dadurch werden der Einfluß der unterschiedlichen Ausgangssituation als auch die im Vergleichszeitraum zusätzlich wirkenden Rahmenbedingungen bei der Bewertung der Veränderung berücksichtigt /13, S. 984-987/.

Die Gesamtschau der Maßnahmen zur Bedarfsdeckung und Einhaltung der normativen Qualitätsanforderungen ist ebenfalls ein Abbild der Konfliktbetroffenheit. Hinsichtlich der Kausalität des Einflusses der maßgeblichen Raumnutzungen auf den Aufbereitungsaufwand sind bisher nur für wenige

Bilanzgrößen gem. Wasserwirtschaftliche Rahmenplanung	Kenngrößen zur Ermittlung der zeitlichen Dargebotsbeanspruchung	Quellen	Darstellung
II. Wasserbedarf	I. Wasserentnahme/–aufkommen		
2.1. Bedarf der Bevölkerung einschl. Kleingewerbe und für öffentl. Zwecke sowie Bedarf der Industrie, soweit er aus der öffentl. Wasserversorgung gedeckt wird	1.1. –Wasserentnahme/–aufkommen zur Versorgung der Bevölkerung einschl. Kleingewerbe und für öffentl. Zwecke –Wasserabgabe der öffentlichen Wasserversorgung an die Industrie	Eigene Erhebung bei den öffentl. WVU's und STÄWA, 66. – 92. BGW-Wasserstatistik (1954–1980)	
2.2. Betriebswasser der Industrie aus Eigenversorgungsanlagen (nicht öffentliche Wasserversorgung)	1.2. Industrielle Eigenförderung von Grund- und Quellwasser inkl. Uferfiltrat sowie Oberflächenwasser	Statistische Berichte des LDS NW 'Wasserversorgung und Wasserableitung der Industrie in NW' (1957–1979)	
2.3. Wasser- und Wärmekraftwerke	1.3 Eigenförderung der Wärmekraftwerke für die öffentliche Versorgung	Statistische Berichte des LDS NW 'Wasserversorgung und Abwasserbeseitigung bei Wärmekraftwerken für die öffentl. Versorgung in NW' (1975–1979)	
2.4. Schiffahrt			
2.5. Landwirtschaft			
2.6. Wasser zur Sicherung der Mindestanforderung an Gewässer			
3.5. Nutzbares Wasserdargebot –Oberflächenwasser (Flußwasser unter Berücksichtigung von Q Krit., Speicher- und Seenwasser) –Grundwasser	II. Beanspruchungspotential des Dargebots ≙ Summe der Entnahmerechte im Untersuchungsraum –Grundwasser inkl. Anreicherungs- bzw. Uferfiltrationsmengen vom Oberflächenwasser (Gesamtentnahmerecht)		KARTE 10 Entnahmerechte der Gewinnungsanlagen (öffentliche Wasserversorgung, Industrie)
VI. Wasserbilanz 6.2. Wasserbilanz (hm^3 / a) Gegenüberstellung des jetzigen und künftigen Dargebots mit dem Bedarf Wasserbilanzplan (Kreis- bzw. Würfeldarstellung)	III. Dargebotsbeanspruchung Zeitliche Entwicklung der tattatsächlichen jährlichen Fördermengen (% des Entnahmerechts), Zeitliche Entwicklung der industriellen Eigenförderung als Förderdichte ($100m^3$ / km^2 Gemeindefläche)		KARTE 11 Entwicklung der Jahresfördermengen der Gewinnungsanlagen öffentlicher WVU's (z.T. zusammengefaßt) 1954–1980 Abb. Entwicklung der industriellen Eigenförderung, 1957–1979 Entwicklung des industriellen Eigenförderungsanteils am industriellen Wasseraufkommen, 1957–1979

Tab. 1 Vergleich der inhaltlichen Gliederung der Wasserwirtschaftlichen Rahmenplanung (Auswahl, vgl. /52/) mit der vereinfachten Ermittlung der zeitlichen Dargebotsbeanspruchung

Wirkungsbeziehungen Aussagen möglich (vgl. Wirkungsprofile). Wegen des in aller Regel zugrundeliegenden komplexen Ursachenbündels gestaltet sich z.B. auch die empirische Untermauerung des funktionalen Zusammenhanges zwischen Rohwasserqualitätsveränderungen und Aufbereitungskosten bzw. Wasserpreis besonders schwierig /53,54/.

3.5. Analyse der Wasserverteilung

Die sich ändernden Anforderungen an die Wasserversorgung durch die räumlich-strukturelle Entwicklung lassen sich besonders gut an der Entwicklung des Verteilungssystems verdeutlichen und zwar durch Darstellung

- des Ausbaufortschritts der regionalen/interregionalen Fernleitungs- und Verteilungsnetze,
- der Entwicklung des Auslastungsgrades der Verteilungssysteme,
- des Netzverflechtungsgrades zwischen den einzelnen Wasserversorgungsunternehmen und
- der Veränderung der Versorgungsbereiche.

Neben der Aufgabe des regionalen und interregionalen Ausgleichs zwischen Wasserbezugs- und Wasserlieferregionen haben aus der Unternehmenspolitik der Versorgungsunternehmen abgeleitete technisch-wirtschaftliche Ziele maßgeblichen Einfluß auf die Ausgestaltung des Systems.

Die Darstellung des Ausbaufortschritts bleibt wegen der Größe des Untersuchungsraums und der Lückenhaftigkeit und Uneinheitlichkeit der einschlägigen Datenbasis auf das Fern- und Hauptverteilungsnetz der Versorgungsbereiche beschränkt. Eine Differenzierung nach Leitungsquerschnitten ist ebensowenig möglich wie die Berücksichtigung von stillgelegten oder den veränderten Verteilungsstrukturen nicht anpassbaren Netzteilen (z.B. alte, inzwischen überdimensionierte Netzteile zur Versorgung von Betrieben des Montansektors).

Zur Ermittlung des Auslastungsgrades der Verteilungsanlagen werden in der öffentlichen Wasserversorgungswirtschaft üblicherweise die folgenden technisch-wirtschaftlichen Indikatoren bzw. Kenngrößen verwendet /55,56/:

- Anzahl der Einwohner/km Rohrnetz
- Jährliche Wasserabgabe/km Rohrnetz
- Anzahl der Hausanschlüsse/km Rohrnetz
- Jährliche Wasserabgabe/Hausanschluß
- Anzahl der Hausanschlüsse im Versorgungsgebiet.

Diese Parameter werden von der Versorgungswirtschaft für die Bundesrepublik bzw. das eigene Versorgungsgebiet ermittelt und ausgewertet. Eine laufende Beobachtung der für den Ausbau- und Auslastungsgrad maßgeblichen räumlich-strukturellen Entwicklungsdeterminanten ist nicht verfügbar; ebensowenig eine entsprechend detaillierte Wirkungsanalyse bzw. Entwicklungsmessung. Die flächendeckende Analyse des Einflusses der maßgeblichen raumstrukturellen Determinanten Bevölkerungsentwicklung und Siedlungsentwicklung wirft aufgrund der Gebietsreform(en) sowie der historisch bedingten Deckungsungleichheit von Versorgungs- und Gemeindegebieten im Untersuchungsraum einige methodische Probleme auf, so daß nur für ausgewählte Gebiete unter Einschränkungen Aussagen möglich sind.

Die Erhebung der technischen Kenngrößen zur Beschreibung der Entwicklung des Netzverflechtungsgrades wie z.B. Anzahl/Durchflußkapazität und -auslastung von Netzein- und -ausspeisungsstellen bzw. Übergabestationen wurde aus Gründen der Bearbeitbarkeit des Gesamtvorhabens zugunsten einer Beschreibung durch verfügbare Hilfsindikatoren und -daten aufgegeben. So wird der Verflechtungsgrad der Verteilungssysteme indirekt durch die Entwicklung der Bezugs- und Abgabemengen zwischen den Wasserversorgungsunternehmen dargestellt.

Aufgrund der z.T. komplizierten Vertragsverhältnisse über Wasserlieferungen und -bezüge sowie der mit der Gebietsreform verbundenen Änderungen der Konzessions- und Demarkationsverträge, die nicht eingesehen werden konnten, stützt sich die Darstellung der Veränderung der Versorgungsbereiche auf allgemein zugängliche Daten und Informationen, die möglicherweise hier nicht nachprüfbare Fehler enthalten.

Literaturangaben zu Kapitel 1., 2. und 3.

/1/ Landesentwicklungsplan III. MBl. NW v. 8.7.1976, S. 1288

/2/ Kampe, D.
Agrarstrukturpolitik und Wassergewinnung.
gwf-wasser/abwasser, 123. Jg., 1982, Nr. 1, S. 30 - 38

/3/ Rincke, G., Klaus, I., Michel, B.
Bewertung zukünftiger Infrastrukturinvestitionen für Wasserversorgung und Abwasserbeseitigung im ländlichen Raum - Projektmodell Mittelfranken zur Abschätzung von Entwicklungsspielräumen.
Eigenverlag, Darmstadt 1978

/4/ Brösse, U.
Ein Markt für Trinkwasser.
Zeitschrift für Umweltpolitik (ZfU), 1980, Nr. 3, S. 737 - 755

/5/ Werner, J.
Wasser für den Ballungsraum.
Geographische Rundschau, 31. Jg., 1979, Nr. 10, S. 424 - 426

/6/ Wohlrab, B.
Der ländliche Raum als Wasservorranggebiet.
Forum Städte-Hygiene, 32. Jg., 1981, Mai/Juni, S. 110 - 114

/7/ Gebietsentwicklungsplan für den Regierungsbezirk Düsseldorf (Entwurf)
Düsseldorf 1982

/8/ Raumordnungsbericht 1982. BT-Drucksache 10/210.
Bonn, 22.6.1983, S. 70 ff.

/9/ Aust, H., Vierhuff, H., Wagner, W.
Grundwasservorkommen in der Bundesrepublik Deutschland.
Schriftenreihe "Raumordnung" des Bundesministers f. Raumordnung, Bauwesen und Städtebau, Nr. 06.043, Bonn 1980

/10/ Raumordnung und Wasservorsorge.
BfLR (Hrsg.), Informationen zur Raumentwicklung, Heft 2/3, 1983

/11/ Rudolph, K.-U.
Möglichkeiten der regionalwirtschaftlichen Bewertung örtlicher und überörtlicher Wasserversorgungssysteme.
BfLR (Hrsg.), Informationen zur Raumentwicklung, Heft 2/3, 1983, S. 137 - 150

/12/ Aktuelle Daten und Prognosen zur räumlichen Entwicklung.
BfLR (Hrsg.), Informationen zur Raumentwicklung, Heft 11/12, Bonn 1981

/13/ Aktuelle Daten und Prognosen zur räumlichen Entwicklung.

BfLR (Hrsg.), Informationen zur Raumentwicklung, Heft 11/12, Bonn 1982

/14/ Landesamt für Wasser und Abfall NW (Hrsg.)

Anleitung zur Wasserwirtschaftlichen Rahmenplanung im Lande Nordrhein-Westfalen.

Düsseldorf 1981

/15/ Der Rat von Sachverständigen für Umweltfragen

Umweltgutachten 1978. BT-Drucksache 8/1938.

Bonn, 19.9.1978

/16/ Hofmann, O.

Erläuterungen Wassergesetz für das Land Nordrhein-Westfalen (Landeswassergesetz -LWG-).

Handbuch des Deutschen Wasserrechts, Bd. 4, Kz. D 711 E

/17/ Wasserversorgungsbericht. Bericht über die Wasserversorgung in der Bundesrepublik Deutschland.

Bericht des Bundesministers des Innern, erarbeitet und abgestimmt mit den in der LAWA zusammengeschlossenen obersten Wasserbehörden der Länder.

Sekretariat und Druck: Umweltbundesamt, Berlin Mai 1982

/18/ Kiemstedt, H.

Methodischer Stand und Durchsetzungsprobleme ökologischer Planung.

Die ökologische Orientierung der Raumplanung. Veröffentlichungen der Akademie f. Raumforschung u. Landesplanung: Forschungs- und Sitzungsberichte, Bd. 131, Hannover 1979, S. 46 - 62

/19/ Kiemstedt, H., Trommsdorff, H., Wirz, St.

Gutachten zur Umweltverträglichkeit der Bundesautobahn A 4 - Rothaargebirge.

Beiträge zur räumlichen Planung, Schriftenreihe des Fachbereiches Landespflege der Universität Hannover, Heft 1, Hannover 1982

/20/ Kistenmacher, H., Zipfel, K.

Konsequenzen anthropogener Einflüsse auf den Wasserhaushalt.

Abschlußbericht zum Forschungsvorhaben "Wasser", Nr. 102 02 203, des Umweltbundesamtes, Juli 1983 (Veröffentlichung vorgesehen Dez. 1983)

/21/ Spiekermann, G.

Handlungsspielräume zur besseren Nutzung lokaler und regionaler Wasservorkommen.

BfLR (Hrsg.), Informationen zur Raumentwicklung, Heft 2/3, 1983 S. 159 - 166

/22/ Laufende Raumbeobachtung.

BfLR (Hrsg.), Informationen zur Raumentwicklung, Heft 8/9, 1978

/23/ Engels, P., Schlieper, A.

Strukturanalyse Ruhrgebiet. Eine Ergänzung der Strukturberichterstattung aus regionaler Sicht.

WSI-Mitteilungen, 1981, Nr. 8, S. 508 - 514

/24/ Strukturanalyse Ruhrgebiet. Wirtschaft im Ruhrgebiet zwischen Strukturwandel und Politik (Kurzfassung).

Kommunalverband Ruhrgebiet (Hrsg.), Arbeitshefte Ruhrgebiet, Essen im Okt. 1982

/25/ Klemmer, P.

Raumstrukturelle Wirkung der Technischen Infrastruktur.

Vortrag auf dem 6. Darmstädter Seminar Raumplanung "Umweltverträglichkeit technischer Infrastruktur", TH Darmstadt, Darmstadt 6.6.1983

/26/ Budde, B., Nolte, J.

Wirkungsanalyse "Raumentwicklung - Wasserversorgung" als Beitrag zum wasserwirtschaftlichen Planungsinstrumentarium.

gwf-wasser/abwasser, 124. Jg., 1983, Heft 7, S. 335 - 339

/27/ Thie, J., Switzer, W.A., Chartrand, N.

Das "CANADA LAND DATA SYSTEM" und seine Anwendungsmöglichkeiten in Landschaftsplanung und Bewirtschaftung der Ressourcen.

Natur und Landschaft, 57. Jg., 1982, Heft 12, S. 433 - 440

/28/ Alberta Energy and Natural Resources, Resource Evaluation and Planning Division

Natural Resources Information Directory 1983, Edmonton (Alta.) 1983

/29/ Mrass, W.

Landschafts-Informationssystem. -Ziel und Aufgabe-.

Natur und Landschaft, 57, Jg., 1982, Heft 12, S. 415 - 417

/30/ Koeppel, H.-W.

Landschafts-Informationssystem. -Inhalt und Methodik-.

Natur und Landschaft, 57. Jg., 1982, Heft 12, S. 417 - 421

/31/ Schmidt, A.

Verwirklichung der Raumordnung durch stärkere ökologische Orientierung.

Verwirklichung der Raumordnung. Veröffentlichungen der Akademie f. Raumforschung u. Landesplanung: Forschungs- und Sitzungsberichte, Bd. 145, Hannover 1982, S. 147 - 188

/32/ Michel, B.

Funktion der technischen Infrastruktur in der regionalen Entwicklung.

Diss. TH Darmstadt, Darmstadt 1978

/33/ Bachfischer, R.
Die ökologische Risikoanalyse. Eine Methode zur Integration natürlicher Umweltfaktoren, operationalisiert und dargestellt am Beispiel der Bayerischen Planungsregion 7 (Industrieregion Mittelfranken).
Diss. TU München, München 1978

/34/ Buchwald, K., Engelhardt, W. (Hrsg.)
Handbuch für Planung, Gestaltung und Schutz der Umwelt. Bd. 3: Die Bewertung und Planung der Umwelt.
München-Wien-Zürich 1980

/35/ Kramer, P., Mahler, G., Pietsch, J.
Bewertungssystem für Umwelteinflüsse. Methodische Grundlegung zur Aufklärungstätigkeit über Umweltgefährdung.
Forschungsauftrag des MAGS NW, Essen 1980 (Kurzfassung)

/36/ Dornier System GmbH
Handbuch zur ökologischen Planung. Bd. 1: Arbeitsanleitung; Bd. 2: Datenverarbeitung.
Umweltbundesamt (Hrsg.), Berichte 3/81 und 4/81, Berlin 1981

/37/ Forschungsgruppe Stadt und Umwelt (Trent), Universität Dortmund
Freizonennutzung in besonders belasteten Räumen.
Forschungsauftrag der Regierungspräsidenten des Landes Nordrhein-Westfalen, Dortmund 1981/82

/38/ Eekhoff, J.
Zu den Grundlagen der Entwicklungsplanung. Methodische und konzeptionelle Überlegungen am Beispiel der Stadtentwicklung.
Veröffentlichungen der Akademie f. Raumforschung und Landesplanung: Abhandlungen, Bd. 83, Hannover 1981

/39/ Ermittlung des nutzbaren Grundwasserdargebots. 1. Teilband.
Schriftenreihe des Deutschen Verbandes für Wasserwirtschaft und Kulturbau e.V., Heft 58/1, Hamburg-Berlin 1982

/40/ Diesel, Lühr (Hrsg.)
Lagerung und Transport wassergefährdender Stoffe.
Loseblattsammlung, Berlin-Bielefeld-München

/41/ MacDougall, E.B.
The Accuracy of Map Overlays.
Landscape Planning, 1975, No. 2, S. 23 - 30

/42/ Kellersmann, H.
Flächennutzungskartierung für die Erarbeitung eines Gebietsentwicklungsplanes.
Schriftenreihe Siedlungsverband Ruhrkohlenbezirk, Bd. 58, Essen 1975, S. 31 - 42

/43/ Kellersmann, H., Tost, R.
Luftbildinterpretation - Flächennutzungskartierung. Grundlage eines städtebaulichen Informationssystems.
Vermessungswesen u. Raumordnung, 39. Jg., 1977, Heft 7, S. 374 - 388

/44/ Persönliche Mitteilung von Mr. A.G. Levinsohn (Manager, Natural Resources Information System), am 4.8.1983 in Edmonton (Alberta), Kanada

/45/ Petzold, E.
Einsatzmöglichkeiten EDV-gestützter räumlicher Informationssysteme für hydrologische Planungszwecke. Bilanzierung des Wasserdargebotes auf kleinräumiger Basis.
Münstersche geographische Arbeiten, Heft 14, Paderborn 1982

/46/ Junius, H.
Automatische Zeichnung von topographischen Kartenelementen im Maßstab 1:5.000.
Vermessungswesen u. Raumordnung, 36. Jg., 1974, Heft 2, S. 47 - 55

/47/ Numerisch gesteuerte Zeichenanlage CONTRAVES CORAGRAPH DC I. Handbuch der Allgemeinen Zeichenprogramme (AZP), Bulletin S 104 d 7012, Zürich-Stuttgart 1971

/48/ Junius, H.
Programm FLAECHE VI. Dortmund 1982

/49/ Killing, W.
KARPLOT-DISSPLA. Ein interaktives Programm zur Erstellung thematischer (Schraffur-) Karten.
Institut f. Raumplanung, Universität Dortmund, Dortmund 1982 (Internes Arbeitspapier)

/50/ Institut f. Raumplanung, Universität Dortmund
DAFIR: Daten- und Fakten - Informationssystem Ruhr (1979).
IRUDA: Informationssystem für Ruhrgebietsdaten (1983).

/51/ Ermittlung des nutzbaren Grundwasserdargebots. 2. Teilband.
Schriftenreihe des Deutschen Verbandes für Wasserwirtschaft und Kulturbau e.V., Heft 58/2, Hamburg-Berlin 1982

/52/ Landesamt für Wasser und Abfall NW (Hrsg.)

Wasserwirtschaftliche Rahmenplanung. Anleitung zur Wasserwirtschaftlichen Rahmenplanung im Lande Nordrhein-Westfalen.

Düsseldorf 1981

/53/ Heinz, I.

Wirtschaftliche Überlegungen zur langfristigen Sicherung der öffentlichen Wasserversorgung.

BfLR (Hrsg.), Informationen zur Raumentwicklung, Heft 2/3, 1983, S. 127 - 135

/54/ Heinz, I.

Analyse zunehmender Umweltbelastung und ihre Auswirkung auf Wasserpreis und Finanzsituation der öffentlichen Wasserversorgungswirtschaft.

Studie, gefördert vom Minister f. Wissenschaft u. Forschung NW (bisher unveröffentlicht)

/55/ Müller, G., Hessing, F.-J.

Kostenträger der Wasserversorgung und Abwasserbeseitigung.

Mitteilungen aus dem Institut für Raumforschung, Heft 44, Bad Godesberg 1962

/56/ Bundesverband der deutschen Gas- und Wasserwirtschaft e.V. (Hrsg.)

Die Entwicklung der öffentlichen Trinkwasserversorgung. Zehnjahresbericht 1968 - 1977.

Bonn Aug. 1979

Verzeichnis der Abbildungen in Kapitel 1., 2. und 3.

Verzeichnis der Tabellen in Kapitel 1., 2. und 3.

4. Wirkungsbeziehungen zwischen Raumstruktur und technischem Infrastruktursystem Wasserversorgung

4.1. Anthropogene Umformung der hydrogeologischen Raumausstattung

Bei der Ermittlung des nutzbaren Wasserdargebots im Rahmen der wasserwirtschaftlichen Entscheidungsprozesse (wasserwirtschaftliche Fachplanung) wurde in der Vergangenheit ein eher idealtypisches Bild der hydrogeologischen Raumausstattung des jeweiligen Planungsraumes zugrundegelegt /1,2/. Der Anteil des verfügbaren Wasservorkommens (Grundwasser) wurde durch die technisch-wirtschaftliche Erschließbarkeit unter Berücksichtigung der geogenen Einflüssen unterliegenden Rohwasserqualität bestimmt. Die einschlägigen hydrologischen/hydrogeologischen Kartenwerke für den Untersuchungsraum halten diese Informationen bereit. Auf der Grundlage dieser Informationen wurde Karte 1 "Struktur der Grundwasservorkommen" erstellt; sie ist eine auf wenige essentielle Strukturmerkmale reduzierte und dem Bearbeitungsmaßstab entsprechend generalisierte Darstellung der räumlichen Dargebotsstruktur. Dieses Dargebot wird durch eine hydrogeologische Raumausstattung ermöglicht, die einer ständigen anthropogenen Umformung unterworfen war und ist. Unter Umformung werden hier sämtliche menschliche Eingriffe verstanden, die als oberflächlich sichtbare Raumnutzungen oder als feststellbare Oberflächenveränderung durch untertägige Eingriffe das Naturpotential beeinflussen und qualitativ/quantitativ verändern.

Ihren kartographischen Niederschlag fand eine Auswahl anthropogener Eingriffe mit nachgewiesenem und/oder in Analogieschluß unterstelltem hohem Gefährdungspotential in dem Kartenwerk "Wassergewinnung und Lagerung von Abfallstoffen", das Ende der sechziger Jahre für den Untersuchungsraum erarbeitet wurde /3/. Eine notwendige Fortschreibung bzw. Revisionskartierung dieses Kartenwerkes wurde zwar 1978 begonnen, aber bis dato nicht fortgesetzt bzw. abgeschlossen /4,5/. Daß die Nutzbarkeit des Grundwasserdargebots mittlerweile auch von anderen, in og. Kartenwerk unberücksichtigten Raumnutzungen beeinträchtigt wird, hat inzwischen Eingang in die neueste Fachliteratur gefunden (vgl. z.B. /6/).

Um das Ziel einer flächendeckenden, synoptischen Darstellung des Eingriffspotentials zu erreichen, wurden die in der Realität zu beobachtenden äußerst komplexen Wechselwirkungen auf die in Abschnitt 3.3. definierten (Haupt-) Wirkungsarten reduziert.

Für die Darstellung und die Bedeutungseinschätzung des Eingriffs- bzw. Wirkungspotentials wurde bisher die dynamische Komponente der anthropogenen Umformung unzureichend bis gar nicht berücksichtigt. Erst ein der "laufenden Raumbeobachtung" vergleichbares Informationssystem ist in der Lage,

- die Dynamik der anthropogenen Umformung zu erfassen und darzustellen und
- durch den Nachvollzug der Enstehung vorhandener Nutzungskonflikte den Blick für die notwendige Flächenvorsorge zu schärfen.

Aufgrund des Arbeitsumfanges des Gesamtprojektes konnte der dynamische Ansatz nicht vollständig dargelegt werden: die Synthesekarte bzw. die resultierende Karte 8 "Wirkungsbild - Veränderung der hydrogeologischen Raumausstattung - (Brutto-Wirkungsfläche)" zeigt den Zustand am Ende des Betrachtungszeitraums im Jahr 1980. Mit den vorhandenen Unterlagen, die in der dynamischen Darstellung der Flächenwirksamkeit der Wirkungsarten Berücksichtigung fanden, ist ein "Wirkungsbild" auch für andere Zeitpunkte erstellbar. Dem Wirkungsbild sind als Textdatei bzw. "verlängerte Legende" die Wirkungsprofile der definierten Wirkungsarten zugeordnet (vgl. Abschnitt 3.3.).

Karte 8 zeigt nun das bis zum Jahr 1980 erreichte qualitative und quantitative räumliche Eingriffs- bzw. Wirkungspotential. Selbst bei Berücksichtigung der notwendigen Generalisierung in Bezug auf räumliche Abgrenzung und Ausprägung (vgl. Wirkungsprofile) ist bemerkenswert, wie weitreichend die Umformung im Untersuchungsraum ist. Größere, weitgehend unbeeinflußte Bereiche sind nur noch im Raum Hünxe, Schermbeck, Raesfeld und in den Halterner Sanden festzustellen. Einschränkend ist zu sagen, daß von militärischen Einrichtungen ausgehende Wirkungen aus Geheimhaltungsgründen nicht berücksichtigt werden konnten.

Während die Eingriffs- bzw. Wirkungsdichte im Ballungskern plausibel erscheint, sind ähnliche Verhältnisse im untersuchten Teil des linken Niederrheins festzustellen; es liegt jedoch eine unterschiedliche regionsspezifische Wirkungsartstruktur vor.

Insgesamt zeigt das Wirkungsbild, daß auch für die Wasserversorgung bedeutsame Dargebotsräume mit sehr ergiebigen Grundwasservorkommen ähnliche Wirkungsmuster aufweisen wie vergleichsweise unbedeutende. Eine Wasserdargebotsadäquanz der bisherigen Raumordnung ist auf regionaler Ebene nicht erkennbar. Aus methodischen Gründen wurde eine Bedeutungseinschätzung des dargestellten Wirkungspotentials nicht vorgenommen; die angestrebte Synopse für den gesamten Untersuchungsraum ließ kleinräumig-detaillierte Wirkungsanalysen, die Aussagen über

- Reversibilität der (potentiellen) Eingriffe und
- Ersetzbarkeit des Wasserdargebotspotentials

zugelassen hätten, nicht zu.

Da die Wirkungsprofile inkl. thematischer Karten und das Wirkungsbild der Zielsetzung entsprechend eine Informationsgrundlage/Arbeitshilfe darstellen, wird auf eine weitergehende Interpretation der dargestellten Verhältnisse verzichtet.

Literaturangaben zu Abschnitt 4.1.

/1/ Richtlinien für die Aufstellung von wasserwirtschaftlichen Rahmenplänen v. 6.9.1966. Technische Anleitungen zur wasserwirtschaftlichen Rahmenplanung: 3.3. Nutzbares Dargebot

/2/ Spiekermann, G.
Handlungsspielräume zur besseren Nutzung lokaler und regionaler Wasservorkommen.
BfLR (Hrsg.), Informationen zur Raumentwicklung, Heft 2/3, 1983,

/3/ Zayc, R.
Ein Kartierungsverfahren für den Gewässerschutz.
MELF NW (Hrsg.), Wasserwirtschaft in Nordrhein-Westfalen, Düsseldorf im Frühjahr 1970, S. 40 - 46

/4/ Landesamt für Wasser und Abfall NW
Jahresbericht 80. Düsseldorf Mai 1981

/5/ Persönliche Mitteilung v. Herrn Bosserhoff, Landesamt f. Wasser u. Abfall NW, v. 2.11.1983

/6/ Ermittlung des nutzbaren Grundwasserdargebots. 1. u. 2. Teilband.
Schriftenreihe des Deutschen Verbandes für Wasserwirtschaft und Kulturbau e.V., Heft 58/1 u. 58/2, Hamburg-Berlin 1982

4.2. Wasserbeschaffung (Gewinnung und Aufbereitung)

4.2.1. Herausbildung der Wasserbeschaffungstruktur bis 1950/55

Der mit einsetzender Industrialisierung des Ruhrgebietes sprunghaft steigende Wasserbedarf für Bevölkerung und Industrie zwang bereits frühzeitig zu großräumigen und vorausschauenden Versorgungskonzeptionen. So wurde gegen Ende des vorigen/ Anfang diesen Jahrhunderts die Wasserbeschaffung in die Randbereiche der Agglomeration verlegt, um mit der stürmischen Wirtschaftsentwicklung einhergehenden Nutzungskonflikten aus dem Weg zu gehen oder - anders ausgedrückt - die Wasserversorgung auf möglichst lange Sicht qualitativ und quantitativ sicherzustellen.

In zeitlicher Reihenfolge wurden die Gewinnungsanlagen bzw. Entnahmestellen zunächst entlang der Ruhr errichtet; es folgte die Errichtung eines zentralen Wasserwerkes in den Halterner Sanden. Zuletzt wurde der Rhein sowie die großen niederrheinischen Grundwasservorkommen in die Wasserbeschaffung des rheinisch-westfälischen Industriegebietes einbezogen. Der ständig steigende Bedarf führte dazu, daß das natürliche Dargebot bald nicht mehr zur Förderung und Bedarfsdeckung ausreichte. Sowohl an der Ruhr als auch im Wasserwerk Haltern wurde zur Erweiterung des nutzbaren Grundwasserdargebots die künstliche Grundwasseranreicherung eingeführt. Ohne auf die technisch-historische Entwicklung dieser Gewinnungsmethode näher eingehen zu können, läßt sich die zeitliche Entwicklung der Wasserbeschaffung einiger bedeutender Gewinnungsanlagen unter Verwendung der Einzugsgebietsnumerierung entspr. Tab. 1 wie folgt zusammenfassen:

1. Dargebotsraum Ruhrtal

46 a,b Essen - Oberruhr/Steele (Städtische Werke Essen AG) /1/

Um 1860	Versiegen örtlicher Brunnen durch Bergbaueinwirkung
1864	Inbetriebnahme des rechts der Ruhr gelegenen Wasserwerkes (natürliche Uferfiltration)
1898	Inbetriebnahme der links der Ruhr gelegenen Gewinnungsanlage (Oberruhr) wegen Oberlastung des älteren Wasserwerkes (künstl. Grundwasseranreicherung)
1906	Inbetriebnahme der Gewinnungsanlage Kupferdreh
1910-1915	Erweiterung der Gewinnungsanlagen (Oberruhr)
1929	Obernahme der Versorgungsanlagen Kupferdreh und Werden
1933	Stillegung der Gewinnungsanlage Werden (Staubereich Baldeney-S.)
1955	Stillegung der Gewinnungsanlage Kupferdreh

DARGEBOTSRAUM: NIEDERRHEIN (LINKSRHEINISCH)		
NR.	BEZEICHNUNG DES/DER EINZUGSGEBIETES/GEWINNUNGSANLAGE	VERSORGUNGSUNTERNEHMEN
1	GLADBACHER STR. / KREFELD II GLADBACHER STR. / FORSTWALD II	STADTWERKE KREFELD AG
2	IN DER ELT / KREFELD V	STADTWERKE KREFELD AG
3	KEMPENER ALLEE / KREFELD I	STADTWERKE KREFELD AG
4	BRUCHWEG / KREFELD IV	STADTWERKE KREFELD AG
5	HÜLS / KREFELD III	STADTWERKE KREFELD AG
6	AUF DEM BERG, WASSERWERK VI RHEINHAUSEN	STADTWERKE DUISBURG AG
7	WASSERWERK VII RUMELN–KALDENHAUSEN	STADTWERKE DUISBURG AG
8	NIEP / SÜSSELSHEIDE	WASSERWERK NEUKIRCHEN – VLUYN
9	VINN–NORD	STADTWERKE MOERS
10	VINN–SÜD	STADTWERKE MOERS
11	SCHERPENBERG	STADTWERKE MOERS
12	WASSERWERK VIII, HOMBERG	STADTWERKE DUISBURG AG
13	RHEINKAMP / KAMPERSTR./ REPELEN	STADTWERKE MOERS
14	ORSOY BERG / BINSHEIMER FELD	KREISWASSERWERK WESEL
15	ORSOY LAND / RHEINBERG	KREISWASSERWERK WESEL
16	ALPEN	KREISWASSERWERK WESEL
17	XANTEN–WAYDT	KREISWASSERWERK WESEL
18	NIEDERMÖRMTER	WASSERVERSORGUNGSVERBAND KALKAR–XANTEN
19	KALKAR–MONREBERG ALT–KALKAR	WASSERVERSORGUNGSVERBAND KALKAR–XANTEN
DARGEBOTSRAUM: NIEDERRHEIN (RECHTSRHEINISCH)		
20	WASSERWERK II BOCKUM	STADTWERKE DUISBURG AG
21	WASSERWERK MÜNDELHEIM	RHEINISCH–WESTFÄLISCHE WASSERWERKSGESELLSCHAFT MBH (RWW)
22	EHINGEN UND EHINGER BERG	RWW
23a	BEECKERWERTH 2	NIEDERRHEINISCHE GAS– UND WASSERWERKE GMBH (NGW)
23b	DUISBURG–LAAR 1	NGW
24	WASSERWERK LÖHNEN	WASSERWERKE DINSLAKEN GMBH
25	BUCHOLTWELMEN/ GLÜCK–AUF–HÜNXE 4	NGW
26	BECKMANNSHOF	NGW
27	HAUS AAP	NGW
28	VINKEL–SCHWARZENSTEIN	NGW
29	OBRIGHOVEN / WESEL II	STADTWERKE WESEL GMBH
30a	BLUMENKAMP I	WASSERVERSORGUNGSVERBAND WITTENHORST
30b	FLÜREN / WESEL III	STADTWERKE WESEL GMBH
30c	FLÜREN–DIERSFORDT/ DIERSFORDTER WALD	STADTWERKE WESEL GMBH
31	WITTENHORST II UND I	WASSERVERSORGUNGSVERBAND WITTENHORST

NR.	BEZEICHNUNG DES/DER EINZUGSGEBIETES/GEWINNUNGSANLAGE	VERSORGUNGSUNTERNEHMEN
DARGEBOTSRAUM: HALTERNER SANDE		
32a	BRUNNENGALERIE ÜFTER MARK	RWW
32b	WASSERWERK DORSTEN–HOLSTERHAUSEN	RWW
33	BRUNNENFELD HAMM–BOSSENDORF, FLAESHEIM–HAARD	GELSENWASSER AG
34	WASSERWERK HALTERN	GELSENWASSER AG
DARGEBOTSRAUM: RUHRTAL		
36	WARMEN	STADTWERKE HAMM GMBH
37	FRÖNDENBERG	STADTWERKE FRÖNDENBERG
38	LANGSCHEDE–HALINGEN	GELSENWASSER AG
39	WESTHOFEN/VILLIGST/HENGSEN	DORTMUNDER STADTWERKE AG
40	HENGSTEYSEE	STADTWERKE HAGEN AG
41	VOLMARSTEIN	ARBEITSGEMEINSCHAFT FÜR VERSORGUNGSUNTERNEHMEN IM ENNEPE–RUHR–KREIS (AVU)
42a	WASSERWERK MALLINCKRODT	STADTWERKE WITTEN
42b	WASSERWERK WITTEN	STADTWERKE WITTEN
42c	WITTEN	GELSENWASSER AG
43	HASPER TALSPERRE	STADTWERKE HAGEN AG
44a	STIEPEL UND KEMNADE	WASSERBESCHAFFUNG MITTLERE RUHR GMBH
44b	SUNDERN	WASSERBESCHAFFUNG MITTLERE RUHR GMBH
45	HATTINGEN	STADTWERKE HATTINGEN
46a	ESSEN–ÜBERRUHR	STADTWERKE ESSEN AG
46b	ESSEN–STEELE	STADTWERKE ESSEN AG
46c	ESSEN–STEELE UND ÜBERRUHR	GELSENWASSER AG
46d	ESSEN–HORST WASSERWERK BURGALTENDORF	GELSENWASSER AG
46e	WINZ	GELSENWASSER AG
47	WOLFSBACHTAL / SCHEVENER HOF	KRUPP'SCHE WASSERWERKE
48	WASSERWERK KETTWIG V. D. BRÜCKE	RWW
49	WASSERWERK MÜLHEIM–DOHNE	RWW
50a	WASSERWERK MÜLHEIM–STYRUM/WEST	RWW
50b	WASSERWERK MÜLHEIM–STYRUM/OST	RWW

Tab. 1 Verzeichnis der untersuchten Wassereinzugsgebiete und Gewinnungsanlagen

46 c,d,e Essen - Steele, Essen - Horst/Burgaltendorf (Gelsenwasser AG) /2/

1872	Inbetriebnahme der Gewinnungsanlage Steele
1910	Inbetriebnahme der Gewinnungsanlage Horst
1954/60	Kapazitätserweiterung durch Schnellfilteranlage in der Gewinnungsanlage Burgaltendorf; Erhöhung der Förderkapazität im Werk Horst

42 c Witten (Gelsenwasser AG) /2/

1886	Inbetriebnahme des Wasserwerkes Witten
1952/53	Ersatzbauten in der Wassergewinnung
1954	Erhöhung der Gewinnungskapazität
1955/57	Erneuerung der Wasserförderungsanlagen

45 Hattingen: Ruhr-km 55,4 - 55,7 (Stadtwerke Hattingen) /3/

1875	Inbetriebnahme des Wasserwerkes
1955/60	Erneuerung der Förderanlagen
1960	Inbetriebnahme Phosphatdosierung

39 Westhofen, Villigst, Hengsen (Dortmunder Stadtwerke AG) /4,5/

1872	Inbetriebnahme der Gewinnungsanlage Villigst
1890	Inbetriebnahme der Gewinnungsanlage Schwerte
1907	Inbetriebnahme der Gewinnungsanlage Hengsen
1912	Inbetriebnahme der Gewinnungsanlage Westhofen (Kreiswasserwerk Hörde)
1920	Fusion Kreiswasserwerk Hörde und des Dortmunder Wasserwerkes zu Dortmunder Wasserwerks-Gesellschaft mbH
1922	Ausbau der Gewinnungsanlagen
1924	Teilstillegung der Gewinnungsanlage Schwerte
1926/29	Weitere Stillegungen und starker Rückgang der Förderung durch Zechenstillegungen und Stahlproduktionsrückgang
Bis 1954/1956	Kapazitätserweiterung der Gewinnungs- und Förderanlagen

Der Vollständigkeit halber seien noch die Jahre der Inbetriebnahme der übrigen Ruhr - Wasserwerke genannt:

1867 Stadt Witten, 1871 Bochum und Gelsenkirchen, 1873 Oberhausen, 1875 Krupp'sche Wasserwerke, Essen, 1876 Duisburg und Mülheim.

Aus der zeitlichen Entwicklung der Beschaffungsstruktur bis 1954/55 läßt sich gut erkennen, daß zunächst trotz fortschreitender Nordwanderung des Bergbaus und der Folgeindustrien die Gewinnungsanlagen im Dargebotsraum Ruhrtal bis zur Erreichung der Kapazitätsgrenze ausgeschöpft wurden. Selbst weiter entfernt liegende Gemeinden wie Gelsenkirchen, Castrop und Hamm nutzten zunächst nur diesen Dargebotsraum zur Versorgung von Bevölkerung und Industrie. Folgende Gründe sind dafür zu nennen /8/:

- Hohe Rohwasserqualität (geringe Wasserhärte)
- Einfache Gewinnung und Aufbereitung aufgrund der günstigen hydrogeologischen Ausstattung des Ruhrtales
- Relativ geringer Förderaufwand aufgrund der günstigen geodätischen Lage des Dargebotsraumes.

2. Dargebotsraum Halterner Sande

34 Haltern (Gelsenwasser AG) /2,6,7/

1906/08	Errichtung und Inbetriebnahme der Gewinnungsanlage Haltern
1913/14	Nach Erreichen der Kapazitätsgrenze (natürl. Grundwasserergiebigkeit) Ausbau mit künstl. Grundwasseranreicherung aus der Stever
1927-1955	Stufenweiser Ausbau des Stauraumes für Anreicherungswasser (Halterner Stausee) von 4,4 auf 8 Mio. m^3
1950/52	Kapazitätserweiterung der Wassergewinnungsanlagen

Nach der Jahrhundertwende stieg der Transportaufwand in das nördliche Revier begleitet von einem enormen Bedarfszuwachs so stark an, daß eine zentrale Gewinnungsanlage zur Transportkostensenkung am Nordrand des Reviers konzipiert wurde. Das Lippewasser war jedoch durch Salzquellen am Oberlauf und durch Einleitung stark salzhaltiger Grubenwässer der Zechen für die Trinkwassergewinnung unbrauchbar. Qualitativ hochwertiges Rohwasser stand nur im Einzugsgebiet der rechten Nebenflüsse der Lippe bei Haltern und in einem aus Norden gespeisten Grundwasservorkommen an der unteren Lippe zur Verfügung /9,10/. Zudem konnte aufgrund der hydrogeologischen Verhältnisse die Eigengewinnung der nach Norden wandernden Zechen oft nur einen Teilbedarf decken /11/.

3. Dargebotsraum Linker Niederrhein

Der Rhein als das mengenmäßig bedeutendste Teildargebot des Untersuchungsraumes wurde im wesentlichen erst zu Beginn dieses Jahrhunderts mit zur Wasserversorgung herangezogen. Bis 1907 bestanden nur zwei kleinere Versorgungsanlagen am rechten Rheinufer: das Wasserwerk der Hütte Phönix in Duisburg-Ruhrort und das Wasserwerk Dinslaken. Das Wasserdargebot des Rheins hatte wegen seiner Randlage zum Kern des Ruhrreviers zur damaligen Zeit nur für unmittelbare Anliegergemeinden eine Bedeutung. Einer stärkeren Heranziehung von Rheinwasser stand zunächst die Qualität und der große Energieaufwand der Wasserförderung in das Industriegebiet entgegen /8/.

In den Rheinanliegergemeinden, die dem Ballungsraum zuzurechnen sind, vollzog sich die gleiche wirtschaftliche und demographische Entwicklung. Nach Erreichen der Kapazitätsgrenzen der Gewinnungsanlagen bzw. Erschöpfung der natürlichen Grundwasservorkommen wurden die Anlagen ans Rheinufer verlegt, um durch Uferfiltration das landseitig zuströmende Grundwasser mit Flußwasser mengenmäßig anzureichern. Anfang der fünfziger Jahre machten z.B. die starken Grundwasserabsenkungen durch die 1878, 1882, 1929 (Übernahme von Uerdingen) und 1940 errichteten vier Krefelder Gewinnungsanlagen eine Errichtung des Flußwasserentnahmewerkes zur Brauchwasserversorgung der Industrie und zur Grundwasseranreicherung erforderlich /12,13/.

4.2.2. Entwicklung der Konfliktbetroffenheit der Einzugsgebiete von Wassergewinnungsanlagen

Die Standorte der Gewinnungsanlagen im Untersuchungsraum wurden durch die hydrogeologische Raumausstattung und die technisch-wirtschaftlich erforderliche Nähe zu den Verbrauchsschwerpunkten bestimmt. Nach Abschluß der Wiederaufbauphase Anfang der fünfziger Jahre vollzog und vollzieht sich eine Raumentwicklung, die nur bedingt auf die hydrogeologischen Grundlagen der Wasserversorgung Rücksicht nahm und nimmt. Dadurch wurden frühere Wassergewinnungsanlagen "überrollt", der Bau neuer Anlagen wurde verhindert /14, S. 109/. Insgesamt hat die Flächeninanspruchnahme aktuell und potentiell dargebotsbeeinträchtigender Nutzungen ein Ausmaß angenommen (vgl. Abschnitt 4.1.), das den Bewegungsspielraum der Gewinnung und Aufbereitung in einigen Fällen bis zur (Teil-) Aufgabe der Anlagen einengt. Aufgrund der hohen Güteanforderungen an Roh- und Reinwasser betraf und betrifft dies vor allem Gewinnungsanlagen zur Trinkwasserversorgung. Aus methodischen und informatorischen Gründen mußte die Analyse auf Anlagen und Einzugsgebiete der öffentlichen Wasserversorgungsunternehmen beschränkt werden (vgl. Abschnitt 3.4.).

In zunehmendem Maße wurde und wird die Standortsicherung, aber auch die Standortsuche von Gewinnungsanlagen durch konkurrierende Flächennutzungen und -nutzungsansprüche in Frage gestellt bzw. erschwert. Dieser Nutzungsdruck auf wasserwirtschaftliche bedeutsame Flächen fand bisher nur vermittelt bei der Ermittlung der Grundwasserneubildungsrate in Einzugsgebieten durch Einbeziehung der Versiegelungsflächen Berücksichtigung (vgl. Wirkungsprofil OV). Inzwischen zeigt sich jedoch, daß eine Reihe anderer Flächennutzungen mit dargebotsbeeinträchtigender Wirkung dem gesamten flächenwirsamen anthropogenen Eingriffs- bzw. Wirkungspotential eines Einzugsgebietes zugerechnet werden muß (vgl. Abschnitt 4.1.; /15, S. 208 ff./).

Zur Ermittlung dieses als Konfliktbetroffenheit zu bezeichnenden Beeinflussungspotentials ist eine dem tatsächlichen Wirkungsgefüge adäquate Bezugsfläche abzugrenzen. Die exakte Abgrenzung der Einzugsgebiete von Gewinnungsanlagen stößt jedoch immer noch auf erhebliche wissenschaftlich-methodische Schwierigkeiten. Infolgedessen wurden als Bezugsflächen die festgesetzten, im Verfahren befindlichen und/oder geplanten Wasserschutzgebiete zugrundegelegt. Auf die Berücksichtigung der Schutzzonen wurde aus zwei Gründen verzichtet:

1. Die erzielbare Aussagedifferenzierung wird durch die dem gewählten Kartierungsmaßstab (TK 100) entsprechende Genauigkeit der Flächenermittlung stark relativiert.
2. Für die Eingriffspotentialermittlung ist eine Zonierung nach Fließzeit- bzw. Reinigungswirkungs-Kriterien vor allem im Hinblick auf Langfristwirkungen (Versiegelung, persistente Stoffe u.ä.) unerheblich (vgl. /16,17/).

Die einzige Ausnahme bildet die Zugrundelegung der Schutzzone II als Abgrenzungskriterium für die Wirkungsart "Schadstoffeintrag in Grundwasseranreicherungs- und Uferfiltrationsbereiche durch belastete Oberflächengewässer" (vgl. Wirkungsprofil OG).

Methodisch gesehen stellt die Ermittlung der Konfliktbetroffenheit ein auf die Einzugsgebiete der Gewinnungsanlagen beschränktes Wirkungsbild für Anfangs- und Endzeitpunkt des Untersuchungszeitraumes dar. Karte 9 zeigt die zeitliche und flächenhafte Entwicklung der dargebotsbezogenen Wirkungsarten innerhalb der insgesamt 50 analysierten Einzugsgebiete. Die Ergebnisse der zugehörigen Flächenauswertung sind den Tab. 2 u. 3 zu entnehmen.

Wie zu erwarten war, bildet sich auch in den Einzugsgebieten der drei Dargebotsräume die raumstrukturelle Entwicklung ab. Dieses Ergebnis ist nicht sonderlich überraschend, da allgemein bekannt ist, daß wasserwirtschaftliche

EINZUGSGEBIETSANALYSE 1954

NR.	GESAMT-FLÄCHE	WIRKUNGSART													
		OV		FS		WS		GA		ES		OG		ÜL	
	ha	%	ha	%	ha	%	ha	%	ha	%	ha	%	ha	%	ha
01	955	9,2	88	13,2	125										
02	1468	3,7	55	8,1	120										
03	727	2,0	15	4,7	83										
04	1404	4,7	66	6,6	93			73,0	1025						
05	330	11,5	38	21,2	70										
06	1768	16,2	288	5,5	99			82,1	1452	0,3	5			>0	1
07	1320	6,1	81	0,6	8			91,2	1205						
08	1245	3,4	43	6,2	78			57,0	710	0,3	4				
09	755	7,5	57					100,0	755	0,9	7				
10	871	12,5	109	15,2	133			100,0	871						
11	243	31,6	77					100,0	243						
12	1336	38,9	520	16,2	217	0,5	8	43,5	582	0,5	7			0,2	4
13	143	8,3	12					54,5	78						
14	3958	7,1	282	3,5	141			0,2	8	0,2	9	1,1	45	0,1	5
15	1005	10,2	103	6,8	69										
16	272	4,0	11	27,5	75									0,3	1
17	1326	4,9	65	6,9	92					0,1	2				
18	1756	7,4	130	8,0	142										
19	370	8,1	30	11,6	43										
20	501	4,3	22	10,5	53										
21	576	9,3	54									21,8	126		
22	282	0,3	1									94,6	267		
23	897	36,4	327			20,1	181	80,9	726			18,5	166	3,2	29
24	2572	11,7	302	13,2	341					3,1	82				
25	1301	3,0	40	1,6	22										
26	362	25,6	93	5,5	20										
27	193	2,5	5												
28	1483	4,9	74	10,5	156										
29	1201	13,9	169	7,1	87										
30	3156	3,8	120	7,4	234										

NR.	GESAMT-FLÄCHE	WIRKUNGSART													
		OV		FS		WS		GA		ES		OG		ÜL	
	ha	%	ha	%	ha	%	ha	%	ha	%	ha	%	ha	%	ha
31	2728	4,4	122	3,4	94										
32	14740	3,5	526	7,1	1052					0,4	59				
33	3805	0,3	14	7,7	293										
34	4831	1,9	93	1,2	59							26,7	1291	1,0	50
35	1117	6,5	73	11,9	133					0,1	2				
36	883	7,7	68	15,0	133										
37	633	20,5	130	12,9	82							0,4	3	1,5	10
38	769	14,6	113	0,5	4					0,1	1	5,4	42		
39	8219	11,8	974	4,6	386					>0	4	12,7	1052	2,4	201
40	322	11,8	38	0,6	2							43,4	140	9,8	32
41	985	13,9	137	14,4	142	1,0	10					9,0	89	8,5	84
42	2337	21,8	510	9,2	217							4,1	97	12,8	302
43	241	0,8	2												
44	1931	24,6	476	3,6	70	0,6	12					20,4	395	0,9	20
45	344	59,5	205	14,2	49							4,0	14	0,2	1
46	1680	13,9	234			0,2	4					34,6	582	1,5	27
47	295	10,1	30	7,7	23							4,0	12	9,8	29
48	274	12,7	35	2,5	7							43,0	118	5,4	15
49	164	14,0	23	25,0	41							7,9	13		
50	506	35,1	178			1,5	8			0,5	3	32,6	165	2,3	12

Tab. 2 Flächenhafte Ausdehnung der Wirkungsart–Potentiale in den Wassereinzugsgebieten der öffentlichen Gewinnungsanlagen (1954)

EINZUGSGEBIETSANALYSE 1980

NR.	GESAMT-FLÄCHE	WIRKUNGSART													
		OV		FS		WS		GA		ES		OG		ÜL	
	ha	%	ha	%	ha	%	ha	%	ha	%	ha	%	ha	%	ha
01	955	21,9	210	46,7	446					0,2	2			4,7	46
02	1468	14,5	214	57,4	844									1,2	19
03	727	14,7	107	60,6	441					1,9	14			2,7	21
04	1404	36,8	518	20,6	290	0,2	3	73,3	1030	0,1	2			0,8	12
05	330	26,6	88	60,9	201										
06	1768	32,6	577	38,0	673			98,6	1744	4,6	83	>0	1	2,2	43
07	1320	14,4	191	51,2	677	0,1	2	100,0	1320	0,8	11			1,5	22
08	1245	9,3	116	47,2	588			57,8	720					0,9	12
09	755	20,0	151	50,0	378			100,0	755	1,4	11			4,9	39
10	871	21,2	185	56,9	496	0,3	3	100,0	871					2,0	19
11	243	51,0	124	28,8	70			100,0	243					4,1	10
12	1336	51,2	685	21,3	285	0,2	4	50,4	674	2,6	36			1,0	17
13	143	4,8	7	49,6	71			79,7	114					11,8	17
14	3958	10,8	431	47,8	1895		2	57,0	2258	5,2	207	0,8	34	5,5	229
15	1005	17,9	180	43,3	436	0,2	2	99,1	996	0,5	6			3,0	31
16	272	4,7	13	61,3	167									3,3	9
17	1326	6,1	81	51,1	678	>0	1			>0	2			3,3	44
18	1756	7,6	135	59,0	1037									0,5	9
19	370	7,8	29	54,8	203									0,5	2
20	501	8,3	42	62,2	312					8,7	44			7,1	36
21	576	18,7	108	50,8	293							4,3	25	19,5	113
22	282											11,7	33	78,3	221
23	897	43,3	389			4,2	38	80,6	723	0,6	6	19,7	177	21,9	197
24	2572	20,8	537	32,0	824	0,1	3			0,8	21			3,1	83
25	1301	3,9	51	36,7	478										
26	362	30,3	110	21,8	79	1,3	5								
27	193	2,5	5	22,2	43										
28	1483	8,5	127	41,6	618									0,8	13
29	1210	13,7	169	36,5	442										
30	3156	13,3	422	36,5	1153										

NR.	GESAMT-FLÄCHE	WIRKUNGSART													
		OV		FS		WS		GA		ES		OG		ÜL	
	ha	%	ha	%	ha	%	ha	%	ha	%	ha	%	ha	%	ha
31	2728	4,4	122	29,3	801	0,4	11							0,1	3
32	14740	5,9	877	32,2	4750	>0	8	1,4	217	1,9	285			1,9	290
33	3806	0,7	29	12,0	457	39,5		39,5	1504					>0	2
34	4831	4,9	238	19,5	946							18,3	888	8,2	410
35	1117	11,7	131	14,9	167					8,5	96			1,3	17
36	883	9,6	85	50,6	447									0,1	1
37	633	35,2	223	26,5	168									2,1	14
38	769	24,1	186	35,7	275	0,2	2					5,5	43	1,0	9
39	8219	19,7	1627	33,1	2721	>0	7			>0	4	5,4	448	10,5	866
40	322	19,5	63	1,2	4	1,2	4			0,3	1	18,6	60	34,0	110
41	985	14,2	140	30,5	301	0,7	7					4,6	46	13,2	131
42	2337	26,3	616	13,9	325	>0	1			0,2	6	3,1	73	14,5	340
43	241	0,8	2												
44	1931	24,9	482	21,1	408	0,3	6					11,7	226	10,9	211
45	344	65,6	226	3,1	11							3,4	12	1,4	5
46	1680	18,7	315	12,5	211	0,3	6			0,1	2	25,1	425	9,3	157
47	295	8,8	26	40,6	120									13,8	41
48	274	16,0	44	6,5	18							10,5	29	40,1	110
49	164	14,0	23	23,1	38	7,3	12					8,5	14	1,8	3
50	506	38,7	196	10,0	51							5,5	28	35,5	181

Tab. 3 Flächenhafte Ausdehnung der Wirkungsart–Potentiale in den Wassereinzugsgebieten der öffentlichen Gewinnungsanlagen (1980)

Belange bei der raumplanerischen Abwägung auf eigentlich allen Planungsebenen oftmals nachrangig eingestuft wurden und werden. Betrachtet man jeden Dargebotsraum (Ruhrtal, Halterner Sande, Linker Niederrhein) für sich allein, werden unterschiedliche Eingriffs- bzw. Umformungsstrukturen erkennbar (vgl. Tab. 4).

Dargebotsraum	Einzugsgebiets-Nr.[1]	Durchschnittliche Konfliktbetroffenheit in % der Einzugsgebietsfläche		
		Stand 1954	Stand 1980	Zunahme 1954/1980
Niederrhein				
– linksrheinisch	1 bis 19	19,5	70,7	51,2
– rechtsrheinisch	20 bis 31	28,0	59,3	31,3
Halterner Sande	32 bis 35	17,0	35,5	18,5
Ruhrtal	36 bis 50	47,4	68,3	20,9

[1] Bezeichnung der Einzugsgebiete siehe Tab. 1

Tab. 4 Entwicklung der Konfliktbetroffenheit der Einzugsgebiete von Gewinnunganlagen der öffentlichen Wasserversorgung in den Dargebotsräumen Niederrhein, Halterner Sande und Ruhrtal (1954/1980)

Während der Dargebotsraum Niederrhein von starker Zunahme der Konfliktbetroffenheit gekennzeichnet ist, weisen die alt-betroffenen Einzugsgebiete einen geringeren, flächenhaften Wirkungspotentialzuwachs auf. Den geringsten Zuwachs an flächenhaftem Wirkungspotential haben die Einzugsgebiete im Dargebotsraum Halterner Sande zu verzeichnen. Bemerkenswert ist, daß die Konfliktbetroffenheit der Einzugsgebiete im Dargebotsteilraum Linker Niederrhein zu Beginn des Untersuchungszeitraums 1954 in der gleichen Größenordnung wie die der Einzugsgebiete im Dargebotsraum Halterner Sande lag, inzwischen aber das durchschnittliche Wirkungspotential der altbetroffenen Einzugsgebiete des Ruhrtales übersteigt. Selbst anhand dieses groben Maßes wird der überdurchschnittlich große Nutzungsdruck der Raumentwicklung auf die versorgungswirtschaftlich bedeutsamen Teile des Linken Niederrheins deutlich.

4.2.3. Entwicklung des Aufbereitungsaufwandes

Bei der Analyse stand die Beantwortung der zentralen Frage im Vordergrund, wie sich das in den Einzugsgebieten herausgebildete Eingriffs- bzw. Wirkungspotential qualitativ und/oder quantitativ auf der Rohwasserseite der Gewinnungs- und Aufbereitungsanlagen auswirkt. Wirkungsanalytische Erkenntnisse über diese komplexen Zusammenhänge liegen vor allem für Anlagen vor, die Oberflächenwasser zur künstlichen Dargebotserhöhung verwenden (vgl. Wirkungsprofil OG). Aufgrund des erheblichen analytischen Aufwandes wurden entsprechende Untersuchungen für Grundwassergewinnungsanlagen im ländlichen Raum (Dargebotsraum Niederrhein) in der Vergangenheit nicht durchgeführt; seit neuestem liegen Ergebnisse einer im Auftrag des MAGS NW durchgeführten Untersuchung vor, die jedoch nicht mehr berücksichtigt werden konnten. Wirkungszusammenhänge zwischen landwirtschaftlicher Nutzung von Flächen (Düngemitteleinsatz) und der Nitratbelastung von Rohwasser wurden an westmünsterländischen und niederrheinischen Einzugsgebieten und Anlagen untersucht /18/. Während für einige Stoffe wie z.B. Nitrat eine eindeutige Ursachenzuweisung inzwischen möglich ist, stößt die Erfassung der kausalen Zusammenhänge zwischen verursachenden Flächen- oder Gewässernutzungen und dem resultierenden Aufbereitungsaufwand der Wasserwerke immer noch auf erhebliche Probleme. Inbesondere scheint die Frage der Zurechnung bzw. Zurechenbarkeit volkswirtschaftlicher (sozialer) Kosten zum nachweislich gestiegenen Aufbereitungsaufwand nicht allgemeingültig zu beantworten zu sein /19/. Zum gesamten Einflußfaktorenkomplex sind nämlich auch die gestiegenen normativen Güteanforderungen an Roh- und Reinwasser (z.B. EG-Richtlinien) zu zählen.

Trotz der genannten Schwierigkeiten in Bezug auf die Datenbasis wurde mit Karte 11 der Versuch unternommen, die zeitliche Entwicklung des Aufbereitungsaufwandes zum Eingriffs- bzw. Wirkungspotential der einzelnen Einzugsgebiete (vgl. Karte 9) in Beziehung zu setzen.

Die Kennzeichnung des jeweiligen Aufbereitungsaufwandes der einzelnen Anlagen erfolgte nach rein technischen Kriterien. Zur Vereinheitlichung der Gesamtaussage wurde versucht, die Anlagenspezifika jedes Wasserwerkes in ein Raster von 10, ihrer physikalisch-chemischen Wirkungsweise entsprechend definierte Verfahrensstufen zu überführen. Die jeweilige apparative verfahrenstechnische Gestaltung verursachte z.T. Zuordnungsprobleme, die aber durch Abstimmung mit der technischen Leitung der Wasserwerke weitgehend gelöst werden konnte. Erkennbare und feststellbare negative Auswirkungen der Raumentwicklung auf die Gewinnungs- und Aufbereitungssituation der Anlagen waren durch Primärerhebung nicht erschöpfend zu ermitteln. Hervorzuheben sind in diesem Zusammenhang die inzwischen regelmäßigen Erhebungen im Regierungsbezirk Düsseldorf zur aktuellen Belastungssituation der Entnahmestellen /20/ Sie wurden in Karte 11 eingearbeitet. Für die anderen Dargebotsräume waren vergleichbare Belastungssynopsen nicht verfügbar. Eine Vollerhebung war aus zeitlichen Gründen nicht möglich.

Aufgrund der hohen Bedeutung der Oberflächengewässer Rhein, Ruhr und Halterner Stausee (Stever, Halterner Mühlenbach) für die öffentliche und industrielle Wasserversorgung des Untersuchungsraumes wurde die Güteveränderung dieser Gewässer in Karte 11 mitaufgenommen. Eine dem Verwendungszweck Trinkwasserversorgung adäquate Gütebeurteilungsmethode steht bisher nur für den Rhein zur Verfügung (IAWR-Index), so daß zur Vereinheitlichung der Aussage hilfsweise auf den LAWA-Index /21/ zurückgegriffen werden mußte (zu Einzelheiten der trinkwasserversorgungsbezogenen Güteentwicklung vgl. Wirkungsprofil OG).

Insgesamt wird in Karte 11 die Wirksamkeit anthropogener Eingriffe in das Dargebot recht deutlich.

Am linken Niederrhein sind von 31 Einzugsgebieten bzw. Aufbereitungsanlagen bis 1980 schon 13 in unterschiedlicher Art und Intensität beeinträchtigt. Überraschend klar stellt sich der Wirkungszusammenhang von landwirtschaftlicher Nutzung und Nitratbelastung des Rohwassers in den Einzugsgebieten 2, 9/10, 14, 15, 16 und 19 dar (vgl. Karte 9 und Karte 11). Weitere nicht gekennzeichnete Anlagen liegen knapp unterhalb des Grenzwertes der entsprechenden EG-Richtlinie.

Im Dargebotsraum Ruhrtal sind die besonderen Anforderungen an die Aufbereitung gut erkennbar. Während 1954 am Oberlauf im wesentlichen Langsamsandfiltration und Sicherheitschlorung, im Mittel- und Unterlauf aber bereits weitere Verfahrensstufen notwendig waren, sind bis 1980 in einigen Wasserwerken entlang des betrachteten Ruhrabschnittes bis zu vier Verfahrensstufen zusätzlich installiert worden. Diesen Indikator allein zum Nachweis der rohwasserseitigen Güteveränderung zu verwenden, ist problematisch, da die Investitionsentscheidungen nicht nur auf trinkwasserhygienisch-technischen, sondern auch auf betriebswirtschaftlichen Überlegungen basieren. Zudem liegt zwischen Investitionsentscheidung und Ausführung/Inbetriebnahme der neuen Anlagen oft ein Zeitraum von mehreren Jahren.

Die Situation der beiden Einzugsgebiete/Anlagen im Dargebotsraum Halterner Sande stellt sich unterschiedlich dar. Während das im Raum Dorsten aus dem 2. Grundwasserstockwerk geförderte, anthropogen nahezu unbeeinträchtigte Rohwasser keine zusätzliche Aufbereitung notwendig machte, mußte im Wasserwerk Haltern durch Fällung dem Phosphateintrag in die Stauseezuflüsse durch Siedlungsabwässer und Düngeraustrag von landwirtschaftlichen Flächen entgegengewirkt werden (vgl. Wirkungsprofil OG).

Über die in Karte 11 nur für den Regierungsbezirk Düsseldorf dargestellten konfliktbetroffenen Anlagen hinaus haben auch in den anderen Dargebotsräumen Nutzungskonflikte zur direkten Beeinträchtigung der Gewinnungs-/Aufbereitungsanlagen geführt (vgl. Tab. 5).

Nr. des/der Einzugsgebietes/ Gewinnungsanlage	Konfligierende Nutzung	Wirkung / Maßnahme
20 / 21 / 22	Ablagerung von Sonderabfällen (Sondermülldeponie Ratingen–Breitscheid) im Einzugsgebiet	
24	1. Steinkohlenabbau mit Bergsenkungen 2. Sand-/ Kiesabbau in Schutzzone II und III beabsichtigt	Simulation der Auswirkungen mit Hilfe eines Grundwassermodells (Ruhr–Universität Bochum, Institut für angewandte Geologie)
32 a	Durchquerung der Fassungsanlage durch Bundesstraße (B224)	Bau von 3 Schutzbrunnen
32 b	Fernstraßenbau BAB 31 (Emslandlinie)	Trasse durch Brunnengalerie und geplante Schutzzone II; wahrscheinliche Aufgabe von Erweiterungs- und Ersatzflächen
36	1. Bebauungsplanung / Siedlungsentwicklung der Stadt Fröndenberg (GE–Gebietsausweisung) 2. Landwirtschaftliche Düngung (Gülle, Mineraldünger)	Anstieg der Nitratwerte im unmittelbar an den Filterbecken vorbeifließenden Rammbach von 12 auf 34 mg NO_3/l (1975–1980)
39	Fernstraßenbau BAB 45 (Sauerlandlinie)	Stillegung der Hauptfilteranlage Wandhofen wegen fehlendem Sicherheitsabstand (1964); Ersatz durch Neuanlage Westhofen
46 a	Durch Aufstau des Baldeneysees starker Anstieg des Mangangehaltes	Stillegung der Anlage (1954)
50 a/b	1. Ausbau der B 223 (1968) 2. Erdölraffinerie in Schutzzone III	Stillegung von 13 Förderbrunnen und 5.000 m^2 Filterbecken (1968)

Tab. 5 Von Flächennutzungskonflikten betroffene Gewinnungs- und Aufbereitungsanlagen öffentlicher Wasserversorgungsunternehmen

4.2.4. Dargebotsbeanspruchung

Wie in Abschnitt 3.4. dargestellt stößt die zeitliche und raumstrukturelle Analyse der Dargebotsbeanspruchung auf methodische und informative Probleme. Gleichwohl wurde versucht, auf der Grundlage der verfügbaren Daten und Informationen zumindest Entwicklungslinien im betrachteten Zeitraum zwischen 1954 und 1980 aufzuzeigen. Sachliche Einschränkungen hinsichtlich der untersuchten Wasserverwendungs- und Wassernutzungsarten (Bedarfszweige) waren erforderlich, um dem Ziel einer synoptischen Darstellung der Wirkungsbeziehungen im o.g. Zeitraum in der zur Verfügung stehenden Bearbeitungszeit gerecht zu werden. Außerdem stand der dynamische Aspekt der Wirkungszusammenhänge im Vordergrund der Analyse. Insgesamt orientierte sich die Analyse an den neueren und neuesten Richtlinien (-Entwürfen) zur wasserwirtschaftlichen Rahmenplanung /22,23/. Aufgrund des ex-post-analytischen Ansatzes und der o.g. Zielsetzungen bzw. Restriktionen konnte keine dynamische, vergangenheitsbezogene "Wasserbilanz" erstellt werden, sondern nur ein Abriß der "Dargebotsbeanspruchung" mit den aus Tab. 1, Abschnitt 3.4. ersichtlichen Vereinfachungen und Modifikationen.

4.2.4.1. Strukturveränderung

Karte 10 gibt Aufschluß über die räumliche Struktur der Dargebotsbeanspruchung auf der Grundlage der Entnahmerechte. Einschränkend ist dabei zu sagen, daß die vorliegende Karte bezüglich industrieller Entnahmerechte keinen Anspruch auf Vollständigkeit erhebt, da eine Primäranalyse der Wasserbücher wegen der Datenschutzbestimmungen nicht durchgeführt werden konnte. Ersatzweise wurden daher die beiden in Karte 10 genannten Kartenwerke sowie ergänzend das Kartenwerk Wassergewinnung und Lagerung von Abfallstoffen ausgewertet. Hinsichtlich der Exaktheit und Aktualität der Darstellung wurde davon ausgegangen, daß die in den ausgewerteten Kartenwerken angegebenen langfristigen und z.T. unbefristeten Entnahmerechte in Verbindung mit ihrem Erhebungszeitpunkt der mittel- bis langfristigen Beanspruchungsobergrenze nahekommen. Die Entnahmerechte der öffentlichen Wasserversorgung wurden durch schriftliche Befragung der Unternehmen und STÄWA erhoben. Mit Karte 10 wurde der Versuch unternommen, Darstellungs- und Aussagemöglichkeiten eines seit längerem vom DVWK vorgeschlagenen Entnehmer-Katasters auf Länderebene zu skizzieren /24/. Durch entsprechende Fortschreibung dieses Katasters würde eine wertvolle Arbeitshilfe für eine ggf. notwendige Grundwasserbewirtschaftung mit den Maßnahmen

- Umstellung auf Oberflächenwasser,
- Umstellung auf überörtliche Versorgung und Verbundanlagen,
- Kreislaufführung und Produktionsumstellung,
- Wiedereinleitung in das Grundwasser und/oder
- Überarbeitung der Entnahmerechte

geschaffen /25/.

Im Ruhrgebiet sind die o.g. "Grundwasserbewirtschaftungsmaßnahmen" schon sehr frühzeitig zum Tragen gekommen. Die stürmische Wirtschafts- und Bevölkerungsentwicklung zwang zu großräumigen Verbundlösungen, die bis 1954 nahezu unverändert blieben (vgl. Abschnitt 4.3.). Strukturveränderungen der Dargebotsbeanspruchung durch die öffentliche Wasserversorgung, die jedoch nicht zu nachhaltigen Übernutzungen führten , waren im Untersuchungszeitraum

- die Fernwasserversorgung Duisburgs aus den Halterner Sanden durch rohwasserqualitätsbedingten Ausfall der Gewinnungsanlage "Wasserwerk VIII - Homberg" und
- der Verbund von Gewinnungsanlagen im Ruhrtal zur Sicherung der Förderung und Versorgung.

Die Umstellung auf Oberflächenwasser sowie Kreislaufführung und Produktionsumstellung spricht vor allem industrielle Entnehmer an, innerbetriebliche Möglichkeiten der rationellen Wasserversorgung noch weiter als bisher auszuschöpfen. So zeigt die Entwicklung der industriellen Wasserversorgung zwischen 1957 und 1979, daß die in diesem Zeitraum ergriffenen Maßnahmen zur Rationalisierung der innerbetrieblichen Wasserwirtschaft branchenspezifische signifikante Unterschiede aufweisen /26/. Soweit es die aus Datenschutzgründen erforderliche Aggregation der Primärdaten zuläßt, sind für den Untersuchungsraum einige verallgemeinerbare Entwicklungslinien ableitbar.
In den einzelnen Industriezweigen wurde das übergeordnete Ziel einer möglichst weitgehenden qualitativ-quantitativen rationellen Zuordnung von Verwendungsart und Wasserart in sehr unterschiedlicher Weise angestrebt, während die Kreislaufführung gesamtindustriell inzwischen ein hohes Niveau erreicht hat. Auf Nordrhein-Westfalen insgesamt bezogen sind für die im Untersuchungsraum ansässigen mengenwirtschaftlich relevanten Branchen folgende Entwicklungen erkennbar (vgl. Abb. 1, 2 u. 3) /26, S. 141 - 153/:

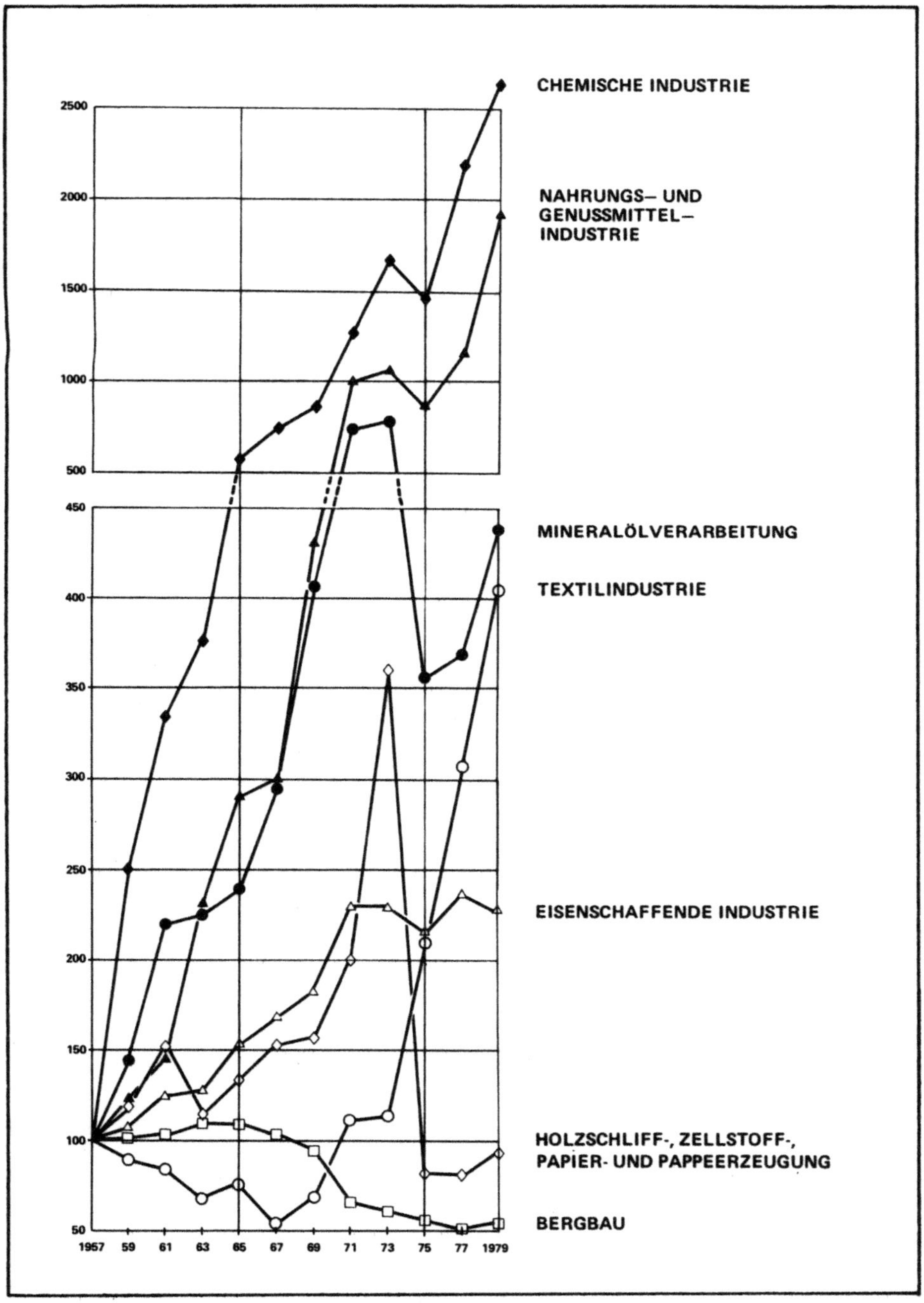

Abb. 1 **Entwicklung der Nutzung von Kreislaufwasser nach Industriegruppen, Nordrhein–Westfalen (Index 1957 = 100)**

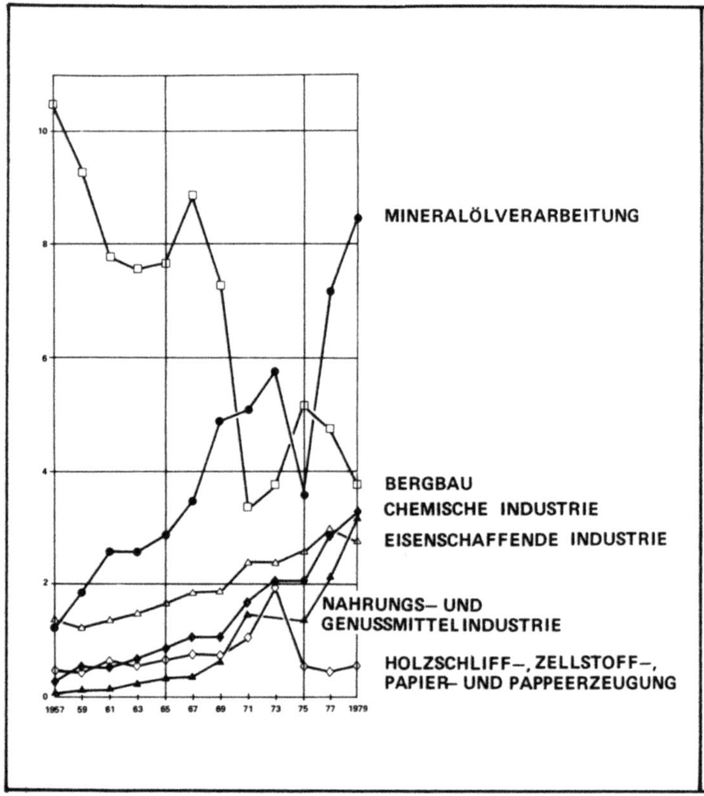

Abb. 2 Entwicklung des branchenspezifischen Nutzungsfaktors (Nutzung als Kreislaufwasser/ Nutzung aus Aufkommen), Nordrhein–Westfalen

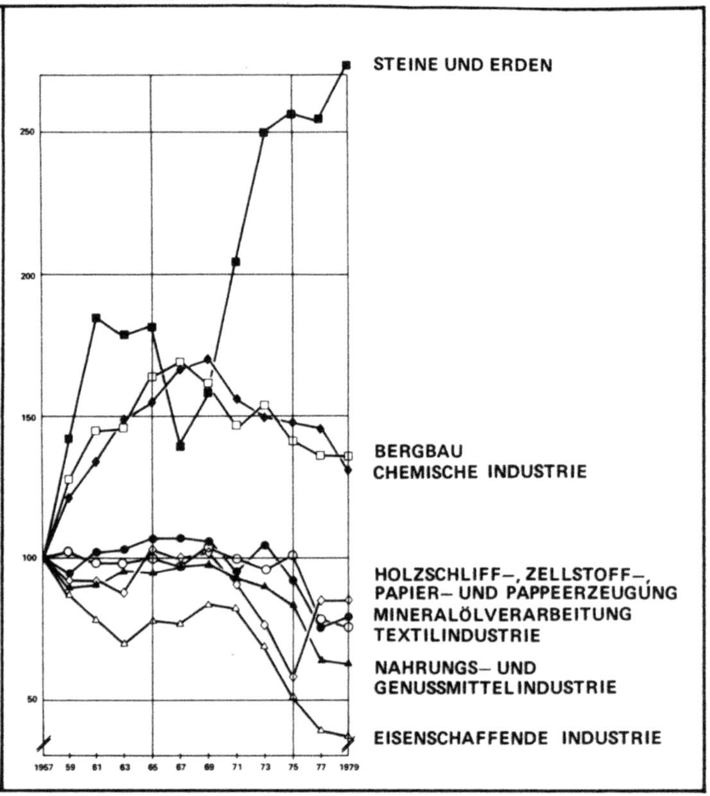

Abb. 3 Entwicklung der industriellen Eigenförderung aus Grundwasser/Quellwasser inkl. Uferfiltrat nach Industriegruppen, Nordrhein–Westfalen (Index 1957 = 100)

- Bergbau

Aufgrund der Datenaggregation (Braunkohlen- und Steinkohlenbergbau) sind die Aussagen für das rheinisch-westfälische Steinkohlenrevier nur bedingt verwertbar. Auffallend ist die der gesamtindustriellen Entwicklung zuwiderlaufende, d.h. abnehmende Nutzung von Kreislaufwasser und damit zusammenhängend der abnehmende Nutzungsfaktor. Der innerbetriebliche Nutzungsgrad aus Aufkommen ist zwischen 1959 und 1979 mit ca. 40 bis 50 % etwa gleichgeblieben, während die dem großen Kühlwasserbedarf entsprechend hohe Kreislaufwassernutzung bis Anfang der sechziger Jahre anstieg. Mit Einsetzen der Zechenstillegungen nimmt sie seither stetig ab. Die Eigenförderung aus Grundwasser und Quellen inkl. Uferfiltrat weist eine parallele Entwicklung auf.

- Eisenschaffende Industrie

Stetige Erhöhungen der Kreislaufwassernutzung und des Nutzungsfaktors bei gleichzeitig sinkender Grundwasserförderung machen die beispielhaften Bemühungen dieses Industriesektors um eine rationelle Betriebswasserwirtschaft deutlich ("Trockene Hütte"). Die qualitätsadäquate Zuordnung von Verwendungszweck und Wasserart werden durch hohen Kühlwassergebrauch und hohen Oberflächenwasseranteil an der Eigenförderung dokumentiert.

- Chemische Industrie inkl. Kohlenwertstoffindustrie

Alle Indikatoren weisen auf eine wirtschaftsstrukturell expandierende Branche hin: Die Kreislaufwassernutzung stieg auf das 26-fache des Ausgangsvolumens, die Grundwasser-Eigenförderung bis 1967 auf das 1,7-fache mit anschließend fallender Tendenz. Im gleichen Zeitraum stieg der Nutzungsfaktor von 0,3 auf 3,3, d.h. um das 11-fache. Auch diese Branche zeichnet sich durch weitgehende Qualitätsadäquanz der Wasserverwendung aus: geringer, unter dem Fabrikationswasserverbrauch liegender Grundwasseranteil an der Eigenförderung, hoher Kühlwassergebrauch und Oberflächenwasseranteil an der Eigenförderung.

- Mineralölverarbeitende Industrie

Die eindrucksvollen Steigerungen der Kreislaufwassernutzung, des Nutzungsfaktors sowie die bis zur Energiekrise 1973 etwa auf dem Niveau von 1957 bleibende Eigenförderung von Grund- und Quellwasser inkl. Uferfiltrat weisen auf große Anstrengungen zur Rationalisierung der innerbetrieblichen Wasserwirtschaft hin. Bezüglich der Zuordnung von Verwendungszweck und Wasserart ist jedoch anzumerken, daß dem mit 80 bis 90 % Anteil an der Gesamtverwendung beteiligten Kühlwassergebrauch ein hoher Anteil von Uferfiltrat an der Eigenförderung von ca. 75 bis 90 % gegenübersteht. Obwohl im Nahbereich der Entnahmestellen an Rhein, Ruhr und Lippe keine Nutzungskonkurrenzen auftraten, könnte eine weitergehende Umstellung auf direkte Oberflächenwasserentnahme die landseitig auftretende Grundwasserbeanspruchung herabsetzen.

- Industrie der Steine und Erden

  Die mit der starken Zunahme der Gewinnung von Sanden und Kiesen am Niederrhein, im Raum Kirchhellen und Haltern verbundenen Wasserhaltungsmaßnahmen (vgl. Wirkungsprofil ES) spiegeln sich in der geradezu dramatischen Zunahme der Eigenförderung von Grund- und Quellwasser wider. Rein quantitativ bewegten sich 1979 die Entnahmen von 49,2 Mio. m^3 bereits in der Größenordnung der Förderung der nächstliegenden Branche "Eisenschaffende Industrie" (57,0 Mio. m^3). Obwohl die innerbetriebliche Kreislaufwassernutzung ganz überwiegend zu Fabrikationszwecken (1979: ca. 90 % der Wasserverwendung für Sand-/Kieswaschen) seit 1969 stark zugenommen hat, lag der Nutzungsfaktor wegen der enormen Aufkommenssteigerung 1979 nur bei 0,3.

Die vorangegangenen Branchenanalysen können nur einen groben Anhaltspunkt für die Einflüsse auf die Entwicklung der Dargebotsbeanspruchung der in Karte 10 dargestellten Entnahmestellen bieten. Am Beispiel der von strukturellen Veränderungen in Form von Stillegungen , Kapazitäts- und/oder Produktionsprogrammbereinigungen betroffenen Industriezweige Bergbau, Eisenschaffende Industrie und Mineralölverarbeitende Industrie, deren Entnahmestellen und -rechte besonders gekennzeichnet wurden, läßt sich die Veränderung der Beanspruchungsstruktur verdeutlichen. Auch die Beanspruchungsgruppe "Gewinnungsanlagen für die öffentliche Wasserversorgung" zeigte im Untersuchungszeitraum Nutzungsentlastungen. Am Mittellauf des betrachteten Ruhrabschnittes führten Abgabeentwicklung und unternehmensinterne Umstrukturierungen der Gelsenwasser AG und der Stadtwerke Bochum AG zu Stillegungen bzw. Zusammenlegungen von Gewinnungsanlagen: die Anlage Winz der Gelsenwasser AG und die Anlage Sundern der von beiden Unternehmen gegründeten Wasserbeschaffung Mittlere Ruhr GmbH wurden 1970/71 und 1978 stillgelegt. Die Gewinnungsanlagen der Gelsenwasser AG im Raum Fröndenberg wurden ebenfalls umstrukturiert und ein Teil (Fröndenberg-Halingen) im Jahr 1972 stillgelegt.

Für Dargebots- bzw. Versorgungsteilräume werden Nutzungsentlastungen bzw. -potentiale erkennbar; eine Ausdehnung auf alle Entnahmestellen ist prinzipiell möglich. Mit Hilfe eines EDV-gestützten Entnehmer-Katasters, das die wesentlichen Merkmale der jeweiligen Entnahmeeinrichtung enthält (vgl. Muster eines Erhebungsbelegs für Entnahmestellen zur öffentlichen Wasserversorgung, Abb. 4), kann im Rahmen einer notwendig werdenden Grundwasserbewirtschaftung das Potential qualitativ und quantitativ eingeschätzt werden.

4.2.4.2. Zeitliche Entwicklung

Die Analyse der zeitlichen Entwicklung der quantitativen Dargebotsbeanspruchung stieß auf Datenbeschaffungsprobleme. Während die zeitliche Fördermengenentwicklung der Gewinnungsanlagen der öffentlichen Wasserversorgung durch Primärerhebung disaggregiert darstellbar war, mußten für die Beanspruchungsgruppe "Industrielle Eigengewinnungsanlagen" relativ hoch aggregierte Daten der amtlichen Statisik verwendet werden.

4.2.4.2.1. Beanspruchungsgruppe "Gewinnungsanlagen der öffentlichen Wasserversorgung"

Für die in Tab. 1 aufgeführten Gewinnungsanlagen des Untersuchungsraumes ist die zeitliche Entwicklung der standortspezifischen, quantitativen Dargebotsbeanspruchung (Jahresfördermenge) in Karte 11 dargestellt. Wie der Überblick über alle Anlagen zeigt, wurde die durch das jeweilige Entnahmerecht definierte Beanspruchungsgrenze nur bei wenigen Anlagen im Raum Duisburg - Moers sowie an der Ruhr in Hagen und Fröndenberg - Halingen überschritten.

An diesen Fällen wird sichtbar, daß die Quantifizierung der Dargebotsbeanspruchung mit Hilfe der bewilligten Fördermengen nur einen groben Anhaltspunkt bieten und einen Überblick verschaffen kann. Durch die Bescheidumstellung bzw. -erneuerung wurden nämlich für einige Anlagen Anfang der siebziger Jahre die bewilligten Fördermengen erhöht, so daß in Karte 11 keine Überschreitung erkennbar wird (Anlage-Nr. 39); im umgekehrten Fall führt eine mit 1975 beantragte, aber bis 1980 nicht bewilligte Erhöhung des Entnahmerechts zu einer Überschreitung der Beanspruchungsobergrenze

Wasserfassungen zur öffentlichen zentralen Wasserversorgung
Erhebungs- und Eingabebeleg

WWA/SWA	LfW	EDV-Wasserwirtschaft Gruppe 4100
Bearbeiter ______	Bearbeiter ______	**Blatt 01**
Datum ______	Datum ______	

In alle Datenträger übernehmen! Blatt-Nr 0 1 Ziffer 1 1 mit 6 5 | 1 | 1 = Zugang 2 = Änderung 3 = Löschung | Objektart 4 1 Blatt-Nr TK 50 Objektnummer ★ 20

1. Karte – 1 Gebietsdaten

WWA/SWA ______ | Nummer des Amtes 1 1 ★ 26 | Ortsteil Region

Die Fassung liegt auf dem Gebiet der Gemeinde ______ | Gemeindekennziffer 1 2 0 9 ★ 42

Flußgebietsnummer 1 3 ★ 52

Ortsteil ______ | Koordinaten (Gauß-Krüger) rechts 1 4 ★ 62

Region ______ | hoch 1 5 ★ 72

Flußgebiet ______

2. Karte – 2 Unternehmensdaten

Träger der Fassung ______ | Unternehmenkennziffer: Rechtsform, Blatt-Nr TK 50, Objektnummer 2 1 ★ 33

41 = Kommunaler Betrieb
42 = Öffentlich-rechtliche Körperschaft
43 = Privatrechtliche Körperschaft oder Person
44 = Staatsbetrieb

Anschrift ______
PLZ ______ Ort ______

Rechtsform des Unternehmens (Zutreffendes ankreuzen): Kommunaler Betrieb ☐ Privatrechtliche Körperschaft oder Person ☐ Öffentlich-rechtliche Körperschaft ☐ Staatsbetrieb ☐

Art der Fassung (Zutreffendes ankreuzen): Bohrbrunnen ☐ Schachtbrunnen ☐ Stollen/Sickerfassung ☐ Talsperren/Seenwasserentnahme ☐ Horizontal/Schrägfilterbrunnen ☐ Quellfassung ☐ Flußwasserentnahme ☐

3 Wasserrechtsdaten

Erlaubnis/Bewilligung mit Bescheid der Wasserrechtsbehörde | 3 1 ★ 37 1 = Erlaubnis 2 = Bewilligung

Name ______ | Behörden-(Kreis)-Nr 3 2 ★ 43
______ | Bescheid vom 3 3 ★ 52
Anschrift ______ | Nr. (Az) 3 4 ★ 65
PLZ ______ Ort ______
______ | befristet bis (Jahr) 3 5 ★ 72

zur Ableitung/Entnahme von | momentan l/s 3 6 ★ 79 | täglich m³/d 3 7 ★ 29 | jährlich m³/a 3 8 ★ 41

3. Karte

Name des Erschließungsgebietes ______ | Gebietskennziffer: Objektart, Blatt-Nr TK 50, Objektnummer 4 1 2 2 0 ★ 56
______ | Anzahl der Fassungen 4 2 ★ 62
Schutzgebiet festgesetzt und Schutzanordnung erlassen ja ☐ nein ☐ | 4 3 ★ 66 1 = ja 2 = nein

4. Karte – 4 Leistungsdaten

Baujahr und Leistung der Fassung | Baujahr 5 1 ★ 73
bei Grundwasserentnahme | Monat Jahr
Dauerpumpversuch von ______ bis ______ | 5 2 ★ 80
Lage des genutzten Grundwasser-Leiters unter Gelände von ______ bis ______ | Anzahl der Pumpstunden und Ausbautiefe in m: Stunden, Tiefe m cm 5 3 ★ 33
Stellung des Grundwasserleiters: porig ☐ klüftig ☐ karstig ☐ | Wasserspiegellage ab Gelände in m u. Entnahmemenge in l/s: Ruhe-Wsp. m cm, abges. Wsp. m cm, Menge l/s 5 4 ★ 50
bei Quellwasserableitung | Monat Jahr Menge in l/s
geringste Schüttung am ______ | 5 5 ★ 61
größte Schüttung am ______ | 5 6 ★ 72
bei Grund- und Quellwassernutzung: Aufbereitung des Rohwassers erforderlich? ja ☐ nein ☐ | 5 7 ★ 76 1 = ja 2 = nein
bei Fluß-, Seen- oder Talsperrenwasserentnahme: größtmöglicher Durchsatz der nachgeschalteten Aufbereitungsanlage in m³/h | 5 8 ★ 28

5. Karte – 5 Bewertungsdaten

Angaben zur Bewertung der Fassung (Zutreffendes ankreuzen) | In der Bilanz berücksichtigt

1. Werden durch Schutzmaßnahmen für die bestehende Fassung bedeutsame konkurrierende Planungen oder Tatbestände erheblich behindert oder ist die hygienische Sicherheit gefährdet? ja ☐ nein ☐ | 6 1 ★ 32 1 = ja 2 = nein
2. Kann die Fassung in technischer Hinsicht ausreichende Sicherheit bieten und mit wirtschaftlich vertretbaren Bedingungen betrieben werden? ja ☐ nein ☐ | Bei weiterer Nutzung Betrieb mit 1 = wasserrechtl. genehm. Leistung 2 = verringerter Leistung 3 = verstärkter Leistung 6 2 ★ 36
3. Entspricht der weitere Bestand der Fassung langfristigen Planungsvorstellungen? ja ☐ nein ☐ | Für die Bewirtschaftung der Wasservorkommen anzusetzende Richtmengen für die Fassung
4. Ist die weitere Nutzung der Fassung wegen der chemischen Beschaffenheit des Wassers zulässig? ja ☐ nein ☐ | 6 3 ★ 43 momentan l/s
5. Reicht die Wasserdarbietung aus der Fassung bei Erreichen der im Landesentwicklungsprogramm ausgewiesenen Ziele für die sichere Versorgung der Bevölkerung mit Trinkwasser aus? ja ☐ nein ☐ | 6 4 ★ 52 täglich m³/d
6. Sind die bei Zusatzwasserbezug auftretenden Probleme einwandfrei zu lösen? a) in chemischer Hinsicht (Mischwasser)? ja ☐ nein ☐ b) in betriebstechnischer Hinsicht (Steuerung)? ja ☐ nein ☐ c) in wirtschaftlicher Hinsicht (Investitionen)? ja ☐ nein ☐ | 6 5 ★ 64 jährlich m³/a
7. Hat sich die Leistung der Fassung im Betrieb gegenüber dem Ergebnis des Dauerpumpversuches und/oder den im Wasserrechts-Bescheid genannten Werten erheblich verringert? ja ☐ nein ☐ | Für die Datenbank freigegeben ______ Abgespeichert ______

Hinweise zur Bewertung aus der Sicht des WWA/SWA

Abb. 4 Muster eines Erhebungsbeleges für Entnahmestellen zur öffentlichen Wasserversorgung /25/

(Anlage-Nr. 40). Ebenso sind tatsächliche, örtliche Überbeanspruchungen des Dargebots aus Karte 11 nicht zu entnehmen. Die Entnahmekonkurrenz zwischen industrieller Eigengewinnung und Gewinnung zur öffentlichen Wasserversorgung sowie starker Bedarfsanstieg führten z.B. in Krefeld Anfang der fünfziger Jahre zu einem nicht mehr tolerierbaren Rückgang der Ergiebigkeit und damit ständig zunehmenden Grundwasserabsenkungen /12/. Am Beispiel der Gewinnungsanlage Nr. 32 a (Ufter Mark), die mit Zulassung vorzeitigen Beginns bereits fördert, wird ganz besonders die wissenschaftliche Problematik der im Zuge eines Bewilligungsverfahrens zu ermittelnden, nachhaltig gewinnbaren Fördermenge an Grundwasser deutlich /27/.

Sieht man einmal von diesen methodischen Problemen ab, so geht aus Karte 11 hervor, daß bei den der Versorgung des Ballungskerns zuzuordnenden Gewinnungsanlagen - soweit dies bei dem eng vermaschten Verbundsystem der Versorgungsunternehmen überhaupt möglich ist (vgl. Abschnitt 4.3.) - eine abnehmende bzw. stagnierende Jahresfördermenge zu beobachten ist. Anlagen im Ballungsrand und ländlichen Raum (Niederrhein) weisen eine starke Zunahme der Förderung auf; mit anderen Worten: die raumstrukturelle, d.h. demographische, siedlungs- und wirtschaftsstrukturelle Entwicklung des Untersuchungsraums bildet sich auch in der Dargebotsbeanspruchung ab. Unternehmensinterne Umstrukturierungen (Zusammenlegung/Verbund, Stillegung von Gewinnungsanlagen) wurden im Untersuchungszeitraum bei den Stadtwerken Duisburg AG, der Wasserbeschaffung Mittlere Ruhr GmbH und den Anlagen der Gelsenwasser AG im Ruhrtal durchgeführt. Neben verringertem Wasserabsatz spielte die Einhaltung der normativen Güteanforderungen durch Verschneiden der verschiedenen Wässer eine maßgebliche Rolle. Hierdurch wurde auch kleinräumig die Beanspruchungsstruktur verändert (vgl. Karte 10).

4.2.4.2.2. Beanspruchungsgruppe "Industrielle Eigengewinnungsanlagen"

Zur Abbildung bzw. Analyse der zeitlichen Entwicklung der räumlichen Dargebotsbeanspruchung durch industrielle Eigenförderung wurden die nach Gebietskörperschaften aggregierten Daten der amtlichen Statistik /28/ mit Hilfe des Plotprogramms DISSPLA in die Abb. 5a,b bis 8a,b und 10a,b bis 13a,b umgesetzt. Um zu räumlich differenzierenden Aussagen bezüglich der Dargebotsbeanspruchung zu kommen, wurde die gebietskörperschaftsspezifische Förderdichte ($m^3/a \cdot km^2$) für die Wasserarten Grund- und Quellwasser inkl. Uferfiltrat und Oberflächenwasser berechnet. Trotz methodischer

Vorbehalte erlaubt diese Kenngröße Tendenzaussagen über zeitliche und räumliche Veränderungen der industriellen Beanspruchungsstruktur. Darüber hinaus wurden der Eigenförderungsanteil am gesamten Wasseraufkommen sowie der Anteil Grund- und Quellwasser an der Eigenförderung in ihrer räumlichen und zeitlichen Entwicklung ermittelt, um mögliche Veränderungen bzw. Verschiebungen in der industriellen Beschaffungsstruktur (Eigenförderung/Fremdbezug; Wasserarten) aufzuhellen. Wegen der mit der Gebietsreform ab 1975 veränderten Erhebungseinheiten mußte die Darstellung für die Zeiträume 1957-1973 und 1975-1979 getrennt durchgeführt werden.

Zeitraum 1957 - 1973 (Abb. 5a,b bis 8a,b)

Erwartungsgemäß waren die höchsten Förderdichten von Grund- und Quellwasser inkl. Uferfiltrat im Jahr 1957 in den Gemeinden mit Zugang zum Dargebotsraum Ruhrtal und den Rheinanliegergemeinden Krefeld und Duisburg zu verzeichnen. Die übrigen Bereiche weisen deutlich geringere Förderdichten auf. Bis 1973 nahm aufgrund der industriellen Entwicklung am Niederrhein sowie in der Lippezone (Bergbau, Eisenschaffende Industrie, Chemische Industrie, Mineralölverarbeitende Industrie) die Förderdichte in den Standortgebietskörperschaften besonders stark zu. Die hohe Zunahme im Raum Oberhausen/Bottrop ist auf die Produktionsentwicklung der in diesem Raum ansässigen Chemie- und Stahlindustrie zurückzuführen. In Gebietskörperschaften mit anfänglich hoher Förderdichte (Dargebotsräume Rhein, Ruhrtal, Hellwegzone) ging die Beanspruchung z.T. deutlich zurück.

Ganz entsprechend entwickelte sich die Oberflächenwasser-Förderdichte; hohe Förderdichten haben bereits 1957 alle Standortgebietskörperschaften mit Zugang zu entsprechend leistungsfähigem Dargebot (Rhein, Lippe, Rhein-Herne-Kanal). Bis 1973 ist genau in diesen Bereichen auch die stärkste Zunahme der Förderdichte zu erkennen, während die spezifische Entnahmedichte im südlichen Ballungskern und östlichen Ballungsrand deutlich abnahm.

Bei gebietskörperschaftsspezifischer Betrachtung der zeitlichen Entwicklung der Grund- und Oberflächenwasser-Förderdichte werden die wirtschaftsstrukturellen Einflüsse auf die Produktion /29,30,31,32,33,34/ und damit eng korreliert auf die Wasserentnahmen besonders gut sichtbar (vgl. Abb. 9 a,b). Da der Montansektor (Bergbau, Eisenschaffende Industrie), die Chemische und Mineralölverarbeitende Industrie über 90 % des Jahreswasseraufkommens auf sich vereinigen, wurde und wird die zeitliche Entwicklung und die räumliche Struktur der (quantitativen) Dargebotsbeanspruchung des

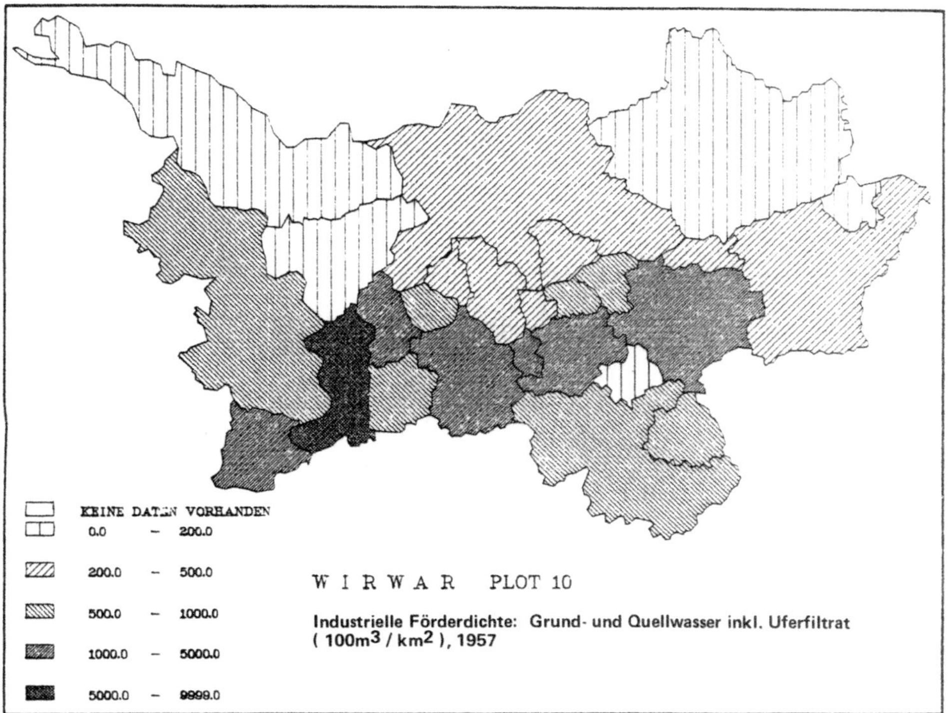

W I R W A R PLOT 10

Industrielle Förderdichte: Grund- und Quellwasser inkl. Uferfiltrat (100m^3 / km^2), 1957

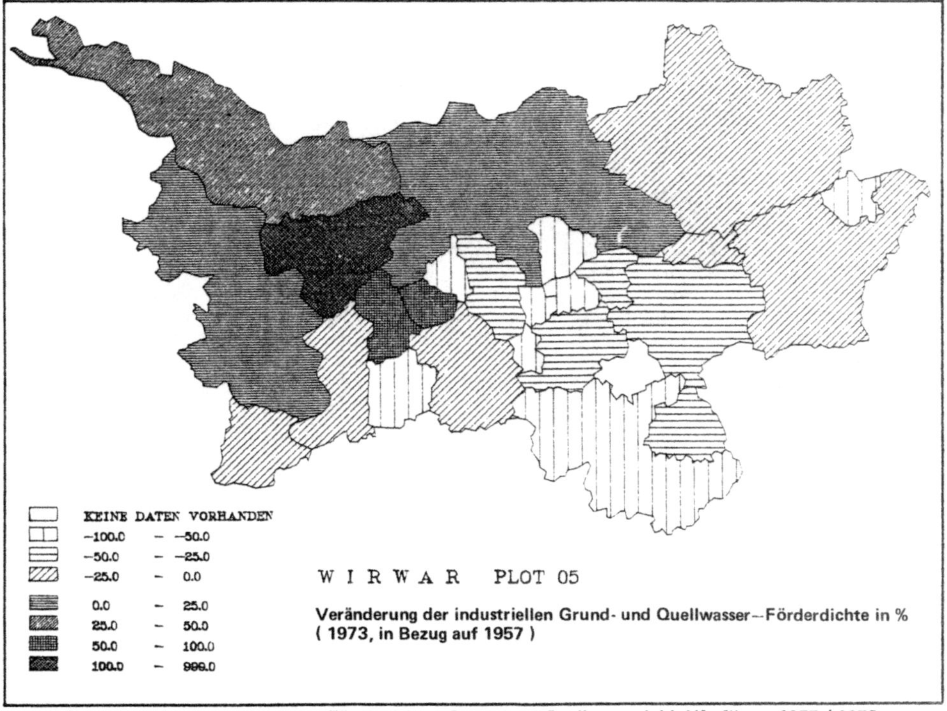

W I R W A R PLOT 05

Veränderung der industriellen Grund- und Quellwasser–Förderdichte in % (1973, in Bezug auf 1957)

Abb. 5 a,b Vergleich der industriellen Förderdichte: Grund- und Quellwasser inkl. Uferfiltrat, 1957 / 1973

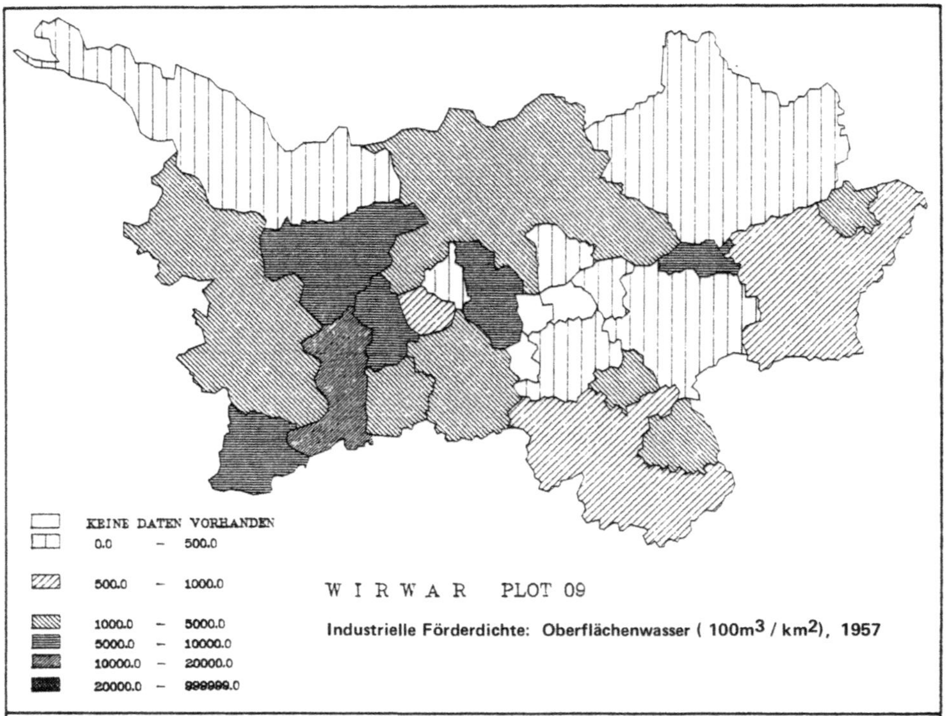

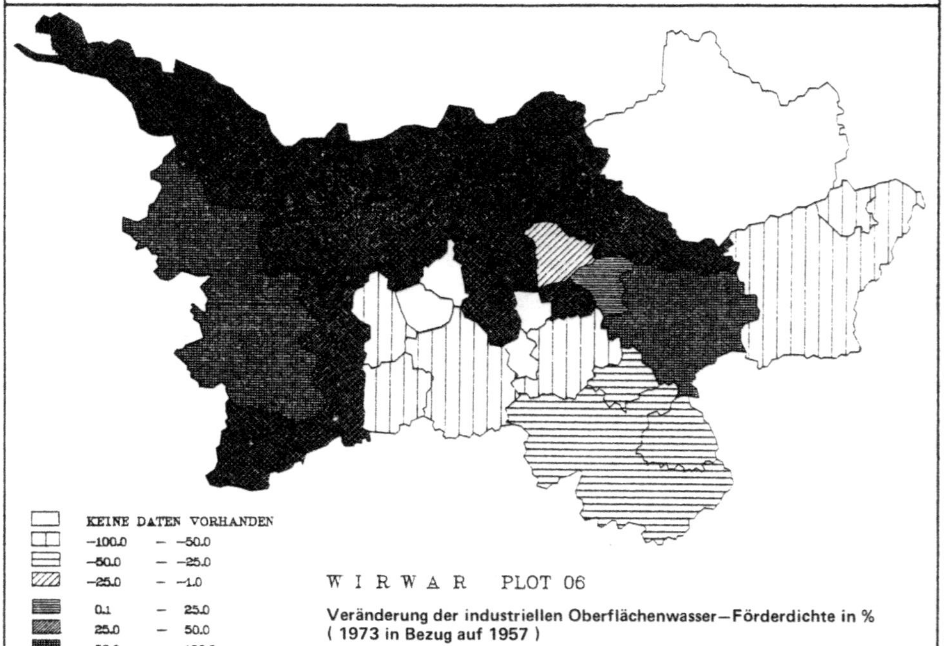

Abb. 6 a,b Vergleich der industriellen Förderdichte: Oberflächenwasser, 1957 / 1973

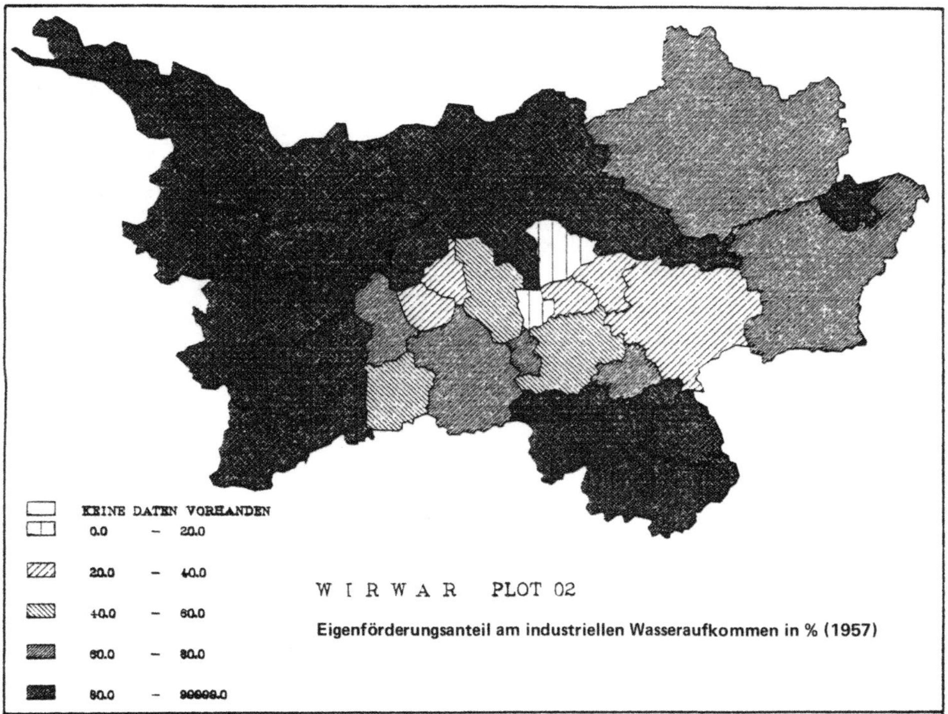

Eigenförderungsanteil am industriellen Wasseraufkommen in % (1957)

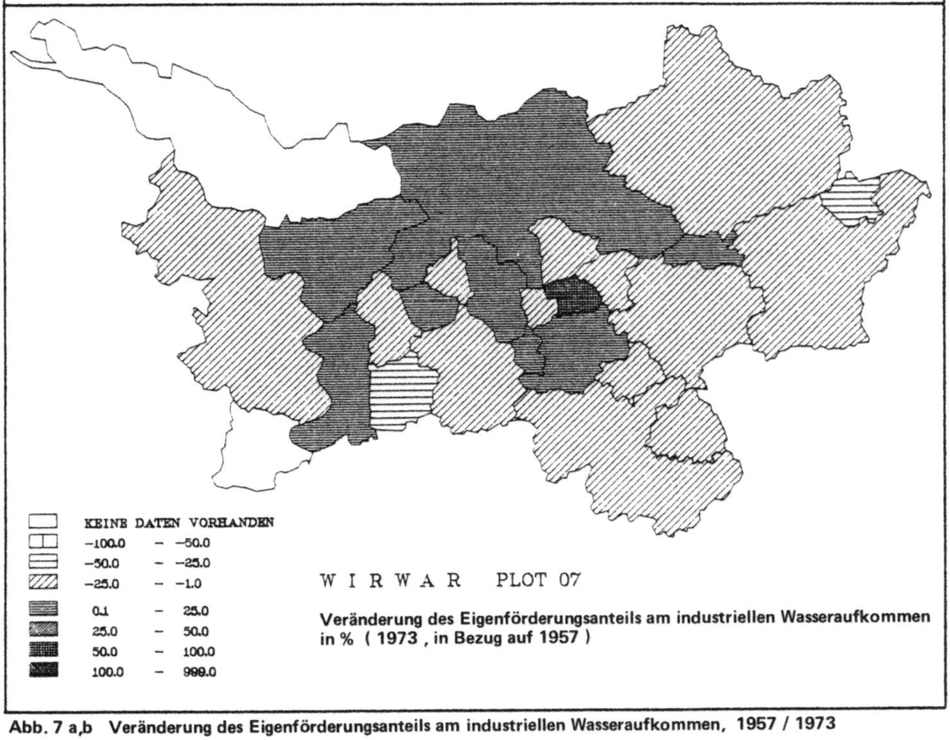

Veränderung des Eigenförderungsanteils am industriellen Wasseraufkommen in % (1973 , in Bezug auf 1957)

Abb. 7 a,b Veränderung des Eigenförderungsanteils am industriellen Wasseraufkommen, 1957 / 1973

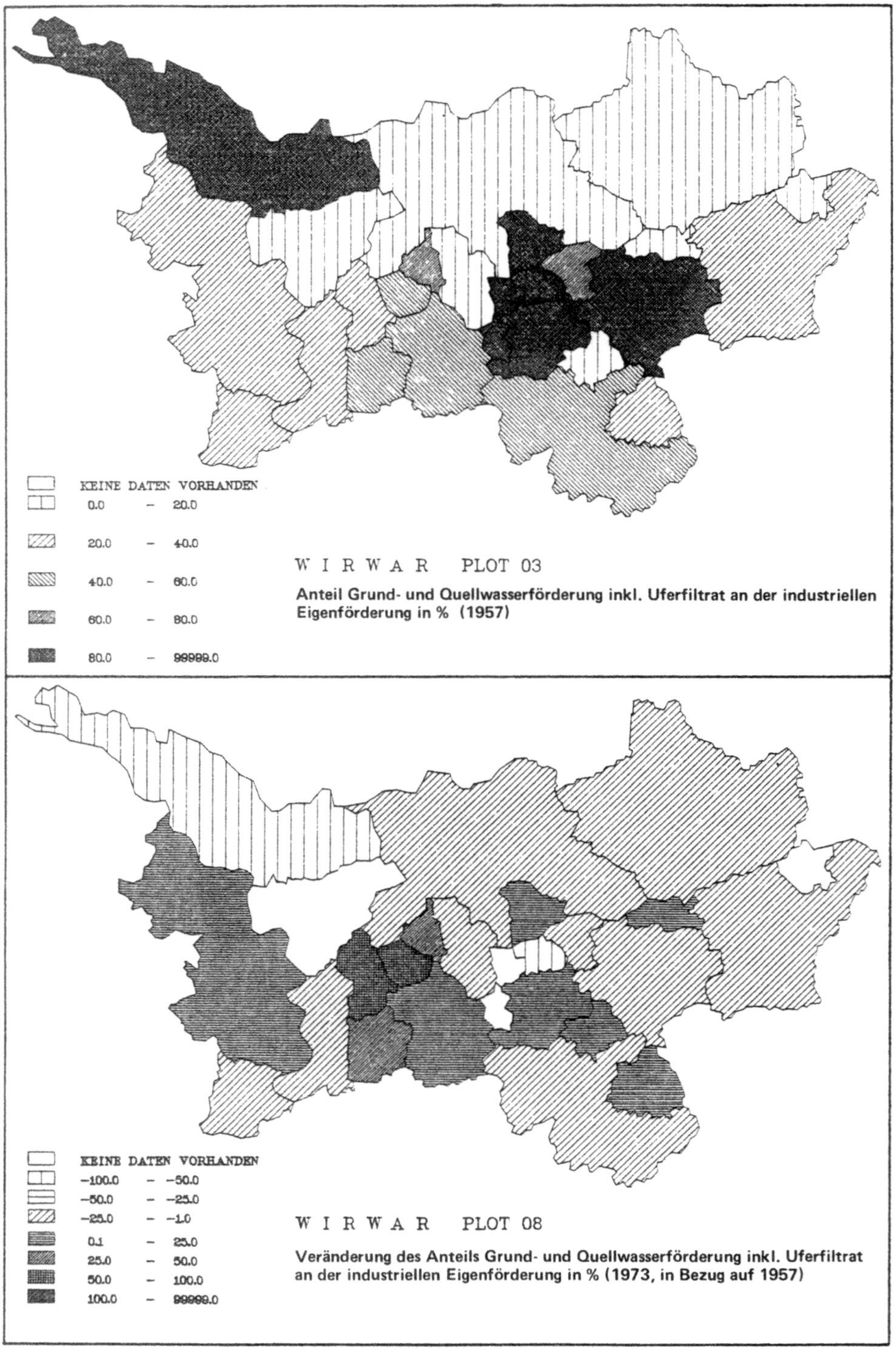

Abb. 8 a,b Veränderung des Anteils Grund- und Quellwasser inkl. Uferfiltrat an der industriellen Eigenförderung, 1957 / 1973

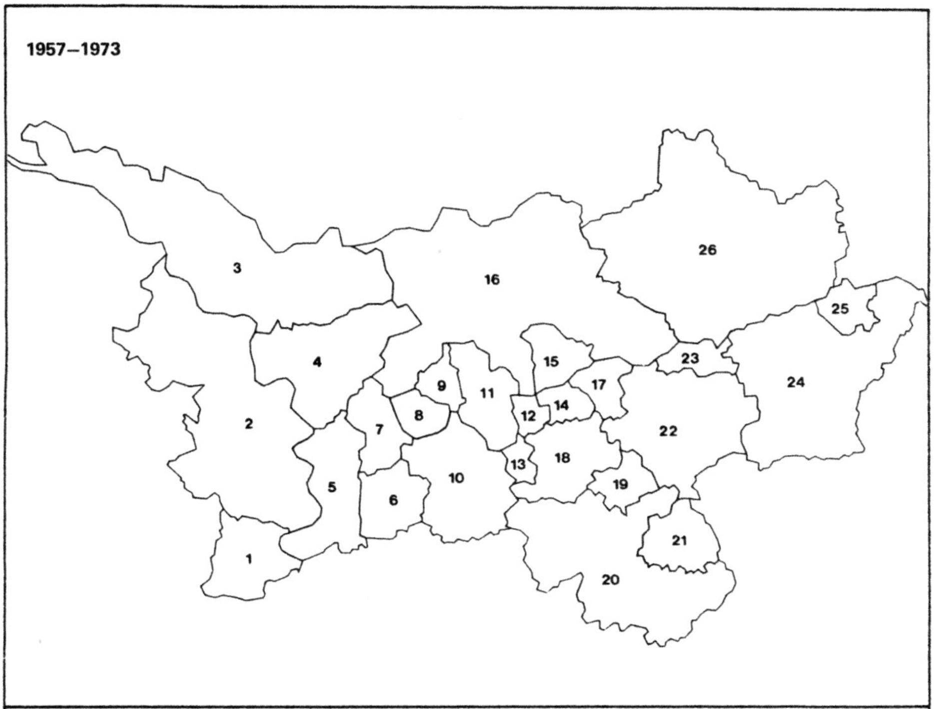

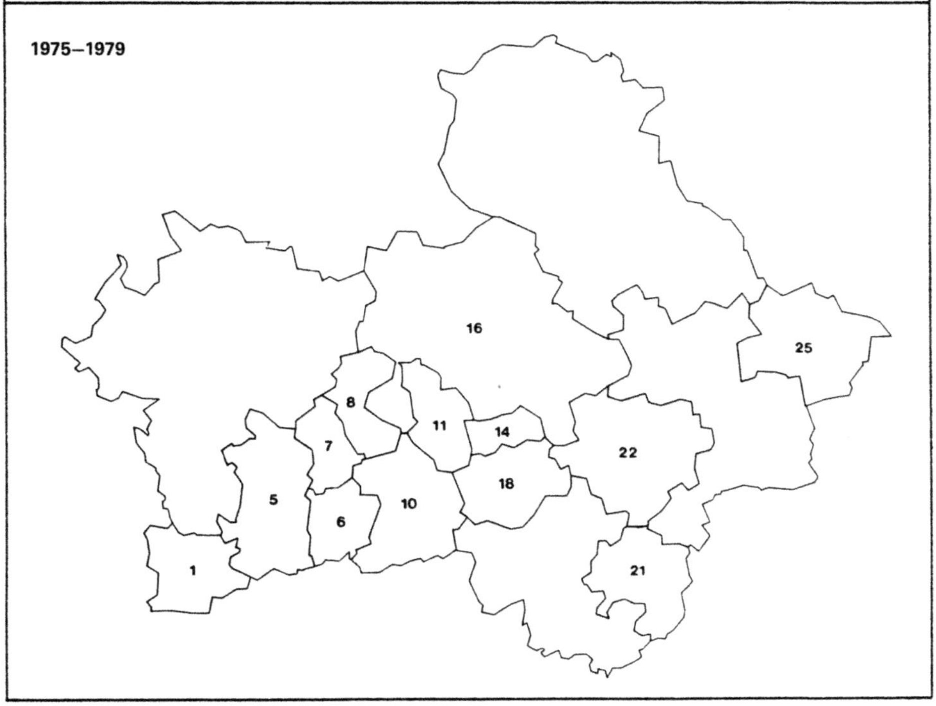

Abb. 9 a Gebietskörperschaften des Untersuchungsraumes

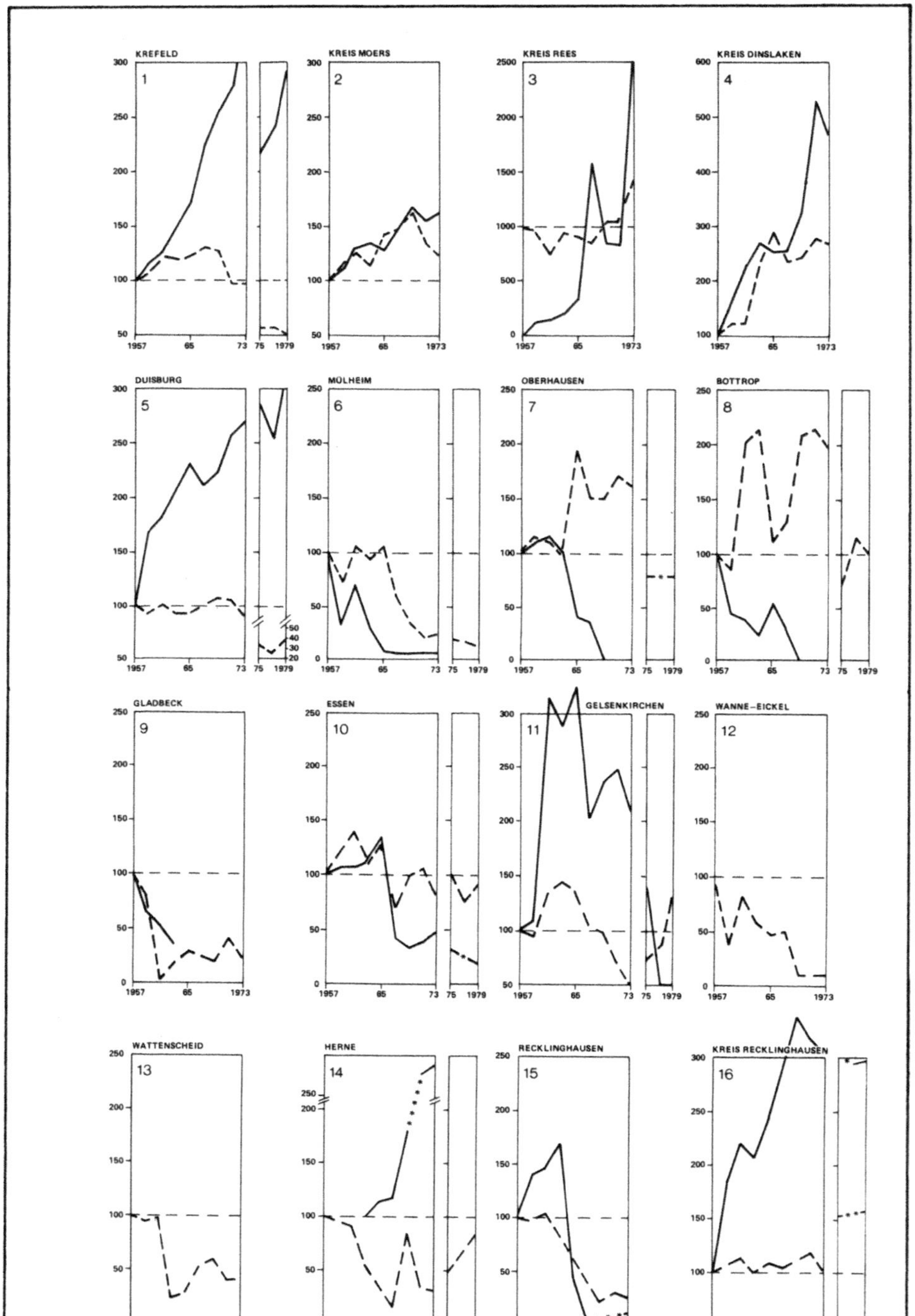
KREFELD
KREIS MOERS
KREIS REES
KREIS DINSLAKEN
DUISBURG
MÜLHEIM
OBERHAUSEN
BOTTROP
GLADBECK
ESSEN
GELSENKIRCHEN
WANNE-EICKEL
WATTENSCHEID
HERNE
RECKLINGHAUSEN
KREIS RECKLINGHAUSEN

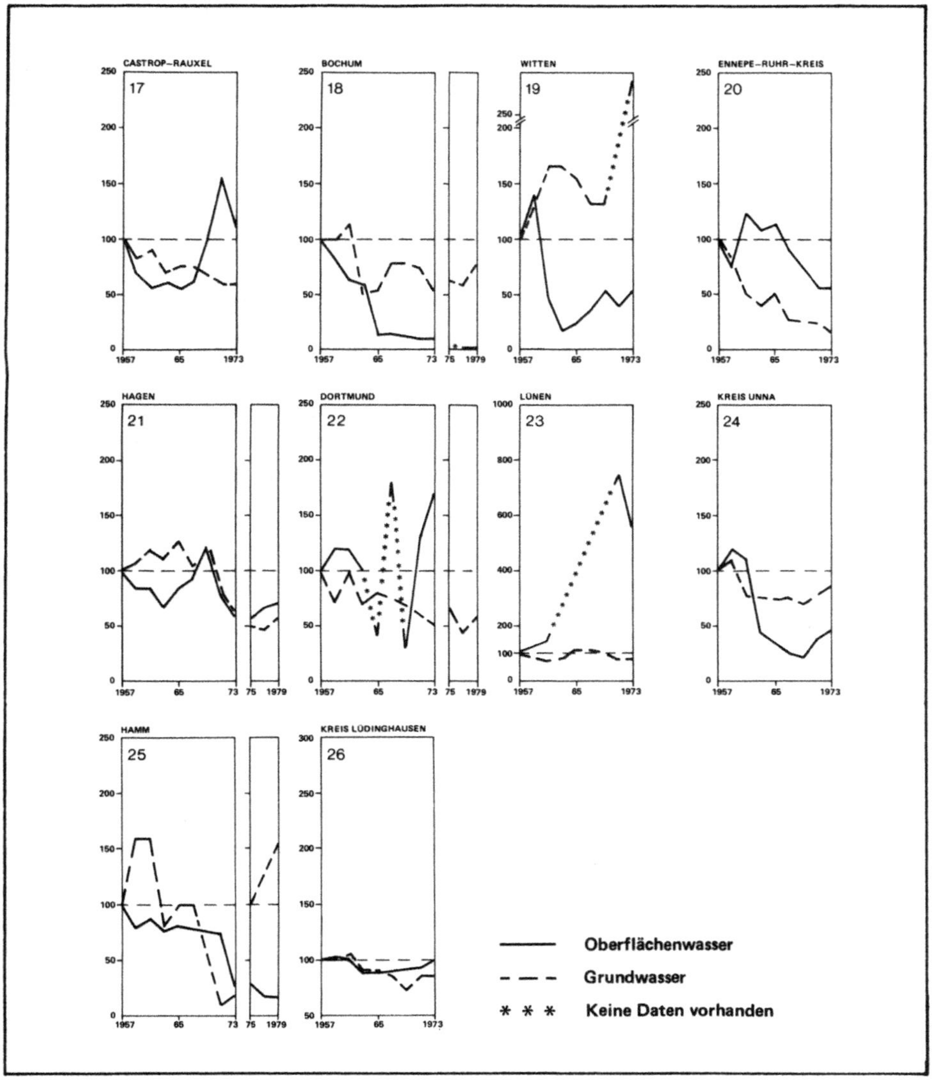

Abb. 9 b Zeitliche Entwicklung der industriellen Grund- und Oberflächenwasser-Förderdichte in den Gebietskörperschaften des Untersuchungsraumes (1957–1973 / 1975–1979)

Untersuchungsraums ganz maßgeblich durch die Produktionsentwicklung dieser wasserintensiven Industriezweige bestimmt. Die Beanspruchung durch die Wärmekraftwerke für die öffentliche Versorgung ist dabei nicht berücksichtigt.

DUISBURG:

Produktionsumstellungen im Rahmen der seit den sechziger Jahren stattfindenden Unternehmenskonzentration im Bereich der eisen- und stahlerzeugenden Industrie führten zwischen 1960 und 1980 zu einer Verdoppelung der Produktion im Thyssen-Komplex. 1959 wurde die Erdölraffinerie in Betrieb genommen, deren Kapazität bereits 1962 verdoppelt wurde. Zusammen mit der ortsansässigen chemischen Industrie sowie der Duisburger Kupferhütte bestimmen die o.g. Branchen mit ihrer Produktionsentwicklung die zeitliche Entwicklung des Wasseraufkommens. Während die Förderdichte von Oberflächenwasser um das Anderthalbfache zunahm, blieb die Grundwasserförderung etwa auf dem Niveau von 1957. Dieser sinkende Anteil Grund- und Quellwasser an der Gesamtförderung bedeutet bei wenig veränderter Struktur der Wasserverwendung der o.g. Industriezweige , daß zusammen mit absoluter Produktionserhöhung eine Teilumstellung von hochwertigem Grundwasser inkl. Uferfiltrat auf Oberflächenwasser stattgefunden hat.

KREFELD:

Neben der konzerninternen Umstrukturierung und -konzentration der Edelstahlproduktion (Thyssen-Gruppe) zwischen 1966 und 1980 war vor allem der Produktionsrückgang der landeinwärts gelegenen Unternehmen z.B. der Textilindustrie für die seit 1969 abnehmende Grundwasser-Förderdichte verantwortlich. Sie sank bis 1973 auf das Niveau von 1957. Im gleichen Zeitraum stieg die Oberflächenwasser-Förderdichte auf das Zweieinhalbfache des Ausgangswertes - maßgeblich hervorgerufen durch Produktionsentwicklung und Verwendungsstruktur der chemischen Industrie.

KREIS MOERS:

Die Entwicklung der Förderdichte zeigt deutlich den Einfluß der Zechenstilllegungen in Rheinhausen und Homberg Ende der sechziger Jahre (Grundwasser = Grubenwasser). Dagegen ist das auch nach 1969 etwa gleichbleibende Niveau der Oberflächenwasser-Förderdichte auf die Produktionsentwicklung der Chemischen Industrie (Solvay-Werke, Rheinberg / Sachtleben GmbH, Homberg) und der eisen- und stahlerzeugenden Industrie (Krupp Hüttenwerke, Rheinhausen) zurückzuführen.

KREIS REES:

Der starke Anstieg der Oberflächenwasser-Förderdichte bei etwa gleichbleibender Grundwasser-Entnahme deutet auf die in diesem Zeitraum einsetzende Industrialisierung hin.

KREIS DINSLAKEN:

Maßgeblich für den starken Anstieg der Förderungsdichte sind Bergbau, Papierindustrie und Mineralölverarbeitende Industrie. Ab 1967 nahm der Anteil Grundwasser an der Gesamtförderung stetig ab, wobei seit 1963/65 die absolute Förderdichte etwa gleich blieb.

MÜLHEIM, ESSEN:

Beide Standortgebietskörperschaften sind durch starke Produktionsrückgänge bzw. Stillegungen des Bergbaus und der Eisen- und Stahlindustrie gekennzeichnet; sowohl die Oberflächen- als auch die Grund-(Gruben-)wasser-Förderdichte nahmen zwischen 1957 und 1973 absolut ab.

OBERHAUSEN:

Der Rückgang der Oberflächenwasser-Förderdichte kennzeichnet den Produktionsrückgang der Eisen- und Stahlindustrie (z.B. Roheisen-/Rohstahlerzeugung der Hüttenwerke Oberhausen AG) und die Stillegung von Schachtanlagen. Gegenläufig entwickelte sich ab 1963 die Grundwasser-Förderdichte; die deutliche Steigerung gegenüber dem Niveau zwischen 1957 und 1963 ist auf die Umstellung der Wasserbeschaffung der ortsansässigen Chemischen Industrie (Ruhrchemie) zurückzuführen. Die als Großpumpversuch deklarierte Entnahme führte zur Nutzungskonkurrenz mit Gewinnungsanlagen der Rheinisch-Westfälischen Wasserwerksgesellschaft mbH, deren Trinkwassergewinnung ab 1973 ganz eingestellt werden mußte.

BOTTROP, GLADBECK, RECKLINGHAUSEN, BOCHUM:

Strukturveränderungen der Dargebotsbeanspruchung sind maßgeblich auf Produktionsveränderungen des Bergbaus zurückzuführen.

GELSENKIRCHEN:

Neben der Stillegung zweier Schachtanlagen (Bergmannsglück, Graf Bismark), die für die deutliche Abnahme der Grundwasser-Förderdichte verantwortlich war, hat die expansive Chemische und Mineralölverarbeitende Industrie

(Anlagen der VEBA) maßgeblich die Beschaffungsstruktur verändert. Der starke Anstieg der Oberflächenwasser-Förderdichte bis 1961 und das ab 1967 stabilisierte Niveau machen dies deutlich.

KREIS RECKLINGHAUSEN:

Die zeitliche Entwicklung der Dargebotsbeanspruchung wird durch das Wasseraufkommen der Chemischen Industrie und der NE-Metallerzeugung geprägt. Das in etwa gleichbleibende Grundwasserbeanspruchungsniveau resultiert aus sinkendem Aufkommen der Schachtanlagen (Stillegungen) und gleichzeitig steigendem Aufkommen aus den Eigengewinnungsanlagen der Chemischen Industrie.

CASTROP-RAUXEL:

Der Rückgang des Grundwasseraufkommens (Stillegung von Schachtanlagen) wird aufgefangen durch die Entnahmen der ortsansässigen Chemischen Industrie, die auch ihrerseits die Oberflächenwasserbeanspruchung ganz wesentlich beeinflußt.

HAGEN:

Die Dargebotsbeanspruchung wird durch die Produktionsentwicklung der eisen- und stahlerzeugenden Industrie bestimmt. Seit Ende der sechziger Jahre vorgenommene Stillegungen bzw. konzerninterne Produktionsbereinigungen führten zu stetigem Rückgang der industriellen Eigenförderdichte.

HERNE, WANNE-EICKEL:

Zechenstillegungen führten zu deutlichem Rückgang der Grundwasser-Förderdichte. Der sprunghafte Anstieg der Oberflächenwasser-Förderdichte (Brauchwasser, Kühlwasser) seit Anfang der sechziger Jahre wurde durch die ortsansässige Chemische Industrie verursacht.

LÜNEN:

Der starke Anstieg der Oberflächenwasser-Förderdichte ist auf die Produktionsentwicklung der ortsansässigen Stahl- und Aluminium-Industrie zurückzuführen.

WITTEN:

Die ortsansässige Chemische Industrie ist maßgeblich für die Steigerung der Grundwasser-Förderdichte verantwortlich.

Bezüglich des Eigenförderungsanteils am industriellen Wasseraufkommen sind aufgrund der historisch gewachsenen Versorgungsstruktur (vgl. Abschnitt 4.3.) signifikante räumliche Unterschiede im Untersuchungsraum festzustellen. Nur die Dargebotsräume Niederrhein, Lippe und Halterner Sande sowie Ruhrtal (Raum Hagen) wiesen 1957 einen dem NW-Durchschnitt von 84 % entsprechenden Eigenförderungsanteil auf; der Kernbereich lag unter dem Durchschnitt. Bis 1973 erhöhte sich der Anteil Eigenförderung der Industrie insgesamt in Nordrhein-Westfalen auf 87 %. Auch hierbei zeigt der Untersuchungsraum kein einheitliches, der Gesamtentwicklung entsprechendes Bild. Nur die Industrie der rechtsrheinischen Standortgebietskörperschaften, des Lipperaums und der Kernstädte Bottrop, Gelsenkirchen, Wattenscheid, Bochum und Herne weisen Zunahmen des Eigenförderungsanteils auf; die übrigen Gebiete sind von abnehmendem bzw. gleichbleibendem Eigenförderungsanteil der Industrie gekennzeichnet. Interessant ist der gegenüber 1957 gleichgebliebene bzw. leicht rückläufige Eigenförderungsanteil linksniederrheinisch in Krefeld und Kreis Moers sowie im ländlich strukturierten rechtsrheinischen Kreis Rees.

Auch der im Zeitraum von 1957 bis 1973 gesamtindustriell festzustellende Trend zu verbesserter qualitätsadäquater Verwendung der Wasserarten ist nicht im gesamten Untersuchungsraum feststellbar. Während der Anteil Grund- und Quellwasser inkl. Uferfiltrat an der Eigenförderung 1957 im Landesdurchschnitt noch 56 % betrug, sank er bis 1973 auf 43 % ab.
Ein überdurchschnittlich hoher Grund- und Quellwasseranteil an der industriellen Eigenförderung ist für 1957 rechtsniederrheinisch im Kreis Rees und in den Kernstädten Gladbeck sowie im Großraum Bochum - Recklinghausen - Dortmund zu beobachten. Bis 1973 ist in den meisten Standortgebietskörperschaften ein trendmäßiger Rückgang zu beobachten; Ausnahmen vom Trend bildete interessanterweise wieder der Ballungskern mit Oberhausen, Bottrop und den Ruhranliegerstädten Mülheim, Essen, Bochum, Witten und Hagen sowie Recklinghausen und Lünen.

Zeitraum 1975 - 1979 (Abb. 10a,b bis 13a,b)

Die Struktur der industriellen Entnahmedichte von Grund- und Quellwasser inkl. Uferfiltrat stimmt 1975 noch grundsätzlich mit der des Jahres 1957 überein. Veränderungen im Dargebotsraum Niederrhein und am Ostrand des Untersuchungsraums (Hamm, Kreis Unna) beruhen im wesentlichen auf den mit der Gebietsreform verbundenen Veränderungen der statistischen Erhebungseinheiten. Wirtschaftsstrukturell bedingte Rückgänge der Förderdichte (Montansektor) sind dagegen in Mülheim, Dortmund, Hagen und Ennepe-Ruhr-Kreis zu beobachten. Die prozentuale Differenz zwischen den Förderdichten der Jahre 1975 und 1979 zeigt, daß die Gebietseinheiten hoher Förderdichte entweder Rückgang oder nur noch leichten Zuwachs zu verzeichnen haben, während der linke Niederrhein (Kreis Wesel) und der Ost-/Südostrand des Ruhrgebietes (Hamm, Kreis Unna, Ennepe-Ruhr-Kreis) eine leichte bis kräftige Zunahme aufweisen. Zur Beurteilung der absoluten Dargebotsbeanspruchung ist jedoch zu beachten, daß die Förderdichte der "Wachstums"-Gebietseinheiten um den Faktor 5 - 10 niedriger als die der Gebietseinheiten hoher Förderdichte mit abnehmender Tendenz ist.

Bezüglich der räumlichen Entwicklung der Oberflächenwasser-Förderdichte sind nur bedingt Aussagen möglich, da für eine ganze Reihe von Gebietseinheiten für 1975 keine Daten vorlagen. Auffallend ist die deutliche Zunahme im Raum Krefeld - Duisburg beim Vergleich der Jahre 1957 und 1975. Das Dargebot des Rheins als wichtiger Standortfaktor kommt hier zum Ausdruck: die Verlagerung der Eisen- und Stahlproduktion und die stark expandierende Chemische und Mineralölverarbeitende Industrie der Rheinschiene. Zunahmen bis 1979 sind nur am Niederrhein und am Ostrand des Ruhrgebietes zu verzeichnen.

Die räumliche Struktur des Anteils Eigenförderung am industriellen Wasseraufkommen ist 1975 gegenüber 1957 nahezu unverändert. Dies stimmt auch mit dem fast gleichgebliebenen hohen Eigenförderungsniveau der Industrie insgesamt (NRW: 84 % (1957), 87 % (1973), 85,6 % (1975)) überein. Zwischen 1975 und 1979 stieg der gesamtindustrielle Eigenförderungsanteil in Nordrhein-Westfalen jedoch von 85,6 % auf 88,2 %. Die Gebietseinheiten, die 1975 einen Eigenförderungsanteil > 80 % aufwiesen, haben bis auf Krefeld (+ 2 %) einen überdurchschnittlichen Zuwachs zwischen 4 und 7 % zu verzeichnen. Relativ hohe Zuwächse haben einige Gebietseinheiten mit unterdurchschnittlichem Eigenförderungsanteil aufzuweisen: Oberhausen (+ 16 %), Bottrop (+ 13 %), Kreis Unna (+ 13 %). In Gelsenkirchen ist dagegen ein

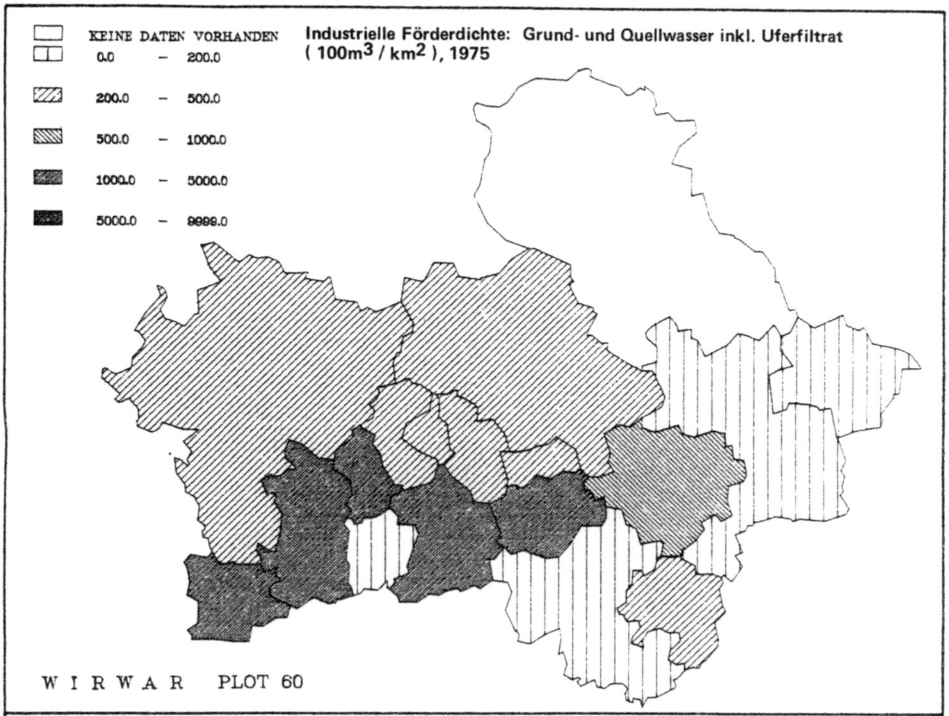

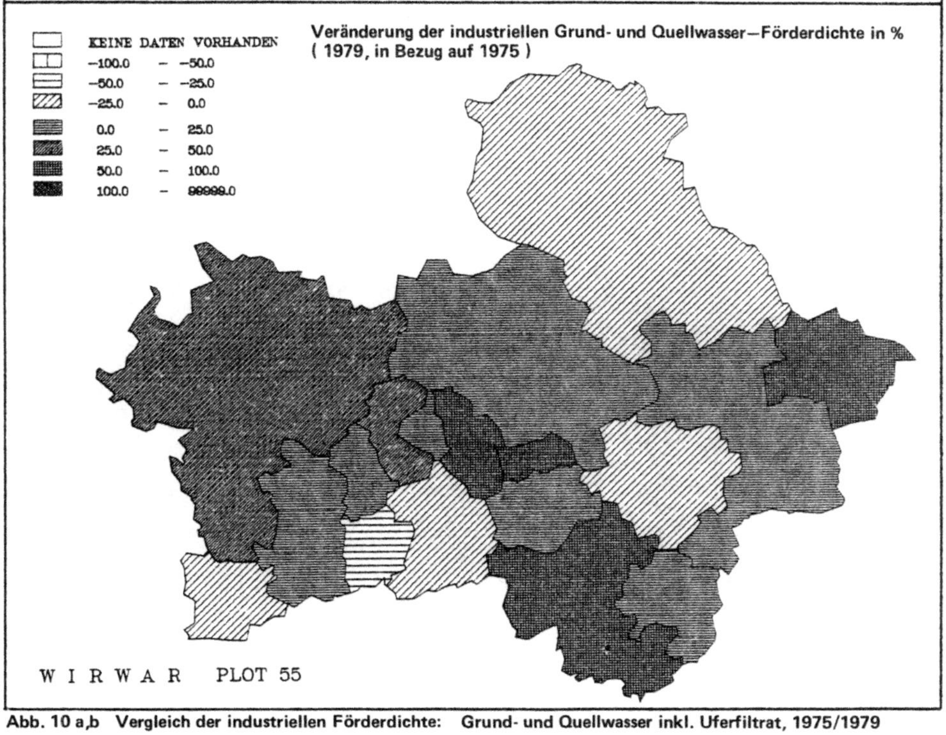

Abb. 10 a,b Vergleich der industriellen Förderdichte: Grund- und Quellwasser inkl. Uferfiltrat, 1975/1979

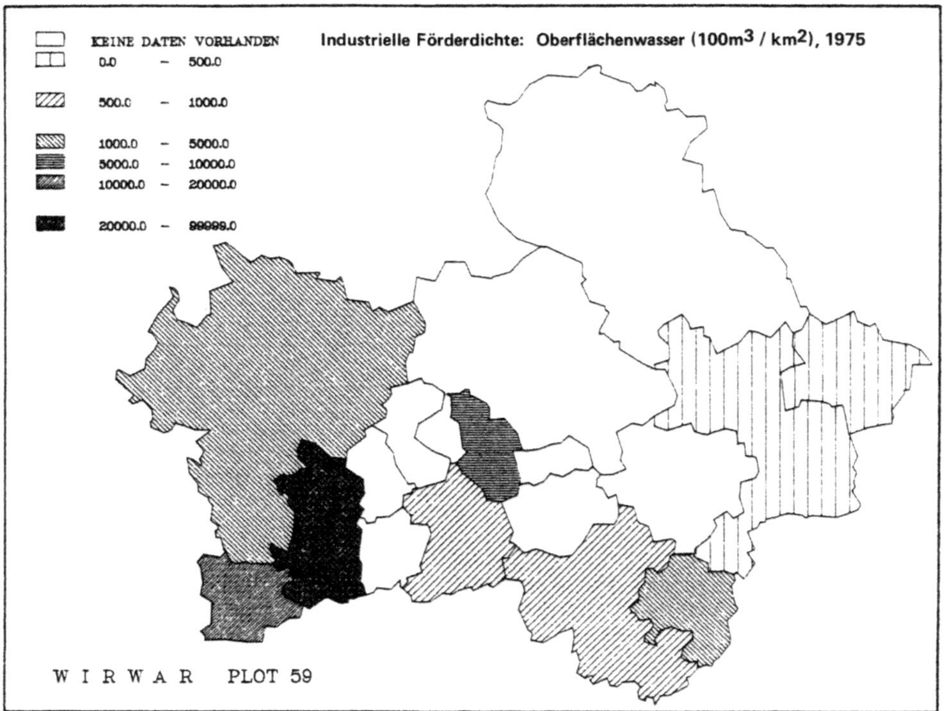

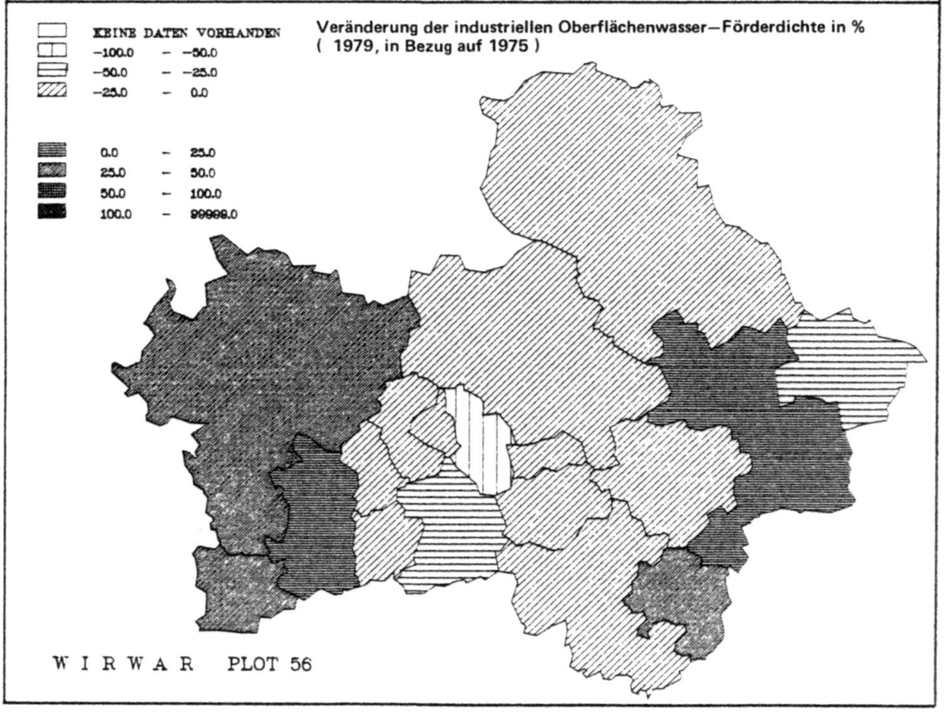

Abb. 11 a,b Vergleich der industriellen Förderdichte: Oberflächenwasser, 1975 / 1979

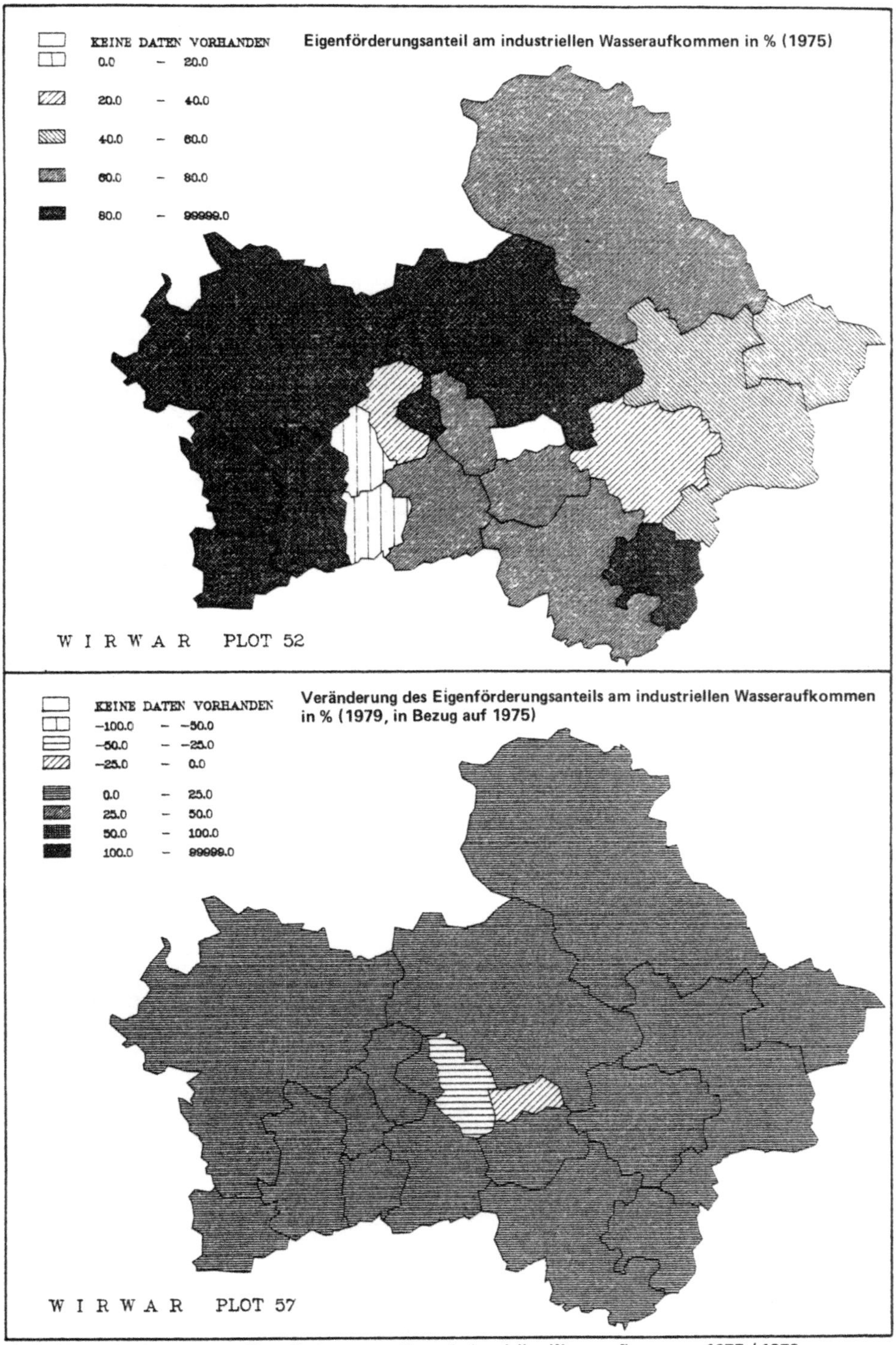

Abb. 12 a,b Veränderung des Eigenförderungsanteils am industriellen Wasseraufkommen, 1975 / 1979

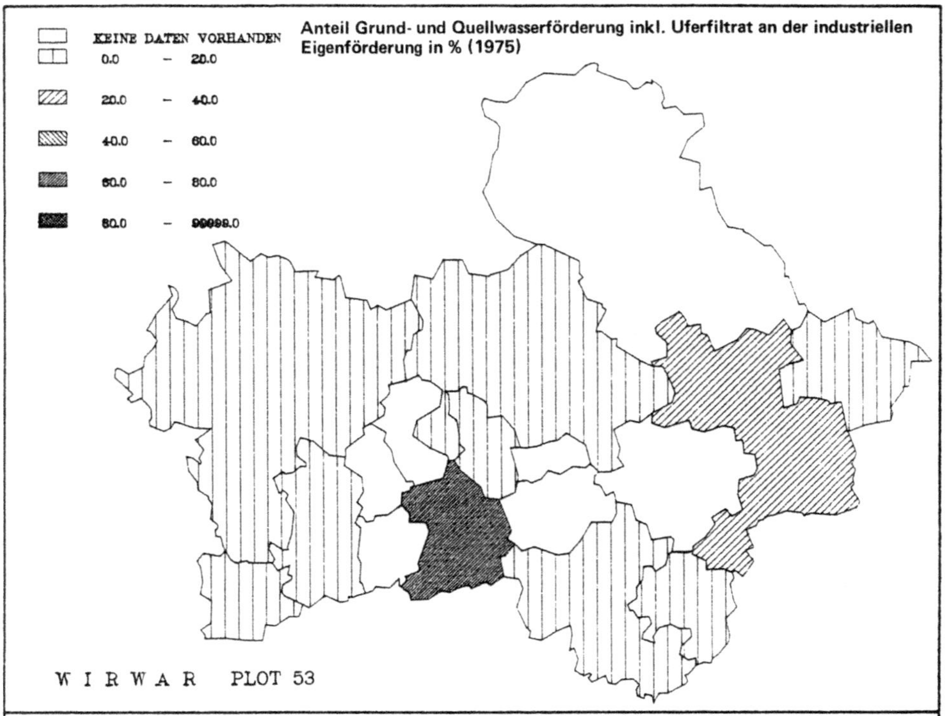

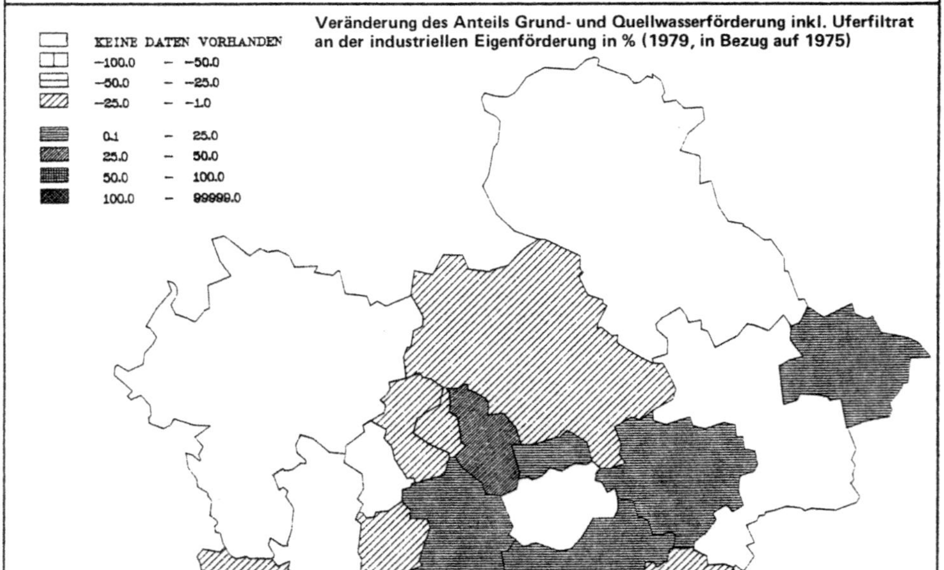

Abb. 13 a,b Veränderung des Anteils Grund- und Quellwasser inkl. Uferfiltrat an der industriellen Eigenförderung, 1975 / 1979

Rückgang von - 41 % zu beobachten, der auf die Umstellung der Betriebswasserversorgung der Raffinerien und Chemieanlagen im Jahr 1977 zurückzuführen ist.

Die räumlich-zeitliche Entwicklung des Anteils Grund- und Quellwasser inkl. Uferfiltrat ist wegen der Lückenhaftigkeit der Daten nur sehr schwer nachzuvollziehen (1975: keine Daten für Mülheim, Oberhausen, Bottrop, Herne, Bochum, Dortmund, Kreis Coesfeld). Für die genannten Standortgebietskörperschaften wurde daher ersatzweise auf das Erhebungsjahr 1977 zurückgegriffen; in PLOT 58 sind die Gebiete Oberhausen und Kreis Coesfeld ohne Merkmal. Nennenswerte Zunahmen des Grund- und Quellwasser-Anteils an der Eigenförderung sind nur in Essen (+ 8,7 %), Gelsenkirchen (+ 32,1 %), Hamm (+ 15,0 %) und im Ennepe-Ruhr-Kreis (+ 6,7 %) festzustellen. In allen übrigen Standortgebietskörperschaften ist der Anteil gleichgeblieben bzw. in Hagen (- 1,5 %), Krefeld (- 3,0 %), Kreis Recklinghausen (- 7 %) und Bottrop (- 13,6 %) gesunken. Bei gleichzeitig leicht gestiegenem Eigenförderungsanteil am industriellen Wasseraufkommen (vgl. PLOT 57 und PLOT 58) bedeutet dies eine relative Erhöhung des Oberflächenwasseranteils an der Gesamtförderung, vor allem in den Gebietskörperschaften mit hohem Eigenförderungsanteil $>$ 80 % (vgl. PLOT 52).

Den Zugriffs- bzw. Beschaffungsmöglichkeiten (Eigenförderung oder Fremdbezug) der Industriebetriebe entsprechend ist im Untersuchungsraum ein Ost-West-Gefälle bezüglich der Einführung einer rationellen Wasserwirtschaft zu erkennen. Aufgrund der mengenmäßigen Bedeutung betrifft dies vor allem den Montansektor, die Chemische Industrie und die Mineralölverarbeitende Industrie. Bei Auswahl der entsprechenden Standortgebietskörperschaften des Untersuchungsraums ergibt sich bezüglich des 1979 erreichten Nutzungsfaktors (Gesamtnutzung : Gesamtaufkommen) die aus Tab. 6 zu entnehmende Reihenfolge (vgl. auch Abschnitt 4.3.).

STANDORT– GEBIETSKÖRPERSCHAFT	GESAMT– AUFKOMMEN (10^3 m^3)	GESAMT– NUTZUNG (10^3 m^3)	NUTZUNGS– FAKTOR	RANG
DORTMUND	60.881	739.298	12,143	1
OBERHAUSEN	81.761	457.810	5,599	2
KREIS RECKLINGHAUSEN	525.362	2.612.180	4,972	3
BOCHUM	41.666	184.641	4,431	4
ESSEN	57.384	211.624	3,688	5
WESEL	554.749	1.142.642	2,060	6
DUISBURG	1.349.425	2.605.714	1,931	7
KREFELD	225.995	435.652	1,928	8
NRW, INSGESAMT			3,207	

Tab. 6 Industrielle Nutzungsfaktoren in Gebietskörperschaften mit Industriebetrieben des Bergbaus und der Grundstoff- und Produktionsgüterindustrie (1979)

4.2.4.2.3. Beanspruchungsgruppe "Wärmekraftwerke für die öffentliche Versorgung"

Zur Erfassung der Gesamtdargebotsbeanspruchung ist das Wasseraufkommen der Wärmekraftwerke für die öffentliche Versorgung mitzuberücksichtigen. Die Analyse der zeitlich-räumlichen Entwicklung stößt jedoch auf erhebliche Probleme, da entsprechende Daten erst ab 1975 und darüber hinaus nur hochaggregiert entweder für Wassereinzugsgebiete "Rhein (Erft bis Lippe)" und "Ruhr und Lippe" oder für definierte verwaltungsrechtliche Teilräume (Zusammenfassung von Gebietskörperschaften vgl. Abb. 14) vorliegen. Die Struktur des Ge- und Verbrauchs von Kühlwasser im Jahr 1975 ist nach den in Abb. 14 differenzierten, den Untersuchungsraum überdeckenden Teilräumen der Wasserverbundstudie aus Tab. 7 ersichtlich. Dem Zugang zum Oberflächenwasser-Dargebot bzw. dem zur Verfügung stehenden Potential entsprechend sind große teilräumliche Unterschiede beim Einsatz der Kühlverfahren festzustellen. Während der Anteil Kühlwasser-Gebrauch für Rücklaufkühlung im Teilraum NW 7 "Zentrales Ruhrgebiet und Lippe" ca. 20 % des Gesamtkühlwasserbedarfs ausmacht, liegt dieser Anteil im Teilraum NW 1 "Niederrhein" bei ca. 2,5 %.

Bezüglich der zeitlichen Entwicklung sind nur sehr beschränkte Aussagen auf der Grundlage der amtlichen statistischen Daten möglich, da zwischen 1975 und 1977 noch einmal ein Wechsel der Erhebungsgebiete vorgenommen wurde. Die Steigerung des Wasseraufkommens von 1977 auf 1979 geht zum großen Teil auf die in beiden Wassereinzugsgebieten um je eine Anlage erweiterte Erfassung der Gesamtkapazität zurück (vgl. Tab. 8). Der Einfluß der Stromerzeugung auf die Entwicklung der Dargebotsbeanspruchung ist den Werten nicht explizit zu entnehmen.

Rein quantitativ ergaben sich im Untersuchungsraum in den Trockenjahren 1959 und 1964 dramatische Engpässe vor allem an der Lippe. Die Wasserführung der Lippe reichte für die Speisung des westdeutschen Kanalnetzes und die unterhalb der Einspeisung liegenden Nutzungen (vor allem Kühlwasserbedarf der Wärmekraftwerke) nicht mehr aus /36,37/. Durch vertragliche Vereinbarung im Jahr 1968 wurde die Grundlage für ein tragfähiges, künstliches Oberflächenwasserdargebots-System geschaffen, das bei Niedrigwasserführung der Lippe über Kanalpumpwerksketten das Oberflächenwasser-Dargebot von Ruhr und/oder Rhein nutzt. Unter Zugrundelegung der vorhandenen Pumpwerksleistung und einem Gleichzeitigkeitsgrad von 76,5 % wurden die

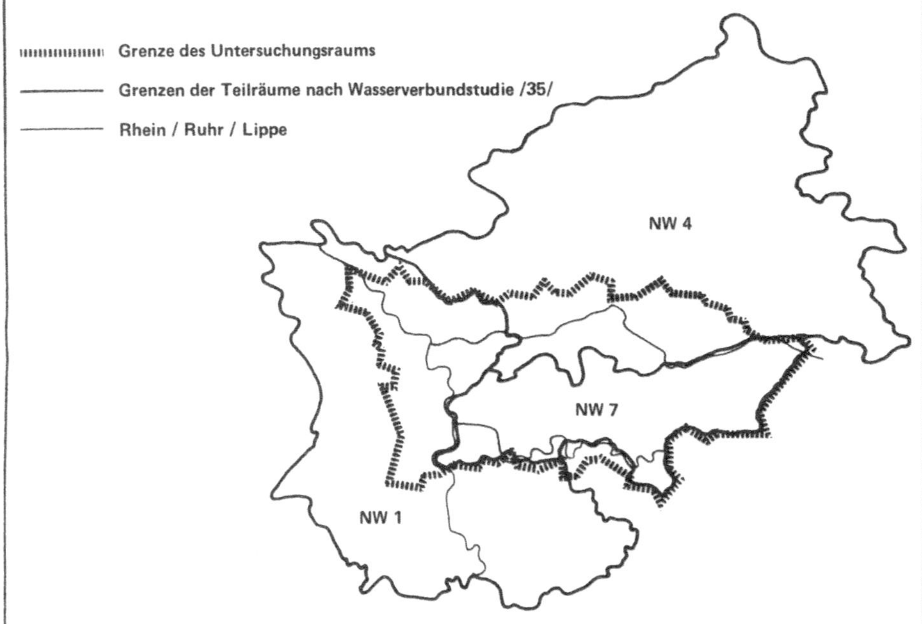

Abb. 14 Überdeckung der Erhebungsteilräume der Wasserverbundstudie /35/ und der Abgrenzung des Untersuchungsraumes der Wirkungsanalyse

Erhebungsteilräume nach Wasserverbundstudie (vgl. Abb. 14)		NW 1	NW 4	NW 7
Frischwasser- Ablaufkühlung	Gebrauch	191,0	2,1	719,0
	Verbrauch	1,5	0,0	5,7
Rücklaufkühlung	Gebrauch	5,3	–	186,0
	Verbrauch	1,1	–	38,3
Andere	Gebrauch	11,6	–	14,9
	Verbrauch	–	–	–
Gesamt– Bedarf	Gebrauch	207,6	2,1	919,9
	Verbrauch	2,6	0,0	44,0

Tab. 7 Ge- und Verbrauch von Kühlwasser durch Wärmekraftwerke für die öffentliche Versorgung im Jahr 1975 ($10^6 m^3/a$) /35/

	WASSEREINZUGSGEBIET 1975 MITTEL- U. NIEDERRHEIN LIPPE, RUHR, WUPPER, SIEG, LAHN	1977 RHEIN (ERFT–LIPPE)	1977 RUHR/LIPPE	1979 RHEIN (ERFT–LIPPE)	1979 RUHR/LIPPE
EIGENGEWINNUNG (10^3 m^3)					
GESAMT	1.626.099	955.774	996.109	1.007.397	1.273.745
% VOM WASSERAUFKOMMEN INSGESAMT	98,4	98,3	97,3	98,1	97,3
GRUND- U. QUELLWASSER INKL. UFERFILTRAT	82.185	703	15.547	1.151	20.250
OBERFLÄCHENWASSER	1.560.498	955.070	980.562	1.006.462	1.258.172
FREMDBEZUG (10^3 m^3)	26.389	16.654	27.219	19.612	35.623
% VOM WASSERAUFKOMMEN INSGESAMT	1,6	1,7	2,7	1,9	2,7

Tab. 8 Entwicklung der Dargebotsbeanspruchung durch Wärmekraftwerke für die öffentliche Versorgung (1975–1979) /28/

Bezugsanteile von Ver- und Gebrauchswasser an die Verbandsmitglieder durch den Wasserverband Westdeutsche Kanäle vollständig vergeben, wobei die Nutzergruppe "Kraftwerksbetreiber" inzwischen den bei weitem höchsten Anteil von 51,2 % hält /27,37/. So wurde auch die Entwicklung der Entnahmen aus dem Kanalsystem wesentlich durch den wechselnden Kühlwasserbedarf der Kraftwerke bestimmt; in Trockenjahren wie 1976 trat die Anreicherung des Halterner Stausees für die Trinkwasserversorgung hinzu (vgl. Tab. 9 /37/).

Jahr	Verbrauchswasser Bezugsanteile m^3/d	Verbrauchswasser Jahresentnahmen m^3/a	Gebrauchswasser Bezugsanteile m^3/d	Gebrauchswasser Jahresentnahmen m^3/a
1972	1 039 697	58 310 495	2 070 400	189 851 084
1973	1 038 983	75 091 643	2 085 620	188 134 925
1974	1 041 483	84 500 247	2 094 340	190 982 370
1975	1 081 983	75 262 147	2 101 340	132 811 800
1976	1 081 983	82 221 570	2 101 340	159 590 489
1977	1 106 303	62 918 042	2 104 140	133 175 302
1978	1 506 532	71 468 770	2 164 140	164 713 674

Tab. 9 Bezugsanteile und Jahresmengen der Verbandsmitglieder (Wasserverband Westdeutsche Kanäle), 1972–1978 /37/

Auch der Rückgang im Jahr 1977 ist auf das Entnahmeverhalten der Wärmekraftwerke zurückzuführen, da die Stromerzeugung auf kohlegefeuerte Altanlagen verlagert wurde, die stärker auf Frischwasserkühlung mit Lippewasser ausgerichtet sind. Im Jahr 1978 ist der Anstieg auf 71,5 · 10^6 m^3 eindeutig auf einen höheren Bedarf der Kraftwerke infolge konjunkturell und witterungsabhängig gestiegener Stromerzeugung zurückzuführen /37/.

Obwohl mengenwirtschaftlich gesichert, stößt die Dargebotsbeanspruchung durch Wärmekraftwerke inzwischen an die thermische Belastungsgrenze der genutzten natürlichen Oberflächengewässer. So ist die Lippe mit der 1980 installierten Kraftwerksleistung von 5089 MW_{el} in Engpaßzeiten nicht in der Lage, die anfallende Abwärme unter Einhaltung der Grenzwerte (Max. Gewässertemperatur, Aufwärmespanne) aufzunehmen /38/. Auch die Kühlkapazität des Rheins ist im Abschnitt Walsum - Voerde voll ausgeschöpft; insgesamt waren bereits 1970 zwischen Krefeld und holländischer Grenze 2685 MW_{el} installiert, das entspricht ca. 80 % der am nordrhein-westfälischen Rheinabschnitt installierten Kraftwerksleistung /39/. Es ist jedoch anzumerken, daß dabei die thermische Gesamtbelastung gemeint ist und der Beitrag der Beanspruchungsgruppe "Wärmekraftwerke für die öffentliche Versorgung" nicht explizit darstellbar ist.

Neben der Kühlwasserentnahme spielen die auftretenden Verdunstungsverluste durch das erwärmte Gewässer und bei der nassen Rückkühlung zusätzlich durch den Kühlturm inzwischen eine spürbare quantitative Rolle. Diese Dargebotsbeanspruchung in Form des entgültigen Entzuges liegt bei der Oberflächengewässerverdunstung in der Größenordnung von 0,2 m^3/s je eingeleitetes GW Abwärme; so machten 1975 in der Bundesrepublik Deutschland die Verdunstungsverluste aller Wärmekraftwerke von 500,2 · 10^6 m^3 ca. 23 % der gesamten nicht-natürlichen Verdunstung aus /40/.

Literaturangaben zu Abschnitt 4.2.

/1/ Moser, H.
Die Trinkwassergewinnung und -aufbereitung der Städtischen Werke Essen.
gwf-wasser/abwasser, 119. Jg., 1978, Heft 1, S. 13 - 22

/2/ Schwing, V.
Die Nachkriegsentwicklung des Wasserwerkes für das nördliche westfälische Kohlenrevier.
GWF (Wasser-Abwasser), 100. Jg., 1959, Heft 36, S. 934 - 937

/3/ Stadtwerke Hattingen, Jahresberichte 1954/55 und 1960

/4/ Rost, R.
Die Entwicklung der Dortmunder Stadtwerke.
Sonderdruck aus "Neue DELIWA-Zeitschrift", Heft 8, Hannover 1.8.1956

/5/ König, H.
Die Wasserversorgung Dortmunds.
Sonderdruck aus den Mitteilungen der Industrie- und Handelskammer zu Dortmund, Dortmund 15.2.1954

/6/ Kellermann, W.
Das Wasserwerk für das nördliche westfälische Kohlenrevier.
GWF (Wasser-Abwasser), 110. Jg., 1969, Heft 10, S. 252 - 253

/7/ Zander, H.
Die Entwicklung des Wasserwerkes Haltern.
Vestischer Kalender 1982. 53. Jg., S. 51 - 57

/8/ Kaufmann, B.
Wasser und Kohle. Wasserversorgung und Abwasserbeseitigung auf genossenschaftlicher Grundlage im rheinisch-westfälischen Industriegebiet und die Wasserwirtschaft des Steinkohlenbergbaus.
Diss. (Auszug) TH Clausthal, Mai 1963

/9/ Ramshorn, A.
Die Wasserversorgung des Emscher-Lippe-Raumes.
Essen 1954

/10/ Ramshorn, A.
Kohle und Wasser im Ruhr-Emscher-Lippe-Gebiet.
Gesundheits-Ingenieur, 74. Jg., 1953, Heft 17/18

/11/ Wolansky, D., Schönwälder, L.

Möglichkeiten und Kosten eigener Nutzwassergewinnung aus dem Deckgebirge im niederrheinisch-westfälischen Industriegebiet.

Glückauf, 90. Jg., 1954, Heft 25/26, S. 661 - 667

/12/ Herrmann, W., Schwenzer, J.

Das Flußwasserentnahmewerk in Krefeld.

GWF (Wasser), 96. Jg., 1955, Heft 4, S. 99 - 105

/13/ Herrmann, W., Czerwenka, W.

Aufbereitung und Schönung des Rheinwassers in Krefeld.

gwf (Wasser-Abwasser), 101, Jg., 1960, Heft 14, S. 343 - 345

/14/ Wasserversorgungsbericht. Bericht über die Wasserversorgung in der Bundesrepublik Deutschland.

Bericht des Bundesministers des Innern, erarbeitet und abgestimmt mit den in der LAWA zusammengeschlossenen obersten Wasserbehörden der Länder.

Sekretariat und Druck: Umweltbundesamt, Berlin Mai 1982

/15/ Ermittlung des nutzbaren Grundwasserdargebots. 1. Teilband.

Schriftenreihe des Deutschen Verbandes für Wasserwirtschaft und Kulturbau e.V., Heft 58/1, Hamburg-Berlin 1982

/16/ Kuntschik, O.R.

Gedanken zur Rangfolgefestlegung bei Maßnahmen zum Schutze des Grundwassers.

gwf-wasser/abwasser, 123. Jg., 1982, Heft 4, S. 199 - 202

/17/ Wohlrab, B. (Federführung)

Beurteilungskriterien und Empfehlungen zur Bodennutzung in Zone II von Schutzgebieten für Grundwasser.

Zeitschrift f. Kulturtechnik u. Flurbereinigung, 17. Jg., 1976, S. 221 - 228

/18/ Obermann, P.

Hydrochemische/hydromechanische Untersuchungen zum Stoffgehalt von Grundwasser bei landwirtschaftlicher Nutzung.

MELF NW (Hrsg.), Besondere Mitteilungen zum Deutschen Gewässerkundlichen Jahrbuch, Nr. 42, Düsseldorf 1981

/19/ Heinz. I.

Analyse zunehmender Umweltbelastung und ihre Auswirkung auf Wasserpreis und Finanzsituation der öffentlichen Wasserversorgungswirtschaft.

Studie, gefördert vom Minister f. Wissenschaft u. Forschung NW, Dortmund (bisher unveröffentlicht)

/20/ Ingenieurbüro Schlegel - Dr.-Ing. Spiekermann GmbH, Düsseldorf

Großraum - Wasserversorgung Niederrhein. Bedarfsplanung zu den Anmeldeunterlagen.

Im Auftrag der Planungsgesellschaft Wasserverbund Niederrhein GmbH, Düsseldorf (Stand: Sept. 1981)

/21/ Zayc. R.

Die Gewässerbeschaffenheit und ihre Veränderung in Nordrhein-Westfalen.

Wasser und Boden, 1982, Heft 2, S. 46 - 51

/22/ Landesamt für Wasser und Abfall NW

Wasserwirtschaftliche Rahmenplanung. Anleitung zur Wasserwirtschaftlichen Rahmenplanung im Lande Nordrhein-Westfalen.

Düsseldorf, im Juni 1981

/23/ Allgemeine Verwaltungsvorschrift "Richtlinien für die Aufstellung von wasserwirtschaftlichen Rahmenplänen" (Kabinettsentwurf).

Bonn 30.6.1983

/24/ DVWK - Regeln, Heft 105: Empfehlungen zum Aufbau wasserwirtschaftlicher Datenbanken.

KWK-Arbeitsausschuß "Wasserwirtschaftliche Datenbank", Bonn 1977

/25/ Ermittlung des nutzbaren Grundwasserdargebots. 2. Teilband.

Schriftenreihe des Deutschen Verbandes für Wasserwirtschaft und Kulturbau e.V., Heft 58/2, Hamburg-Berlin 1982

/26/ Rolf, A., Timm, J.

Wasserversorgung im Kölner Raum. Untersuchungen zur Substitutionsmöglichkeit einer Talsperrenplanung durch rationelle Wasserwirtschaft.

Diplomarbeit, Abt. Raumplanung der Universität Dortmund, Dortmund im Jan. 1983

/27/ Regierungspräsident Münster (Bearbeiter: ORBR G. Grosser)

Wasserbedarf und Wasserbedarfsdeckung der öffentlichen Wasserversorgung im Regierungsbezirk Münster für die kommenden 20 Jahre.

Münster im Juli 1980

/28/ Landesamt f. Datenverarbeitung und Statistik NW

Statistische Berichte (E I 4): Wasserversorgung und Wasserableitung der Industrie in Nordrhein-Westfalen 1957 - 1967, 1967, 1967 u. 1969, 1971, 1973 (Q I 1)

Statistische Berichte (Q I 1): Wasserversorgung und Abwasserbeseitigung in der Wirtschaft in Nordrhein-Westfalen 1975, 1977, 1979

Statistische Berichte (Q I 2/S): Wasserversorgung und Abwasserbeseitigung bei Wärmekraftwerken für die öffentliche Versorgung in Nordrhein-Westfalen 1975, 1977, 1979

/29/ Rojahn, G., Gabriel, H., Langner, G.
Der Einfluß von industriellen Großunternehmen auf die raum- und siedlungsstrukturelle Entwicklung im Verdichtungsraum Rhein-Ruhr.
Studie, gefördert vom Minister f. Wissenschaft u. Forschung NW: Abschlußbericht (unveröffentlicht), Dortmund 1983

/30/ Dege, W., Dege, W.
Das Ruhrgebiet.
2., erw. u. überarb. Aufl., Geocolleg, Bd. 3, Kiel 1980

/31/ Spiegelberg, F.
Energiemarkt im Wandel. 10 Jahre Kohlenkrise an der Ruhr.
Baden-Baden 1970

/32/ Konze, H.
Entwicklung des Steinkohlenbergbaus im Ruhrgebiet (1957 - 1974).
Schriftenreihe Siedlungsverband Ruhrkohlenbezirk, Bd. 56, Essen 1975

/33/ Statistische Jahrbücher der Industrie- und Handelskammern NW, 1974 bis 1981

/34/ Mineralölwirtschaftsverband e.V./ Arbeitsgemeinschaft Erdöl-Gewinnung und -Verarbeitung
Jahresberichte 1961 bis 1980

/35/ Schreiber, P., Billib, H., Günther, W.
Untersuchungen zu wasserwirtschaftlichen Grundlagen eines Wasserverbundes in der Bundesrepublik Deutschland. Wasserverbundstudie.
Veröffentlichungen d. Akademie f. Raumforschung u. Landesplanung: Beiträge, Bd. 36, Hannover 1980

/36/ Kaiser, P., Häringer
Die Bedeutung der westdeutschen Kanäle für die Wasserwirtschaft in Nordrhein-Westfalen.
MELF NW (Hrsg.), Wasserwirtschaft in Nordrhein-Westfalen, Düsseldorf im Mai 1966, S. 179 - 182

/37/ Krolewski, H.
Wasserversorgung aus den westdeutschen Schiffahrtskanälen. 10 Jahre Vollzug des Abkommens von 1968.
MELF NW (Hrsg.), Wasser- und Abfallwirtschaft in Nordrhein-Westfalen 1980/81, Düsseldorf Nov. 1980, S. 34 - 40

/38/ Landesamt f. Wasser und Abfall NW
Wärmelastrechnung Lippe.
Düsseldorf März 1980

/39/ Arbeitsgemeinschaft der Länder zur Reinhaltung des Rheins
Wärmelastplan Rhein. Aaremündung bis holländische Grenze.
2. Aufl., Wiesbaden Okt. 1971

/40/ Winje, D., Iglhaut, J.
Der Wasserbedarf in der Bundesrepublik Deutschland bis zum Jahre 2010.
BMI - Forschungsbericht 102 02 023/2, Berlin Okt. 1980

Verzeichnis der Abbildungen in Abschnitt 4.2.

Verzeichnis der Tabellen in Abschnitt 4.2.

4.3. Wasserverteilung

4.3.1. Herausbildung der technisch-organisatorischen Verteilungsstruktur bis 1950/55

Die Wasserversorgung war für die Entwicklung des rheinisch-westfälischen Industriegebiets von herausragender Bedeutung. Konnte bis Mitte des vorigen Jahrhunderts der Wasserbedarf durch Brunnen aus örtlichen Grundwasservorkommen gedeckt werden /1/, so waren diese Einrichtungen in der Folgezeit den Anforderungen einer ausreichenden Versorgung mit Trink- und Brauchwasser nicht mehr gewachsen /2/. Die sprunghafte Entwicklung des Steinkohlenbergbaus sowie der Eisen- und Stahlindustrie und die damit verbundene Bevölkerungskonzentration durch den Zuzug von Arbeitskräften ließen den Wasserbedarf innerhalb kürzester Zeit auf ein Vielfaches emporschnellen. Diese Entwicklung wird anhand folgender Zahlen für einige Ruhrgebietsstädte deutlich (Tab. 1).

STADT	BETRIEBS-JAHR	EINWOHNERZAHL IM VERSORGUNGS-GEBIET (10^3)	SPEZ. VERBRAUCH (l / E·d)	JÄHRLICHE WASSERABGABE (10^3 m^3)
ESSEN	1890	120	129,5	5.674
	1900	199	144,9	10.518
	1912	300	148,8	16.295
	1928	414	223,6	33.792
	1936	625	197,0	44.606
DORTMUND	1890	160	168,6	9.849
	1900	251	240,9	22.074
	1910	344	247,8	31.081
	1928	497	307,1	55.714
	1936	561	284,0	58.108
DUISBURG	1890	72	140,6	3.695
	1900	104	136,5	5.160
	1910	–	–	–
	1928	301	217,0	23.835
	1936	–	–	–

Tab. 1 Wasserbedarfsentwicklung ausgewählter Ruhrgebietsstädte (1890–1936) /3/

Den weitaus größten Anteil an Entwicklung und absoluter Höhe des Wasserbedarfs hatte die Industrie, mit dem bekannten,produktionsspezifischen Zusammenhang zwischen der Kohle- und Eisenproduktion und der Gesamtwasserförderung (Abb. 1).

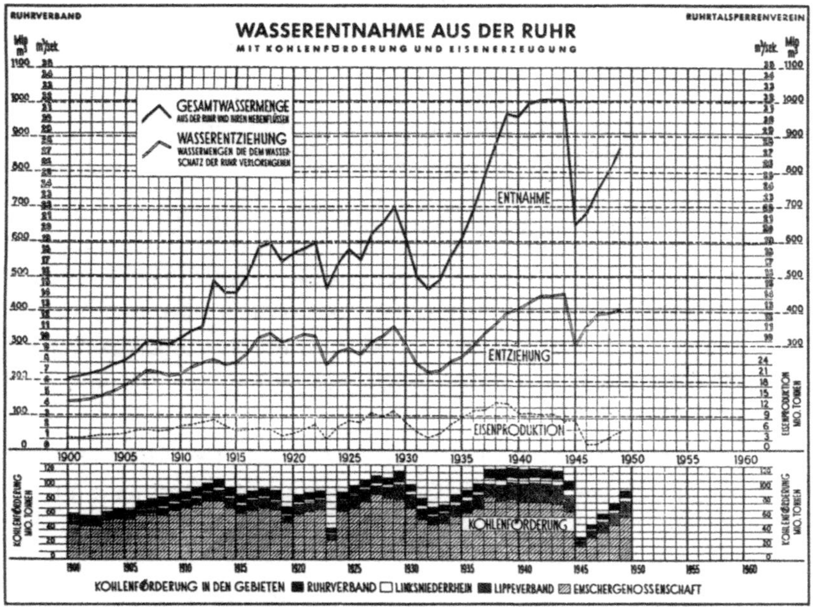

Abb. 1 Wasserentnahme aus der Ruhr von 1900 bis 1950 mit Kohleförderung und Eisenerzeugung /4/

Der räumlich-funktionalen Aufgabenteilung zwischen Wasserbeschaffungs- und Wasserverbrauchsregionen entsprechend (vgl. Abschnitt 4.2.) entwickelte sich bis Mitte der 50er Jahre eine regionale Wasserverteilungsstruktur /5/, die gekennzeichnet war durch

- Süd-Nord- bzw. Nord-Süd-Ausrichtung der Hauptversorgungsleitungen
- Netzverbund
- Ringerschließung durch Hauptversorgungsleitungen in den Kernstädten der Ruhr- und Emscherzone
- "solitäre" Verteilungsnetze in Hagen, Krefeld, Rheinhausen, Homberg, Moers, Kamp-Lintfort, Neukirchen-Vluyn, Rheinberg, Xanten, Kalkar
- Rohrnetzverbund von Gruppenwasserversorgungen im Raum Haltern, Lüdinghausen, Selm.

"Bei der zentralen Wasserversorgung des Industriegebietes sind öffentliche und Industriewasserwerke zu unterscheiden. Fast alle öffentlichen Wasserwerke haben Bergbau- und Eisenindustriebetriebe als Großabnehmer, die an der Gründung und teilweise auch an dem Besitz der Wasserwerke oft maßgebend beteiligt sind." /6, S. 6/

Bei den vier größten öffentlichen Wasserversorgungsunternehmen handelte es sich Mitte der 50er Jahre um:

a) Wasserwerk für das nördliche westfälische Kohlenrevier AG
b) Rheinisch-Westfälische Wasserwerksgesellschaft mbH
c) Dortmunder Stadtwerke AG
d) Thyssen'sche Gas- und Wasserwerke GmbH.

Sie lieferten zu Beginn des Untersuchungszeitraums etwa 2/3 der Gesamtwassermenge des Industriegebiets. Die kommunalen Wasserwerke der Städte Bochum, Essen, Duisburg, Witten, Hagen und Hamm und die Versorgungsanlagen der Hüttenwerke Oberhausen AG förderten etwa ein Drittel des Bedarfs.

Die Grundstruktur der Gewinnung und vor allem Verteilung entstand bereits in der Expansionsphase des Ruhrgebiets Anfang des Jahrhunderts, wie die Entwicklung der og. Versorgungsunternehmen zeigt:

a) Wasserwerk für das nördliche westfälische Kohlenrevier AG

"Das Wasserwerk für das nördliche westfälische Kohlenrevier AG entstand als eine der vielen Gründungen von Friedrich Grillo, der die drei ältesten der heute vorhandenen Pumpwerke errichten ließ. Zur Versorgung der von ihm in Schalke gegründeten Bergbau- und Industriebetriebe wurde 1872 das erste Werk in Steele in Betrieb genommen; 1885 folgte die Pumpstation Witten. Die GBAG und die Zeche Erin betrieben das Werk zeitweilig unter der Bezeichnung "Wasserwerk für das nördliche westfälische Kohlenrevier" zu Castrop. Nach dem Verkauf an eine neu gegründete Aktiengesellschaft gleichen Namens und dem Zusammenschluß mit dem Wasserwerk in Steele wurde 1892 Gelsenkirchen der endgültige Sitz.
Das dritte Werk errichtete Grillo in Langschede bei Unna zur Wasserversorgung der von ihm gegründeten "AG für Bergbau, Salinen- und Solbadbetrieb, Königsborn". 1906 wurde das Werk vom Wasserwerk für das nördliche westfälische Kohlenrevier AG übernommen.- Der Zweck, der zur Gründung der drei Wasserwerke geführt hatte, war also in erster Linie

die Versorgung von Bergbaubetrieben. 1908 nahm das Wasserwerk für das nördliche westfälische Kohlenrevier das Werk Haltern im Gebiet der Halterner Sande - zunächst als reines Grundwasserwerk - in Betrieb; 1927/30 erfolgte der Bau der Stevertalsperre." /6, S. 7-8/
Die Jahresförderung konnte durch Ausbau der Grundwasseranreicherung stufenweise von 17 Mio m^3/a auf 80 Mio m^3/a erweitert werden /7/.

b) Rheinisch-Westfälische Wasserwerksgesellschaft mbH

"Die "Rheinisch-Westfälische Wasserwerksgesellschaft (RWW)" in Mülheim (Ruhr) ist aus der privaten "AG Oberhausener Wasserwerk" hervorgegangen, die 1871 u.a. zur Versorgung der Zeche Concordia gegründet worden war. 1913 wurden auf Betreiben von Hugo Stinnes das Oberhausener Werk in Mülheim-Styrum und die gleichfalls in Styrum gelegenen Pumpstationen der "Wasserwerk Thyssen & Cie GmbH" und der Stadt Mülheim zu der genannten Gesellschaft zusammengefaßt." /6, S. 8/
Mitte der 50er bis Anfang der 60er Jahre betrieben die Mülheimer Wasserwerke insgesamt 14 Pumpstationen, davon 5 mit begrenzter, örtlicher Bedeutung /6/.

c) Dortmunder Stadtwerke AG

"Als drittgrößte Wasserwerksgesellschaft ist die "Dortmunder Stadtwerke AG" und ihre Vorgängerinnen zu nennen.
1872 wurde zur Industriewasserversorgung das Pumpwerk Villigst errichtet, 1890 kam die Station Schwerte dazu und 1907 folgte Hengsen. Das von 1913 bis 1920 selbständige Kreiswasserwerk Hörde baute das Dampfpumpwerk Westhofen und 1944 kam die elektrische Pumpanlage Ergste in Betrieb." /6, S. 9/

d) Thyssen'sche Gas- und Wasserwerke GmbH

"Die "Thyssen'sche Gas- und Wasserwerke GmbH", Duisburg-Hamborn, sind eine Gründung von August Thyssen. Er ließ 1893 in Mülheim (Ruhr)-Styrum ein Wasserwerk zur Versorgung seiner Mülheimer und Hamborner Werksanlagen erbauen. Durch das 1908 in Betrieb genommene Wasserwerk Duisburg-Laar erhielt die bis dahin untergeordnete Rolle des Rheins größere Bedeutung. Nachdem 1912 die Pumpstation Styrum in den Besitz der Rheinisch-Westfälischen Wasserwerksgesellschaft übergegangen war, kam 1920/23 in Beeckerwerth das Werk 2 in Betrieb. 1954 wurde bei Alsum mit dem Bau eines neuen Brauchwasserwerkes begonnen." /6, S. 9/

4.3.2. Verteilungsstruktur 1954/55

Die historische Entwicklung der Verteilungsstruktur im Untersuchungsraum führte dazu, daß auch nach dem 2. Weltkrieg die Versorgungsgebiete der Wasserversorgungsunternehmen mit denen der versorgten Gemeinden nicht übereinstimmten. Vielfache Gebietsreformen und betriebswirtschaftliche Unternehmenszielsetzungen / -strategien vor allem der überörtlich versorgenden Unternehmen sind dafür als Bestimmungsgründe zu nennen /8/. Karte 13 zeigt unter Zugrundelegung der Verwaltungsgrenzen nach der Gebietsreform von 1975 die räumliche Abgrenzung der Versorgungsgebiete der öffentlichen Wasserversorgung im Zeitraum 1954/55.

Da bereits zu diesem Zeitpunkt ein Verbundnetz mit vielfältigen Bezugs- und Liefermöglichkeiten existierte, hätte nur eine Analyse der damals gültigen Konzessions-, Demarkations- bzw. Lieferverträge die notwendigen Informationen für eine exakte Abgrenzung erbracht. Ersatzweise wurde daher auf verfügbares Kartenmaterial zurückgegriffen /9,10/. Divergierende Angaben zur Versorgungsgebietsabgrenzung zwangen dazu, die in Karte 13 dargestellten Versorgungsgebiete bei strittigen Grenzverläufen nach folgenden Sachkriterien zu klassifizieren und abzugrenzen:

1. Versorgungsgebiete, in denen dem genannten Unternehmen Wasserbeschaffung und -verteilung sowie Zulieferung anderer Versorgungsgebiete oblagen
2. Versorgungsgebiete ausschließlich belieferter und weiterverteilender Unternehmen.

Nach diesem Klassifizierungsschema wurden die Angaben über Bezug und Abgabe der BGW-Wasserstatistik entsprechend in die Karte umgesetzt /11/.

Bemerkenswert an der Versorgungsgebietsstruktur im Zeitraum 1954/55 ist die weitgehende Übereinstimmung von Versorgungsgebiet und Gemeindegebiet im südlichen Teil des Untersuchungsraums (Stadt Krefeld, Gemeinde Rheinhausen, Städte Duisburg, Essen, Bochum, Hattingen, Witten, Hagen und Dortmund). Abgesehen von der Tatsache, daß alle genannten Kommunen über ein ausreichendes Wasserdargebot auf eigenem Gemeindegebiet verfügten, ist diese südliche Versorgungsstruktur darauf zurückzuführen, daß in diesen Gemeinden schon frühzeitig die Wasserversorgung als Aufgabe der kommunalen Daseinsvorsorge begriffen wurde, deren technisch-wirtschaftliche

Ausführung den jeweiligen Versorgungsunternehmen übertragen wurde /2,12,13,14/. Dieser kommunalpolitische Einfluß auf die Entwicklung der Versorgungsstruktur ist indirekt an den Eigentumsverhältnissen der betreffenden Wasserversorgungsunternehmen (vgl. Tab. 2) ablesbar.

STADT	WASSERVERSORGUNGS-UNTERNEHMEN	RECHTSFORM	EIGENTÜMER
ESSEN	STÄDTISCHE WERKE ESSEN	E	G
DORTMUND	DORTMUNDER STADTWERKE	AG	G
DUISBURG I	STADTWERKE DUISBURG	E	G
DUISBURG II	NGW	GmbH	P
GELSENKIRCHEN	WASSERWERK FÜR DAS NÖRDL. WESTF. KOHLENREVIER	AG	GGu.P
BOCHUM I	STADTWERKE BOCHUM	E	G
BOCHUM II	VERBANDSWASSERWERK	GmbH	GG
OBERHAUSEN	–	–	–
KREFELD	STADTWERKE KREFELD	E	G
HAGEN	STADTWERKE HAGEN	E	G
MÜLHEIM	RWW	GmbH	GGu.P
RECKLINGHAUSEN	–	–	–
HERNE	–	–	–
BOTTROP	–	–	–
WANNE-EICKEL	–	–	–

RECHTSFORM: E= EIGENBETRIEB; AG= AKTIENGESELLSCHAFT;
GmbH= GESELLSCHAFT MIT BESCHRÄNKTER HAFTUNG
EIGENTÜMER: G= GEMEINDE; P= PRIVATE; GG= MEHRERE GEMEINDEN

Tab. 2 Rechtsform und Eigentumsverhältnisse der in der unmittelbaren Wasserversorgung der Ruhrgebietsstädte tätigen Wasserversorgungsunternehmen (1966) /8/

Die Versorgungsgebietsgrenzen des "Wasserwerks für das nördliche westfälische Kohlenrevier AG" bildeten im Süden nordöstliche Stadtteile von Essen, die Städte Herne, Castrop-Rauxel, nördliche Stadtteile Dortmunds, das Gebiet der heutigen Stadt Unna und westliche Gebietsteile Fröndenbergs; im Osten die Gemeinde Bönen und westliche Teile des heutigen Hammer Stadtgebiets; im Norden die Gemeinden Werne, Nordkirchen, Selm,

Olfen und Haltern; im Westen die Städte Gelsenkirchen und Marl. Darüber hinaus wurde der heutige Wittener Stadtteil Herbede durch das "Wasserwerk für das nördliche westfälische Kohlenrevier" versorgt.

Das Versorgungsgebiet der "Rheinisch-Westfälischen Wasserwerksgesellschaft mbH" umfaßte die Städte Mülheim, Oberhausen, Gladbeck, Bottrop, Dorsten, nordwestliche Stadtteile Essens und das östliche Gemeindegebiet Schermbecks. Die "Niederrheinische Gas- und Wasserwerke GmbH" belieferte Haushalte und Kleingewerbe in einzelnen Stadtteilen Duisburgs sowie in Dinslaken, Voerde, Walsum und Hünxe. In den nordwestlichen, ländlich strukturierten Bereichen des Untersuchungsraums und im Versorgungsbereich des Kreiswasserwerks Moers erfolgte die Versorgung mit Ausnahme zusammenhängender Siedlungsbereiche durch die traditionellen Pumpengemeinschaften vorwiegend dezentral, Siedlungsbereiche von Kamp-Lintfort und Neukirchen-Vluyn wurden durch die ortsansässigen Bergwerksbetriebe zentral versorgt.

Die Überschneidungen von Versorgungs- und Gemeindegebieten führten bereits bis 1954/55 zu vielfältigen Bezugs- und Lieferbeziehungen im Untersuchungsgebiet /11/. Im Hinblick auf die Abgabemengen und die Anzahl der belieferten Unternehmen bzw. Gemeinden nimmt das "Wasserwerk für das nördliche westfälische Kohlenrevier AG" zu dieser Zeit bereits eine herausragende Stellung ein. Die größten Abgaben im Bereich der öffentlichen Wasserversorgung erfolgten an die nordöstlichen Stadtteile Essens und die Stadtwerke Lünen und Kamen, die in eigener Regie weiterverteilten. Die nordwestlichen Stadtteile Essens wurden durch die Rheinisch-Westfälische Wasserwerksgesellschaft mbH beliefert, die neben den Thyssen'schen Gas- und Wasserwerken und den Hüttenwerken Oberhausen auch noch den Zusatzwasserbedarf der Duisburger Stadtwerke deckten. Die Niederrheinische Gas- und Wasserwerke GmbH und die Stadtwerke Dinslaken wurden ausschließlich durch die Thyssen'schen Gas- und Wasserwerke beliefert. Der Zusatzwasserbedarf der Stadt Bochum wurde durch die Stadtwerke Witten gedeckt. Nennenswerte Wasserabgaben der Stadtwerke Dortmund erfolgten an die Stadtwerke Schwerte, die im Gemeindegebiet selbst weiterverteilten.

4.3.3. Entwicklung der Verteilungsstruktur im Untersuchungszeitraum 1954 - 1980

Die Entwicklung der Verteilungs-/Versorgungsstruktur des Untersuchungsraumes in der Zeit von 1954 bis 1980 war im wesentlichen gekennzeichnet durch

- Ausbau der zentralen Wasserversorgung, vor allem in den nördlichen und nordwestlichen, ländlich strukturierten Gebieten des Untersuchungsraumes ("Infrastrukturerstausstattung")
- Ausbau eines großräumigen Wasserverbundes sowohl innerhalb einzelner Versorgungsgebiete als auch zwischen mehreren Versorgungsbereichen selbständiger Wasserversorgungsunternehmen in den großstädtischen Bereichen des Untersuchungsraums
- Ausweitungen bzw. Arrondierungen von Versorgungsbereichen
- Aufgabenteilung bzw. -differenzierung zwischen den Versorgungsunternehmen.

Die Fülle der Einflußfaktoren, die diese Entwicklung bestimmt haben, ist im Rahmen dieser regionalen Analyse nicht detailliert zu untersuchen gewesen. Gleichwohl lassen sich die Bestimmungsgründe in zwei Komplexe gliedern, die dann zumindest eine Grobanalyse ermöglichen. In Anlehnung an die in der Laufenden Raumbeobachtung seit längerem gebräuchliche Regionstypisierung erscheint eine Gliederung sinnvoll /15/, die regionstypische, sozioökonomische von allgemeinen raumordnerischen Einflußfaktoren auf die Versorgungsstrukturentwicklung trennt:

1. Allgemeiner raumordnerischer/wasserwirtschaftlicher Faktorenkomplex, ausgedrückt durch
   - versorgungspolitische Ziele bzw. Versorgungskonzepte im überörtlichen und örtlichen Planungssystem
   - Neugliederung der Verwaltungseinheiten und damit Neuordnung der kommunalhoheitlichen Aufgaben (räumlich, sachlich) im Bereich der Daseinsvorsorge

2. Sozioökonomischer Faktorenkomplex des Regionstypus "altindustrialisiert", ausgedrückt durch
   - wirtschaftsstrukturelle Entwicklung wasserintensiver Industriezweige (Montanindustrie)
   - demographische und siedlungsstrukturelle Entwicklung
   - Unternehmenspolitik und unternehmerisches Handeln der Wasserversorgungsunternehmen.

Eine explizite Einbeziehung des allgemeinen Faktorenkomplexes in die Wirkungsanalyse erscheint wenig sinnvoll, da auf übergeordneter Planungsebene bzw. im politischen Raum keine Veranlassung gesehen wurde, in die historisch überkommene Verteilungsstruktur des Untersuchungsraums durch eigene Versorgungskonzepte einzugreifen.

Der 1953 aufgestellte 10-Jahresplan der Wasserwirtschaft des Landes NW mit konkreten Zielsetzungen hinsichtlich des zu erreichenden Anschlußgrades der zentral versorgten Einwohner hatte keine bindende Wirkung. "Die Durchführung der wasserwirtschaftlichen Aufgaben ist in weitgehendem Maße in die Hände der Selbstverwaltung gelegt... Das Erhalten, Stärken und nötigenfalls Stützen der gesunden Kräfte der Selbstverwaltung zum Erreichen der Ziele des 10-Jahres-Plans (...) bildet somit die Grundlage der Wasserwirtschaftspolitik des Landes." /16/. So wird auch heute noch die Wasserversorgung als Selbstverwaltungsangelegenheit der Kommunen angesehen, bei der eine "besonders ausgeprägte Einflußnahme der Landesregierung nicht gegeben" sei /17/.

Der Wasserversorgungsbericht stellt jedoch gleichzeitig fest, daß die Sicherstellung der Wasserversorgung eine landespolitische Aufgabe von hohem Rang sei; denn für die Entwicklung der Lebens- und Wirtschaftsverhältnisse eines (Bundes-)Landes sei die sichere Wasserversorgung von entscheidender Bedeutung /18, S. 153/.

Die Analyse des Einflusses der Gemeinde- bzw. Gebietsreform auf die Entwicklung der Versorgungsgebiete (Teilsystem Verteilung) stieß auf in der Bearbeitungszeit nicht zu lösende Informationsprobleme. Auch im Wasserversorgungsbericht wird der Mangel an statistischem Material zur Analyse dieses Wirkungszusammenhangs beklagt /18, S. 79/.

Aus diesen Gründen stützt sich die Wirkungsanalyse vornehmlich auf den zweiten Faktorenkomplex.

4.3.3.1. Einfluß der wirtschaftsstrukturellen Entwicklung auf die Wasserverteilung (-abgabe)

4.3.3.1.1. Strukturelle Entwicklung wasserintensiver Industriezweige (Montansektor)

Steinkohlenbergbau

Seit 1957 ist die Bedeutung der Ruhrkohle und des Ruhrkokses erheblich zurückgegangen /19/. Die Gründe dafür waren zum einen, daß in anderen Teilen der Welt reiche Kohlenlagerstätten in günstiger Lagerung, geringer Teufe und in größerer Flözmächtigkeit abgebaut werden konnten. Dies gilt für die Steinkohlenlagerstätten in den USA und der Sowjetunion. Zum anderen war der Rückgang des Steinkohlenbergbaus bedingt durch den Verlust vieler Konsumenten, die zur Deckung ihres Primärenergiebedarfs auf das in vieler Hinsicht zweckmäßigere Öl oder billiges Erdgas übergingen /1/. So verringerte sich der Anteil der Steinkohle am Primärenergieverbrauch in der Bundesrepublik von fast 70 % im Jahre 1957 auf 29 % im Jahre 1970 /20/.

Die quantitativen Anpassungsmaßnahmen von Seiten der Bergbauunternehmen erfolgten in Form von Teil- und Totalstillegungen unrentabler Zechen, die vereinzelt gegen Ende des Jahres 1958 eingeleitet wurden /21/. Von 1958 bis 1964 wurden 37 Schachtanlagen stillgelegt, so daß die Zahl aller Schachtanlagen im Revier von 137 auf 97 Anlagen sank /22/. Die Schwerpunkte dieser Stillegungen befinden sich in der Hellwegzone zwischen Essen und Dortmund.

Trotz der konjunkturellen Besserung der Wirtschaftslage von 1960 bis 1963 wurde die Strukturkrise im Ruhrbergbau besonders deutlich während der Rezession 1966/67.

Insgesamt lassen sich für den Zeitraum 1957 bis 1974 drei Stillegungszeiträume feststellen, deren Spitzen in den Jahren 1963/64, 1966 bis 1968 und 1972/73 lagen (Abb. 2) /21/.

Weitere 5 Schachtanlagen wurden zwischen 1974 und 1979 stillgelegt /19/. Von 1957 bis 1980 sank auch die Jahreförderung an Steinkohle von 123,2 Mio t auf 69,1 Mio t ab /23/.

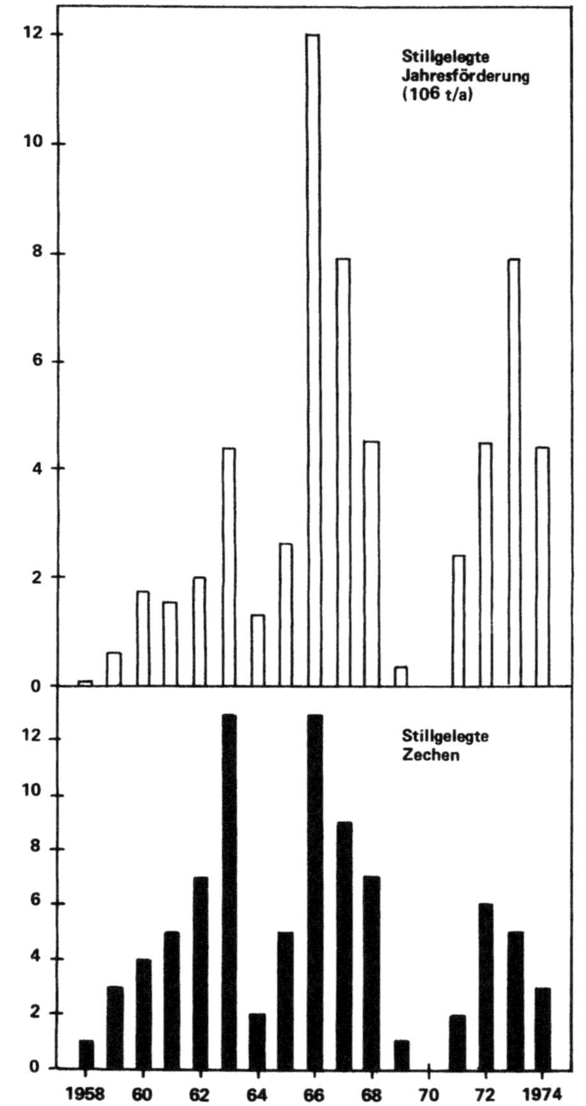

Abb. 2 Verlauf der Zechenstillegungen (1958–1974), nach /19/

Eisen- und Stahlindustrie

Die Standorte der eisen- und stahlschaffenden Industrie zum Stand 1976/77 zeigt Abb. 3.

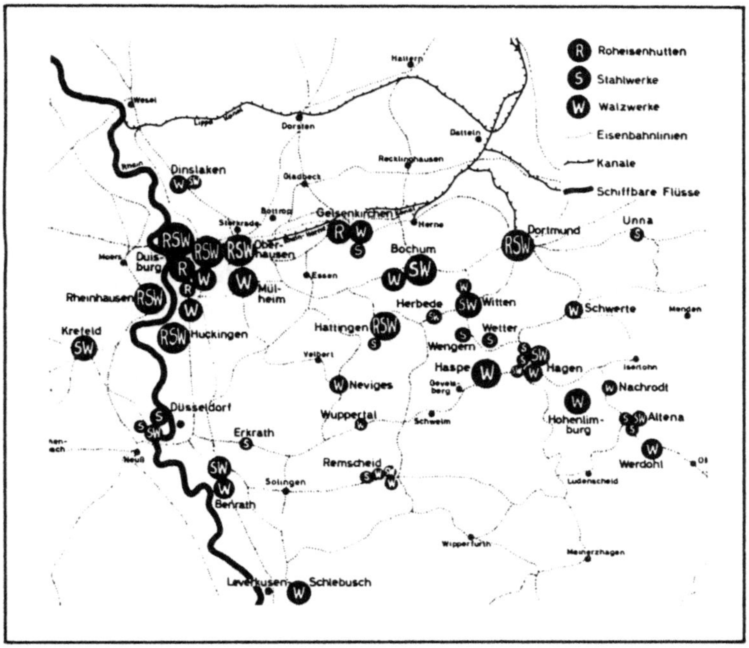

Abb. 3 Standorte der eisen- und stahlschaffenden Industrie im Ruhrgebiet /19/

Die verkehrsgeographischen Standortvorteile der Rheinschiene führten innerhalb des Ruhrgebietes im Bereich der Stahlindustrie zu einer Arbeitsteilung in der Form, daß sich im westlichen Revier die transportkostenempfindliche Massenproduktion konzentrierte und die übrigen Teilräume vorwiegend die Aufgabe der Weiterverarbeitung (Walzwerke, Gießereien, Ziehereien) übernahmen.

Im Jahre 1964 wurde mit 27,2 Mio t Roheisen und 37,3 Mio t Rohstahl in der Bundesrepublik ein Höchststand in der Produktion erreicht /23/. "Damals konnte die Stahlkapazität zu 95 % ausgenutzt werden. Der Druck des Weltmarktes zwang 1966 zu einem Rückgang auf 25,5 Mio t Roheisen und auf 35,3 Mio t Rohstahl bei einer inzwischen erfolgten Kapazitätsausweitung auf 47 Mio t Rohstahl und einer Kapazitätsauslastung von nur 70 %. Der

Preisdruck des Weltmarktes führte vorübergehend zu Produktionseinschränkungen. In den Jahren 1969 und 1970 zwangen erhöhte Nachfragen zu einem bisher unbekannten Ausmaß der Produktion bei guter Ertragslage, der 1971 ein Rückgang um 10,5 % auf 40,3 Mio t folgte. Die Jahre 1972, 1973 und 1974 zeigten eine ungewöhnlich hohe Nachfrage nach Stahl auf dem gesamten Weltmarkt. Die Kapazitätsauslastung ging bis an den Rand des Möglichen. Mit 43,7 - 49,5 - 53,2 Mio t (Welt: 709 Mio t) hatte die Bundesrepublik Deutschland einen beachtlichen Anteil, der sich auch in den hohen Produktionsanteilen des Ruhrgebietes wiederspiegelte (26,8 - 30,3 - 32,2).

Der seit Oktober 1974 immer spürbarer werdende Rückgang des Exports, verbunden mit damals geringeren Absätzen beim Baugewerbe und der Autoindustrie, führte zu dem beachtlichen Produktionsrückgang in der stahlschaffenden Industrie im Jahre 1975, rd. 25 %. Nun sind beim Stahl als Grundstoffindustrie 'zyklische Schwankungen' stärker vorhanden als bei der verarbeitenden Industrie. Ein wesentlicher Grund für die seit vier Jahren anhaltende Stahl-'Flaute' bei uns ist aber auch das Eindringen von Drittländern, besonders von Japan, mit kostengünstigerem Stahl. So stieg der Anteil des Importstahls an der innerdeutschen Marktversorgung von 24 % 1974 über 29 % 1975 auf 34 % 1976 und auf 38 % 1977. Die Lage auf dem Stahlmarkt ist auch 1977 gekennzeichnet durch ungenutzte Stahlkapazitäten. Sie sind zwar für die Stahlindustrie der gesamten EG charakteristisch, doch ist die Bundesrepublik besonders stark betroffen: Bei einer Stahlkapazität von 65,8 Mio t wurden 1977 nur 39,0 Mio t (1978 41,25 Mio t) erzeugt; das ist eine Kapazitätsauslastung von nur 59 %, also völlig unwirtschaftlich. Junge Industrieländer beeinflussen seit den sechziger Jahren in wachsendem Maße die ehemals beherrschende Stellung der klassischen Stahlerzeugerländer. (...)

Die Stahlindustrie des Ruhrgebietes wehrte sich nicht nur mit Rationalisierungen, sondern auch mit Unternehmenskonzentrationen. So wurden mit dem Ziel einer arbeitsteiligen Rationalisierung folgende Hochofenwerke stillgelegt:

1963 im Werk Union (Hoesch, Dortmund)
1964 in der Friedrich-Wilhelm-Hütte (Mülheim)
1966 in der Niederrheinischen Hütte (Thyssen Niederrhein, Werk Duisburg
1968 im Krupp-Hüttenwerk (Bochum)
1972 in der Klöckner-Hütte (Hagen-Haspe)

An die Stelle dieser Hochofenwerke traten moderne Verarbeitungsbetriebe; an den kostengünstigen Standorten wurde vor allem die Roheisenproduktion durch besonders leistungsfähige Hochöfen ausgebaut. So verblieben bei Hoesch in Dortmund von 16 Hochöfen im Jahre 1960 nur 5 im Jahre 1979.

Voraussetzung für solch eine Rationalisierung war eine umfassende Unternehmenskonzentration. Viele früher selbständige Hochofen- und Hüttenwerke sind heute in größeren Unternehmensgruppen aufgegangen:

Phoenix-Rheinrohr, die Niederrheinische Hütte und die HOAG als Bestandteil der Thyssen-Gruppe;

die Dortmund-Hörder Hüttenunion wurde Bestandteil von Hoesch, und Hoesch ging wiederum eine Verbindung mit der niederländischen Stahlgesellschaft Hoogovens in Ijmuiden zu ESTEL ein;

die Ruhrstahl-Henrichshütte wurde Teil der Rheinstahl-Gruppe und diese 1974 wiederum Teil der Thyssen-Gruppe;

die Edelstahlwerke Witten wurden 1975 mit den Deutschen Edelstahlwerken Krefeld zur Thyssen Edelstahlwerke AG zusammengeschlossen;

die Hüttenwerke Rheinhausen AG und die Bochumer Verein für Gußstahlfabrikation AG wurden zur Friedrich Krupp Hüttenwerke AG vereinigt; 1977 Anschluß der Stahlwerke Südwestfalen an die Friedrich Krupp Hüttenwerke.

Von 14 bisher selbständigen Eisen- und Stahlproduzenten im Ruhrgebiet verblieben vier. Dabei sind folgende Tendenzen zu beobachten: Ausbau der Produktion von Roheisen und Massenstahl besonders im Bereich der verkehrsgünstigen Rheinschiene und der Küste (Klöckner in Bremen), Aufnahme von Verarbeitungsbetrieben durch früher allein oder überwiegend in der Stahlproduktion tätige Unternehmen, besonders in der Thyssen-Gruppe. Diese Entwicklung führt seit ca. 10 Jahren zu einer zunehmenden Bedeutung der Stahlveredelung und der Verarbeitungsstufen im rheinfernen Revier." /19, S. 96-98/

4.3.3.1.2. Entwicklung der Wasserabgabe der Versorgungsunternehmen an die Montanindustrie

Aufgrund der gewachsenen infrastrukturellen Verflechtungen (vgl. 4.3.1.) wurden die großen Wasserversorgungsunternehmen vom industriellen Strukturwandel miterfaßt. Die Produktionsrückgänge im Bergbau und in der Eisen- und Stahlindustrie verursachten erhebliche Abgaberückgänge an industrielle Verbraucher.

Der Zusammenhang zwischen Produktions- und Wasserabgabeentwicklung wird an den Abb. 4 bis 8 deutlich. Bis auf für die Gesamtaussage unbedeutende Abweichungen konnten die Produktionsstandorte jeweils dem Versorgungsgebiet des Wasserversorgungsunternehmens und dem IHK-Bezirk zugeordnet werden /23,24/.

Ein unmittelbarer Einfluß ist bei Gelsenwasser AG und Dortmunder Stadtwerke AG erkennbar (Abb. 4 und 5).

Für den IHK-Bezirk Bochum wird der Zusammenhang zwischen Wasserabgabe an die Industrie insgesamt durch Stadtwerke Bochum AG / Wasserbeschaffung Mittlere Ruhr GmbH und der Steinkohlenförderung und Steinkohlenkokserzeugung gut sichtbar (Abb. 6). Zusammenhänge zwischen Roheisen- und Rohstahlerzeugung und Wasserabgabe der öffentlichen Wasserversorgung sind nicht zu erkennen. Als Grund dafür ist die weitgehende Eigenversorgung der Betriebe der Eisen- und Stahlindustrie im Raum Bochum (Krupp'sche Wasserwerke) zu nennen.

Die Wasserabgabeentwicklung an die Industrie durch die Stadtwerke Duisburg AG und die Entwicklung der Steinkohlenförderung im IHK-Bezirk Duisburg haben im Zeitraum 1954 bis 1975 einen gleichen Verlauf (Abb. 7). Abhängigkeiten zwischen der Entwicklung der Rohstahl- und Roheisenproduktion und dem Wasserabsatz an die Industrie durch öffentliche Wasserversorgungsunternehmen sind für den Raum Duisburg nicht unmittelbar erkennbar. Zurückzuführen ist dies im wesentlichen auf die Eigenversorgung der Eisen- und Stahlindustrie (vgl. Karte 10). Umstrukturierungen in der öffentlichen Wasserversorgung (Thyssen'sche Gas- und Wasserwerke, Niederrheinische Gas- und Wasserwerke GmbH, Gelsenwasser AG, Stadtwerke Duisburg AG) erschweren zudem die Analyse.

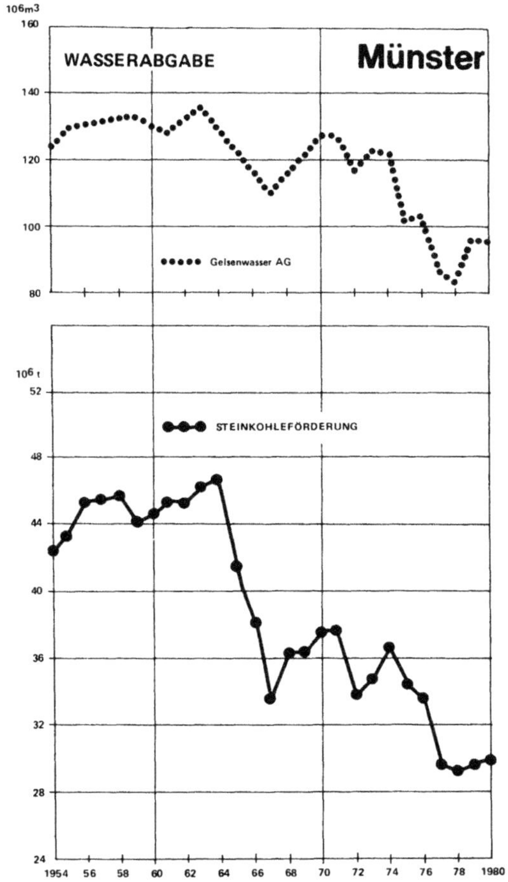

Abb. 4 Produktionsentwicklung der Montanindustrie und Entwicklung der Wasserabgabe öffentlicher Wasserversorgungsunternehmen an die Verbrauchsgruppe 'Industrie' (1954–1980): IHK–Bezirk Münster

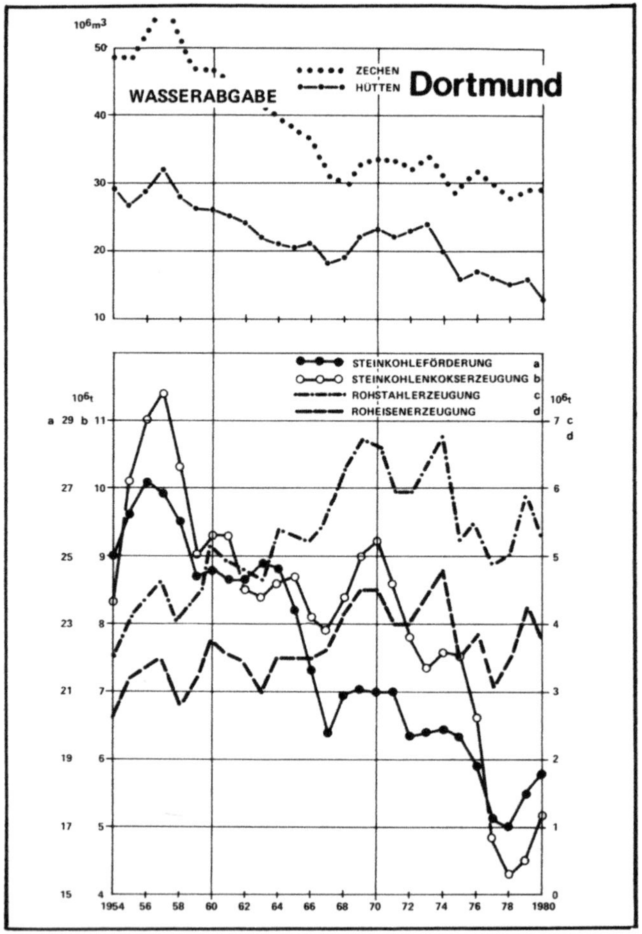

Abb. 5 Produktionsentwicklung der Montanindustrie und Entwicklung der Wasserabgabe öffentlicher Wasserversorgungsunternehmen an die Verbrauchsgruppe 'Industrie' (1954–1980): IHK–Bezirk Dortmund

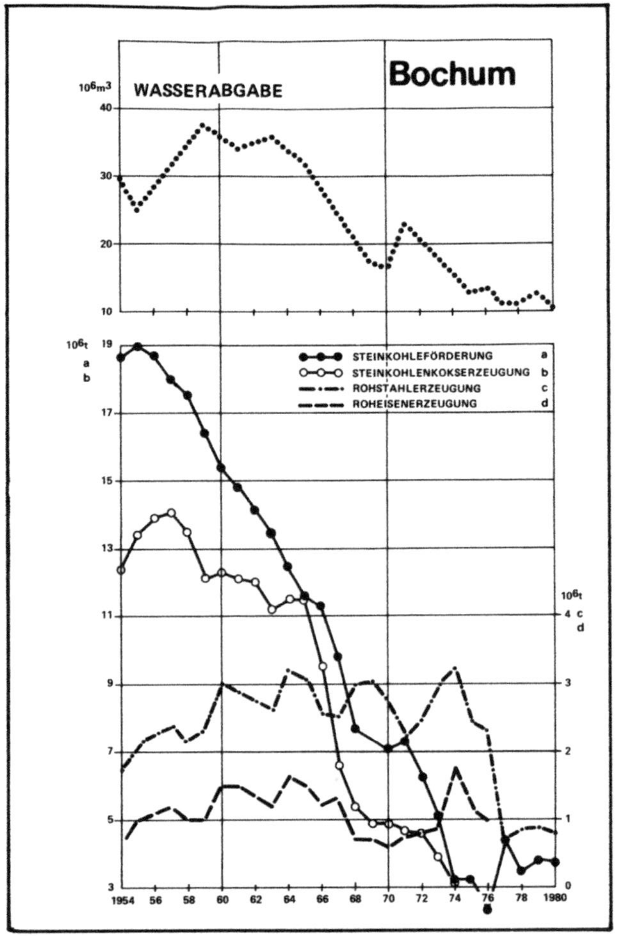

Abb. 6 Produktionsentwicklung der Montanindustrie und Entwicklung der Wasserabgabe öffentlicher Wasserversorgungsunternehmen an die Verbrauchsgruppe 'Industrie' (1954–1980): IHK–Bezirk Bochum

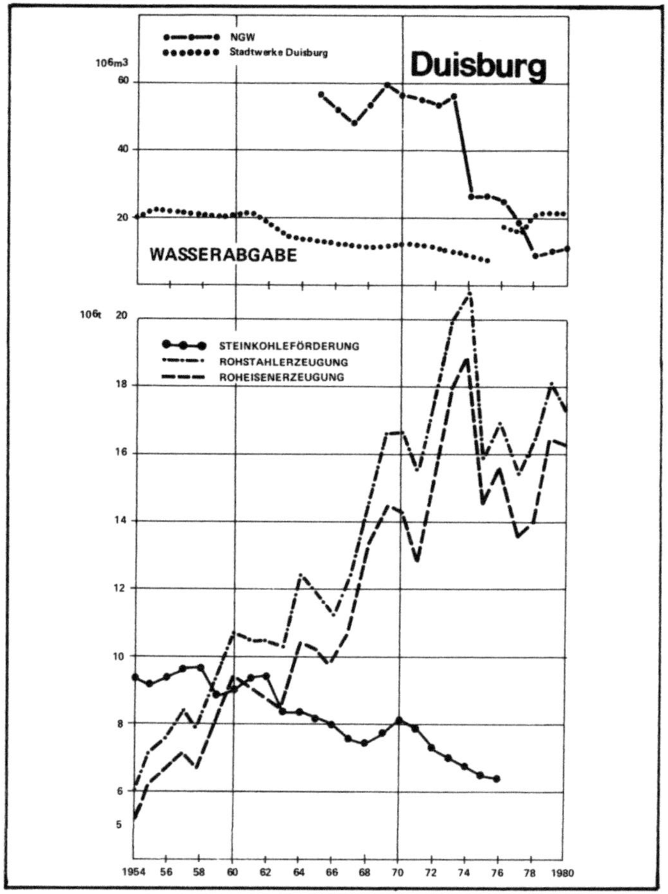

Abb. 7 Produktionsentwicklung der Montanindustrie und Entwicklung der Wasserabgabe öffentlicher Wasserversorgungsunternehmen an die Verbrauchsgruppe 'Industrie' (1954–1980): IHK–Bezirk Duisburg

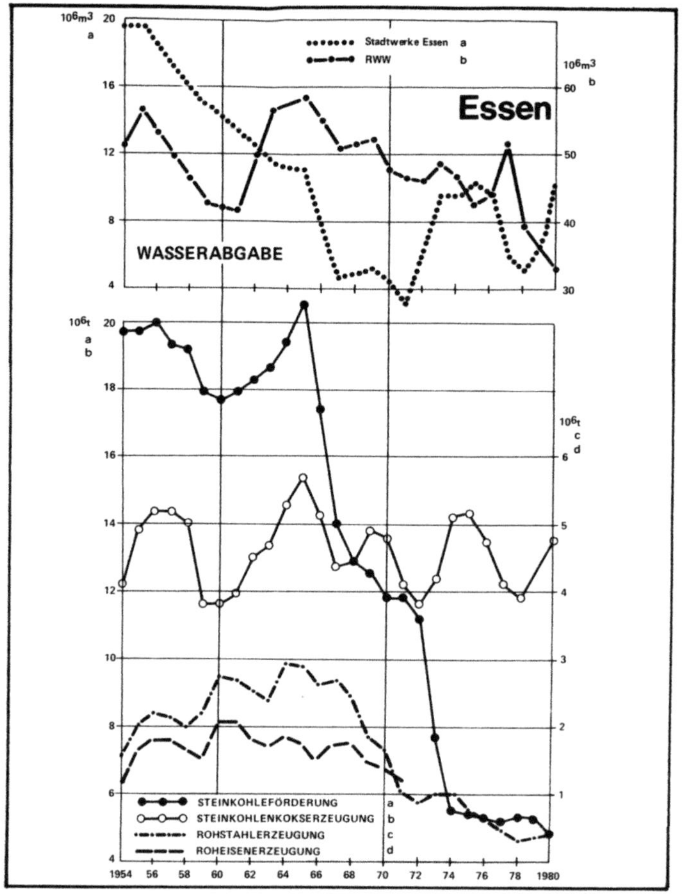

Abb. 8 Produktionsentwicklung der Montanindustrie und Entwicklung der Wasserabgabe öffentlicher Wasserversorgungsunternehmen an die Verbrauchsgruppe 'Industrie' (1954–1980): IHK–Bezirk Essen

Der stetige Absatzrückgang der Essener Stadtwerke im Zeitraum 1954 bis 1971 wurde im wesentlichen durch die rückläufige Steinkohlenförderung im Versorgungsgebiet verursacht (Abb. 8). Ab 1972 wurde die Versorgung einer größeren Kokerei übernommen, die sich im Wasserabsatz erkennbar niederschlägt. Der ab 1976 erneute Absatzrückgang ist auf verminderte Abnahmen industrieller Großabnehmer zurückzuführen /25/. Die Versorgung der Eisen- und Stahlindustrie im IHK-Bezirk Essen erfolgte im wesentlichen durch eigene Wasserwerke (Krupp'sche Wasserwerke, Hüttenwerke Oberhausen AG).

Die Absatzentwicklung der Rheinisch-Westfälischen Wasserwerksgesellschaft mbH zeigt im Zeitraum 1954 bis 1973 eine deutliche Übereinstimmung mit der Entwicklung der Steinkohlenkokserzeugung (Abb. 8).

Neben der aufgezeigten Abhängigkeit von der konjunkturell und strukturell bedingten Produktionsentwicklung des Montansektors ist der Rückgang der Industrieabgabe auch auf die allgemeine technologische Entwicklung in Form wassersparender Verfahren zurückzuführen. Da für den Untersuchungsraum keine entsprechend disaggregierte statistische Datenbasis vorlag, wurden hilfsweise die branchenspezifischen Daten für Nordrhein-Westfalen insgesamt herangezogen. Einen groben Anhaltspunkt für die zeitliche Entwicklung der Einführung wasserrationeller Technologien bieten die Indikatoren "Nutzung als Kreislaufwasser" und "Nutzungsfaktor" (Quotient aus "Nutzung als Kreislaufwasser" und "Nutzung aus Aufkommen") (vgl. Abb. 1 u. 2, Abschnitt 4.2.). Von den wesentlichen wasserabhängigen, im Untersuchungsraum ansässigen Branchen (Bergbau, Mineralölverarbeitung, Eisenschaffende Industrie, Chemische Industrie) zeigen alle genannten mit Ausnahme des Bergbaus eine diesbezüglich eindrucksvolle Entwicklung. Der stark zurückgegangene Nutzungsfaktor des Bergbaus ist auf die Doppelwirkung steigender Fördermengen an Gruben- und Sümpfungswasser (Hauptanteil: Braunkohlentagebau) und gleichzeitig abnehmender innerbetrieblicher Einsetzbarkeit (Salzbelastung des Grubenwassers) zurückzuführen /26,27,28/. Eine exaktere Erfassung der rationellen industriellen Wassernutzung erlaubt dagegen die Berechnung des Nutzungsfaktors unter Ausschluß der og. ungenutzt abgeleiteten Mengen: Verhältnis "Im Kreislauf genutztes Wasser" zu "Im Betrieb eingesetztes Wasser". Diese mit Inkrafttreten des Umweltstatistikgesetzes erhobenen wasserstatistischen Daten liegen jedoch nach Verwaltungsbezirken gegliedert z.Zt. nur für die Jahre 1977 und 1979 vor. Eine branchenspezifische Aussage ist anhand dieser Zahlen generell nicht möglich; unterstellt man jedoch eine annähernd vergleichbare, montanindustriell geprägte

Produktionsstruktur in den Städten Duisburg und Dortmund, ist ein Vergleich der Nutzungsfaktoren vertretbar. Der signifikante Unterschied wiederspiegelt die grundsätzlich verschiedene Versorgungsstruktur, die mittelbar auch aus den Abb. 5 und 7 hervorgeht. Während in Dortmund bis Ende der sechziger Jahre Roheisen- und Rohstahlproduktion und Wasserabgabe an die Hüttenbetriebe eine gegenläufige Tendenz aufweisen /29/, ist eine ähnliche Entwicklung für Duisburg mit den verfügbaren Daten nur schwer ablesbar; als Grund ist die o.a. Umstrukturierung der Wasserversorgung in diesem Gebiet zu nennen. Insgesamt belegen die aufgezeigten Zusammenhänge die betriebswirtschaftlich bedingte Abhängigkeit des Grades der rationellen Wassernutzung von standortspezifischen Wasserbeschaffungsmöglichkeiten (vgl. dazu Tab. 6, Abschnitt 4.2.).

4.3.3.2. Raumstrukturelle Einflußgrößen auf die Wasserverteilung

Der regionalanalytische Ansatz der Untersuchung macht eine Reduktion der Einflußgrößen auf die Entwicklung der Wasserverteilung erforderlich. Aufgrund der eminenten betriebswirtschaftlichen Bedeutung dieses Infrastrukturteilsystems wird die Analyse auf die raumstrukturellen Parameter gestützt und beschränkt, die den entscheidenden Einfluß auf die Wirtschaftlichkeit der Verteilungsanlagen haben. Auf ein Versorgungsgebiet bezogen sind dies

- Anzahl der versorgten Einwohner und
- Siedlungsstruktur.

Beide Parameter in ihrer zeitlichen Entwicklung bestimmen ganz maßgeblich die Wirtschaftlichkeit eines leitungsgebundenen Versorgungssystems, ausgedrückt durch Kenngrößen wie Verbraucher- bzw. Anschlußdichte und Verbrauchsdichte bzw. -intensität /30,31/.

Im folgenden wird daher als Rahmensetzung ein Abriß der Bevölkerungs- und Siedlungsentwicklung des Untersuchungsraums in der Zeit von 1954 bis 1980 gegeben, wobei detaillierte Darstellungen über Ursachen der jeweiligen Entwicklung (z.B. Mobilitätsanalysen zum Wanderungsverhalten bzw. Zusammenhänge zwischen Wanderungen als wichtigster demographischer Komponente und Wohnungsmarkt (Siedlungsentwicklung)) unterbleiben müssen (vgl. dazu z.B. /32,33,34,35,36,37,38,39/).

4.3.3.2.1. Demographische Rahmendaten (1954 - 1980)

Die Bevölkerungsentwicklung im Ruhrgebiet war in den Nachkriegsjahren bis etwa 1959 durch erheblichen Bevölkerungszuwachs aufgrund starker Wanderungsgewinne gekennzeichnet. Der enorme Arbeitskräftebedarf der Eisen- und Stahlindustrie sowie des Bergbaus war der auslösende Faktor für diese Wanderungsgewinne /32,40/. Etwa ab 1958 bis Mitte der 60er Jahre verlangsamte sich das Tempo des Bevölkerungszuwachses stark. Dies war bei etwa gleichbleibendem Geburtenüberschuß eine Folge rückläufiger Wanderungsgewinne, die etwa ab 1962 in einen Wanderungsverlust umschlugen. Die Wanderungstendenzen waren in den einzelnen Städten und Gemeinden sehr unterschiedlich. Tab. 3 verdeutlicht dies beispielhaft für den Zeitraum 1959 bis 1962.

Kreisfreie Stadt Landkreis (LK)	Bevölkerung 31. 12. 1958	Wanderungsgewinn bzw. -verlust 1959–62 absolut	auf 1 000 d. Bev. 1958
Duisburg	498 932	— 5 987	— 12,0
Essen	725 580	— 2 772	— 3,8
Mülheim a. d. Ruhr	179 350	+ 8 199	+ 45,7
Oberhausen	255 487	— 2 609	— 10,2
Dinslaken LK	112 998	+ 5 479	+ 48,4
Moers LK	300 750	+ 17 286	+ 57,5
Bottrop	110 315	— 1 921	— 17,4
Gelsenkirchen	390 363	— 12 346	— 31,6
Gladbeck	82 547	— 1 540	— 18,7
Recklinghausen Stadt	129 185	— 2 672	— 20,7
Beckum LK	147 932	+ 2 254	+ 15,2
Lüdinghausen LK	126 132	— 1 126	— 8,9
Recklinghausen LK	310 375	+ 640	+ 2,1
Bochum	359 616	— 2 901	— 8,1
Castrop-Rauxel	87 615	— 1 807	— 20,6
Dortmund	632 848	+ 6 398	+ 10,1
Hagen	188 324	+ 8 312	+ 44,1
Hamm	67 368	+ 425	+ 6,3
Herne	116 300	— 6 348	— 54,6
Lünen	71 391	— 1 151	— 16,1
Wanne-Eickel	107 521	— 1 671	— 15,5
Wattenscheid	78 006	— 44	— 0,6
Witten	95 195	+ 1 407	+ 14,8
Ennepe-Ruhr-Kreis LK	251 327	+ 5 863	+ 23,3
Unna LK	221 979	— 5 334	— 24,0
Ruhrgebiet	5 647 436	+ 6 034	+ 1,1
Nordrhein-Westfalen	15 458 625	+ 353 032	+ 22,8

Tab. 3 Wanderung der Bevölkerung im Ruhrgebiet 1959–1962 /40/

Der engere, verstädterte Bereich des Ruhrgebietes wies überwiegend Wanderungsverluste auf, die in den reinen Bergbaustädten der Emscherzone zwischen Oberhausen und Castrop-Rauxel am höchsten waren. Hohe Wanderungsgewinne hatten nur die Städte Mülheim und Hagen zu verzeichnen, während die Gewinne in Dortmund, Witten und Hamm unter dem Landesdurchschnitt lagen. In den Landkreisen des Ballungsrandes vollzog sich dagegen eine differenzierte Entwicklung. Während die ehemaligen Landkreise Dinslaken, Moers, Beckum, Recklinghausen und der Ennepe-Ruhr-Kreis Wanderungsgewinne zu verzeichnen hatten, wiesen die Landkreise Lüdinghausen und Unna Wanderungsverluste auf /40/.

Neben negativen ökonomischen Entwicklungen in den 60er und 70er Jahren, die die Bevölkerungsentwicklung - insbesondere die Wanderungen - maßgeblich beeinflußten, traten die zunehmenden Umweltbelastungen des dicht besiedelten Ruhrgebietes als Wanderungsursache in den Vordergrund. Während im Bundesgebiet zwischen 1961 und 1970 die Bevölkerungszuwächse um über 10 % zunahmen, stagnierten sie im gleichen Zeitraum im Ruhrgebiet. Diese rückläufige Tendenz hält bis 1980 an /41/.

"Die schwerindustriellen Zentren des Hellwegs und der Emscherzone wiesen erhebliche Wanderungsverluste zwischen 1961-66 auf (Duisburg -9,3 %, Bochum -4 %, Essen -3,3%, Gelsenkirchen -7,3 %, Herne -6,2 %, Castrop-Rauxel -3,3 %). Dagegen bauten die Saumstädte ihre Gewinne weiter aus, was ursächlich mit der Erweiterung des Arbeitsplatzangebotes zusammenhängt. Die Zuwächse in den rheinnahen Städten des Ballungsrandes Dinslaken, Moers und Rheinhausen (+18,1 %, +4,4 %, +7,2 %) mit ihrer komplexen Gewerbe- und Industriestruktur lagen deutlich über denen der einseitig strukturierten westfälischen Randstädte. Diese Entwicklung knüpft an die überregional zu beobachtende Wanderungstendenz 'vom Ballungskern in die Ballungsrandzonen' an, wobei sich jedoch die sozio-ökonomischen Gegebenheiten des Reviers ganz wesentlich von denen anderer Verdichtungsräume abheben (altindustrialisierte Region). Die Wanderungsverluste erreichten in den Rezessionsjahren 1966/67 mit über 60.000 bzw. 75.000 Personen ihren absoluten Höchststand. (...)
Nach einer kurzfristigen Verringerung des Wanderungsdefizits Anfang der 70er Jahre (Mülheim, Bochum und Dortmund konnten sogar geringe Gewinne erzielen, 1969/70) verließen ab 1972 wieder jedes Jahr mehr Einwohner das Revier als im gleichen Zeitraum zuzogen. In den Saumstädten machte sich ebenfalls ein leichter Rückgang der bisher überdurchschnittlichen

Wachstumsraten bemerkbar. Vor allem die Städte des Kernraumes, deren Einwohner in der Wanderbewegung überrepräsentiert waren, verzeichneten die höchsten Verluste; das schlechteste Ergebnis entfiel auf Duisburg mit -4 % oder fast 30.000 Personen. Für die Emscherstädte ergab die Wanderungsbilanz ebenfalls negative Resultate. Im Gegensatz hierzu erzielten die Randzonen im gleichen Zeitraum und in nahezu allen Altersklassen nicht unerhebliche Gewinne, die sich zum überwiegenden Teil aus den Verlusten der Kernzone rekrutierten." /41, S. 230f./

Die Bevölkerungszuwächse in den Ballungsrandzonen und ländlichen Zonen als Folge der Stadt-Umland-Wanderung gingen ab 1976 zurück. Als Ursachen werden die Preis- bzw. Kostensteigerungen auf dem Wohnungsmarkt sowie für Berufspendler die gestiegenen Fahrtkosten genannt /42/.
Einen zusammenfassenden Überblick über die Bevölkerungsentwicklung im Ruhrgebiet gibt Tab. 4 /43/.

	Bevölkerungsstand am ...				**Zu- bzw. Abnahme in %**	
	13.9.50	**6.6.61**	**27.5.70**	**1.1.80**	**50-70**	**70-80**
Ruhrgebiet	4.672.139	5.758.917	5.750.479	5.405.201	+ 23,1	– 6,0
Nordrhein-Westfalen	13.207.787	15.912.420	16.914.727	17.017.075	+ 28.1	+ 0.6
Bundesrepublik	50.808.900	56.184.900	60.650.600	61.439.000	+ 19.4	+ 1.3
Kreisfreie Städte im Ruhrgebiet					**Zu- bzw. Abnahme in %**	**Ausländeranteil 79**
	13.9.50	**6.6.61**	**27.5.70**	**1.1.80**	**50-80**	**in %**
Bochum	357.096	440.584	424.724	402.988	+ 12.9	5.7
Bottrop	101.269	120.247	118.604	114.510	+ 13.1	6.0
Dortmund	511.401	646.743	647.164	609.954	+ 19.3	7.8
Duisburg	526.896	663.147	625.758	559.066	+ 6.1	11.9
Essen	625.718	749.040	715.237	652.501	+ 4.3	4.9
Gelsenkirchen	315.583	382.842	348.292	306.323	– 3.0	8.8
Hagen	177.965	230.174	235.887	220.676	+ 24.0	9.7
Hamm	142.940	161.960	169.676	171.595	+ 20.0	7.6
Herne	198.128	220.404	203.233	183.065	– 7.6	8.4
Mülheim	150.076	186.216	192.196	182.465	+ 21,6	6.2
Oberhausen	202.808	256.773	246.736	229.613	+ 18.1	7,3
Kreise im Ruhrgebiet						
Ennepe-Ruhr	280.056	338.558	355.303	346.508	+ 23.7	7.0
Recklinghausen	482.241	608.513	630.620	628.271	+ 30.3	5.7
Unna	279.741	339.389	358.011	384.279	+ 37.4	6.6
Wesel	242.849	329.633	386.940	413.387	+ 70.2	6.8

Tab. 4 Bevölkerungsentwicklung im Ruhrgebiet 1950–1980 /43/

4.3.3.2.2. Siedlungsstrukturelle Rahmendaten (1954 - 1980)

Die vordringlichste Aufgabe in den 50er Jahren bestand zunächst in der Bekämpfung der durch Kriegszerstörungen entstandenen Wohnungsnot. Ausgelöst durch das 1. Wohnungsbaugesetz erfolgte vornehmlich in den Nahbereichen der Zentren umfangreicher Wohnungsneubau. Gegen Ende der 50er Jahre fanden die Wiederaufbauarbeiten ihren Abschluß. Das zeitlich in die auslaufende Wiederaufbauphase fallende 2. Wohnungsbaugesetz hatte verstärkt die Förderung des Eigenheims zum Inhalt. Zusammen mit der einsetzenden Motorisierung - vor dem Hintergrund steil ansteigender ökonomischer Zuwachsraten - führte die Entwicklung zu einem verstärkten Siedlungsdruck auf die peripheren Freiflächen der Stadtregionen. Dieser Trend intensivierte sich. Die kreisfreien Städte registrierten eine ausgeprägte Binnenwanderung und Einwohnerverluste in der Kernzone - insbesondere Gemeinden ohne entsprechendes Freiflächenpotential. Der og. Trend wurde durch die wachsenden Flächenansprüche des tertiären Sektors forciert, für den das Miet- und Bodenpreisniveau in innerstädtischen Bereichen realisierbar blieb /35,40/.

Die steigenden Bau- und Baulandpreise und die Einkommens- und Beschäftigungslage in den Kernstädten des Untersuchungsraumes führten dazu, daß die Bautätigkeit im Ruhrgebiet seit 1976 um mehr als 20 % hinter der Entwicklung im Bundesgebiet zurückgeblieben ist. Zwischen 1976 und 1979 stieg die Zahl der Wohnungen im Bundesdurchschnitt um 5,7 % , in Nordrhein-Westfalen um 5,3 % und im Ruhrgebiet um 4,5 %. Starke Abweichungen waren beim Neubau von Einfamilienhäusern festzustellen; wurden seit 1976 im Bundesdurchschnitt auf 10.000 Einwohner 98 und NW-Landesdurchschnitt 81 Einfamilienhäuser neu errichtet, waren es im Ruhrgebiet nur 49 /44/.

Die Entwicklungslinien der Bautätigkeit seit 1975 lassen sich für das Ruhrgebiet (KVR-Gebiet) wie folgt zusammenfassen /44, S. 160/:

" Im Jahre 1979 wurde mit einem Nettozugang an Wohnungen von 20.245 im (KVR-) Verbandsgebiet der geringste Nettozugang an Wohnungen seit 1975 verzeichnet. Bei einem Bevölkerungsanteil von knapp über 30 % betrug der Zugang an Wohnungen im Verbandsgebiet nur 25 % des gesamten Zugangs in NW.

Der bezogen auf die ortsansässige Bevölkerung höchste Zugang an Wohnungen war in den Kreisen Unna und Wesel zu verzeichnen und von den kreisfreien Städten des Kerngebietes hatte die Stadt Hamm den höchsten Zugang an Wohnungen.

Im Gegensatz zur Entwicklung beim Rohzugang von Wohnungen, der seit 1975 zurückgeht, ist bei den Einfamilienhäusern eine gegenläufige Tendenz bis 1978 zu beobachten. Im Jahre 1979 betrug der Rohzugang an Einfamilienhäusern im Verbandsgebiet 6.531: das sind 1.130 Einfamilienhäuser weniger als 1978. Das Mißverhältnis zwischen Bevölkerungsanteil und Anteil am Rohzugang an Wohnungen und Einfamilienhäusern ist im Bereich der Einfamilienhäuser noch ausgeprägter. Bei einem Anteil von gut 30 % an der Gesamtbevölkerung des Landes NW beträgt der Anteil des Verbandsgebietes am Rohzugang von Einfamilienhäusern nur gerade 19 %.

Im Verbandsgebiet hat sich zwischen den Jahren 1975 und 1979 der Zugang an Einfamilienhäusern nicht nur in den Kreisen verstärkt, sondern auch in den kreisfreien Städten. Betrug der Rohzugang an Einfamilienhäusern in den kreisfreien Städten im Jahr 1975 noch 1.860, so betrug er im Jahr 1979 3.112.

Das Schwergewicht der Bautätigkeit liegt allerdings wie auch im Jahr 1975 in den Kreisen. Kommt in den kreisfreien Städten auf 1.000 Einwohner im Jahr 1979 der Zugang eines Einfamilienhauses auf 0,8, so sind es in den Kreisen fast 2 (1,9).

Seit 1975 hat sich der Bestand an Wohngebäuden um fast 38.000 von 669.715 auf 707.631 erhöht. Die Anzahl der Wohnungen erhöhte sich ebenfalls von 2.166.017 auf 2.262.694.

Stark verbessert hat sich auch das Verhältnis der Wohnungen zur Einwohnerzahl. Kamen im Jahr 1975 auf 1.000 Einwohner 391 Wohnungen, so sind es 1979 schon 419.

Im Jahr 1979 wurden im Bereich des Verbandes 1.435 Nichtwohngebäude neu errichtet und 9.365 Wohngebäude. Im gleichen Jahr wurden 1.595 Wohngebäude mit 3.671 Wohnungen abgerissen."

Das Zahlenwerk zur Entwicklung des Rohzugangs an Einfamilienhäusern im Verbandsgebiet des KVR zwischen 1975 und 1979 ist Tab. 5 zu entnehmen.

Gebiet	Rohzugang an ...						
	Einfamilienhäusern						
	1975 1)	1976	1977	1978	1979	Zugang seit 1976	
						Anzahl	je 1000 Ew.'79
Bochum	151.0	267.0	413.0	419.0	206.0	1,305.0	3.2
Bottrop	99.0	126.0	151.0	125.0	98.0	500.0	4.4
Dortmund	410.0	443.0	799.0	859.0	667.0	2,768.0	4.5
Duisburg	238.0	168.0	254.0	289.0	472.0	1,183.0	2.1
Essen	120.0	299.0	497.0	605.0	333.0	1,734.0	2.7
Gelsenkirchen	55.0	43.0	102.0	112.0	112.0	369.0	1.2
Hagen	139.0	151.0	221.0	204.0	242.0	818.0	3.7
Hamm	317.0	231.0	326.0	263.0	507.0	1,327.0	7.7
Herne	70.0	105.0	147.0	99.0	114.0	465.0	2.5
Mülheim	138.0	139.0	228.0	173.0	179.0	719.0	3.9
Oberhausen	123.0	180.0	201.0	264.0	182.0	827.0	3.6
Krfr. Städte	1,860.0	2,152.0	3,339.0	3,412.0	3,112.0	12,015.0	3.3
Ennepe-Ruhr-Kreis	397.0	356.0	582.0	506.0	440.0	1,884.0	5.4
Recklinghausen	578.0	641.0	911.0	1,069.0	773.0	3,394.0	5.4
Unna	779.0	1,055.0	1,220.0	1,251.0	1,057.0	4,583.0	11.9
Wesel	883.0	891.0	1,394.0	1,423.0	1,149.0	4,857.0	11.7
Kreise	2,637.0	2,943.0	4,107.0	4,249.0	3,419.0	14,718.0	8.3
Kommunalverband Ruhrgebiet	4,497.0	5,095.0	7,446.0	7,661.0	6,531.0	26,733.0	4.9
Vergleichszahlen							
Bielefeld	315.0	293.0	438.0	414.0	490.0	1,635.0	5.2
Düsseldorf	188.0	175.0	257.0	411.0	176.0	1,019.0	1.7
Köln	435.0	465.0	738.0	835.0	791.0	2,829.0	2.9
Münster	603.0	533.0	686.0	770.0	901.0	2,890.0	10.8
NW ohne KVR	20,749.0	23,387.0	28,426.0	30,636.0	28,305.0	110,754.0	9.5
NW	25,246.0	28,482.0	35,872.0	38,297.0	34,836.0	137,487.0	8.1
BR ohne NW	93,612.0	104,246.0	116,485.0	124,112.0	122,555.0	467,398.0	10.5
BR	118,858.0	132,728.0	152,357.0	162,409.0	157,391.0	604,885.0	9.8

Tab. 5 Entwicklung des Rohzugangs an Einfamilienhäusern im Ruhrgebiet 1975–1979 /44/

4.3.3.2.3. Zusammenhang zwischen demographischer und siedlungsstruktureller Entwicklung im östlichen Ruhrgebiet /39/

In einer umfangreichen Untersuchung für das östliche Ruhrgebiet (vgl. Abb. 9) konnte der im Rahmen von neuesten Mobilitätsanalysen aufgezeigte enge Zusammenhang zwischen der Änderung der Bevölkerungszahl eines Gebietes und der Änderung des Wohnungsbestandes eindrucksvoll bestätigt werden. Entscheidendes Gewicht für die Bevölkerungsumverteilung einer Region hat demnach die räumliche Verteilung des Neubauvolumens. So ist der Anteil des Ballungsrandes am Rohzugang von Wohnungen von ca. 35 % (1975) auf ca. 47 % (1980) gestiegen. Hauptursache ist nicht die nennenswerte Erhöhung der Bautätigkeit in den Randgemeinden, sondern der starke Rückgang des Wohnungs-, insbesondere des Geschoßwohnungsbaus im Ballungskern. Maßgeblicher Einflußfaktor auf den og. quantitativen Zusammenhang ist die Eigenentwicklung, die den einwohnerzahlunabhängigen Teil der Wohnungsbestandsveränderung umfaßt, der auf die Verbesserung der Wohnungsversorgung pro Einwohner, Raum- und Zeiteinheit entfällt; sie verursacht den überwiegenden Teil der Bautätigkeit. Bei Ausschluß von natürlicher Bevölkerungsentwicklung und interregionalen Wanderungen (Fernwanderungen) werden Bevölkerungsverlagerungen durch Randwanderung von Abweichungen von der zur Eigenentwicklung notwendigen Bestandsentwicklung ausgelöst. Aus Tab. 6 und 7 gehen deutlich die Einwohnerverluste bei geringer Wohnungsbestandsveränderung im Ballungskern, Einwohnergewinne bei einer über dem Eigenentwicklungsniveau liegenden Wohnungsbestandsveränderung im Ballungsrand und ländlichen Raum hervor. Aufgrund der Kleinräumigkeit des Zusammenhangs sind die Standorte des Wohnungsneubaus maßgebend für Umfang und Richtung von Randwanderung.

Im Zeitraum von 1970 bis 1980 hat sich die Intensität der Randwanderungsprozesse im östlichen Ruhrgebiet insgesamt deutlich verringert. Als Gründe sind die

- hohe Zahl freiwerdender Wohnungen durch arbeitsmarktbedingte Fernwanderungen und dadurch herabgesetzter Neubaubedarf,
- einkommensbedingte Zurückdrängung der Nachfrage nach qualitativ hochwertigen Wohnungen (Ein- und Zweifamilienhäuser),
- regionsspezifische Siedlungsstruktur der Kerngemeinden mit relativ hoher Flächenverfügbarkeit und Möglichkeit zur internen Siedlungsverdichtung

zu nennen.

Abb. 9 Abgrenzung des Untersuchungsraumes für die Randwanderungsanalyse /39/

	Ballungskern	Ballungsrand	Ländlicher Raum
Wohnbevölkerung 1975 1980	5.179.412 4.942.782	1.642.543 1.664.381	933.717 945.825
Einwohnerveränderung 1975–1980	-236.639	21.838	12.108
Wohnungsbestand 1975 1980	2.033.315 2.148.988	592.007 652.000	308.973 344.800
Wohnungsbestands- veränderung 1975–1980	115.673	59.993	35.887
Einwohnerveränderung je 1000 Einwohner 1975	-45,7	13,3	13,0
Wohnungsbestands- veränderung je 1000 Wohneinheiten 1975	56,9	101,3	116,1

Tab. 6 Bevölkerungs- und Bautätigkeitsentwicklung nach raumstrukturellen Zonen im Untersuchungsraum nach Abb. 9 /39/

Gemeinde	Bevölkerungsent-wicklg. insgesamt	Saldo natürl. Bev.-Entwicklg.	Wanderungs-Saldo		
			insgesamt	Randwand.Saldo	Saldo übrige Wanderungen
Haltern	+ 50,2	- 0,1	+ 50,3	+ 13,8	+ 36,5
Oer-Erckenschwick	+ 83,3	+ 3,2	+ 80,1	+ 12,0	+ 68,1
Waltrop	+ 2,6	+ 8,6	- 6,0	+ 19,0	- 25,0
Ascheberg	+ 44,2	+ 19,3	+ 24,9	+ 17,0	+ 7,9
Nordkirchen	+ 93,9	+ 14,1	+ 79,8	+ 36,7	+ 43,1
Olfen	+ 119,3	+ 6,7	+ 112,6	+ 57,7	+ 54,9
Bergkamen	+ 34,8	+ 20,7	+ 14,1	+ 21,4	- 7,3
Bönen	+ 8,5	- 6,2	+ 14,7	+ 22,7	- 7,9
Fröndenberg	+ 78,9	- 17,4	+ 96,3	+ 51,9	+ 44,4
Holzwickede	+ 126,7	- 5,1	+ 131,8	+ 140,4	- 8,6
Kamen	+ 23,9	- 4,7	+ 28,7	+ 42,4	- 13,7
Selm	+ 44,3	- 7,6	+ 51,8	+ 36,3	+ 15,5
Schwerte	+ 61,0	- 21,4	+ 82,5	+ 83,2	- 0,7
Unna	+ 46,7	- 1,2	+ 47,9	+ 47,7	+ 0,2
Werne	+ 34,0	+ 6,9	+ 27,1	+ 28,1	- 1,0
Breckerfeld	+ 91,5	- 7,0	+ 98,5	+ 76,9	+ 21,6
Hattingen	- 26,4	- 21,8	- 4,6	+ 10,6	- 15,2
Herdecke	+ 87,5	- 2,7	+ 90,2	+ 88,8	+ 1,4
Gevelsberg	- 15,4	- 22,1	+ 6,7	+ 13,1	- 6,4
Sprockhövel	+ 9,3	- 18,7	+ 28,0	+ 20,5	+ 7,5
Wetter	- 37,8	- 21,9	- 15,9	+ 13,5	- 29,4
Ziel-/Randgemeinden insg.	+ 22,1	- 7,4	+ 29,6	+ 31,8	- 2,2
Quellgemeinden	- 43,8	- 25,4	- 18,3	- 13,0	- 5,3
Region	- 24,5	- 20,2	- 4,3	± 0	- 4,3

Tab. 7 Komponenten der Bevölkerungsentwicklung in den Ziel/Randgemeinden 1.1.1975–31.12.1980 (jeweils Summe 1975 bis 1980 je 1000 Einw. 1975) /39/

Am Beispiel der Kernstädte Bochum und Dortmund sowie der Randgemeinde Hattingen werden die og. Entwicklungslinien noch einmal gemeindespezifisch dargestellt.

Bochum /35,39/

Die intrakommunale Bevölkerungswanderung (Binnenwanderung) war in Bochum in den Jahren 1970 bis 1975 nach Umfang und Richtung hauptsächlich auf die südlichen Stadtbezirke am Südhang des Ruhrtales gerichtet. Die starken Zuwächse in den Stadtbezirken 08 und 13 sind auf eine gezielte Siedlungsplanung und Entwicklung der Stadt Bochum zurückzuführen (vgl. Abb. 10). Demgegenüber hat im Stadtbezirk 09 eine flächenextensive Entwicklung außerhalb eines Siedlungsschwerpunktes stattgefunden, die durch Ausnutzung faktischer Baurechte in einer Auffüllung der Bauflächen mit Ein- und Zweifamilienhäusern bestand. Die Entwicklung des kommunalen Wanderungssaldos im gleichen Zeitraum zeigt die vergleichsweise untergeordnete Bedeutung der interkommunalen Nahwanderung (vgl. Tab. 8). Im Zeitraum von 1975 bis 1980 (vgl. Tab. 9) verlor Bochum durch Wanderungen insgesamt ca. 5.100 Einwohner, der zusätzliche, natürliche Bevölkerungsrückgang war fast doppelt so hoch. Kleinräumig gewann die Stadt aus fünf Gemeinden ca. 1.560 Einwohner, davon ca. 68 % allein aus Gelsenkirchen. Die drei wichtigsten Zielgemeinden der Abwanderung waren Witten (-1.050), Dortmund (-705) und Hattingen (-481). Die Zunahme an Wohneinheiten lag im angegebenen Zeitraum deutlich unter, der Bevölkerungsrückgang deutlich über dem nordrhein-westfälischen Landesdurchschnitt. Durch Freizug von ca. 7.050 Wohneinheiten schlug sich die anspruchsbedingte Erhöhung des Wohnungsbestandes (Eigenentwicklung) nur zu ca. 58 % in der Neubautätigkeit nieder /39, S. 304/.

Dortmund /39/

Der Anteil der Innenstadtbezirke mit hoher Siedlungsverdichtung an der Gesamteinwohnerzahl reduzierte sich zwischen 1970 und 1980 von 31,5 % auf 21,8 %, d.h. absolut um ca. 36.000. Eine Hälfte des Verlustes geht auf das Konto von intrakommunalen Wanderungen, die andere auf das Konto des natürlichen Bevölkerungsrückganges. Die innerstädtische Randwanderung ist hauptsächlich nach Süden und Osten gerichtet, in die weniger verdichteten Stadtbezirke Hombruch, Hörde, Aplerbeck und Brackel (vgl. Tab. 10). Die interkommunale Wanderung zeigt ein typisches Verteilungsmuster für Randwanderungsprozesse: die Zielgemeinden grenzen östlich und

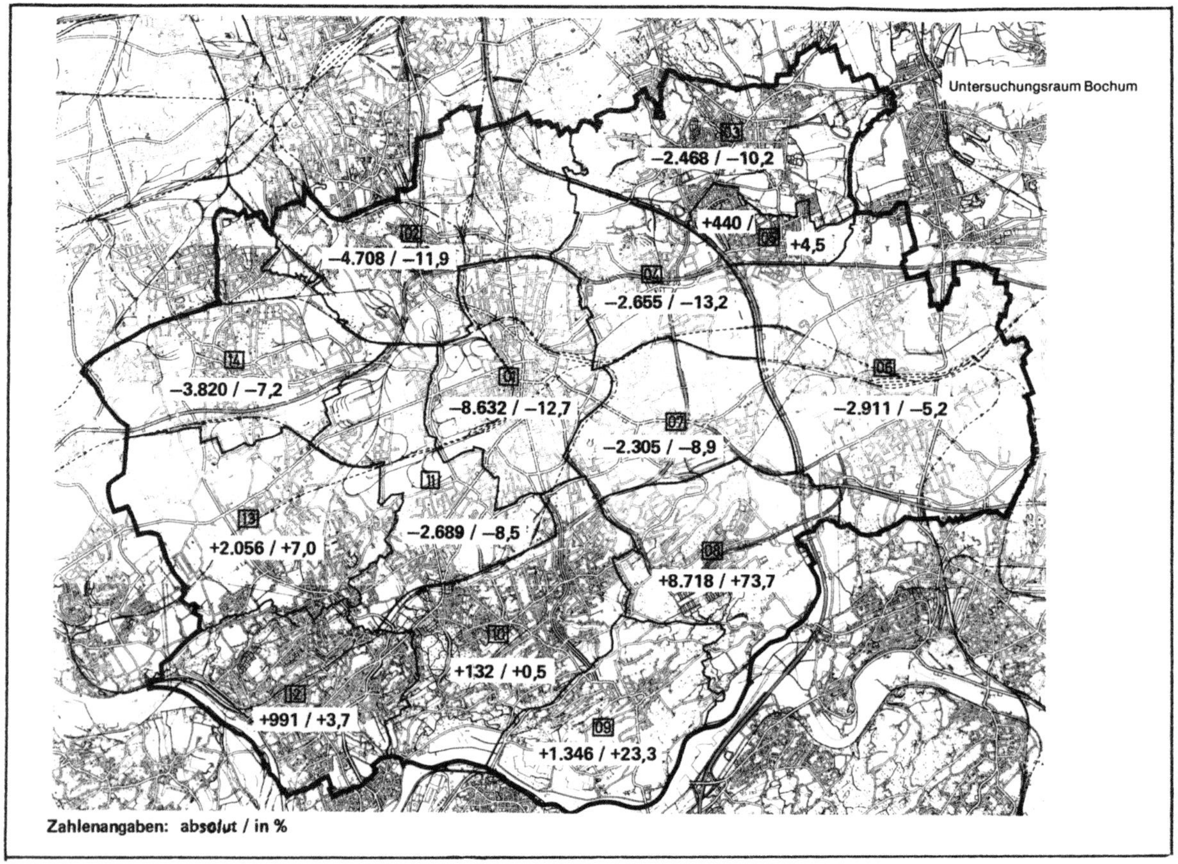

Abb. 10 Einwohnerentwicklung der Bochumer Stadtbezirke (1970–1975), unter Verwendung von /35/

WANDERUNGEN / JAHR	ZUWANDERUNGEN absolut	DAVON AUS DEM UMLAND 1) absolut	%	ABWANDERUNGEN absolut	DAVON INS UMLAND 1) absolut	%
1970	18.573	5.554	29,9	17.714	5.919	33,4
1971	18.603	5.236	28,1	19.439	6.268	32,2
1972	17.413	5.748	33,0	18.493	5.735	31,0
1973	19.678	6.490	33,0	18.600	5.753	30,9
1974	17.545	6.672	38,0	17.583	5.393	30,7
1975	15.113	5.268	34,9	15.435	4.937	32,0

1) Für 1970–1974: Wanderungsströme zwischen Bochum und Wattenscheid einerseits, Castrop-Rauxel, Dortmund, Herne, Wanne–Eickel, Witten, Ennepe–Ruhr–Kreis, Essen, Gelsenkirchen und Stadt Recklinghausen andererseits, Gebietsstand VZ 1970.
Für 1975: Wanderungsströme zwischen Bochum einerseits und Dortmund, Herne, Ennepe–Ruhr–Kreis, Essen, Gelsenkirchen sowie den Gemeinden Castrop–Rauxel und Recklinghausen (fortgeschriebene Daten), Kreis Recklinghausen andererseits, Gebietsstand 1.1.1975.

Tab. 8 Zu- und Abwanderungen der Stadt Bochum (1970–1975) /35/

	Fortzüge Deutscher aus Bochum nach... (1975–1980)	Saldo Deutsche von Bochum mit... (1975–1980)
Gewinngebiete		
Gelsenkirchen	3.123	1.063
Essen	3.900	264
Duisburg	665	113
Mülheim	399	61
Bottrop	239	51
Summe Gewinngebiete		1.552
Verlustgebiete		
Witten	3.563	-1.050
Dortmund	4.299	-705
Hattingen	2.535	-481
Recklinghausen	939	-263
Sprockhövel	561	-261
Dorsten	527	-240
Castrop–Rauxel	1.070	-236
Haltern	309	-196
Unna	278	-176
Münster	833	-164
Wetter	391	-162
Herdecke	256	-139
Schwerte	204	-117
Wuppertal	648	-103
Summe Verlustgebiete		-4.293

Tab. 9 Wichtige Gewinn- und Verlustgebiete der Nahwanderungen der Stadt Bochum (1975–1980) /39/

Saldo Innenstadt gegen ... / Jahr	1976	1977	1978	1979	1980	Saldo 76-80
Eving	- 5	+ 64	+ 153	+ 197	+ 10	+ 419
Scharnhorst	- 2	+ 106	+ 85	+ 175	+ 27	+ 391
Brackel	- 271	- 209	- 223	- 105	- 162	- 970
Aplerbeck	- 212	- 196	- 75	- 307	- 235	- 1.025
Hörde	- 188	- 124	- 279	- 227	- 187	- 1.005
Hombruch	- 540	- 630	- 357	- 345	- 282	- 2.154
Lütgendortmund	+ 130	+ 308	+ 14	+ 160	+ 113	+ 725
Huckarde	+ 66	- 2	+ 34	+ 31	+ 34	+ 163
Mengede	- 82	- 34	- 10	- 3	- 78	- 207
Σ	- 1.104	- 717	- 658	- 424	- 760	- 3.663

Tab. 10 Umzugssalden zwischen Innen- und Außenstadtbezirken Dortmunds (1976–1980) /39/

Gebietskategorie	Rang	Zielgemeinde	Saldo	%	% kumuliert
Ballungsrand	1	Schwerte	-3039	20,7	20,7
Ballungsrand	2	Unna	-2437	16,6	37,3
Ballungsrand	3	Holzwickede	-1851	12,6	49,9
Ballungsrand	4	Kamen	-1602	10,9	60,8
Ballungskern	5	Lünen	-1042	7,1	67,9
Ballungsrand	6	Bergkamen	- 808	5,5	73,4
Ballungsrand	7	Fröndenberg	- 793	5,4	78,8
Ballungsrand	8	Herdecke	- 694	4,7	83,5
Ballungsrand	9	Selm	- 455	3,1	86,6
Ballungsrand	10	Waltrop	- 446	3,0	89,6
Ballungsrand	11	Iserlohn	- 367	2,5	92,1
Ballungsrand	12	Bönen	- 317	2,2	94,3
Ballungskern		Münster			
Ballungsrand	13	Werne	- 242	1,7	96,0
Ländlicher Raum	14	Olfen	- 234	1,6	97,6
Ballungskern	15	Witten	- 207	1,4	99,0
Ländlicher Raum		Möhnesee			
Ländlicher Raum	16	Ascheberg	- 126	0,9	99,9
Summe			-14660	100,0	100,0

Tab. 11 Randwanderungs– Verflechtungsraum Dortmund (Wanderungssumme 1975–1980) /39/

südlich unmittelbar an die Quellgemeinde. Zwischen 1975 und 1980 verlor Dortmund an die in Tab. 11 aufgeführten Zielgemeinden insgesamt ca. 14.600 Einwohner.

Hattingen /39/

Der interkommunale Wanderungsverlust betrug für den Zeitraum von 1975 bis 1980 0,5 %. Die Gesamtbevölkerungsabnahme betrug jedoch 2,6 %, so daß die Wanderungsverluste offensichtlich von einer natürlichen Bevölkerungsabnahme begleitet wurden. Innerstädtisch war zwischen 1976 und 1981 folgende Bevölkerungsentwicklung festzustellen: Abnahme in Hattingen-Mitte, Winz-Baak und Welper, Stagnation in Blankenstein, wesentliche Zunahmen nur in Holthausen und Niederwenigern. Von 1975 bis 1980 hat sich der Wohnungsbestand gegenüber dem Landesdurchschnitt (+8,5 %) nur unterdurchschnittlich erhöht (+7,4 %). Die Bautätigkeit konzentrierte sich in den fünfziger und sechziger Jahren auf die Nordstadt (Winz-Baak), Welper und Niederwenigern. Winzermark und Bredenscheid weisen überwiegend Ein- und Zweifamilienhausbebauung auf. Am östlichen Stadtrand (Holthausen) erfolgte ab 1970 verdichteter Geschoßwohnungsbau. Insgesamt waren die siedlungsstrukturellen Bemühungen der Stadt auf Verdichtung und Baulückenschließung gerichtet.

4.3.3.3. Veränderung der Gesamtabgabestruktur (Haushalte - Industrie)

Im Ruhrgebiet ergaben sich von jeher große wasserwirtschaftliche Probleme, die in quantitativer und qualitativer Hinsicht von der Produktionsentwicklung der Industrie beeinflußt wurden und werden. Zur Bewältigung dieser Probleme bewährte sich eine funktionale Aufgabenteilung zwischen den Flußsystemen Ruhr, Emscher und Lippe. Der dieser Aufgabenteilung entsprechende Auf- und Ausbau der Wasserversorgungsinfrastruktur seit Mitte des vorigen Jahrhunderts schaffte eine wesentliche Voraussetzung für die wirtschaftliche Entwicklung des Ruhrreviers. Räumliche Verteilung und die Größenordnung des industriellen Wasserbedarfs waren die wesentlichen Bestimmungsfaktoren für die Versorgungsnetzstruktur und die Dimensionierung von Gewinnungs- und Verteilungsanlagen.

Die Ende der fünfziger Jahre einsetzende Strukturkrise im Montanbereich und die zunehmend rationelle industrielle Wasserverwendung führten in der Folgezeit zu Überkapazitäten der auf die Montanindustrie ausgerichteten

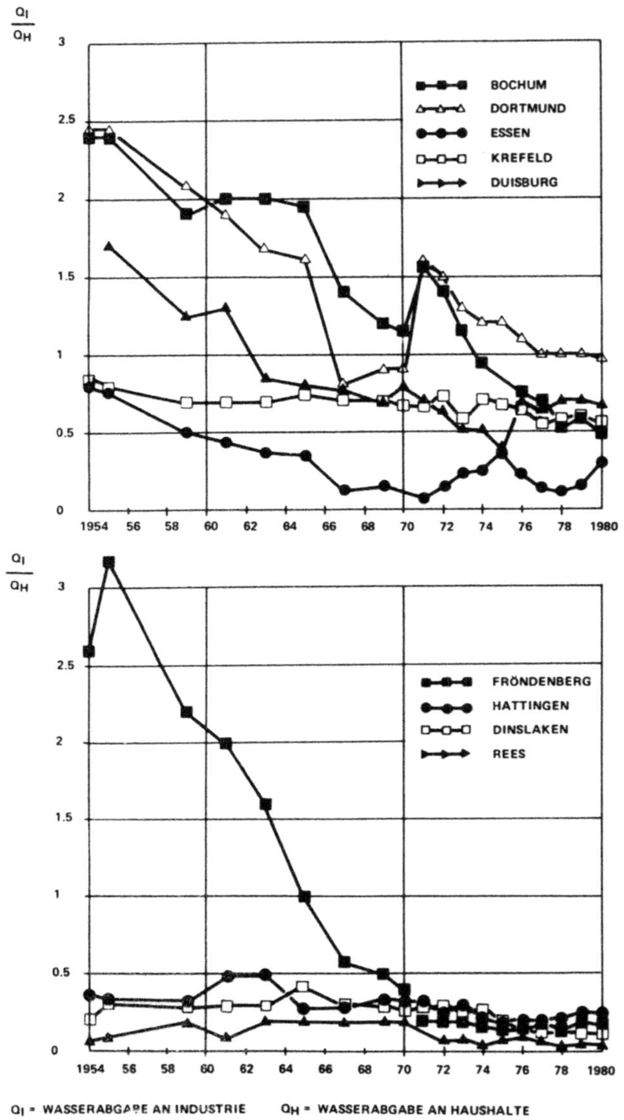

Abb. 11 Entwicklung des Industrieabgabefaktors (Wasserabgabe an Industrie/ Wasserabgabe an Haushalte und Kleinverbraucher) in ausgewählten Gemeinden der raumstrukturellen Zonen (1954–1980)

Versorgungsstruktur. Wachsende quantitative Bedeutung für die Wasserversorgungswirtschaft erlangte daher die Versorgung der Bevölkerung.

Dies trifft vor allem für die montanindustriell geprägten Versorgungsgebiete der Kernstädte des Ruhrgebietes zu (vgl. Abb. 11). Der Industrieabgabefaktor (Verhältnis Wasserabgabe an die Industrie zu Wasserabgabe an Haushalte und Kleinverbraucher) fiel im Zeitraum von 1954 bis 1980 auf ca. die Hälfte des Ausgangswertes.

In den Randbereichen und ländlich strukturierten Gebieten des Untersuchungsraumes ist die Steigerung der Wasserabgabe an Haushalte und Kleingewerbe im wesentlichen auf den Ausbau der öffentlichen Versorgungsinfrastruktur, "Infrastrukturerstausstattung", /45/ (Gemeinden Kalkar, Rees, Dinslaken) und die damit verbundenen veränderten Verbrauchsmöglichkeiten zurückzuführen (vgl. Abb. 11).

4.3.3.4. Entwicklung des Verteilungssystems in den raumstrukturellen Zonen des Untersuchungsraumes

Die vom wirtschaftlichen Strukturwandel erzwungene Umstrukturierung der Wasserabgabe der öffentlichen Wasserversorgungsunternehmen wurde von einer Verteilungssystem-Anpassung begleitet, die durch demographische und siedlungsstrukturelle Einflußfaktoren zu erklären ist (vgl. Rahmendaten). Bisher liegen nur vergleichsweise allgemeine, wenig regionsspezifische Wirkungsanalysen vor, die entweder nur für Versorgungsgebiete einzelner Unternehmen oder aber für Bundesländer bzw. das gesamte Bundesgebiet Aussagen treffen /18,30,31,46,47/. Nach Raumordnungsgesichtspunkten durchgeführte Analysen fehlen bisher. Im Untersuchungsraum tritt dabei das methodische Problem auf, daß Indikatoren der Raumentwicklung für Gebietseinheiten erhoben bzw. ermittelt werden, die in der Regel nicht mit den Versorgungsgebieten der öffentlichen Wasserversorgungsunternehmen übereinstimmen. So schieden die überörtlich versorgenden bzw. verteilenden Unternehmen und von diesen versorgte Gemeinden für eine derartige Analyse von vornherein aus.

Aus genannten methodischen Gründen konnte die Analyse nicht flächendeckend vorgenommen werden; die Auswahl der zu analysierenden Gemeinden und Versorgungsgebiete wurde nach den Kriterien

- möglichst weitgehende Deckungsgleichheit von Gemeinde- und Versorgungsgebiet
- raumstrukturelle Zuordnung zu den Zonen gem. Landesentwicklungsplan I/II NW

getroffen (vgl. Tab. 12).

BALLUNGSKERN	VERSORGUNGSGEBIET
Dortmund Bochum Essen Duisburg Krefeld	Dortmunder Stadtwerke AG Stadtwerke Bochum GmbH Stadtwerke Essen AG Stadtwerke Duisburg AG Stadtwerke Krefeld
BALLUNGSRANDZONE	VERSORGUNGSGEBIET
Hattingen Dinslaken	Stadtwerke Hattingen Stadtwerke Dinslaken GmbH
LÄNDLICHE ZONE	VERSORGUNGSGEBIET
Fröndenberg Kalkar Rees	Stadtwerke Fröndenberg WV Kalkar–Xanten Stadtwerke Rees

Tab. 12 **Auswahl der Gemeinden des Untersuchungsraumes nach Zugehörigkeit zu den raumstrukturellen Zonen gem. LEP I/II NW**

Der zonalen siedlungsräumlichen Grundstruktur entsprechend lassen sich für die zugehörigen Gemeinden signifikante Unterschiede im Anpassungsverhalten der Verteilungssysteme (Anpassungsintensität, Anpassungsverlauf) feststellen. Für jede(s) Gemeinde/Versorgungsgebiet sind der Entwicklungsverlauf sowie die wesentlichen raumstrukturellen Einflußgrößen in den Abb. 12 bis 16 und 18 bis 22 dargestellt. Zur Bevölkerungsentwicklung ist anzumerken, daß die in der "Entwicklung des Versorgungsnetzes" genannten Einwohnerzahlen der BGW-Wasserstatistik entstammen, während die entsprechenden Daten der "demographischen und siedlungsstrukturellen Entwicklung" der amtlichen Statistik (LDS NW und jeweilige Gemeindestatistik) entnommen sind. Die feststellbaren Abweichungen, die auf die unterschiedlichen Erhebungsräume zurückzuführen sind, beeinflussen jedoch nicht die Aussagekraft. Im Zahlenspiegel der Wohnbevölkerung treten Inkonsistenzen auf, da zur möglichst weitgehenden Schließung von Datenlücken die Zahlenwerke des LDS NW und der Ämter für Statistik der einzelnen Gemeinden kombiniert wurden. Diese Vorgehensweise erscheint für die vorliegenden Zwecke vertretbar.

1. Ballungskern (Abb. 12 bis 16)

Sämtliche Gemeinden/Versorgungsgebiete weisen im Untersuchungszeitraum eine vergleichbare Entwicklung des Wasserverteilungssystems auf. Das anfängliche Bevölkerungswachstum kehrt sich mit beginnender Strukturkrise in eine Bevölkerungsabnahme um. Der gleichzeitige Entwicklungsverlauf des Versorgungsnetzes ist von einem(r)

- Rohrnetzzuwachs zwischen 20 und 50 %
- Hausanschlußzuwachs zwischen 50 und 100 % und
- Tendenz zur Erhöhung der Anschlußdichte

gekennzeichnet. Letzteres ist dadurch gut zu erkennen, daß die standardisierte Rohrnetzlänge unter bzw. dicht an der Kennzahl der Hausanschlüsse bleibt und sich gleichzeitig mehr oder weniger stark eine Schere zwischen den Entwicklungslinien öffnet.

Die Rheinanliegerstädte Krefeld und Duisburg weichen von dieser Tendenz ab und zeigen eine annähernd gleichbleibende Anschlußdichte. Die Kurvensprünge für das Duisburger Gebiet gehen auf die Zuordnung der linksrheinischen Versorgungsteilbereiche mit der Gebietsreform 1975 zurück.

Ganz ähnlich ist der sprunghafte Verlauf im Versorgungsgebiet Bochum zu erklären. So kennzeichnet der Sprung in den Jahren 1958/59 die Fusion der Verbands-Wasserwerk GmbH mit der Stadtwerke Bochum AG, der Sprung 1977/78 die Übernahme der Wasserverteilung des durch kommunale Neugliederung angegliederten Stadtteils Wattenscheid durch Gelsenwasser AG. Bei Ausschluß von durch Umstrukturierung gekennzeichneten Entwicklungsabschnitten zeigt auch das Versorgungsgebiet Bochum zwischen den Jahren 1965 und 1978 den für Kernstädte typischen Verlauf.

Die Entwicklungspfade der Versorgungsnetze in Abb. 17 machen den Entwicklungsverlauf noch einmal besonders deutlich: Durch Orientierung an der Linie konstanter Anschlußdichte (45°-Diagonale) sind die Versorgungsgebiete wie folgt zu klassifizieren:

- An/auf der 45°-Geraden: gleichbleibende Anschlußdichte
- Unterhalb der 45°-Geraden: Tendenz zur abnehmenden Anschlußdichte
- Oberhalb der 45°-Geraden: Tendenz zur zunehmenden Anschlußdichte.

Dortmund

WASSERVERTEILUNG

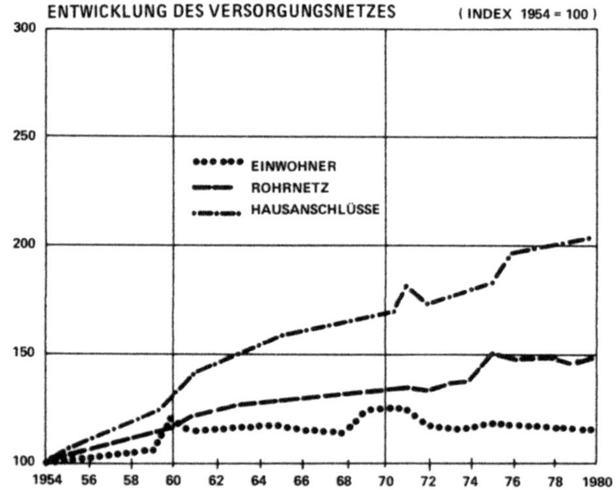

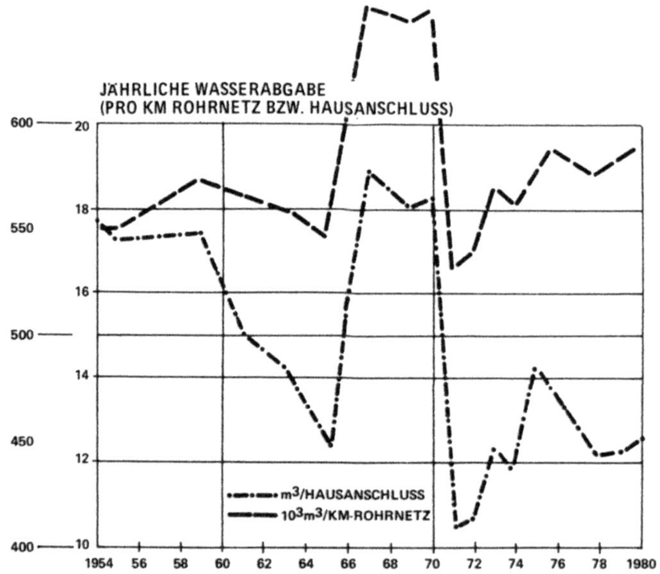

DEMOGRAPHISCHE UND SIEDLUNGSSTRUKTURELLE ENTWICKLUNG

JAHR	1950	1961	1970	1971	1972	1973	1974	1975	1976	1977	1978	1979	1980
WOHNBEVÖLKERUNG	507.300	641.500	640.600		638.288		636.954	630.609	623.677	617.590	612.769	609.954	608.297
WANDERUNGSSALDO			3.348		-2.012		-1.374	-3.064	-4.220	-3.425	-1.726	28	703
WOHNGEBÄUDE BESTAND			63.177	63.812	64.458	65.084	67.403	67.981	68.656	69.757	70.760	71.563	72.240
ROHZUGANG INSGESAMT			927	916	1.037	811	1.008	676	783	1.244	1.168	782	813
DAVON ROHZUGANG EINFAMILIEN-HÄUSER MIT 1 BIS 2 WOHNUNGEN			506	542	662	405	578	462	581	937	978		654
ANTEIL 1- UND 2- FAMILIENHÄUSER %			54.6	59.2	63.8	49:9	57.3	68.3	74.2	75.3	83.8		80.4

Abb. 12 Entwicklung der Wasserverteilung und ihrer wesentlichen raumstrukturellen Einflußgrößen

Bochum

WASSERVERTEILUNG

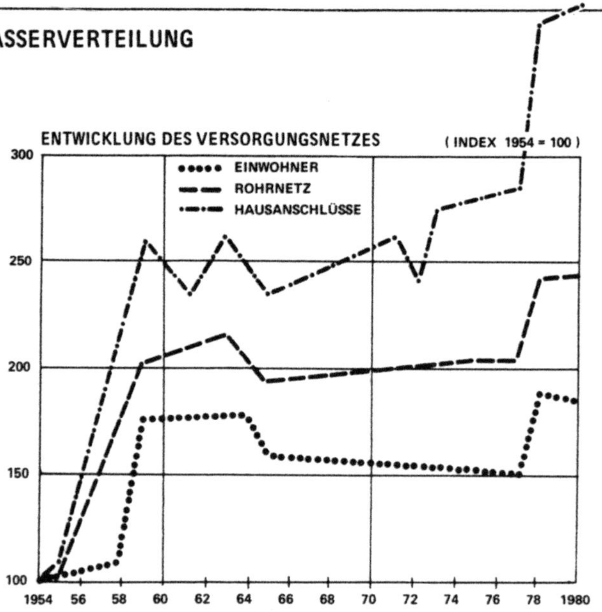

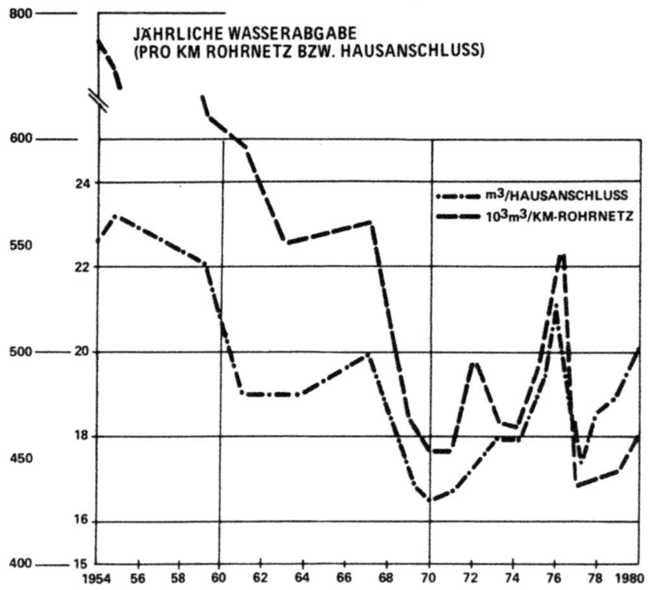

DEMOGRAPHISCHE UND SIEDLUNGSSTRUKTURELLE ENTWICKLUNG

JAHR	1950	1961	1970	1971	1972	1973	1974	1975	1976	1977	1978	1979	1980
WOHNBEVÖLKERUNG	289.804	361.328	343.598	344.318	340.049	338.023	336.552	417.336	413.377	410.730	407.412		400.757
WANDERUNGSSALDO					-1.299	669		-572	-481	-1.196	-848		
WOHNGEBÄUDE BESTAND													
ROHZUGANG INSGESAMT		666	470	419	659	624	591	396	582	692	665	392	478
DAVON ROHZUGANG EINFAMILIEN-HÄUSER MIT 1 BIS 2 WOHNUNGEN		316	309	245	392	290	314	220	373	499	511	265	379
ANTEIL 1- UND 2- FAMILIENHÄUSER %		47.5	65.8	58.5	59.5	46.5	53.2	55.5	64.1	72.1	76.8	67.6	79.2

Abb. 13 Entwicklung der Wasserverteilung und ihrer wesentlichen raumstrukturellen Einflußgrößen

Essen

WASSERVERTEILUNG

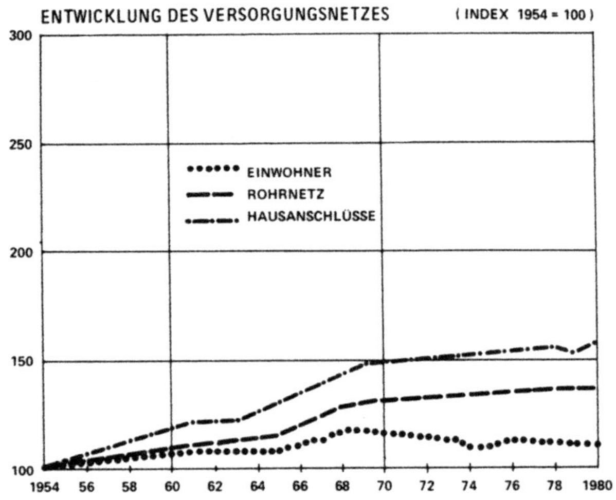

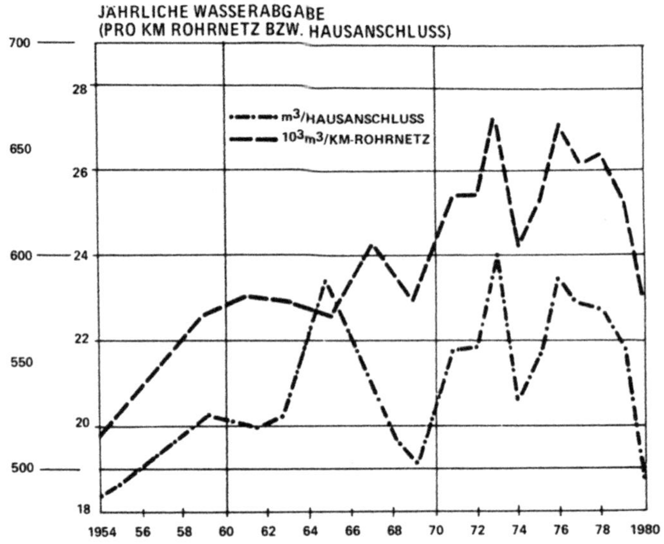

DEMOGRAPHISCHE UND SIEDLUNGSSTRUKTURELLE ENTWICKLUNG

JAHR	1950	1961	1970	1971	1972	1973	1974	1975	1976	1977	1978	1979	1980
WOHNBEVÖLKERUNG	610.600	732.500	696.400	695.983	682.300	683.311	684.147	677.568	670.221	664.408	658.358	652.501	647.643
WANDERUNGSSALDO			-1.270		-6.458		-5.101	-2.426	-3.271	-2.266	-2.329	-2.129	-1.783
WOHNGEBÄUDE BESTAND			68.428		69.391		69.531	73.102	73.581	74.232	75.044	75.516	76.007
ROHZUGANG INSGESAMT			705		714			369	601	747	905	298	559
DAVON ROHZUGANG EINFAMILIEN-HÄUSER MIT 1 BIS 2 WOHNUNGEN			285		298			165	370	583	739		427
ANTEIL 1- UND 2- FAMILIENHÄUSER %			40.4		41.7			44.7	61.5	78.0	81.6		76.3

Abb. 14 Entwicklung der Wasserverteilung und ihrer wesentlichen raumstrukturellen Einflußgrößen

Duisburg

WASSERVERTEILUNG

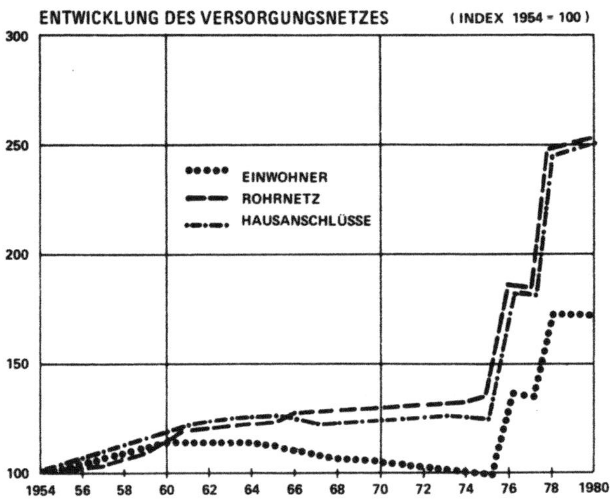

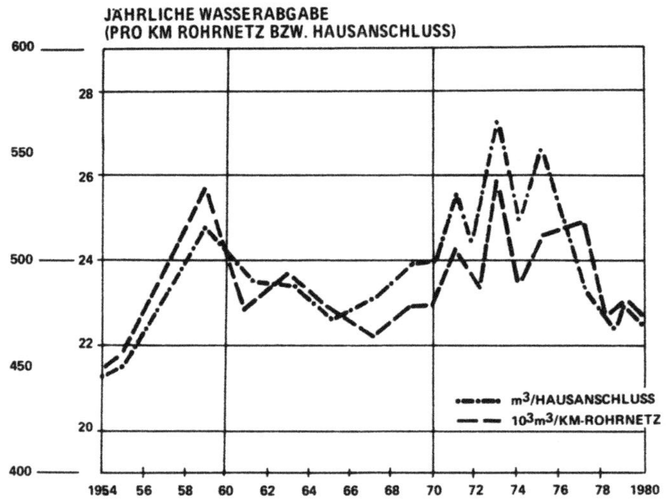

DEMOGRAPHISCHE UND SIEDLUNGSSTRUKTURELLE ENTWICKLUNG

JAHR	1950	1961	1970	1971	1972	1973	1974	1975	1976	1977	1978	1979	1980
WOHNBEVÖLKERUNG	410.800	503.000	452.700		441.452		589.799	591.635	581.971	572.101	563.088	559.066	558 089
WANDERUNGSSALDO			-1.998		-6.014		-4.890	-5.879	-7.548	-8.203	-6.888	-2.102	580
WOHNGEBÄUDE BESTAND			43.129		43.389		64.941	65.195	65.386	65.708	66.063	66.574	66.924
ROHZUGANG INSGESAMT			360		338		381	491	370	456	483	427	476
DAVON ROHZUGANG EINFAMILIEN HÄUSER MIT 1 BIS 2 WOHNUNGEN			113		96		129	271	198	288	337		312
ANTEIL 1- UND 2- FAMILIENHÄUSER %			31.4		28.4		33.9	55.2	53.5	63.2	69.8		65.5

Abb. 15 Entwicklung der Wasserverteilung und ihrer wesentlichen raumstrukturellen Einflußgrößen

Krefeld

WASSERVERTEILUNG

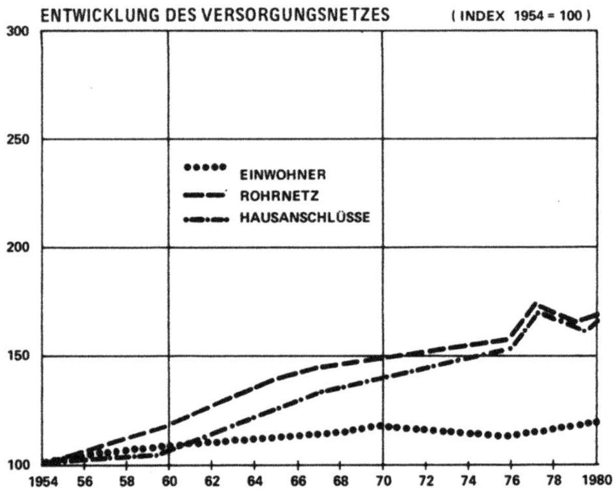

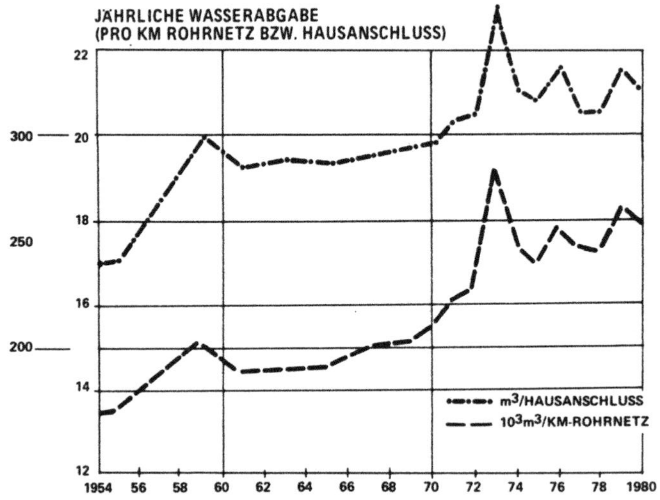

DEMOGRAPHISCHE UND SIEDLUNGSSTRUKTURELLE ENTWICKLUNG

JAHR	1950	1961	1970	1971	1972	1973	1974	1975	1976	1977	1978	1979	1980
WOHNBEVÖLKERUNG	184.402	226.515	222.208	222.549	222.152	221.455	220.234	230.532	227.144	225.485	223.888	222.700	224.000
WANDERUNGSSALDO								-511	-846	-199	-116		
WOHNGEBÄUDE BESTAND													
ROHZUGANG INSGESAMT			522	347	694	591	476	418	340	523	620		776
DAVON ROHZUGANG EINFAMILIEN-HÄUSER MIT 1 BIS 2 WOHNUNGEN			382	108	518	416	368	337	279	453	572		693
ANTEIL 1- UND 2- FAMILIENHÄUSER %			73.2	31.1	74.6	70.4	77.3	80.6	82.	86.7	92.3		89.3

Abb. 16 Entwicklung der Wasserverteilung und ihrer wesentlichen raumstrukturellen Einflußgrößen

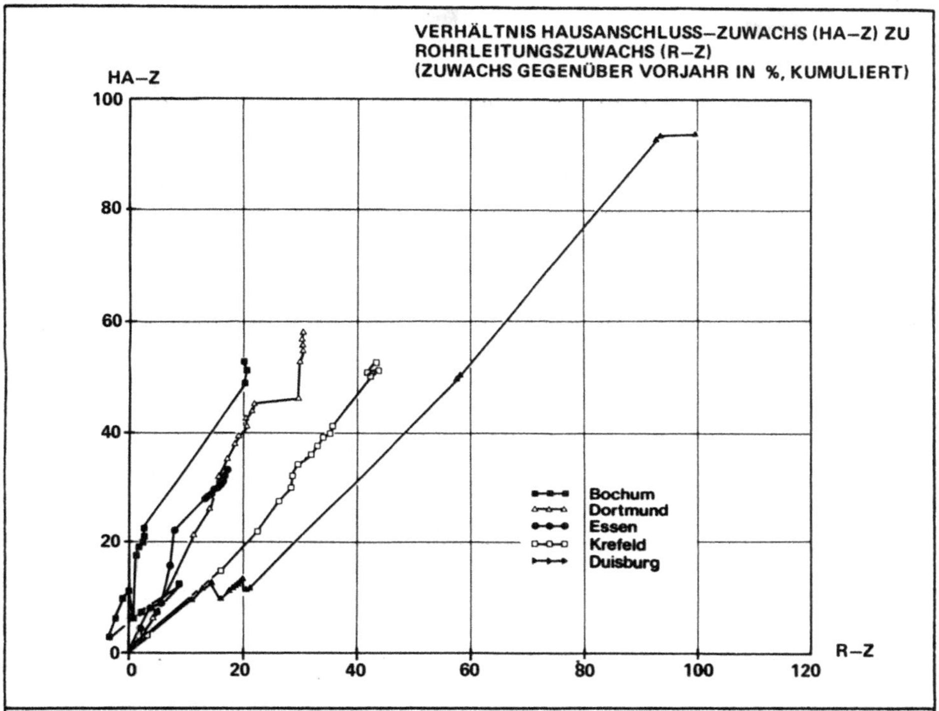

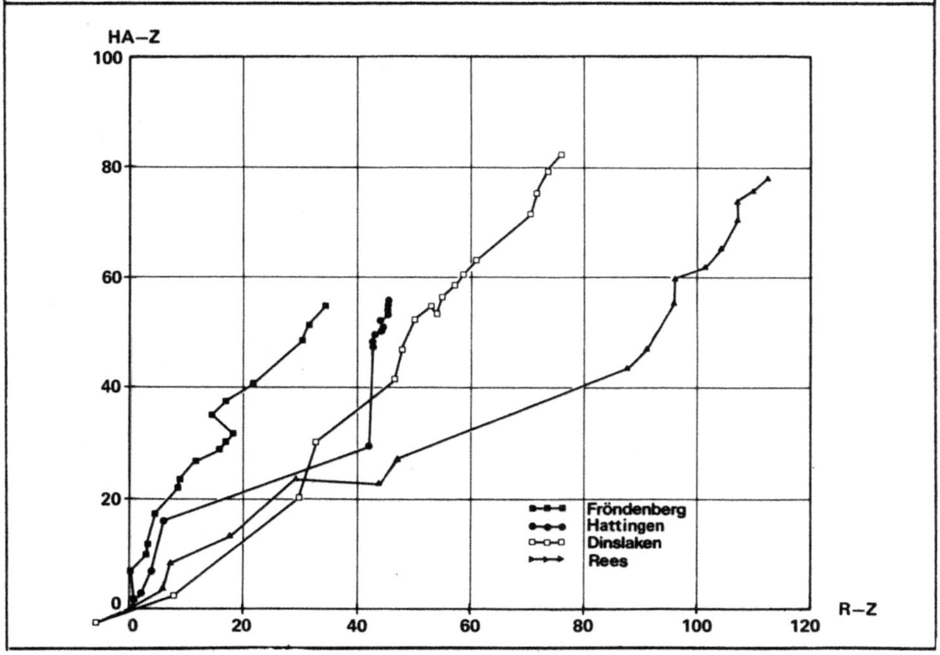

Abb. 17 Entwicklungspfade der Versorgungsnetze der ausgewählten Gemeinden / Versorgungsgebiete (1954–1980)

Darüber hinaus ist das am Ende des Betrachtungszeitraums stark zurückgegangene Systemwachstum gut erkennbar (Punkthäufung).

Aufgrund des hohen betriebswirtschaftlichen Stellenwertes der Verteilungsanlagen ist die zeitliche Analyse der Kapazitätsauslastung des Rohrnetzes und der Hausanschlüsse von besonderem Interesse. Im Gegensatz zur zeitlichen Entwicklung des technischen Verteilungssystems zeigt die Entwicklung des Ausnutzungsgrades in den untersuchten Städten der Kernzone ein uneinheitliches, gemeindespezifisches Bild. So können die Ergebnisse einer BGW+DVGW-Analyse nur z.T. bestätigt werden /30/. Sieht man von systemaren, methodisch bedingten Abweichungen ab (BGW: Klassifizierung nach Wasserwerksgrößen / Eigene Analyse: Klassifizierung nach siedlungsräumlicher Grundstruktur), sind Aussagen

- leicht rückläufige spezifische Wasserabgabe / Hausanschluß in Groß- und Mittelstädten unter großen Schwankungen
- steigende Tendenz zur geringeren (flächenmäßigen) Verbrauchsdichte

in dieser allgemeinen Form nicht zutreffend. Lediglich für die Kernstädte des östlichen Reviers Bochum und Dortmund ist die spezifische Wasserabgabe deutlich rückläufig, wobei in Dortmund die flächenmäßige Verbrauchsdichte sogar leicht zunahm. Die Versorgungsgebiete Essen und Duisburg weisen bis Ende der siebziger Jahre steigende Tendenz der spezifischen Wasserabgabe und Verbrauchsdichte auf, um dann bis 1980 nahezu auf den Stand von 1954 zurückzufallen. Lediglich Krefeld zeigt eine stetig steigende Tendenz.

Klimatische Einflüsse (Trockenjahre) sind bis auf das Versorgungsgebiet Dortmund in allen Kernstädten gut zu erkennen.

Die wesentlichen raumstrukturellen Einflußgrößen sind den einzelnen gemeindespezifischen Zahlenwerken der Abb. 12 bis 16 zu entnehmen (vgl. auch 4.3.3.2.). So ist die Tendenz zur aufgelockerten Wohnbebauung auch in den Kernstädten sehr ausgeprägt; der Anteil Ein- und Zweifamilienhäuser am Wohngebäude-Rohzugang stieg zwischen 1970 und 1980 um durchschnittlich 30 % auf ca. 65 bis 90 %. Eine Ausnahme bildet das Versorgungsgebiet Krefeld mit überdurchschnittlich hohem Einfamilienhausanteil (1970: 73,2 %; 1980: 89,3 %).

Die Zahl der versorgten Einwohner als weitere Einflußgröße für den Auslastungsgrad des Verteilungssystems wurde im Zeitraum 1954 bis 1980 zunächst maßgeblich durch Wanderungen, von 1975 bis 1980 aber zunehmend durch natürliche Bevölkerungsbewegungen bestimmt. Bezüglich der Wanderungsströme kann man vereinfachend sagen, daß die Ballungsrandwanderung aus den Kernstädten stark abgeklungen ist, wie überhaupt der Hauptanteil auf kleinräumige intra- und interkommunale Wanderungen entfällt /34,35,39/.

2. Ballungsrand (Abb. 18 und 19)

Die ausgewählten Gemeinden Hattingen und Dinslaken zeigen im Betrachtungszeitraum hinsichtlich der Entwicklung des Verteilungssystems und seiner raumstrukturellen Einflußgrößen ein uneinheitliches Bild.

Hattingen weist bei oberflächlicher Betrachtung die Merkmale der betrachteten Kernstädte auf (vgl. Rahmendaten). Bei seit Ende der sechziger Jahre stagnierender bzw. leicht rückläufiger Einwohnerzahl ist im gleichen Zeitraum nur ein geringer Zuwachs des Rohrnetzes und der Hausanschlüsse erkennbar. Die sich leicht öffnende Schere zwischen der Entwicklung des Rohrnetzes und der Hausanschlüsse zeigt deutlich die Tendenz zur Erhöhung der Anschlußdichte. Städtebaulich ist dies auf eine Siedlungsentwicklung zurückzuführen, bei der sowohl die Schließung von Baulücken als auch Geschoßwohnungsbau im Vordergrund stand /39,48/. Der Entwicklungssprung 1964/65 ist durch die Übernahme der Wasserversorgung der nördlichen, jenseits der Ruhr gelegenen Stadtteile (Nordstadt) von der AVU Gevelsberg zu erklären /49/. Demographische und siedlungsstrukturelle Einflüsse (vgl. Rahmendaten) auf das Versorgungsnetz widerspiegeln sich auch in der Entwicklung der spezifischen Wasserabgabe an die Haushalte. Bis zur Übernahme der Verteilung in der Hattinger Nordstadt durch die Stadtwerke Hattingen ging die Versorgungs- und Verbrauchsdichte stetig zurück. Zwischen 1965 und 1980 konnte die Kapazitätsauslastung des Verteilungssystems deutlich verbessert werden.

Dinslaken zeigt die typische demographische und siedlungsstrukturelle Entwicklung einer Ballungsrandgemeinde, abzulesen an

- stetig steigender Einwohnerzahl
- steigendem, positivem, jährlichem Wanderungssaldo
- hoher Bautätigkeit mit stark wachsendem Einfamilienhausanteil (1970: ca. 60 %; 1980: ca. 90 %).

Hattingen

WASSERVERTEILUNG

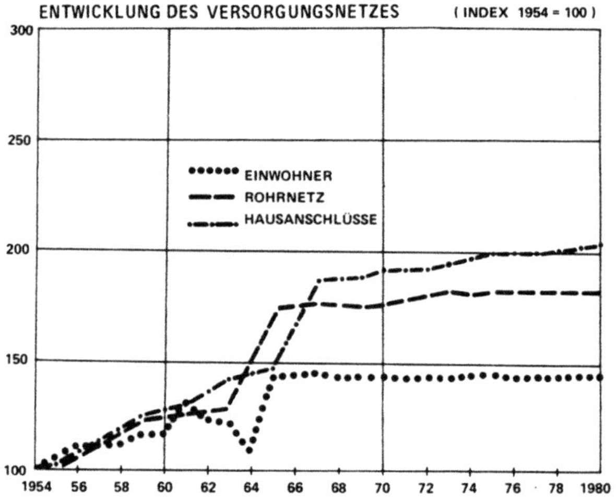

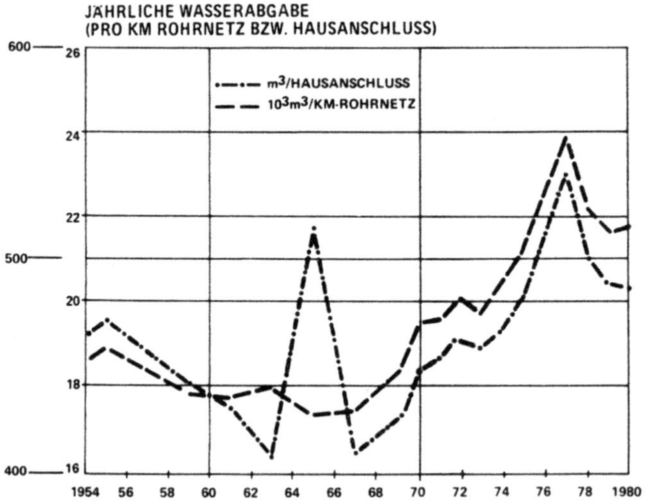

DEMOGRAPHISCHE UND SIEDLUNGSSTRUKTURELLE ENTWICKLUNG

JAHR	1950	1961	1970	1971	1972	1973	1974	1975	1976	1977	1978	1979	1980
WOHNBEVÖLKERUNG	42.400	54.200	59.400		59.100		58.929	58.351	58.070	57.799	57.435	57.255	57.373
WANDERUNGSSALDO			719		-243		-131	-318	-80	-57	-162	66	281
WOHNGEBÄUDE BESTAND			6.791		7.002		7.155	7.249	7.325	7.477	7.587	7.637	7.747
ROHZUGANG INSGESAMT			111		148		79	102	84	155	110	108	120
DAVON ROHZUGANG EINFAMILIEN-HÄUSER MIT 1 BIS 2 WOHNUNGEN			74		115		54	87	43	137	93		112
ANTEIL 1- UND 2-FAMILIENHÄUSER %			66.7		77.7		68.4	85.3	51.2	88.4	84.5		93.3

Abb. 18 Entwicklung der Wasserverteilung und ihrer wesentlichen raumstrukturellen Einflußgrößen

Dinslaken

WASSERVERTEILUNG

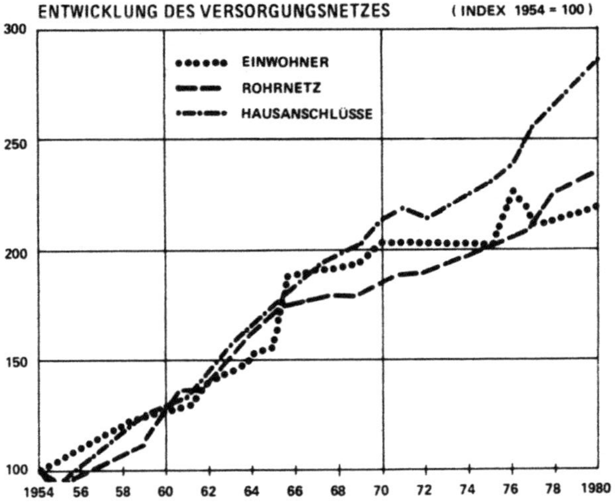

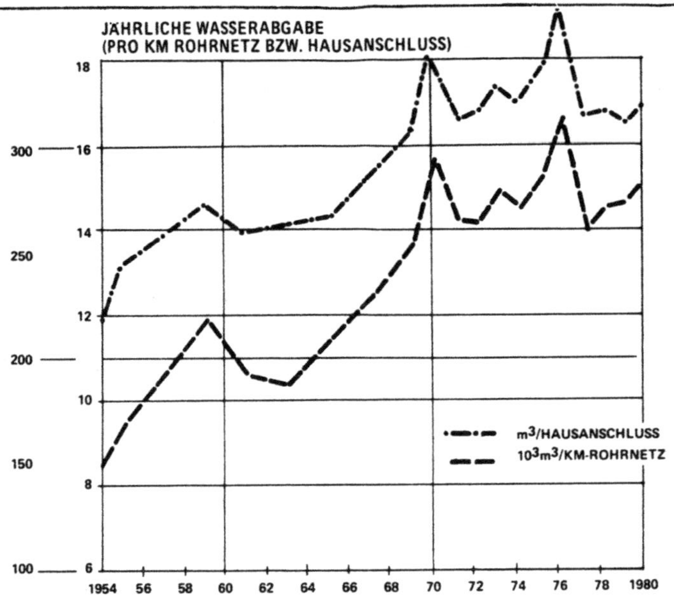

DEMOGRAPHISCHE UND SIEDLUNGSSTRUKTURELLE ENTWICKLUNG

JAHR	1950	1961	1970	1971	1972	1973	1974	1975	1976	1977	1978	1979	1980
WOHNBEVÖLKERUNG	33.248	45.362	55.792		55.800		55.792	56.965	56.944	57.257	57.847	58.334	59.473
WANDERUNGSSALDO			701		-5		37	250	17	234	575	486	1.069
WOHNGEBÄUDE BESTAND			7.290		7.537		7.957	8.081	8.207	8.400	8.639	8.902	9.158
ROHZUGANG INSGESAMT			129		146		128	141	130	201	248	303	265
DAVON ROHZUGANG EINFAMILIEN-HÄUSER MIT 1 BIS 2 WOHNUNGEN			77		97		90	116	100	168	214		238
ANTEIL 1- UND 2- FAMILIENHÄUSER %			59.6		75.8		70.3	82.3	76.9	83.6	86.3		89.8

Abb. 19 Entwicklung der Wasserverteilung und ihrer wesentlichen raumstrukturellen Einflußgrößen

Die genannten Einflüsse auf das Verteilungssystem schlagen sich in einer Steigerung der Hausanschlüsse um 186 % und einem Zuwachs des Rohrnetzes von 138 % nieder. Vereinfacht sind zwei Entwicklungsphasen zu unterscheiden. Von 1954 bis 1965 verläuft die standardisierte zeitliche Entwicklung der versorgten Einwohner, des Rohrnetzes und der Hausanschlüsse nahezu parallel; die Versorgungsdichte bleibt in diesem Zeitraum nahezu konstant. Von 1965 bis 1980 öffnet sich die Schere zwischen Rohrnetz- und Hausanschlußentwicklung: deutliches Indiz für eine Anschluß- bzw. Versorgungsverdichtung. Gleichzeitig flacht der standardisierte Einwohnerzuwachs ab 1966 merklich ab. Mit Unterbrechung im Zeitraum von 1959 bis 1961/62 ist von 1954 bis 1969/70 eine steigende Kapazitätsauslastung des Verteilungssystems erkennbar; von 1969/70 bis 1980 blieb von klimabedingten Spitzen abgesehen die spezifische jährliche Wasserabgabe auf etwa gleichem Niveau. Somit kann für das Gemeinde-/Versorgungsgebiet Dinslaken die aus dem BGW-/DVGW-Meßprogramm abgeleitete Tendenz der siedlungsentwicklungsbedingten Verringerung der flächenmäßigen Verbrauchsdichte nicht in dieser Allgemeingültigkeit bestätigt werden (vgl. /30/).

3. Ländliche Zone (Abb. 20,21,22)

Die Entwicklung des Verteilungssystems zeigt nur in den Gemeinde-/Versorgungsgebieten Kalkar und Rees den für diesen Raumtypus signifikanten Verlauf.

Obwohl siedlungsräumlich der ländlichen Zone zugeordnet, hat Fröndenberg dagegen schon zu Beginn des Betrachtungszeitraums (1954) ein zentrales Verteilungssystem aufzuweisen, das sich bis 1980 ganz ähnlich entwickelt wie die Verteilungssysteme der Kernstädte:

- geringer Zuwachs der versorgten Einwohner (vgl. Rahmendaten)
- höherer Zuwachs an Hausanschlüssen als Rohrnetz-Zuwachs = Anschlußverdichtung.

Beides äußert sich in einer Steigerung der Kapazitätsauslastung und Verbrauchsdichte bis 1976 mit anschließend fallender Tendenz bis 1980. Der leichte Rückgang ist möglicherweise auf den gegenüber den Vorjahren nochmals angestiegenen Einfamilienhausanteil von weit über 90 % am Wohngebäude-Rohzugang zurückzuführen.

WASSERVERTEILUNG

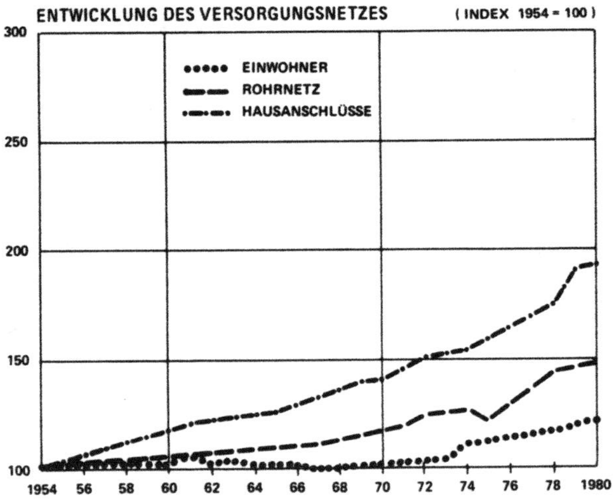

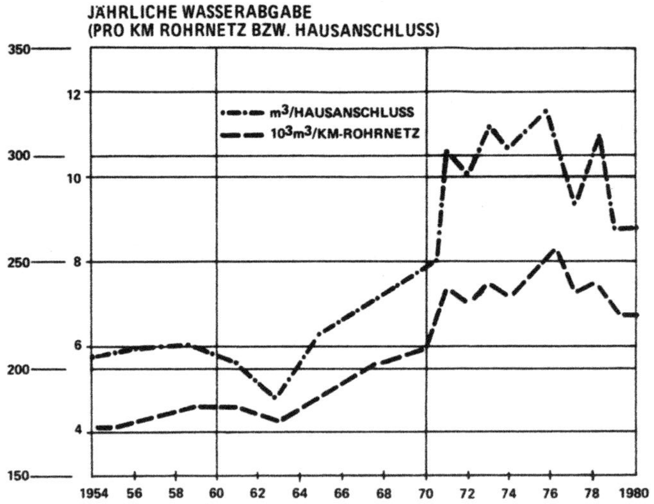

DEMOGRAPHISCHE UND SIEDLUNGSSTRUKTURELLE ENTWICKLUNG

JAHR	1950	1961	1970	1971	1972	1973	1974	1975	1976	1977	1978	1979	1980
WOHNBEVÖLKERUNG	15.009	18.884	17.800		18.575		19.119	19.396	19.615	20.071	20.190	20.532	20.627
WANDERUNGSSALDO			410		307		130	313	268	518	225	403	114
WOHNGEBÄUDE BESTAND			2.783		2.962		3.137	3.219	3.336	3.464	3.606	3.694	3.836
ROHZUGANG INSGESAMT			59		90		82	82	119	132	142	122	143
DAVON ROHZUGANG EINFAMILIEN-HÄUSER MIT 1 BIS 2 WOHNUNGEN			50		77		74	70	116	120	138		137
ANTEIL 1- UND 2- FAMILIENHÄUSER %			84.7		85.6		90.2	85.4	97.5	90.9	97.2		95.8

Fröndenberg

Abb. 20 Entwicklung der Wasserverteilung und ihrer wesentlichen raumstrukturellen Einflußgrößen

Kalkar

WASSERVERTEILUNG

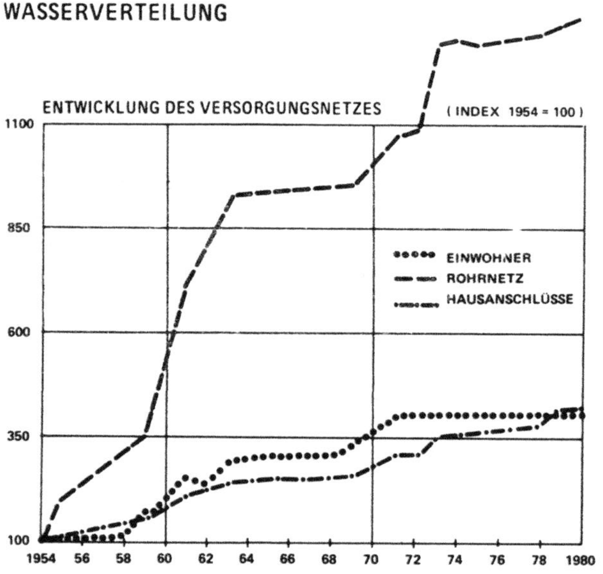

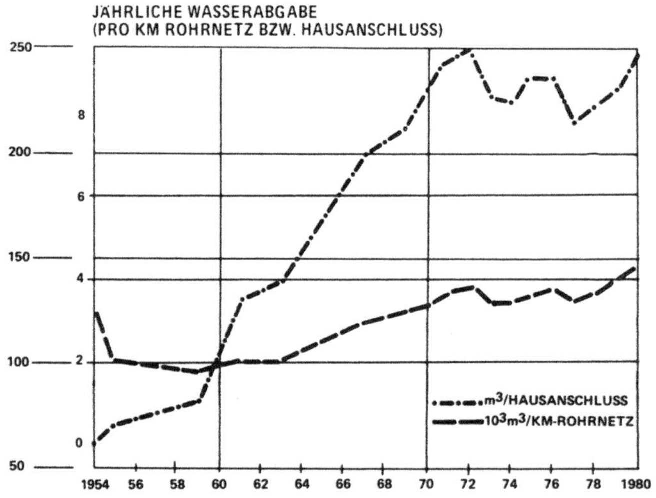

DEMOGRAPHISCHE UND SIEDLUNGSSTRUKTURELLE ENTWICKLUNG

JAHR	1950	1961	1970	1971	1972	1973	1974	1975	1976	1977	1978	1979	1980
WOHNBEVÖLKERUNG	9.305	9.212	9.692	10.030	10.493	10.547	10.790	10.980	10.927	10.976	10.939	10.989	10.982
WANDERUNGSSALDO				521	108	148	245	-42	101	-8	36	-12	90
WOHNGEBÄUDE BESTAND													
ROHZUGANG INSGESAMT							61	52	45	23	35		
DAVON ROHZUGANG EINFAMILIENHÄUSER MIT 1 BIS 2 WOHNUNGEN							57	47	40	22	34		
ANTEIL 1- UND 2- FAMILIENHÄUSER %							93.4	90.4	88.9	95.6	97.1		

Abb. 21 Entwicklung der Wasserverteilung und ihrer wesentlichen raumstrukturellen Einflußgrößen

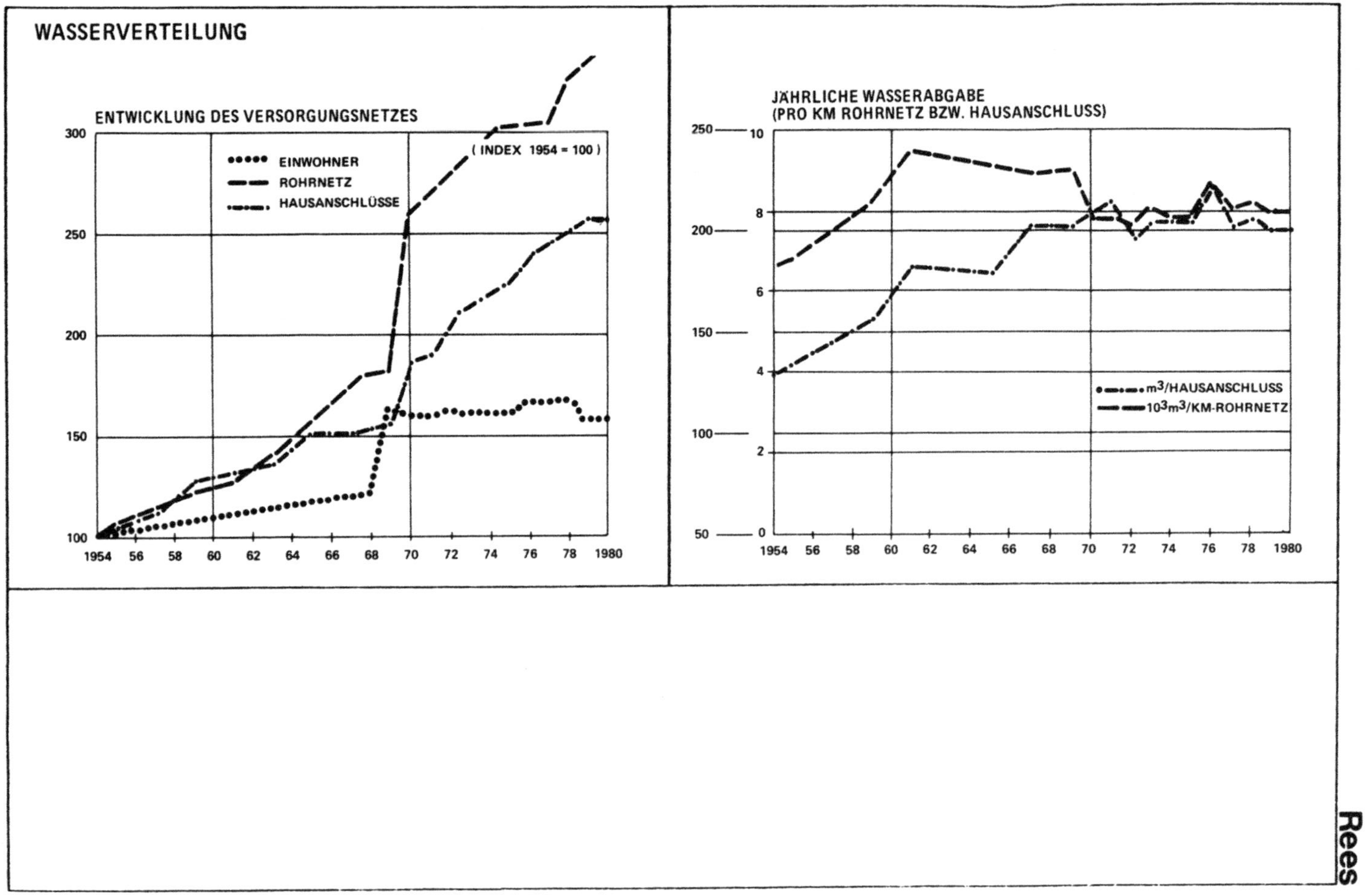

Abb. 22 Entwicklung der Wasserverteilung und ihrer wesentlichen raumstrukturellen Einflußgrößen

Für die Gemeinde-/Versorgungsgebiete Kalkar und Rees ist die Wirkungsanalyse aus folgenden Gründen erheblich erschwert:

- nicht zuzuordnende demographische und siedlungsstrukturelle Datenbasis für Rees
- starke Abweichung der Erhebungseinheiten für versorgte Einwohner und Wohnbevölkerung in Kalkar.

Letzteres ist dadurch zu erklären, daß der Ende der fünfziger Jahre gegründete Wasserversorgungsverband Kalkar-Xanten auch die Versorgung der Ortsteile Marienbaum und Vynen der Stadt Xanten übernahm. Trotzdem zeigen die Verteilungssysteme beider Gebiete eine sehr ähnliche zeitliche Entwicklung. Dadurch, daß die Zunahme der Hausanschlüsse weit hinter dem Rohrnetz-Zuwachs zurückbleibt, ist eine Abnahme der Anschlußdichte festzustellen. Kapazitätsauslastung und Verbrauchsdichte entwickelten sich in Kalkar geradezu stürmisch; die Verfünffachung der Abgabe je Hausanschluß von 1954 bis 1972 wird von einer Verdoppelung der Rohrnetzauslastung begleitet. Von 1972 bis 1980 kann von einer etwa gleichbleibenden Ausnutzung der Verteilungsanlagen gesprochen werden.
Die Verwirklichung des versorgungspolitischen Zieles, möglichst viele Einwohner auch im ländlichen Raum an die zentrale Wasserversorgung anzuschließen, führte in Rees zu nicht ganz so umfangreichen Erweiterungen des Verteilungssystems wie im Versorgungsgebiet Kalkar. Auch die Entwicklung der Kapazitätsauslastung bleibt unter derjenigen von Kalkar zurück; die Wasserabgabe/Hausanschluß stieg im Untersuchungszeitraum um ca. 60 %, die Wasserabgabe/km Rohrnetz nur um ca. 25 %. Wie in Kalkar ist ab Anfang der siebziger Jahre eine etwa gleichbleibende Anlagenauslastung festzustellen.

4.3.3.5. Unternehmenspolitik der öffentlichen Wasserversorgungsunternehmen

Die Abhängigkeit des Wasserabsatzes von der wirtschaftlichen Entwicklung führte auch für die Wasserversorgungsunternehmen zu einer Strukturkrise, der bisher in wissenschaftlichen Veröffentlichungen kaum Beachtung geschenkt wurde. Die nach betriebswirtschaftlichem Erwerbsprinzip handelnden Unternehmen waren gezwungen, vorhandene, unbeschäftigte Wassergewinnungs- und Wasserverteilungskapazitäten durch neue Versorgungsaufgaben so weit wie möglich auszulasten. Hauptaufgabe auch der regionalen

Versorgungsunternehmen wurde somit zwangsläufig die Versorgung der Bevölkerung mit Trinkwasser (Veränderung der Gesamtabgabestruktur) mit der Zielsetzung einer "angemessenen Substanzerhaltung" und weitergehender "Ergebnisoptimierung" /45,46,50/. Dies wurde erreicht durch

- die Ausdehnung der Versorgungsgebiete ("Versorgungsinfrastrukturangebot" durch leistungsfähige Unternehmen),
- verstärkten Wasserverkauf (Zulieferung, ausschließlich Belieferung) an benachbarte Wasserversorgungsunternehmen und
- Ausbau der Sparte Brauchwasser.

Räumliche Expansionsmöglichkeiten waren - bedingt durch die überkommene Versorgungsgebietsstruktur - nahezu nur im nördlich und östlich an das Untersuchungsgebiet angrenzenden ländlichen Raum gegeben. Folgerichtig wurden die Möglichkeiten zur Erweiterung des Versorgungsgebietes bzw. zur Beteiligung an Versorgungsunternehmen von der Rheinisch-Westfälischen Wasserwerksgesellschaft mbH und der Gelsenwasser AG genutzt. Der durch die wirtschaftliche Entwicklung der Montanindustrie verursachte Rückgang der Kapazitätsauslastung der Gewinnungs- und Verteilungsanlagen konnte in unterschiedlichem Umfang durch die unternehmerischen Aktivitäten in der Sparte Wiederverkauf, d.h. die Steigerung der Wasserabgabe an weiterverteilende, selbständige Versorgungsunternehmen aufgefangen werden.

Beispiel Gelsenwasser AG

Wirtschaftliche Vorteile des Wasserverbundes im eigenen Versorgungsgebiet gaben frühzeitig (Ende der fünfziger Jahre) den Anlaß dazu, die Verbundwasserversorgung auch zwischen benachbarten Versorgungsunternehmen auszubauen /51,52,53/. Die Entwicklung der Zuliefermengen an weiterverteilende Wasserversorgungsunternehmen und der Anzahl der Verbundpartner von 1954/55 bis 1980 verdeutlicht ein Vergleich der Karten 13 und 14 (vgl. dazu auch Tab. 13).

JAHR	ZULIEFERUNG (MIO m3/a)	VERBUNDPARTNER
1957	15	12
1970	36	–
1981	75	25

Abb. 13 Entwicklung der Zuliefermengen an weiterverteilende Wasserversorgungsunternehmen durch Gelsenwasser AG /45/

Die jüngste Kooperation erfolgte zwischen der Gelsenwasser AG und den Duisburger Stadtwerken, die ab 1980 jährlich etwa 30 Mio. m^3 Trinkwasser über eine 80 km Transportleitung aus Haltern erhalten (vgl. Karte 12)/50/. Ergänzt wurde das Angebot, Städte und benachbarte Versorgungsunternehmen mit Wasser zu beliefern, durch gesellschafts- und kaufrechtliche Kooperationen /54/. Die 1970 gemeinsam mit den Stadtwerken Bochum gegründete Wasserbeschaffung Mittlere Ruhr GmbH ist ein Beispiel dafür. "Sie speist in das Rohrnetz der Stadtwerke Bochum ein und liefert Wasser in das südlich der Ruhr gelegene Versorgungsgebiet Hattingen und Langenberg der Gelsenwasser AG. Der Bau einer Verbundrohrleitung 2 x DN 1000 zwischen dem Gelsenwasserwerk in Essen-Horst und den Wasserwerken Sundern und Stiepel der gemeinsamen Wasserbeschaffungsgesellschaft machte es möglich, auf die Erneuerung von zwei älteren Werken in Winz und Kemnade zu verzichten. Beide Werke wurden ersatzlos außer Betrieb genommen."/53, S. 760/
Ein weiteres Beispiel ist die Gründung der Wasserversorgung Herne GmbH (1961)."Die Stadt/Stadtwerke Herne und Gelsenwasser teilen sich die Verteilungsaufgabe der gemeinsamen Gesellschaft. Gelsenwasser steuert das technische Know-How bei, Herne hat die kaufmännische Arbeit übernommen"/50/. Darüber hinaus haben sich öffentliche Wasserversorgungsunternehmen wie die Gelsenwasser AG mit den Eigentümern von Kraftwerken, der Ruhrkohle AG, mit Unternehmen der Großchemie, der Stahlindustrie und Betrieben anderer Wirtschaftszweige zum Wasserverband Westdeutscher Kanäle zusammengeschlossen. Dieser Verband schafft die Voraussetzung für die Entnahme von Verbrauchs- und Gebrauchswasser aus den Schiffahrtskanälen, wobei die Wasserversorgungsunternehmen den Bau der Anlagen übernommen haben und ihnen daher namhafte Quoten zur Betriebswasserentnahme zustehen /47,53/.
Für die Gelsenwasser AG zeigt der Ausbau der Sparte Betriebswasser für den Zeitraum 1957 bis 1981 insgesamt folgende Entwicklung /46/:

- geliefertes Betriebswasser 1957: -
- geliefertes Betriebswasser 1981: $50 \cdot 10^6$ m^3

Ein weiteres Beispiel für den Ausbau dieser Sparte ist die Betriebswasserversorgung von Kraftwerken und Anlagen der Großchemie in Gelsenkirchen. Sie wurde gemeinsam durch die Rheinisch-Westfälische Wasserwerksgesellschaft mbH und die Gelsenwasser AG sichergestellt. Aus dem "Blauen See" in Dorsten-Holsterhausen werden seit 1977 etwa 14 Mio. m^3 jährlich entnommen /55/, grob aufbereitet und an die Betriebe der VEBA AG in Gelsenkirchen-Scholven geliefert /47/. Dadurch konnte Trinkwasser zu einem Teil durch Betriebswasser substituiert werden. Die Lieferung von Wasser mit Trinkwasserqualität erfolgt aus anderen Gewinnungsanlagen /53/.

Literaturangaben zu Abschnitt 4.3.

/1/ König, H.
Die Wasserversorgung Dortmunds.
Sonderdruck aus den Mitteilungen der Industrie- und Handelskammer zu Dortmund, Dortmund 15.2.1954

/2/ Mittendorf, H.
Ein Jahrhundert Wasserversorgung. Wachsen und Werden der Wasserversorgung in der Großstadt Dortmund.
Sonderdruck aus "Neue DELIWA-Zeitschrift", 1971, Heft 9

/3/ Burmeister, H.
Wasserwirtschaftliche Probleme großstädtischer und industrieller Ballungsräume.
Veröffentlichungen d. Akademie f. Raumforschung u. Landesplanung: Abhandlungen, Bd. 30, Bremen 1955

/4/ Prüß, M.
Die Wasserversorgung des rheinisch-westfälischen Industriegebiets als Problem der Landesplanung.
Institut f. Raumforschung Bonn (Hrsg.), Wasser - die Sorge Europas, Forschung und Leben, Bonner Beiträge zur Raumforschung, Bd. 2, Dortmund 1951, S. 78 - 90

/5/ Bundesanstalt f. Landeskunde in Gemeinschaft mit der Wasserwirtschaftsverwaltung des Landes Nordrhein-Westfalen (Hrsg.)
Arbeitskarte Öffentliche Wasserversorgung. M 1 : 300.000, Düsseldorf 1956

/6/ Kaufmann, B.
Wasser und Kohle. Wasserversorgung und Abwasserbeseitigung auf genossenschaftlicher Grundlage im rheinisch-westfälischen Industriegebiet und die Wasserwirtschaft des Steinkohlenbergbaus.
Diss. (Auszug) TH Clausthal, Mai 1963

/7/ Zander, H.
Die Entwicklung des Wasserwerkes Haltern.
Vestischer Kalender 1982. 53. Jg., Recklinghausen 1981

/8/ Müller, G., Hessing, F.-J.
Kostenträger der Wasserversorgung und Abwasserbeseitigung.
Mitteilungen aus dem Institut für Raumforschung, Heft 44, Bad Godesberg 1962

/9/ Kellermann, W.
Das Wasserwerk für das nördliche westfälische Kohlenrevier.
GWF (Wasser-Abwasser), 110. Jg., 1969, Heft 10, S. 252 - 253

/10/ Gelsenwasser AG
Ein Konzern bewährt sich.
Gelsenkirchen 1978

/11/ Bundesverband der deutschen Gas- und Wasserwirtschaft e.V. (BGW)
66. Wasserstatistik für die Bundesrepublik Deutschland. Berichtsjahr 1954, Frankfurt/M. 1955

/12/ Moser, H.
Die Trinkwassergewinnung und -aufbereitung der Städtischen Werke Essen.
gwf-wasser/abwasser, 119. Jg., 1978, Heft 1, S. 13 - 22

/13/ Stadtwerke Hattingen (Hrsg.)
Seit 1875 zentrale Wasserversorgung in Hattingen (Ruhr).
100 Jahre Gas in Hattingen/Ruhr, Hattingen Okt. 1961, S. 12 - 23

/14/ Herrmann, W., Schwenzer, J.
Das Flußwasserentnahmewerk in Krefeld.
GWF (Wasser), 96. Jg., 1955, Heft 4, S. 99 - 105

/15/ Aktuelle Daten und Prognosen zur räumlichen Entwicklung.
BfLR (Hrsg.), Informationen zur Raumentwicklung, Heft 11/12, 1981

/16/ Klosterkemper, H., Köster, H.
Die Wasserwirtschaft in Nordrhein-Westfalen. Bedeutung und Organisation ihrer Verwaltung.
MELF NW (Hrsg.), Wasserwirtschaft in Nordrhein-Westfalen, Düsseldorf Okt. 1960, S. 11 - 15

/17/ Großsteinbeck, J.
Wasserwirtschaftliche Planung zur Sicherung der Trinkwasserversorgung aus der Sicht von Nordrhein-Westfalen.
gwf-wasser/abwasser, 121. Jg., 1980, Heft 11, S. 538 - 539

/18/ Wasserversorgungsbericht. Bericht über die Wasserversorgung in der Bundesrepublik Deutschland.
Bericht des Bundesministers des Innern, erarbeitet und abgestimmt mit den in der LAWA zusammengeschlossenen obersten Wasserbehörden der Länder.
Sekretariat und Druck: Umweltbundesamt, Berlin Mai 1982

/19/ Dege, W. Dege, W.
Das Ruhrgebiet.
2., erw. u. überarb. Aufl., Geocolleg, Bd. 3, Kiel 1980

/20/ Spiegelberg, F.
Energiemarkt im Wandel. 10 Jahre Kohlenkrise an der Ruhr.
Baden-Baden 1970

/21/ Konze, H.
Entwicklung des Steinkohlenbergbaus im Ruhrgebiet (1957 - 1974).
Schriftenreihe Siedlungsverband Ruhrkohlenbezirk, Bd. 56, Essen 1975

/22/ Lauffs, H.-W.
Umstellung der Kohlenbergwerke in den deutschen Gebieten - Ruhr -. Die regionalwirtschaftlichen Auswirkungen der Stillegungen und Einschränkungen im Steinkohlenbergbau und der getroffenen Maßnahmen zur Umstrukturierung im Ruhrgebiet.
Kommission der Europäischen Gemeinschaft, Generaldirektion Regionalpolitik (Hrsg.), Hefte für die industrielle Umstellung, Nr. 19, Brüssel Juni 1972

/23/ Statistische Jahrbücher der Industrie- und Handelskammern NW 1974 bis 1981

/24/ Bundesverband der deutschen Gas- und Wasserwirtschaft e.V. (BGW)
66. bis 92. Wasserstatistik für die Bundesrepublik Deutschland. Berichtsjahre 1954 bis 1980.
Frankfurt/M. 1955 bis 1981

/25/ Schriftl. Mitteilung v. Dr. Reicherter, Stadtwerke Essen AG v. 8.12.1982

/26/ Wolansky, D., Schonwälder, L.
Möglichkeiten und Kosten eigener Nutzwassergewinnung aus dem Deckgebirge im rheinisch-westfälischen Industriegebiet.
Glückauf, 90. Jg., 1954, Heft 25/26, S. 661 - 667

/27/ Wolansky, D.
Möglichkeiten der Nutzwassergewinnung aus dem Deckgebirge im niederrheinisch-westfälischen Revier.
Mitteilungen der Westfälischen Berggewerkschaftskasse Bochum, Nr. 7, 1954

/28/ Semmler, W.
Die Herkunft der Grubenwasserzuflüsse im Ruhrgebiet.
Glückauf, 96. Jg., 1960, Heft 8, S. 502 - 511

/29/ Breitling, V.
Die Bedeutung der Wasserwirtschaft der Hüttenindustrie für die allgemeine Wasserversorgung und die Reinhaltung der Oberflächengewässer.
gwf (Wasser-Abwasser), 101. Jg., 1960, Heft 4, S. 73 - 79

/30/ Bundesverband der deutschen Gas- und Wasserwirtschaft e.V.
Die Entwicklung der öffentlichen Trinkwasserversorgung. Zehnjahresbericht 1968 - 1977.
Bonn Aug. 1979

/31/ Müller, G., Hessing, F.-J.
Kostenträger der Wasserversorgung und Abwasserbeseitigung.
Mitteilungen aus dem Institut für Raumforschung, Heft 44, Bad Godesberg 1962

/32/ Siedlungsverband Ruhrkohlenbezirk
Gebietsentwicklungsplan 1966. Erläuterungsbericht
Essen Juli 1966

/33/ Ahrens, Kreibich, Schneider (Hrsg.)
Stadt-Umland-Wanderung und Betriebsverlagerung in Verdichtungsräumen.
Institut f. Raumplanung, Universität Dortmund (Hrsg.), Dortmunder Beiträge zur Raumplanung, Bd. 23, Dortmund 1981

/34/ Zühlke, W.
Zu- und Abwanderung im Ruhrgebiet 1967. Ergebnis einer Umfrage.
Schriftenreihe Siedlungsverband Ruhrkohlenbezirk, Nr. 20, Essen 1968

/35/ Landwehrmann, F., Kleibrink, G.
Kleinräumige Mobilität. Empirische Untersuchung zum Nahwanderungsverhalten in den Städten Bochum und Düsseldorf.
Schriftenreihe Landes- und Stadtentwicklungsforschung des Landes NW: Stadtentwicklung - Städtebau, Bd. 2.022, Dortmund 1978

/36/ Légrády, A., Weicker, H., Kellner, G.
Wohnungs- und Wohnflächenbedarf im Ruhrgebiet 1971 - 1985.
Schriftenreihe Siedlungsverband Ruhrkohlenbezirk, Nr. 54, Essen 1975

/37/ Klemmer, P.
Typisierung der Gemeinden Nordrhein-Westfalens anhand demographischer Entwicklungskomponenten.
Bochum Okt. 1980

/38/ Fuderholz, G.
Infrastruktur im Ruhrgebiet. Wohnen.
Schriftenreihe Siedlungsverband Ruhrkohlenbezirk, Nr. 48, Essen 1974

/39/ Brückner, J., Hofmann, K.-F., Kreibich, V., Schmitt, W.
Probleme der Randwanderung im Ruhrgebiet. Siedlungsstrukturelle Auswirkungen. Teil A: Kurzfassung. Teil B: Dokumentation der Analyseergebnisse.
Studie im Auftrag des Regierungspräsidenten Arnsberg, Dortmund 1982 (unveröffentlicht)

/40/ Grundlagen zur Strukturverbesserung der Steinkohlenbergbaugebiete in Nordrhein-Westfalen. I. Teil: Ruhrgebiet.
Schriftenreihe des Ministers für Landesplanung, Wohnungsbau und öffentliche Arbeiten des Landes NW, Heft 19, Düsseldorf 1964

/41/ Langner, G.
Siedlungsstrukturelle Entwicklung im Ruhrgebiet 1820 - 1980.
Diplomarbeit, Abt. Raumplanung, Universität Dortmund, Dortmund Okt. 1981

/42/ Regierungspräsident Düsseldorf
Gebietsentwicklungsplan für den Regierungsbezirk Düsseldorf (Entwurf)
Düsseldorf Mai 1982

/43/ Kommunalverband Ruhrgebiet, Abt. Öffentlichkeitsarbeit (Hrsg.)
Ruhrinfo: Ruhrgebiet. Basisinformation.
Essen 1981

/44/ Kommunalverband Ruhrgebiet (Hrsg.)
Städte- und Kreisstatistik Ruhrgebiet 1980.
Essen März 1981

/45/ Michel, B.
Funktion der technischen Infrastruktur in der regionalen Entwicklung - dargestellt am Beispiel der Siedlungswasserwirtschaft.
Diss. TH Darmstadt 1978

/46/ Weimann, B.
Vortrag auf der Hauptversammlung der Gelsenwasser AG am 23.6.1982 in Gelsenkirchen

/47/ Gelsenwasser AG
Geschäftsbericht 1981.
Gelsenkirchen 1982

/48/ Persönliche Mitteilung v. Herrn Weihs, Stadtwerke Hattingen, v. 30.11.1982

/49/ Stadtwerke Hattingen
Jahresbericht 1965.

/50/ Gelsenwasser AG
Ein Konzept bewährt sich.
Gelsenkirchen Jan. 1978

/51/ Zander, H.
Sicherung der Wasserversorgung durch Verbund in Nordrhein-Westfalen.
Forum Städte-Hygiene, Sonderheft, 33. Jg., Juli/Aug. 1982, S. 160 - 166

/52/ Naber, G.

Aspekte der Verbundwasserversorgung. Zusammenfassung der Problematik.

Böhnke, B. (Hrsg.), Sicherung der Wasserversorgung durch Gewässerschutz, Wasseraufbereitung und -verbund. Gewässerschutz-Wasser-Abwasser, Bd. 29, Aachen 1978, S. 693 - 701

/53/ Möhlen, K.

Wasserverbund am Beispiel der Gelsenwasser AG.

Böhnke, B. (Hrsg.), Sicherung der Wasserversorgung..., S. 751 - 763

/54/ Weimann, B.

Verbund in der Wasserversorgung.

MELF NW (Hrsg.), Wasser- und Abfallwirtschaft in Nordrhein-Westfalen. Düsseldorf Nov. 1980, S. 27 - 29

/55/ Persönliche Mitteilung v. Herrn Heilker, Rheinisch-Westfälische Wasserwerksgesellschaft mbH, v. 9.2.1983

Verzeichnis der Abbildungen in Abschnitt 4.3.

Verzeichnis der Tabellen in Abschnitt 4.3.

WIRKUNGSPROFIL

OBERFLÄCHENVERSIEGELUNG

1. Hydrologischer Wirkungszusammenhang

Systemstruktur

Hydrologische Systemstruktur /3;4/:

a) vor-industriell

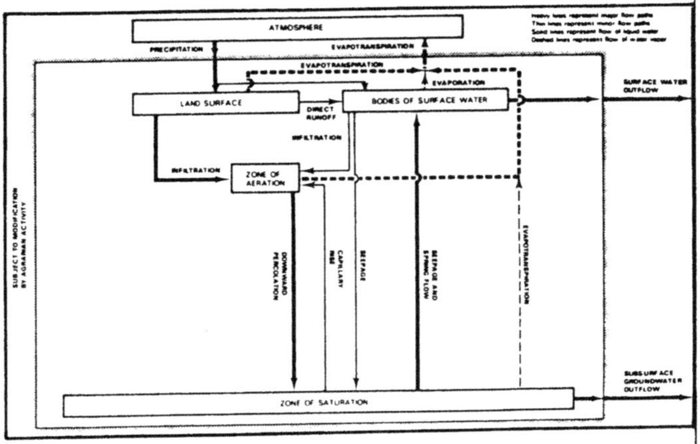

Abb. 1 **Hydrologisches System, vor- industriell /3/**

b) urban-industriell

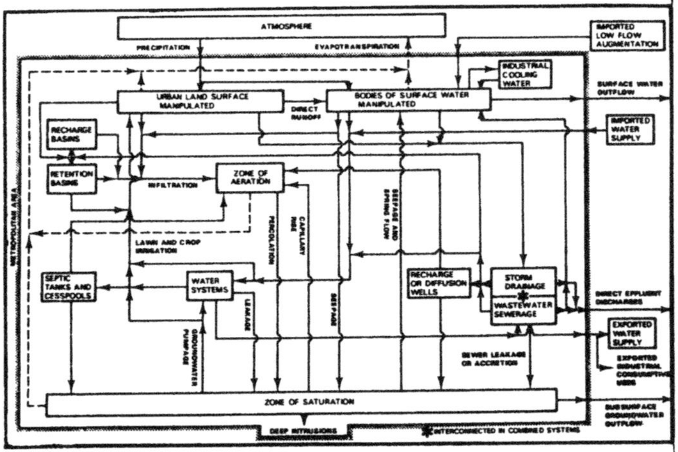

Abb. 2 **Hydrologisches System, urban- industriell /4/**

Bilanzstruktur (quantitativ)

Hydrologische Bilanz eines Stadtgebietes /1/

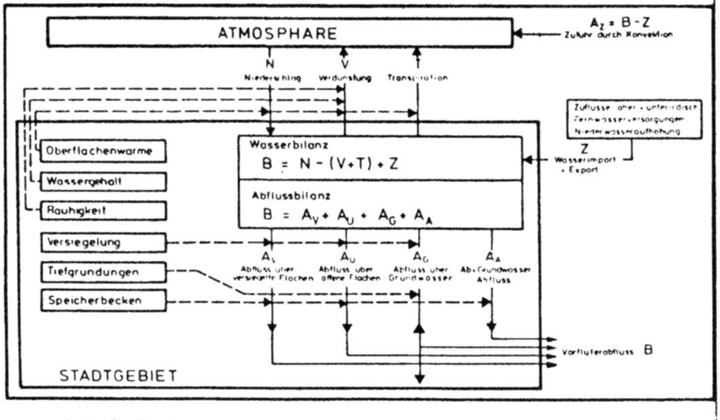

Abb. 3 Struktur der hydrologischen Bilanz eines Stadtgebietes /1/

a) Bedingung für geschlossenen Wasserkreislauf:

$A_Z = B - Z$ (im langjährigen Mittel)

b) Durch anthropogenen Eingriffsparameter "Oberflächenversiegelung"

Verschiebung der Bilanzgrößen A_V (+) und A_G (-)

Wirkungen:

- o Verringerung der Grundwasserneubildung im Stadtgebiet A_G
- o Erhöhung des Vorfluterabflusses B (oberirdisch)
- o Erhöhung des Wasserimports Z bei A_Z = Konst.

Niederschlags-Abflußprozesse und begleitende Kontaminationsvorgänge in städtischen Regionen sind seit Ende der 60er Jahre Gegenstand stadthydrologischer Meßprogramme /5/.

Verringerung der Grundwasserneubildung

Mit dem Überbauen natürlicher, naturnaher bzw. land- und/oder forstwirtschaftlicher Flächen durch Straßen, Gebäude, Hof-/Stellflächen u.ä. wird die Versickerung des Niederschlages behindert und damit die "flächige Grundwasserneubildung" verändert /6,7,8,9,10,11/.

Untersuchungen in Berlin

In welchem Maße die anthropogene Oberflächenversiegelung die Versickerung des Niederschlages negativ beeinflussen kann, zeigen folgende Untersuchungsergebnisse (Stadtgebiet Berlin):

Art der Fläche	Fläche in km²	Flächenanteil in %	Anteil der Versickerung am Jahresniederschlag in %
Bebaute Flächen (Gebäude, Hofflächen, private Grünanlagen, Straßen, Radwege, Gehwege, Plätze und öffentliche Wege)	rd. 260	54	16
Unbebaute Flächen (Grünflächen, Forstflächen, Landwirtschaftliche Flächen, Wasserflächen, (rd. 31 km²), sonstige Flächen)	rd. 220	46	34
insgesamt	rd. 480	100	50

Tab. 1 Versickerungsrate des Niederschlags in Abhängigkeit von der Art der Flächennutzung /11/

	Fläche in km²	Anteil der Versickerung am Jahresniederschlag in %
Dichte Bebauung	48,6	0
Lockere Bebauung	188,7	30
Spärliche Vegetation	26,2	48
Ackerland	20,3	35
Grünland	24,3	25
Strauch-Vegetation	74,8	15
Wald (Holzbodenfläche)	32,0	11

Tab. 2 Versickerungsrate des Niederschlags in Abhängigkeit von Siedlungsdichte und Vegetationsart /12/

Untersuchungen im Rhein–Main–Gebiet

Die Abschätzung der Versickerungsraten für ein 141 km^2 großes Unterschungsgebiet südlich von Frankfurt/M. führte zu folgenden Ergebnissen /13/:

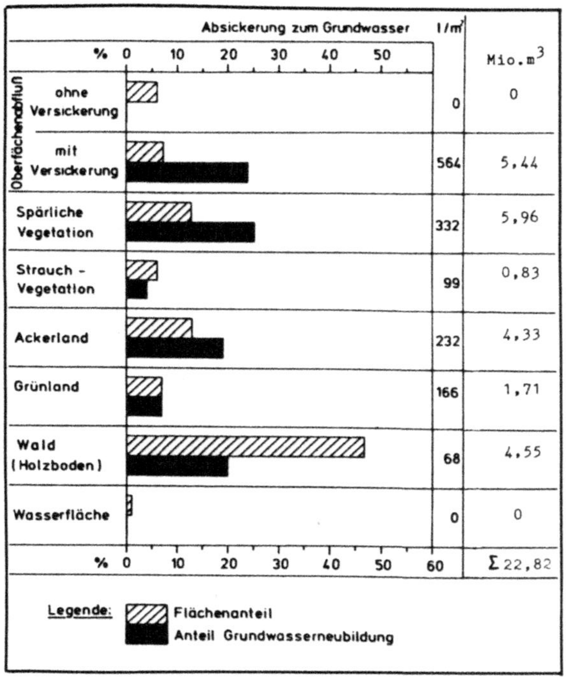

Abb. 4 Flächennutzungs- und Vegetationsstruktur mit spezifischen Anteilen an der mittleren jährlichen Grundwasserneubildung /13/

Äußerst bemerkenswert sind die Aussagen für Oberflächenabfluß mit und ohne Versickerung. Während erstere als versiegelte Siedlungs- und Verkehrsflächen mit Mischsystem-Entwässerung ("Vorfluter-Abflußflächen") keinen Beitrag zur Grundwasserneubildung leisten, entfallen auf Versiegelungsflächen mit örtlicher (Randbereiche) oder zentraler (Trennsystem) Versickerung (Flächenanteil ca. 7%) fast 25% der gesamten Neubildung.

Untersuchungen in Hannover

Untersuchungen mithilfe eines mathematischen Grundwassermodells im Stadtgebiet Hannover ergaben, daß der Grundwasserneubildungsanteil bei Flächen mit geschlossener Bebauung auf 65% des Anteils von unbebauten Flächen abgemindert wurde. Für Gebiete mit offener Bauweise wurde die Versickerung um 15% auf 85% des Wertes unbebauter Flächen gemindert /6/. Bei dieser Untersuchung konnte auch nachgewiesen werden, daß nicht nur die Vergrößerung der Grundwasserentnahmen im betrachteten Untersuchungszeitraum, sondern auch die Versiegelung in ebenso hohem Maße zur Absenkung der Grundwasserspiegelstände beitragen.

Ermittlung der Grundwasserneubildung in Mönchengladbach/Viersen

Basierend auf den Untersuchungsergebnissen in Hannover wurden bei der überschlägigen Ermittlung des Grundwasserdargebots des Wirtschaftsraumes Mönchengladbach/Viersen folgende Grundwasserneubildungsanteile angesetzt /10/:

$$Gn = {}_i(F_i \times N \times A_{Bo,i} \times A_{s,i}) \; [m^3/a]$$

Hierin sind

Gn = Grundwasserneubildungsmenge pro Jahr $[m^3/a]$

F = Grundwasserneubildungsteilfläche $[m^2]$

N = mittlere jährliche Niederschlagshöhe

A_{Bo} = Anteil der Grundwasserneubildung aus Niederschlag in Abhängigkeit vom Bodentyp

A_{si} = Anteil der Grundwasserneubildung aus Niederschlag in Abhängigkeit von der Versiegelung durch Bebauung
= 1,0 für unbebaute Gebiete
= 0,85 für Gebiete mit offener Bauweise
= 0,65 für Gebiete mit geschlossener Bauweise

i = Index für Gebiete gleicher Grundwasserneubildungsanteile.

In einem einfach strukturierten EDV-gestützten Bilanzierungsmodell zur Ermittlung des quantiativen Wasserdargebotspotentials kleiner Flußgebiete, das auch die Simulation des Einflusses der Oberflächenversiegelung ermöglicht, werden folgende Versiegelungsfaktoren zugrundegelegt /14/:

Lockerbebaut (Ortsrandbereich)	LB = 0,4
Dichtbebaut (Ortskern)	DB = 0,8
Versiegelte Straßenfläche (bis IIa)	WEG = 1,0

Beschleunigung des oberflächigen Abflusses

Durch die Versiegelung der Oberfläche in bebauten Gebieten wird der oberflächige Abfluß beschleunigt. Die Kanalisation dieser Gebiete verkürzt den Weg des Oberflächenwassers zum Vorfluter, so daß der Abflußanteil des Niederschlages größer und die Abflußwelle höher und kürzer wird /9/. Voraussagen über derartige Abflußgeschehen sind mit mathematischen Abflußmodellen möglich /9,15,16/.

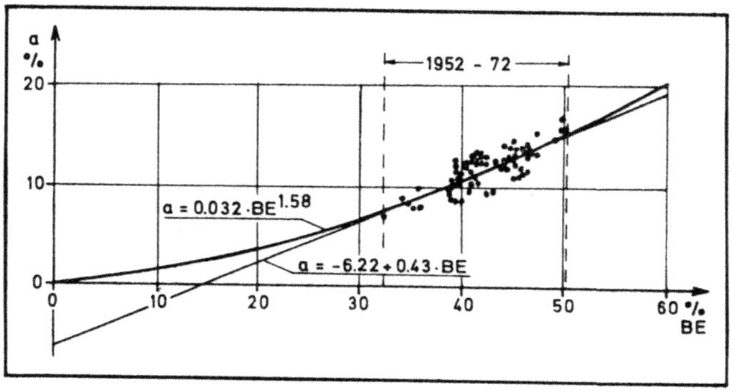

Abb. 5 Zusammenhang von Bebauungs- und Versiegelungsgrad im Emschergebiet /9/

Mit der Änderung des Bebauungsanteils an der Gesamtfläche um ca. 20% im Zeitraum 1957-1972 hat sich der Anteil der abflußwirksamen versiegelten Flächen verdoppelt. Daraus ist zu folgern, daß sich bei höheren Bebauungsgraden auch der Spitzenabfluß erhöht.

Für den Pegel Oberhausen im Emschergebiet erhöhte sich bei einer Zunahme der Bebauung des Einzugsgebietes in den Jahren 1952-1972 von ca. 30% auf ca. 50% der Abflußbeiwert einzelner Niederschlagsereignisse von ca. 13% auf 20% /8/. Ob dies allerdings den Mittelwert des Abflusses heraufsetzt, kann für das Emschergebiet nicht angegeben werden, da der Abfluß hauptsächlich aus Abwasser besteht.

Der Einfluß versiegelter Flächen auf Verdunstung und Transpiration ist nur schwer abschätzbar /1/. Man kann annehmen, daß es während des Niederschlagsereignisses auf abflußwirksamen Flächen zu keiner Verdunstung kommt und der Niederschlag nach Benetzungs- und Muldenverlusten vollständig abfließt /17/.

Einsickerung aus undichten Ver- und Entsorgungsleitungen

Bebaute Gebiete sind meist vollständig kanalisiert (Tabelle 3) und werden durch ein weit verzweigtes Leitungsnetz zentral mit Wasser versorgt (97% der Bevölkerung werden in NW zentral versorgt /18/).

Anschlußrate	1980
	%
Vollbiologische Kläranlagen	79,3
Mechanische Kläranlagen	10,1
Nur Kanalisation	3,5
Ohne Kanalanschluß	7,1

Tab. 3 Stand der öffentlichen Abwasserbeseitigung NW am 31.12.1980 /18/

Undichtigkeiten der öffentlichen und industriellen Kanalisations- und Wasserversorgungsnetze gleichen teilweise die infolge der Versiegelung eingeschränkte Grundwasserneubildung aus, wobei erstere zu qualitativen Beeinträchtigungen des Grundwassers beitragen /19/.

Die Rohrnetzverluste der Wasserversorgungsunternehmen liegen durchschnittlich in einer Größenordnung von 3 - 4% der Gesamtabgabe, in Extremfällen jedoch bis zu 30%, so daß es örtlich begrenzt zu nennenswerten Einsickerungen kommen kann.

Kontamination von Regenabflüssen und Vorfluterbelastung

Als qualitative Sekundärwirkung der Oberflächenversiegelung ist die Kontamination der Niederschlagsabflüsse und deren entwässerungstechnisch bedingte Direkteinteilung in den Vorfluter anzusehen.

Schadstoffbelastungen der Oberflächengewässer als Folge der Versiegelung resultieren im wesentlichen aus Direkteinleitungen von Regenabflüssen. Die Verschmutzung von Regenabflüssen aus Siedlungsgebieten, die im Trennverfahren entwässert werden, setzt sich aus folgenden Komponenten zusammen /20/:

a) Stoffe, die der Regen beim Fallweg durch die Atmosphäre aufnimmt,
b) Zusätzliche Verschmutzungen, die sich bei Trockenheit auf Straßen, Gehwegen, Hofflächen und Dächern angesammelt haben und die vom Abfluß teilweise abgespült werden,
c) Verschmutzungen, die der Oberflächenabfluß beim Transport in der Kanalisation aufnimmt, z.B. durch Ausspülung unerlaubter Fehleinleitungen.

Bei Mischwasserkanalisationen bebauter Gebiete ist es im wesentlichen das Wasser, daß an Regenüberläufen unbehandelt eingeleitet wird.

In welchen Relationen die mittlere Jahresbelastung eines Vorfluters aus Regenüberläufen zu der aus einem Kläranlagenablauf steht, hängt stark von der Häufigkeit des Anspringens der Regenüberläufe und von den abgeschlagenen Mischwassermengen ab /21/. Eine Vorstellung der Größenordnung der Vorflutbelastungen geben die Ergebnisse von Krauth /22/, die in Abbildung 6 schematisiert dargestellt sind.

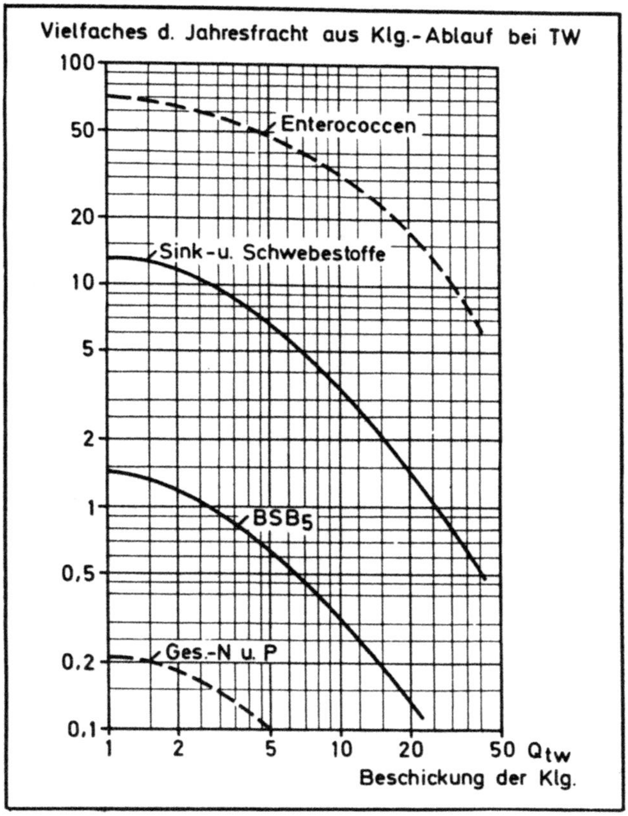

Abb. 6 Jahresbelastung des Vorfluters durch Regenüberläufe als Vielfaches der jährlichen Trockenwetter–Fracht des Kläranlagenablaufes /20/

2. Räumliche Abgrenzung und Ausprägung

Unterscheidung von Bebauungs- und Versiegelungsgrad

Der dem Übersichtscharakter des "Wirkungsbildes" (Karte 8) entsprechende Bearbeitsmaßstab erfordert eine generalisierende Darstellung der Wirkungsart "Oberflächenversiegelung". Dagegen sind die sich in der Realität einstellenden hydrologischen Wirkungsbeziehungen vergleichsweise kleinteilig und kleinräumig, wobei als entscheidender Parameter der Versiegelungsgrad auftritt. Funktionaler Zusammenhang zwischen und zeitliche Entwicklung von Bebauungsgrad (BE) und Versiegelungsgrad (a) sind für den Kernbereich des Ruhrgebietes (Einzugsgebiet der Emscher) Abb. 5 zu entnehmen. Das Auseinanderfallen der Flächenanteile ist auf die zugrundeliegende Definition von Baugebieten zurückzuführen /23/:

Regionalplanungsadäquate Abgrenzungskriterien

Bebautes Gebiet = Zusammenhängend kanalisierte Baugebiete ohne Abzug darin befindlicher Grün- und Freiflächen.

Ganz ähnlich werden gem. 3. DVO zum Landesplanungsgesetz NW Siedlungsbereiche generalisiert, d.h. ohne Ausdifferenzierung von städtischen Grün- und Freiflächen, dargestellt /24/: "Wohnsiedlungsbereiche" und "Gewerbe- und Industrieansiedlungsbereiche".

Darstellungsgrenzen der Wirkungsartausprägung

Der der Regionalplanungsebene adäquate Bearbeitungsmaßstab erlaubt jedoch keine siedlungsstrukturabhängige Differenzierung des Versiegelungsgrades als Ausprägung der Wirkungsart innerhalb der räumlichen Abgrenzung, die in Anlehnung an die technischen Anleitungen der Emschergenossenschaft und die 3. DVO zum Landesplanungsgesetz vorgenommen wurde. Bei kleinräumiger Betrachtungsweise ist eine Differenzierung der Ausprägung jedoch methodisch z.B. durch Kartenbildinterpretation (vgl. Tab. 4, Abb. 7 /17/) möglich.

OV

Lfd. Nr.	Mustergebiet	Gesamtfläche m²	Versiegelte Flächen m²	Versiegelte Flächen %	Verdichtete Ascheflächen m²	Verdichtete Ascheflächen %	Unversiegelte Flächen m²	Unversiegelte Flächen %	Versiegelungsfaktor α
1	2	3	4	5	6	7	8	9	10
1	Stadtkern	38 632	37 690	97,6			942	2,4	0,976
2	Zeche	26 905	9 006	33,5	3 310	12,3	14 589	54,2	~0,400
3	Kokerei	49 862	24 652	49,5			25 210	50,5	0,495
4	dichtes Wohngebiet	25 863	20 345	78,7			5 518	21,3	0,787
5	dichtes Wohn-Gewerbegebiet	27 889	22 501	80,6	580	2,1	4 808	17,3	0,806
6	dichtes Wohngebiet	29 464	23 127	78,5			6 337	21,5	0,785
7	Zeilenhäuser	29 452	11 989	40,7	276	0,9	17 187	58,4	0,407
8	Reihenhäuser	9 980	5 196	52,1	220	2,2	4 564	45,7	0,521
9	Reihenhäuser/Gruppenhäuser	25 770	13 770	53,4			12 000	46,6	0,534
10	Einfamilienhäuser, große Gärten	26 892	5 326	19,8	1 300	4,8	20 266	75,4	0,198
11	Einfamilienhäuser, mittelgroße Gärten	25 410	10 541	41,5			14 869	58,5	0,415
12	Einfamilienhäuser, kleine Gärten	15 925	7 878	49,5	360	2,3	7 687	48,2	0,495

Tab. 4 Versiegelungsgrad städtischer Siedlungsbereiche mit signifikanter Bebauung (Mustergebiete) /17/

Von einer Anwendung bzw. Weiterentwicklung dieser Methode wurde im Rahmen dieser Analyse abgesehen, da

- im Rahmen der entwickelten Untersuchungsmethodik eine entsprechende Aussagedifferenzierung nicht durchgängig für sämtliche Wirkungsarten möglich ist (lückenhafte Datenbasis),
- die kartographischen Darstellungen im gewählten Bearbeitungsmaßstab eine Aggregation ermittelter Versiegelungsfaktoren notwendig machen und damit den Aussagegewinn merklich relativieren würden.

Die flächenhafte Abgrenzung im Wirkungsbild (**KARTE 8 "Wirkungsbild - Veränderung der hydrogeologischen Raumausstattung - (Brutto-Wirkungsfläche)"**) erfolgt auf der Grundlage der in **KARTE 2 "Entwicklung der Flächeninanspruchnahme durch Siedlung, Industrie und Gewerbe"**dargestellten Realnutzung (Stand: 1979/80). Geplante Siedlungs-, Industrie- und Gewerbebereiche, die in Karte 2 mit aufgenommen wurden, bleiben dabei unberücksichtigt.

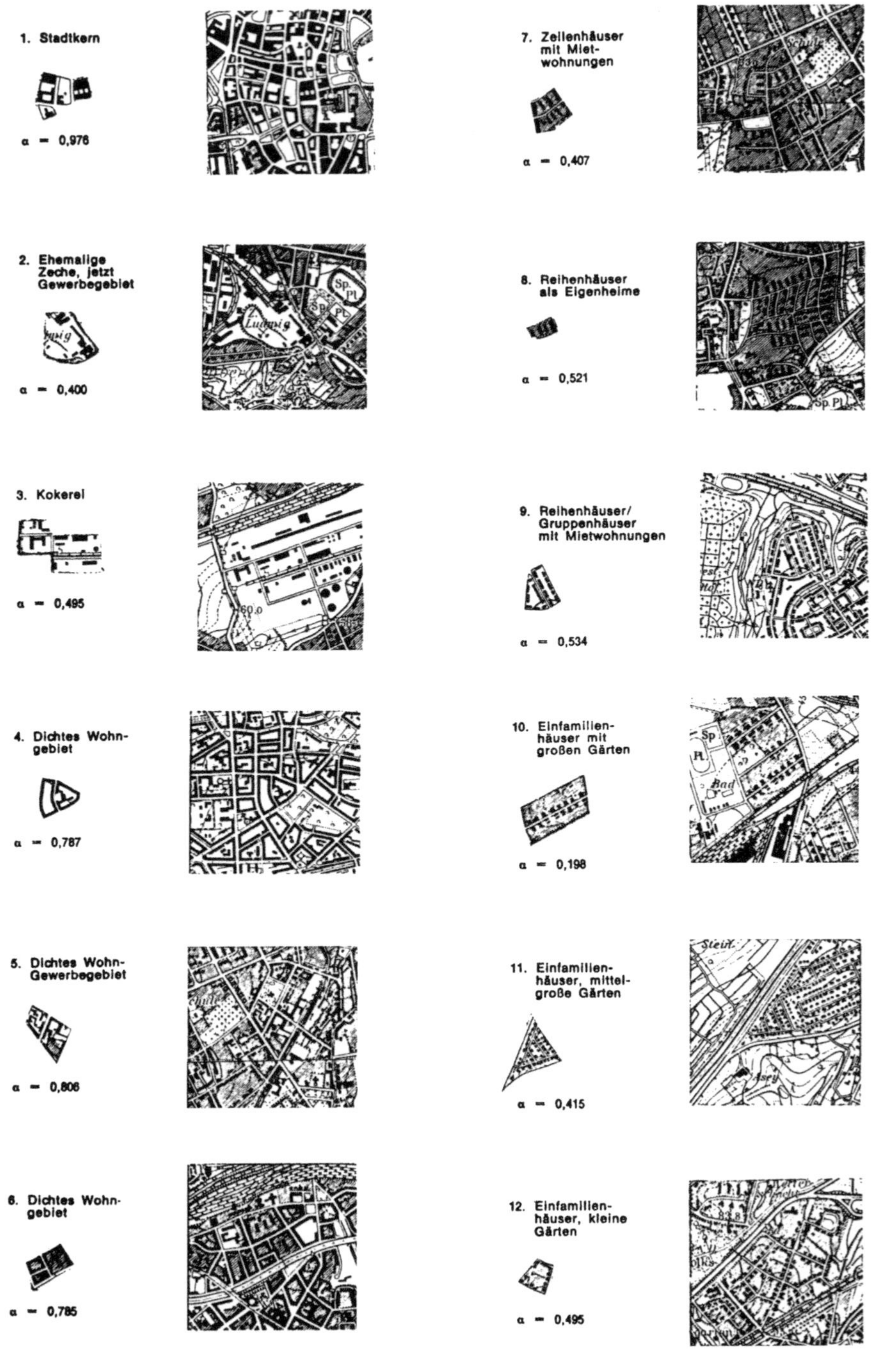

Abb. 7 Kartenbild und Versiegelungsfaktor der Mustergebiete /17/

3. Datengrundlage

/25/ Siedlungsverband Ruhrkohlenbezirk (SVR) (Hrsg.)
Karte des Siedlungsverbandes Ruhrkohlenbezirke: Flächennutzung, Stand 1954 im Maßstab 1 : 50.000
Blätter: Kleve, Bocholt, Haltern, Lüdinghausen, Ahlen, Kevelaer, Wesel, Recklinghausen, Dortmund-Nord, Hamm, Straelen, Duisburg, Essen, Dortmund-Süd, Arnsberg, Wuppertal, Lüdenscheid

/26/ Landesvermessungsamt NW (Hrsg.)
Topographische Karte, Maßstab 1 : 100.000
Blatt: C 4302 Bocholt, 1973 / 2. Auflage 1977
Blatt: C 4306 Recklinghausen, 1966 / 3. Auflage 1979
Blatt: C 4310 Münster (vorläufige Ausgabe), 1959 / 3. Auflage 1979
Blatt: C 4702 Krefeld, 1979
Blatt: C 4706 Düsseldorf-Essen 1954 / 5. Auflage 1979
Blatt: C 4710 Dortmund, 1959 / 4. Auflage 1979

/27/ Siedlungsverband Ruhrkohlenbezirk (SVR) (Hrsg.)
Industriestandort Ruhr, Essen 1970

/28/ Regierungspräsident Arnsberg
Gebietsentwicklungsplan für den Regierungsbezirk Arnsberg, Teilabschnitt Dortmund- Unna-Hamm (Entwurf)
Stand: 20./21.11.1980

/29/ Regierungspräsident Arnsberg
Gebietsentwicklungsplan für den Regierungsbezirk Arnsberg, Teilabschnitt Bochum, Herne, Hagen, Ennepe-Ruhr-Kreis (Entwurf), Stand: 26.11.1981
Stand:

/30/ Regierungspräsident Münster
Gebietsentwicklungsplan für den Regierungsbezirk Münster, Teilabschnitt Westmünsterland, genehmigt am 7.12.1979

/31/ Regierungspräsident Münster
Gebietsentwicklungsplan für den Regierungsbezirk Münster, Teilabschnitt Zentrales Münsterland (Entwurf), September 1979

/32/ Regierungspräsident Münster
Gebietsentwicklungsplan für den Regierungsbezirk Münster, Teilabschnitt Nördliches Ruhrgebiet (Entwurf), Stand: Nov. 1982

/33/ Regierungspräsident Düsseldorf
Gebietsentwicklungsplan für den Regierungsbezirk Düsseldorf (Entwurf), Mai 1982

4. Vorhandene Untersuchungen für den Untersuchungsraum

/9/ Wittenberg, H.
Der Einfluß zunehmender Bebauung auf den Hochwasserabfluß
Diss. Karlsruhe 1974

/15/ Stalmann, V., Chilla, L.
Bestimmung von Hochwasserabflüssen aus Gebietsmerkmalen
Wasser und Boden, H. 4, 1977, S. 91-95

/16/ Anderl, B.
Niederschlag-Abfluß-Modell zur Hochwasserabfluß-Berechnung mit Gebietsmerkmalen im Emscher- und Lippegebiet (Emschermodell)
Essen 1979

/17/ Schoss, H.-D.
Die Bestimmung des Versiegelungsfaktors nach Meßtischblatt - Signaturen
Wasser und Boden, H. 5, 1977, S. 138-140

5. Literatur

/1/ Plate, E.J.
Auswirkungen der Urbanisierung auf den Wasserhaushalt
Wasserwirtschaft 66. Jg. (1976), H. 1/2, S. 7-14

/2/ United Nations Educational, Scientific and Cultural Organisation (UNESCO) (Hrsg.), Impact of urbanization and industrialization on water resources planning and management, A contribution to the International Hydrological Programme, Report of the Unesco/IHP Workshop on Impact of Urbanization and Industrialization on Regional and National Water Planning and Management at Zandvoort, Netherlands, 10-14 Oct. 1977, France 1979

/3/ Cohen, P., Franke, O.L., Foxworthy, B.L.
An atlas of Long Island's water resources, New York Water Resources Commission Bull no. 62, 57p., 1968

/4/ Franke, O.L., Mc Clymonds, N.E.
Summary of the hydrological Situation in Long Island, New York, as a guide to water management alternatives
(U.S. Geol. Surv. prof. paper 627-F). Washington D.C., U. S. Govt. Printer 1972

/5/ Harms, R.W., Marr, G., Sieker, F., Steinle, E.
Stadthydrologische Messungen in der Bundesrepublik Deutschland - ein Überblick
gwf-wasser/abwasser, 122. Jg., 1981, H. 4, S. 147 - 152

/6/ Baltermann, G.; Boochs, P.W., Förch, G., Mull, R.
Grundwasserhaushalt eines Stadtgebietes, untersucht an einem Widerstands-Kondensator-Netzwerk
Wasser und Boden, 2/1974, S. 27-30

/7/ Sukopp, H.
Grundwasserabsenkungen - Ursachen und Auswirkungen auf Natur und Landschaft Berlins
Wasser Berlin '81, Bd. 1, Die technisch-wissenschaft. Vorträge auf dem Kongress Wasser 1981, Berlin 1981, S. 239-272

/8/ Brühl, H.
Anthropogene Einflüsse auf das Grundwasser (Absenkung und Anstieg), Wasser Berlin '81, Bd. 1, Die technisch-wissenschaftl. Vorträge auf dem Kongress Wasser 1981, Berlin 1981, S. 224-238

/10/ Staatl. Amt für Wasser- und Abfallwirtschaft Düsseldorf
Wasserversorgungsbilanz für den Wirtschaftsraum Mönchengladbach-Viersen
Düsseldorf 1977

/11/ Kloos, R.
Das Grundwasser. Bedeutung - Probleme
Senator für Bau- und Wohnungswesen, Berlin 1977

/12/ Brechtel, H.M.
Beurteilung des Einflusses verschiedener Vegetationsdecken auf die Grundwasserneubildung in West-Berlin, sowie die Möglichkeiten einer Dargebotserhöhung im Rahmen einer multifunktionalen Forstwirtschaft
Habil.-Vortrag FB 14 TU Berlin, Berlin 1976

/13/ Brechtel, H.M., Scheele, G.
Erwirtschaftung von Grundwasser durch land- und forstwirtschaftliche Maßnahmen
4. DVWK-Fortbildungslehrgang "Grundwasser": Nutzbares Grundwasserdargebot, Darmstadt, 11.10.-14.10.1982

/14/ Petzold, E.
Einsatzmöglichkeiten EDV-gestützter räumlicher Informationssysteme für hydrologische Planungszwecke. Bilanzierung des Wasserdargebotes auf kleinräumiger Basis
Münstersche geographische Arbeiten, Heft 14, Paderborn 1982

/18/ Landesregierung NW
Landesentwicklungsbericht 1980, Bericht der Landesregierung NW gem. § 32 des LPG, Düsseldorf, Oktober 1981

/19/ Bestechlichkeit und Hinterhofsünden. Viele Gefahrenquellen bedrohen das Grundwasser. Auflistung ohne Rangfolge
Zeitschrift für kommunale Wirtschaft, 1982, Nr. 4

/20/ Brunner, P.G.
Maßnahmen zur Verminderung der Gewässerbelastung durch Regenabflüsse
Stuttgarter Berichte zur Siedlungswasserwirtschaft, Bd. 64. Beeinflussung der Gewässergüte durch Regenabflüsse von Straßen, Niederschr. d. 54. Siedlungswasserwirtschaftl. Kolloquiums a.d. Univ. Stuttgart am 2.3.79/ Forschungs- und Entwicklungsinst. für Industrie- u. Siedlungswasserwirtschaft sowie Abfallwirtschaft e.V. (Hrsg.), Stuttgart-München 1979

/21/ Londong, D.
Gewässerverunreinigung durch Regenüberläufe - Straßenordnung und Gegenmaßnahmen
Gewässerschutz-Wasser-Abwasser Bd. 10.
Gefährdung von Grund- und Oberflächenwässern durch Gifte und Reststoffe aus Abwasser und Ablagerungen, B. Böhnke Institut für Siedlungswasserwirtschaft der TH Aachen (Hrsg.), Aachen 1973

/22/ Vrouth, Kh.
Der Abfluß und die Verschmutzung des Abflusses in Mischwasserkanalisationen bei Regen
Stuttgarter Berichte zur Siedlungswasserwirtschaft, Bd. 45, 1970

/23/ Emschergenossenschaft, Lippeverband (Hrsg.)
Technische Berechnungen im Geschäftsbereich Wasserabfluß der Emschergenossenschaft und des Lippeverbandes, Arbeitsunterlagen für die Aufstellung von Entwürfen unter Verwendung der bei den Verbänden gewonnenen Erfahrungen
Essen, Februar 1977

/24/ Verordnung über Form und Art des Planungsinhalts der Landesentwicklungspläne, der Gebietsentwicklungspläne und der Braunkohlenpläne (3. DVO zum Landesplanungsgesetz) v. 5.2.1980 (GV.NW. 1980, S. 149)

WIRKUNGSPROFIL

VORWIEGEND FLÄCHENHAFT LINIENFÖRMIG - GLEICHMÄSSIGER SCHADSTOFFEINTRAG (ÖRTLICH/STOFFLICH)

'Landwirtschaft' und 'Verkehr' als verursachende Flächennutzung für 'flächenhaft/linienförmig gleichmäßigen Schadstoffeintrag'

1. Hydrologischer Wirkungszusammenhang

Die Art des anthropogenen Eingriffs "flächenhaft/ linienförmig gleichmäßiger Schadstoffeintrag (örtlich/ stofflich)" in die hydrogeologische Ausstattung von Dargebotsräumen wird den Flächennutzungen "Landwirtschaft" und "Verkehr (Straße)" zugeordnet. Die Charakterisierung bzw. Definition der Wirkungsart orientiert sich an bodenkundlichen Kriterien bzw. Wirkungszusammenhängen /0/. Aus analytischen Gesichtspunkten wird der Wirkungszusammenhang jedoch nach den verursachenden Flächennutzungen getrennt dargestellt:

1.1 Verursachende Flächennutzung "Landwirtschaft"

Nitratgehalt als 'Leitindikator' der Boden- und Grundwasserbelastung durch die Landwirtschaft

In der derzeitigen wissenschaftlichen Diskussion über die Wirkungszuammenhänge zwischen landwirtschaftlicher Bodennutzung und Qualitätsveränderungen des Grundwassers besitzt die zu beobachtende Nitratbelastung gewissermaßen "Leitcharakter" in der Wirkungsanalyse. Das folgende Wirkungsprofil nimmt daher Bezug auf den Zusammenhang Stickstoff-Düngung-Nitratbelastung; das Begleitproblem des flankierenden Einsatzes von Agrochemikalien (z.B Pestizide) mit möglicherweise vergleichbarer Belastungsbedeutung bleibt aus methodisch-analytischen Erwägungen heraus unberücksichtigt.

Bereits seit den 50er Jahren wird ein direkter kausaler Zusammenhang zwischen zunehmender Mineraldüngung in der Landwirtschaft und zunehmender NO_3-Konzentration im Grundwasser gesehen. Neuere Untersuchungen bestätigen dies zwar nicht in vollem Umfang, kommen aber zu dem Ergebnis, daß "viel N-Düngung auf dem Acker = meistens notwendige aber nicht hinreichende Voraussetzung für viel NO_3 im Trinkwasser ist" /1/.

Exkurs "Hygienisch-toxikologische Bewertung hoher Nitratgehalte im Trinkwasser" /2/:

- Primärwirkungen durch Aufnahme von NO_3 in unveränderter Form. Diese Wirkungen sind auch bei Aufnahme größerer Mengen gering (z.B. Reizungen der Darmschleimhaut).
- Sekundärwirkungen durch Bildung von Nitrit aus Nitrat durch mikrobiologische Denitrifikation im Magen-Darmbereich des Menschen.

Bei Säuglingen kann es in den ersten Lebensmonaten dabei zu einer NO_3-bedingten Form der Methamoglobinämie kommen, die im Extremfall zur inneren Erstickung führen kann. Für den Bereich der BRD hat Sattelmacher /3/ den Zusammenhang zwischen Säuglings-Methamoglobinämie und Nitrat-Konzentration des Trinkwassers (u.a. benutzt bei der Zubereitung von Trockenmilchpräparaten) dargestellt.

- Tertiärwirkungen durch Bildung von Nitroso-Verbindung des Nitrat/Nitrit und Aminen/Amiden in Lebensmitteln oder im menschlichen Körper.
  Neben der direkten Zufuhr mit der Nahrung kann es hier wie bei der Methamoglobinämie zu einer mikrobiologischen Reduktion des mit der Nahrung und dem Trinkwasser aufgenommenen Nitrats zu Nitrit im Bereich des Magens kommen. Durch die Umsetzung des gebildeten NO_2 mit den in der Nahrung enthaltenen Aminen können Nitrosamine und aus den Amiden Nitrosamide gebildet werden. Eine krebserregende Wirkung dieser Nitroso- Verbindungen gilt beim Menschen als sehr wahrscheinlich, wobei die Wirkung der in der Nahrung bereits vorhandenen Nitrosamine/ide größer ist als der Einfluß der aus überhöhtem Nitratgehalt des Trinkwassers abzuleitenden Konzentrationen dieser Stoffe.

Die Entfernung des Nitrats stellt bei der Trinkwasseraufbereitung bisher ein noch ungelöstes Problem dar /4/. Mögliche NO_3-Eliminierungsverfahren (bsp. Ionenaustausch oder umgekehrte Osmose) sind teuer und werfen z.T. auch wieder neue hygienische Probleme auf /5/.

Kontinuierlich steigender Stickstoffdüngereinsatz im Zeitraum 1955-1979

In der Pflanzenproduktion hat sich die Stickstoffdüngung als einer der wirkungsvollsten Hebel zur Ertragssteigerung und -stabilisierung erwiesen. Unter dem Zwang zum Ausgleich sich vergrößernder Einkommensdisparitäten gegenüber anderen Wirtschaftsbereichen war die Landwirtschaft bemüht, das ökonomische Potential des erfolgversprechenden Betriebsmittels N-Dünger weitgehend auszuschöpfen /6/. Die Entwicklung des Stickstoffdüngeraufwandes in der BRD verdeutlicht Tabelle 1 /1,7/.

Zeitlicher Aufwand für BRD		
1925/26	Wirtschaftsdünger	27
	Mineraldünger	10
	N-Dünger - gesamt	37
1935/36	Wirtschaftsdünger	33
	Mineraldünger	16
	N-Dünger - gesamt	49
	- Zunahme/Jahr	1,2
1955/56	Wirtschaftsdünger	40
	Mineraldünger	33
	N-Dünger - gesamt	73
	- Zunahme/Jahr	1,2
1965/66	Wirtschaftsdünger	44
	Mineraldünger	62
	N-Dünger - gesamt	106
	- Zunahme/Jahr	3,3
1975/76	Wirtschaftsdünger	64
	Mineraldünger	92
	N-Dünger - gesamt	156
	- Zunahme/Jahr	5,0
1978/79	Wirtschaftsdünger	62
	Mineraldünger	103
	N-Dünger - gesamt	165
	- Zunahme/Jahr	3,0

Tab. 1 Stickstoff—Düngeaufwand in der BRD
kg N / Jahr / ha landwirtschaftliche Nutzfläche /1,7/

Stickstoff kommt im Boden hauptsächlich in Nitrat-, Ammonium und organischer Bindung vor. Daneben sind noch gasförmige N-Verbindungen (N_2,N_2O,NH_3) nachzuweisen, die jedoch weniger für das Auswaschungsgeschehen als vielmehr für die Verluste an die Atmosphäre von Interesse sind /6/.

Durch die mikrobielle Umwandlung organischen Wirtschaftsdüngers in pflanzenverfügbare Form...

Alle organischen Stickstoffverbindungen des Bodens werden durch mikrobielle Stoffumwandlungen in eine pflanzenaufnehmbare Form, die Ammonium- bzw. Nitratform, überführt. Diese als Nitrifikation (Bildung von Nitrat) bzw. Denitrifikation (Bildung von NH_4 bzw. N_2) bekannten Vorgängen beeinflussen nachhaltig die Stickstofform und -konzentration der Bodenlösung /8/.

....weist der Boden während des Jahres zwei Nitratgehalts- Maxima auf (bodenbiologische Frühjahrs- und Herbstaktivität)

Aufgrund der biologischen Aktivität der Mikroorganismen weist der Nitratgehalt des Bodens durch natürliche Mineralisierung im Jahr zwei Maxima auf: Das erste in der Zeit April/Mai, wenn bei ausreichender Bodenfeuchte die Bodentemperatur ansteigt (bodenbiologische Frühjahrsaktivität), das zweite im September/Oktober, wenn nach der Ernte die Bodenfeuchte zunimmt und genügend Wurzel- und Ernterückstände zur Verfügung stehen (bodenbiologische Herbstaktivität) /9/.

Besonders auswaschungsgefährdet ist das aus der bodenbiologischen Herbstaktivität stammende Nitrat im Oberboden. Die mikrobielle Tätigkeit klingt mit Einsetzen winterlicher Temperaturen rasch ab. Mit der Zunahme der Herbst/Winterniederschläge wird infolge geringer Evaporation und fehlender Transpiration die Wassersättigung des Bodens schnell erreicht bzw. überschritten, so daß bis zum Beginn der Vegetation im Frühjahr akute Gefahr für den Abtransport des voll mobilen Nitrats in den Untergrund bzw. ins Grundwasser besteht (Abb. 1) /9/.

Nitratauswaschung in Unterboden und Grundwasserleiter vor allem in vegetationsfreier, niederschlagsreicher Jahreszeit

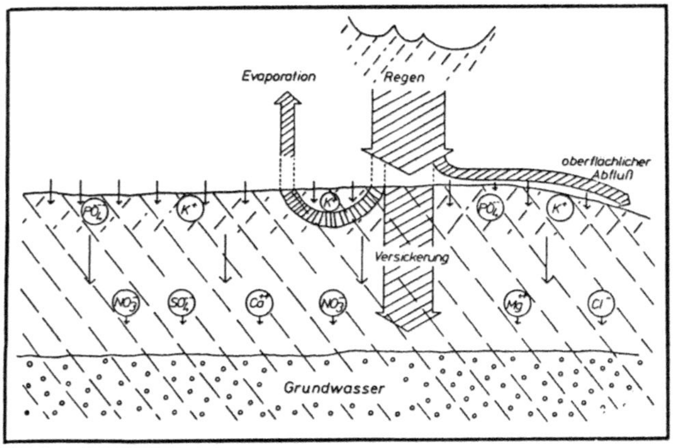

Abb. 1 Wasserbewegung in der vegetationsfreien Zeit /9/

Dagegen nutzen wachsende Pflanzenbestände während der Vegetationszeit sowohl das Niederschlagswasser als auch das aufsteigende Bodenwasser zur Pflanzenproduktion weitgehend aus, so daß der Verlust an Nährstoffen während der Vegetation gering ist (Abb. 2) /9/.

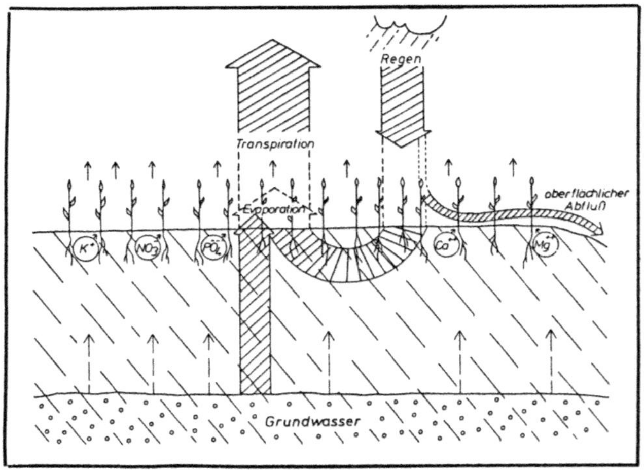

Abb. 2 Wasserbewegung in der Vegetationszeit /9/

In einer Vielzahl von Sicker-, Drän- und Oberflächenwasseruntersuchungen wurde nachgewiesen, daß der Stickstoff vorwiegend in Nitratform transportiert und ausgewaschen wird, wobei das Nitrat entweder der Direktzufuhr durch Düngemittel entstammt oder durch Nitrifizierung aus Bodenhumus, organischen oder ammoniakalischen Düngeformen freigesetzt wird /6/.
Auf dem Wege der NO_3-Verlagerung im Boden bis in den Grundwasserbereich können allerdings Umwandlungsprozesse eintreten, die unter Umständen mit zunehmender Bodentiefe zu einer Reduzierung des Nitratgehaltes im Sickerwasser und damit einer Verringerung des NO_3-Eintrags ins Grundwasser führen /6/ (Abb. 3).

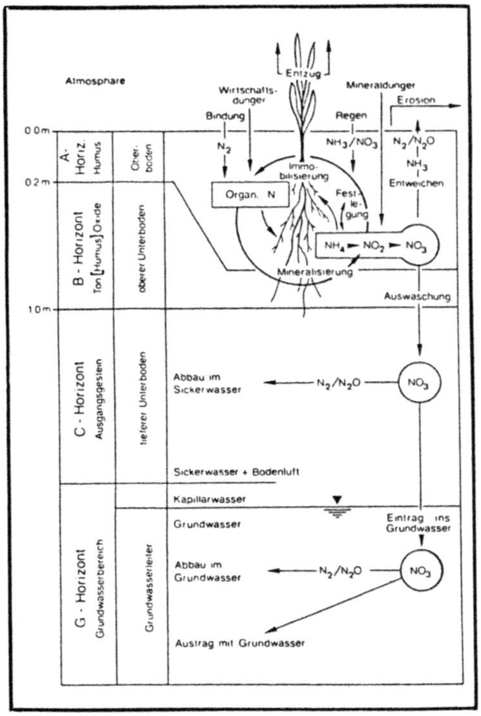

Abb. 3 Schema des Stickstoff–Umsatzes im Boden- und Grundwasserbereich /1/

Die Höhe des NO_3- Eintrages in das Grundwasser ist abhängig von...

Die Einflußgrößen für die Höhe der NO_3-Auswaschung aus dem Oberboden bzw. des NO_3-Eintrages in das Grundwasser für mittel- und westeuropäische Klimaverhältnisse werden in der Reihenfolge zunehmenden Einflusses wie folgt eingestuft /10/:

- Größe der Sickerwassermenge
- Art und Dauer des Bewuchses (Geländenutzung, N-Entzug)
- Bodenart und -durchlässigkeit (Wassergehalt und -durchfluß) mit
  . Humusgehalt des Bodens (Vorrat an organ. gebundenem N) und
  . biologische Aktivität des Bodens (N-Mineralisierung und -Immobilisierung)
- aktuelle N-Düngung (Zufuhr von N durch Düngung nach Höhe, Sorte und Zeitpunkt)

...Sickerwassermenge,

Die Größe der Sickerwassermengen wird im wesentlichen bestimmt durch Niederschlag, Verdunstung, oberirdischen Abfluß, Oberflächenrückhalt, Bodenrückhalt und Wasserverbrauch der Pflanzen. Die Verdunstung vom Boden und über die Pflanzen besitzt in den Sommermonaten ein Maximum, so daß der Sickerwasseranfall einen ausgeprägten Jahresgang mit einem Minimum in den Sommermonaten und einem Maximum im Winter aufweist. Neben diesen jahreszeitlich bedingten Sickerwassermengenschwankungen sind unterschiedliches Wasserspeichervermögen und Unterschiede in der Durchlässigkeit verschiedener Bodenarten von entscheidendem Einfluß. Darüber hinaus beeinflussen auch pflanzenbauliche Maßnahmen wie Art und Dauer des Bewuchses sowie der Einsatz von Düngemitteln und Wasser die Sickerwasserbildung erheblich /8/.

...Art und Dauer des Bewuchses,

Hinsichtlich des Einflusses des Bewuchses auf die N-Auswaschung ist bei gleichen Böden eine Abnahme der N-Auswaschung in der Reihenfolge der Geländenutzung[1)]

Ackerland > Ackerland > Grünland > Wald
intensiv normal
genutzt genutzt

zu beobachten.

---

1) Den definierten Geländenutzungen werden folgende Bewuchsarten zugeordnet:

Wald	=	Dauerwald
Grünland	=	Dauergrünland
Acker norm. genutzt	=	Hackfrucht, Getreide, Futterpflanzen
Acker intes. genutzt	=	Feldgemüse in Fruchtfolge mit Hackfrucht, Getreide

Ursachen dieser Abnahme sind neben Unterschieden in der Düngung die Art der Bepflanzung und der Bodenbearbeitung. In den Einzugsbereichen der westmünsterländischen Wasserwerke Mussum, Liedern, Gatzweiler und Dülken war ein Anstieg des NO_3-Eintrags an der Grundwasseroberfläche in der genannten Reihenfolge festzustellen /1/.

...Bodenart und Humusgehalt,

Der Einfluß von Bodenart und Humusgehalt ist wie folgt zu charakterisieren /1/: Normal ist eine Abnahme der N-Auswaschung mit Zunahme des Feinkornanteils der Böden in der Reihenfolge

Kies < Sand < Lehm < Ton.

Ursache dafür ist die Abnahme der Wasserdurchlässigkeit und die Zunahme des Wassergehaltes mit dem Feinkornanteil des Bodens. Tonarme und sorptionsschwache Sandböden zeigen eine hohe NO_3-Auswaschung, wogegen in den für Kationen sorptionsstarken Tonböden eine Festlegung von Stickstoff als NH_4, eine Denitrifikation von NO_3 und damit eine stark verminderte Auswaschung vorliegt.

Mit abnehmendem Humusanteil in der Reihenfolge

Stark humoser Boden > schwach humoser Boden > Mineralboden

ist eine Abnahme der N-Auswaschung normal. Der Humusgehalt ist die Grundlage für die biologische Aktivität des Bodens, bei der es neben einer vorübergehenden Festlegung von Stickstoff aus N-Bindung und -Düngung zu einer Mobilisierung von organisch gebundenem Stickstoff durch Mineralisierung und Nitrifizierung zu NO_3 kommt /1/.

...Art der Stickstoffdüngung

Die Art der N-Düngung (Wirtschaftsdünger, Mineraldünger) ist beim Aufbringen im Frühjahr und Sommer von geringem Einfluß auf die Auswaschung. Zu gesteigerten NO_3-Auswaschungen kommt es bei durchlässigen Böden vor allem bei Düngung im Herbst und Winter /1/. Ursache dafür ist vor allem der direkte Austrag des von den Pflanzen nicht aufgenommenen NO_3-Anteils der Düngemittel.

Das Prinzip der Grundwasserströmung im Untergrund bis zu den Förderbrunnen gibt Abb. 4 wieder /1/.

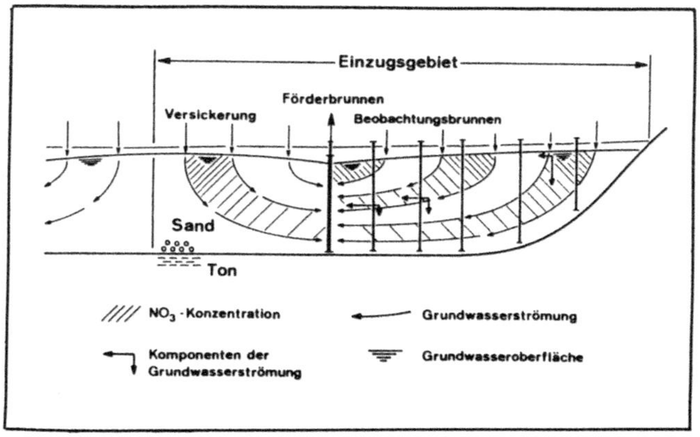

Abb. 4 Prinzip der Grundwasserströmung zu den Förderbrunnen eines Wasserwerkes /1/

Unterströmung von 'jungem' NO_3- haltigem Grundwasser durch altes Grundwasser größerer Fließstrecke

Diese Abbildung zeigt, daß das Grundwasser aus dem Einzugsgebiet nach der Versickerung an der Geländeoberfläche auf schräg abwärts gerichteten Bahnen dem Förderbrunnen zufließt. Die Fließzeit des Grundwassers im Grundwasserleiter ist annähernd proportional zur Länge des Fließweges. Daraus folgt, daß unterhalb verschiedener Geländepunkte "junges" Grundwasser über "altem" Grundwasser fließt, das in größeren Entfernungen von einem betrachteten Geländepunkt versickerte und in den Grundwasserleiter eintrat /1/.

Somit geben die Nitratkonzentrationen an der Grundwasseroberfläche Aufschluß über die Größe des Stickstoffaustrags der darüberliegenden Geländeflächen. In Abhängigkeit von der landwirtschaftlichen Nutzung der Geländeoberfläche wurden der Tabelle 2 zu entnehmende Nitratkonzentrationen an der Grundwasseroberfläche ermittelt /11/.

Nitratkonzentrationen an der Grundwasseroberfläche als Maß für die Stickstoffauswaschung liegen...

Wasserwerk	WW M	WW L	WW G	WW D
Jahr der Messung	1975	1978	1979	1979
Wald	40	0	45	41
Grünland	71	1	106	53
Ackerland - normal	101	36	129	120
Ackerland - intensiv	242	-	-	-
Einzugsgebiet - Mittel	95	20	124	108
Wasserwerk - Rohwasser	67	6	87	86
Differenz (Einzugsgebiet - Rohwasser)	28	14	37	22

Tab. 2: Nitratkonzentrationen (mg NO3 / l) an der Grundwasseroberfläche und in den Wasserwerken /11/ M= Mussum; L= Liedern; G= Gatzweiler, D= Dülken

Die Nitratkonzentrationen des Rohwassers in den Wasserwerken lagen in allen untersuchten Fällen unterhalb der an der Grundwasseroberfläche der Einzugsgebiete im Mittel aufgetretenen Konzentrationen (Tabelle 2). Ursachen dafür sind:

...über den entsprechenden Rohwasserwerten

- der zeitl. Verzug zwischen steigendem Nitrateintrag in den Grundwasserleiter und dem Nitrataustrag in den Wasserwerken, und zusätzlich
- die bei 2 Wasserwerken nachweisbare Selbstreinigung des Grundwassers durch mikrobielle Reduktion /11/.

Die Stärke des NO_3-Abbaus im Grundwasser ist jedoch in Bezug auf die im Sickerwasser abgebauten NO_3-Mengen als geringwertig einzustufen /1/.

Zur Beurteilung des NO_3-Austrags mit dem Grundwasser sind die Einflußgrößen

- N-Zufuhr mit der Düngung
- NO_3-Abbau im Sickerwasser (maßgeblich von der Bodenart beeinflußt)
- NO_3-Transport im Sickerwasser (Reduzierung ausgewaschener NO_3 Mengen bei hohen Flurabständen und adsorptionsstarkem Boden vor Eintrag ins Grundwasser)
- NO_3-Abbau im Grundwasser (mikrobielle Reduktion)
- NO_3-Transport im Grundwasser

Vorrangige Bedeutung der Stickstoffzufuhr durch Düngung im hydrogeologischen Wirkungszusammenhang der Nitratbelastung

zu berücksichtigen. Die möglichen Kombinationen dieser Einflußgrößen bestimmen letztendlich die Größe und zeitl. Veränderung der NO_3-Konzentration im Rohwasser der Wasserwerke. Vorrangige Bedeutung kommt dabei bei hohem NO_3-Austrag der N-Zufuhr mit der Düngung zu, da diese Zufuhr am Anfang der Kette der Einflußgrößen steht /1/.

Gefährdungen des Wasserdargebotpotentials durch den Straßenverkehr,...

...unfallbedingt durch Auslaufen wassergefährdender Transportgüter, Treibstoffe und Schmiermittel,...

...verkehrsbedingt durch kontinuierliche Schadstoff- und Staubabschwemmungen bzw. -abwehungen

1.2 Verursachende Flächennutzung "Verkehr (Straße)"

Qualitative Veränderungen des Wasserdargebots durch die Raumnutzung "Verkehr (Straße)" kommen primär dadurch zustande, daß Schmutzstoffe von der Straßenoberfläche abgeschwemmt werden und mit dem Niederschlagswasser in die Gewässer gelangen. Die Gefährdungen des Wasserdargebotspotentials (Grundwasser und Oberflächenwasser), die von Straßen durch den ruhenden und rollenden Verkehr ausgehen, sind zum einen unfallbedingte Verschmutzungen durch auslaufende wassergefährdende Stoffe bei Verkehrsunfällen /20/. Zum anderen sind dies ständig anfallende verkehrsbedingte Schadstoff- und Staubabschwemmungen folgender Stoffgruppen und Herkunft /20,21/:

- Öl und Ölprodukte, sowie Teer und Teerprodukte (Abtropfmengen, Auspuffemission, Straßenabrieb)
- Kanzerogene polycyclische aromatische Kohlenwasserstoffe im Auspuffruß, Reifen- und Straßenabrieb, Abtropfungen)
- Blei- und andere Schwermetallbelastungen (Antiklopfmittel)
- Streusalzbelastungen (Chloride)

Als straßenspezifische anorganische Stoffe sind anzusehen /23/:

Hauptbestandteile: Natrium, Kalium, Calcium, Silicium, Aluminium, Eisen, Mangan, Chlorid, Hydrogencarbonat, Phosphat.

Spurenstoffe: Arsen, Blei, Bor, Cadmium, Kupfer, Nickel, Titan, Zink.

Der größte Anteil der beim Straßenverkehr anfallenden organischen und anorganischen Stoffe fließt in gelöster Form, an Schwebstoffen absorbiert oder als Feststoffe mit dem Niederschlagswasser von den Verkehrsflächen in die Entwässerungsanlagen der Straßen.

Wassergefährdung bei Bau und Betrieb der Verkehrsanlagen

Über die verkehrsbedingten Beeinträchtigungen hinaus sind

- verwendete Baustoffe
  (Einige Straßenbaustoffe enthalten wassergefährdende Stoffe, die ausgewaschen oder ausgelaugt werden können. Dies ist vor allem bei Material aus Halden bzw. Schlacken der chemischen Industrie und der Hütteninduslrie, bei Müllverbrennungsrückständen und teerhaltigen Stoffen zu befürchten),

- Einrichtung und Betrieb von Straßenbaustellen
  (unvorschriftsmäßige Abwasser- und Abfallbeseitigung, Lagerung und Verwendung wassergefährdender Stoffe),

- Erd- und Gründungsarbeiten
  (Verletzung der belebten Bodenzone und/oder Verringerung und Verletzung der Mächtigkeit von Bodenschichten über dem Grundwasser durch Bohrungen und Schürfungen) und

- Straßenunterhaltung
  (Verwendung und Lagerung von Auftausalzen und Staubbindemitteln, Verwendung von Unkrautbekämpfungs-, Dünge- und Wachstumshemmungsmitteln)

Gefährdungspotentiale für Wasservorkommen /22/.

Differenzierung der verkehrstrassensäumenden Wirkungsflächen in Belastungsbereiche

Innerhalb der verkehrsbedingten Wirkungsfläche können drei Bereiche unterschieden werden, in denen das Grundwasser durch Versickerung bei durchlässigem Untergrund unterschiedlich stark belastet wird (Abb. 5) /24/:

- Bereich 1: Versickerung des Fahrbahnabflusses und des Spritzwassers (etwa 2m breit ab Fahrbahnrand),
- Bereich 2: Versickerung des Spritzwassers (etwa 2-10m ab Fahrbahnrand),
- Bereich 3: Ablagerung der durch den Wind flächenhaft verteilten Stoffe (etwa 10-60m ab Fahrbahnrand).

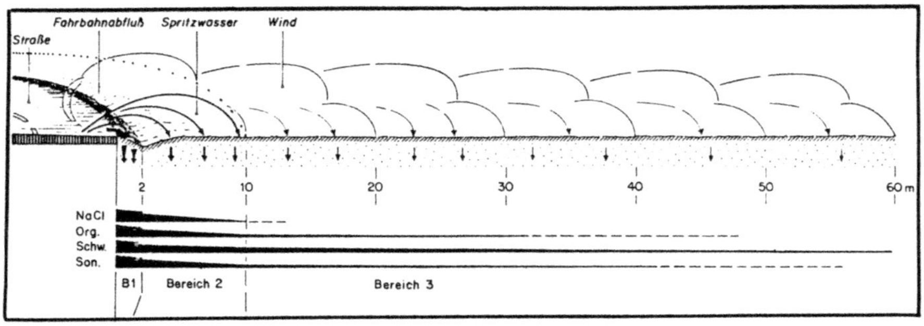

Abb. 5 Belastungsbereiche für das Grundwasser an Straßen /24/

In Bereich 1 wird der Boden zeitweise mit Auftausalzen, ständig mehr oder weniger mit organischen Stoffen, Schwermetallen sowie anderen beim Straßenverkehr anfallenden Stoffen verunreinigt.
Diese Stoffe erreichen in erhöhter Konzentration das Grundwasser, sofern keine Sickerbecken oder -schächte für den Fahrbahnabfluß vorhanden sind.

In Bereich 2 versickert vorwiegend das Spritzwasser und an Straßenböschungen bei großem Wasseranfall auch zeitweise Fahrbahnabfluß. In diesem Bereich ist die Konzentration der Schmutzstoffe so weit gesunken, daß sie nur in verhältnismäßig geringer Konzentration ins Grundwasser gelangen.

In Bereich 3 werden die mit dem Wind flächenhaft verteilten Stoffe abgelagert, die sich in den Bereichen 1 und 2 nicht niedergeschlagen haben. Bis etwa in einem Abstand von 50m ab Fahrbahnrand hört die Belastung des Grundwassers von der Geländeoberfläche mit Auftausalzen, organischen und anorganischen beim Straßenverkehr anfallenden Stoffen im allgemeinen auf. Die Belastung des Grundwassers mit einigen Schwermetallen, insbesondere Blei, nimmt zwar auch mit zunehmendem Abstand zur Trasse ab, reicht aber nach den zitierten Untersuchungen an Fernstraßen im Großraum Frankfurt über 50m hinaus.

Große Ausbreitung von Chloriden in Poren- und Kluftgrundwasserleitern

Die vom Straßenverkehr ausgehende Grundwasserbeeinflussung geht aber wesentlich über die genannten Einflußbereiche hinaus. In Porengrundwasserleitern sind noch Chloride der Auftausalze im allgemeinen mehrere hundert Meter und in Kluftgrundwasserleitern mit z.T. hohen Grundwasserfließgeschwindigkeiten bis zu einigen Kilometern vom Versickerungsgebiet des Fahrbahnabflusses entfernt nachzuweisen /24/.

Bei Untersuchungen im süddeutschen Raum wurden Reichweiten der Grundwasserbeeinflussung durch Auftausalze zwischen 38-170m nachgewiesen /26/.

Ausmaß der verkehrsbedingten Grundwasserbelastung ist abhängig von...

Von entscheidendem Einfluß auf das Ausmaß qualitativer Grundwasserbelastungen ist das Reinigungsvermögen der Deckschichten. Bestimmend für die Abbauleistung der im Boden und Sickerwasser angereicherten Schadstoffe sind /27/

...Filter- und Sorptionseigenschaften des Bodens,

- Korngrößenverteilung des Bodens
- Gehalt an organischem Kohlenstoff
- pH-Wert
- S-Wert (Maß für die Basenaustauschkapazität)
- T-S Wert (Maß für die Wasserstoff-Ionenaustauschkapazität)
- Humusgehalt
- mikrobielle Abbautätigkeit des Bodens.

Darüber hinaus hängt das Ausmaß verkehrsbedingter Dargebotsbelastungen ab von

...Schadstoffqualität (insbesondere Löslichkeit) und -quantität,

- der Löslichkeit verkehrsbedingter Schadstoffe
- der Verdünnung im Untergrund
- der Menge der anfallenden Schadstoffe /27/

...und letztere wiederum von der Verkehrsmenge

Mit zunehmender Verkehrsmenge nimmt in der Regel auch die Menge verkehrsbedingter Schmutzstoffe zu; dabei werden folgende Intensitäts- bzw. Belastungsstufen unterschieden:

- geringe Belastung: < 2000 Kfz/Tag
- mittlere Belastung: < 12.000 Kfz/Tag
- starke Belastung: > 12.000 Kfz/Tag.

2. Räumliche Abgrenzung und Ausprägung

2.1 Verursachende Flächennutzung "Landwirtschaft"

Zur räumlichen Konkretisierung der Bereiche mit flächenhaft/linienförmig gleichmäßigem Schadstoffeintrag durch landwirtschaftliche Nutzung wurden generalisierend die bisher vorliegenden Untersuchungsergebnisse herangezogen (vgl. 1.1). Da basierend auf diesen Wirkungsanalysen eine signifikante, potentialgefährdende Stickstoffbelastung der Gewässer durch Bodenauswaschung z.Zt. nur von Ackerland und Sonderkulturen zu erwarten ist (vgl. Tab. 3), werden als Wirkungsraum bzw. -fläche aus der Gesamtheit landwirtschaftlich genutzter Flächen ausschließlich Ackerflächen berücksichtigt.

	Getreide	Hackfrucht	Dauergrünland
Sandboden	30	45	7
Lehm- und Lößboden	21	32	5
Tonboden	15	24	3
Mittel	22	34	5

Tab. 3 Durchschnittlicher jährlicher Stickstoffaustrag [1] /12/

[1] Die Errechnung der wiedergegebenen Werte erfolgte unter der Annahme folgender Rahmenbedingungen /12/:
- eine durchschnittliche jährliche Stickstoffdüngung von insgesamt 130 kg N/ha (Bundesdurchschnitt 1975/76)
- ein durchschnittlich jährlicher Sickerwasserabfluß von rund 200 mm (langjähriges Gebietsmittel für die landwirtschaftlichen Nutzflächen im Bundesgebiet).

Zur Beurteilung (Bewertung) der Gefährdungsintensität "gleichmäßig flächenhafter Schadstoffeinträge (örtlich/stofflich)" sind allerdings differenzierte kleinräumige Standortuntersuchungen notwendig. Im wesentlichen wären dabei über die hier berücksichtigte, oberflächig sichtbare Ausprägung räumlicher Ausstattungsmerkmale hinaus folgende standortspezifische hydrogeologische Merkmale zu berücksichtigen /13,14/:

- Mächtigkeit flächenhaft verbreiteter und durchgehender Deckschichten über dem Grundwasser und deren Bodenart,
- Flurabstand der Grundwasseroberflächen,
- Art des Grundwasserleiters (Lockergesteins-Porengrundwasserleiter, Festgesteins-Kluftgrundwasserleiter etc.),
- Filtereigenschaften der Deckschichten (Nutzbare Feldkapazität der Filterzone, Wasserleitfähigkeit, Kationenaustauschkapazität)

Zur ansatzweisen Differenzierung der genannten hydrogeologischen Ausstattungsmerkmale im Untersuchungsraum, die mitbestimmend für die Ausprägung der Wirkungsart sind, wurde eine dem regionalen Untersuchungsmaßstab adäquate generalisierte Einschätzung der Sorptionsfähigkeit der Böden vorgenommen.

Auf der Grundlage der Karte "Böden von Nordrhein-Westfalen" (Deutscher Planungsatlas) wurden den dort dargestellten Bodentypen bzw. -gesellschaften drei Sorptionsfähigkeitsklassen wie folgt zugeordnet /15/:

Sorptionsfähigkeit	Bodengesellschaften gem. Karte "Böden von Nordrhein-Westfalen"
stark	1,2,3,4,5,6,7,9,14,15,16,18, 20,21,30a,30b,38,39 (19,22,33)
mittel	8,10,11,31
gering	12,23,24,25,26,28,29,37(27,34,35,36)
indifferent	13,17

Anzumerken ist, daß die in Klammern gesetzten ebenso wie die "indifferent" klassifizierten Bodengesellschaften nicht ganz eindeutig zuzuordnen sind.

Die in **KARTE 5 "Ackerflächen und Sorptionsfähigkeit der Böden"** entsprechend dargestellten Sorptionsfähigkeitsbereiche erlauben trotz aller Ungenauigkeit eine grobe Beurteilung des Gefährdungspotentials flächenhaft gleichmäßigen Stoffeintrages durch landwirtschaftliche Bodennutzung (Pflanzenproduktion).

In der gleichen Karte wurde die räumliche Abgrenzung ackerbaulich genutzter Flächen anhand der land- und forstwirtschaftlichen Fachbeiträge der Landwirtschaftskammern Rheinland und Westfalen-Lippe vorgenommen /16,17/. Da diese Beiträge nicht flächendeckend für den Untersuchungsraum vorliegen, wurde die räumliche Abgrenzung von Ackerland durch Auswertungen von Kreiskarten ergänzt /18/. Eine Unterscheidung zwischen Ackerland und Brache war dabei nicht möglich, so daß gewisse Brachlandanteile als Ackerland dargestellt sind. Die Gesamtaussage wird dadurch nicht wesentlich verfälscht, da diese Anteile in der Regel gering sind /19/.

Die Ausprägung der Wirkungsart wird zusätzlich von der pflanzenproduktionsspezifischen N-Düngergabe bzw. NO_3-Auswaschung bestimmt. In Ermangelung flächendeckender produktionsspezifischer Realnutzungskartierungen wurden in Form einer erklärenden Beikarte die vorherrschenden Bodennutzungssysteme der Gemeinden des Untersuchungsraumes in ihrer zeitlichen Veränderung dargestellt:
KARTE 6 "Veränderung der vorherrschenden landwirtschaftlichen Bodennutzungssysteme in den Gemeinden".

2.2 Verursachende Flächennutzung "Verkehr (Straße)"

Die **KARTE 7 "Entwicklung der durchschnittlichen Verkehrsmenge auf Straßen des überörtlichen Verkehrs"** verdeutlicht die Entwicklung der Verkehrsbelastung der Verkehrsstraßen des Untersuchungsgebietes /29,30/.
Als Indikator zur Auswahl der im Wirkungsbild zu berücksichtigenden Trassen des Untersuchungsraumes und als erster Ansatz zur Beurteilung der Intensität potentieller verkehrsbedingter Belastungen des Wasserdargebots wurden die Kategorien mittlere und stärkere Belastung gewählt. Grundlage für diese Klassifizierung bilden die in Wirkungsanalysen ermittelten Intensitätsstufen der Verkehrsbelastung (vgl. 1.2).

Obwohl eine derartige wirkungsbezogene Klassifizierung angesichts der noch lückenhaften Erkenntnisse über die Wirkungszusammenhänge problematisch erscheint, wird unter Berücksichtigung gewisser Sicherheitszuschläge für eine mittlere Belastung eine DTV von 2.500-20.000 und für stärkere Belastungen eine DTV von über 20.000 angenommen.

Da straßenverkehrsbedingte Beeinträchtigungen des Grundwassers nachgewiesenermaßen auch über die eigentlichen Verkehrstrassen hinausgehen, wurden in generalisierter Form Einwirkungsbereiche berücksichtigt. Zur exakten Ermittlung und räumlichen Konkretisierung tatsächlicher Einwirkungsbereiche sind umfangreiche kleinräumige hydrogeologische Untersuchungen der spezifischen Standortfaktoren wie bspw. Grundwasserflurabstände, Grundwasserfließrichtung, Fließgeschwindigkeit, Filtereigenschaften der Grundwasserleiter etc. notwendig. Darüber hinaus müßten empirisch abgesicherte Modellvorstellungen über Ausbreitungsmechanismen in Abhängigkeit von o.g. Kriterien verfügbar sein, die über die Abbildung reiner Strömungsvorgänge hinaus auch eine Quantifizierung der Filtervorgänge im Boden ermöglichen müßten /31,32/. Ob allerdings eine planungsorientierte Anwendung derartiger Modelle aufgrund des hohen Komplexitätsgrades einerseits und der räumlich begrenzten Anwendbarkeit andererseits möglich ist, kann an dieser Stelle nicht überprüft werden. Auf der Grundlage der ermittelten Reichweiten der Grundwasserbeeinflussung und der gesprächsweisen Evaluierung durch Vertreter einzelner Fachbehörden wurde ein potentieller Beeinträchtigungsbereich von 200m beiderseits ab Fahrbahnrand berücksichtigt /33,34,35/.

Die räumliche Abgrenzung der Wirkungsart "gleichmäßig flächenhaft/linienförmiger Schadstoffeintrag (örtl./stoffl.)" infolge der Flächennutzung "Verkehr (Straße)" erfolgt nicht ausschließlich anhand oberflächig sichtbarer Raumausstattungsmerkmale. Grundlage für die räumliche Konkretisierung dieser Wirkungsart sind die entsprechend generalisierten Einwirkungsbereiche von Verkehrstrassen mit einer DTV $\geq$ 2.500. Damit wird generalisierend versucht, die Wirkungsbereiche über und unter Flur räumlich abzugrenzen.

Innerhalb geschlossener Siedlungsbereiche (vgl. **KARTE 2 "Entwicklung der Flächeninanspruchnahme durch Siedlung, Industrie und Gewerbe"**) wird die Wirkungsart "gleichmäßig flächenhaft/linienförmiger Schadstoffeintrag (ört./stoffl.)" im Wirkungsbild (**KARTE 8 "Wirkungsbild - Veränderung der hydrogeologischen Raumausstattung - (Brutto-Wirkungsfläche)"**) nicht berücksichtigt. Die Flächennutzung "Verkehr (Straße)" wird in diesen Bereichen der Wirkungsart "Oberflächenversiegelung" zugeordnet. Dazu wird im Rahmen dieser regionalen Analyse vereinfachend angenommen, daß die oberflächigen Belastungsbereiche der Verkehrstrassen versiegelt sind und Schadstoffe mit dem Niederschlagswasser in die Kanalisation abgeleitet werden.

3. Datengrundlage

/15/ Deutscher Planungsatlas, Band I: Nordrhein-Westfalen, Lieferung 1, Böden, M 1:500.000
Veröffentlichungen der Akademie für Raumforschung und Landesplanung, Hannover 1971

/16/ Landwirtschaftskammer Rheinland (Hrsg.)
- Kreisstelle Ruhrgroßstädte der Landwirtschaftskammer Rheinland in Essen Kettwig, Bezirksstelle für Landeskultur "Niederrhein" der Landwirtschaftskammer Rheinland, Krefeld (Bearbeitung)

  Landwirtschaftlicher Fachbeitrag zum Landschaftsplan Mülheim/Ruhr, Dezember 1976
  Landwirtschaftlicher Fachbeitrag zum Landschaftsplan Duisburg, Mai 1979

- Kreisstelle Viersen, Bezirksstelle für Landeskultur "Niederrhein", Krefeld (Bearbeitung)
  Landwirtschaftlicher Fachbeitrag zum Landschaftsplan der Stadt Krefeld, November 1978

- Kreisstelle Wesel, Bezirksstelle für Landeskultur "Niederrhein" Krefeld (Bearbeitung)

  Landwirtschaftlicher Fachbeitrag zum Landschaftsplan Kreis Wesel/ Kamp-Lintfort, Februar 1980
  Landwirtschaftlicher Fachbeitrag zum Landschaftsplan Kreis Wesel/ Wesel, November 1979
  Landwirtschaftlicher Fachbeitrag zum Landschaftsplan Kreis Wesel/ Moers/Neukirchen-Vluyn, April 1980
  Landwirtschaftlicher Fachbeitrag zum Landschaftsplan Kreis Wesel/ Teilraum Xanten, November 1978
  Landwirtschaftlicher Fachbeitrag zum Landschafsplan Kreis Wesel Alpen/Rheinberg, September 1979

- Kreisstelle Kleve, Bezirksstelle für Landeskultur "Niederrhein", Krefeld (Bearbeitung)

  Landwirtschaftlicher Fachbeitrag zum Landschaftsplan Kreis Kleve/ Rees-Haldern-Mehr, Februar 1980
  Landwirtschaftlicher Fachbeitrag zum Landschaftsplan Kreis Kleve/ Vrasselt-Bienen, Mai 1980
  Landwirtschaftlicher Fachbeitrag zum Landschaftsplan Kreis Kleve/ Teilraum Kalkar, Juni 1978

/17/ Landwirtschaftskammer Westfalen Lippe
- Kreisstelle Ennepe-Ruhr

  Land- und forstwirtschaftlicher Fachbeitrag zum Landschaftsplan, Hattingen (Kurzfassung), Nr. 13, Mai 1972
  Land- und forstwirtschaftlicher Fachbeitrag zum Landschaftsplan Hagen, Nr. 118, August 1978
  Land- und forstwirtschaftlicher Fachbeitrag zum Landschaftsplan Witten, Nr. 120, Januar 1981

- Kreisstelle Recklinghausen

  Land- und forstwirtschaftlicher Fachbeitrag zum Flächennutzungsplan der Stadt Herten, Nr. 127, September 1978
  Land- und forstwirtschaftlicher Fachbeitrag zum Flächennutzungsplan der Stadt Bottrop, Nr. 92, Juli 1977
  Land- und forstwirtschaftlicher Fachbeitrag zum Flächennutzungsplan Dorsten, Nr. 126, Februar 1979
  Land- und forstwirtschaftlicher Fachbeitrag zum Landschaftsplan Gelsenkirchen, Nr. 142, Juli 1980
  Land- und forstwirtschaftlicher Fachbeitrag zum Flächennutzungsplan der Stadt Recklinghausen, Nr. 78, August 1976
  Land- und forstwirtschaftlicher Fachbeitrag zum Landschaftsplan Haard, Nr. 153, Dezember 1980
  Land- und forstwirtschaftlicher Fachbeitrag zum Flächennutzungsplan der Stadt Datteln, Nr. 153, September 1980
  Land- und forstwirtschaftlicher Fachbeitrag zum Landschaftsplan Seengebiet Haltern, Nr. 156, 1981

- Kreisstelle Ruhr-Lippe, Unna

  Land- und forstwirtschaftlicher Fachbeitrag zum Flächennutzungsplan Herne, Nr. 77, Juli 1976
  Land- und forstwirtschaftlicher Fachbeitrag zum Flächennutzungsplan der Gemeinde Bönen, Nr. 102, Oktober 1977 .
  Land- und forstwirtschaftlicher Fachbeitrag zum Landschaftsplan Lünen, Nr. 119, Februar 1978
  Land- und forstwirtschaftlicher Fachbeitrag zu Sonderplanungen Dortmund, Nr. 125, Dez. 1978
  Land- und forstwirtschaftlicher Fachbeitrag zum Flächennutzungsplan der Stadt Bergkamen, Nr. 133, April 1979
  Land- und forstwirtschaftlicher Fachbeitrag zum Landschaftsplan Bergkamen-Werne, Nr. 135, März 1981
  Land- und forstwirtschaftlicher Fachbeitrag zum Flächennutzungsplan/ Landschaftsplan Stadt Hamm, Nr. 70, Januar 1976
  Land- und forstwirtschaftlicher Fachbeitrag zum Landschaftsplan Altkreis Unna, Nr. 9, Dezember 1971
  Land- und forstwirtschaftlicher Fachbeitrag zum Flächennutzungsplan der Stadt Schwerte, Nr. 93, Juli 1977
  Land- und forstwirtschaftlicher Fachbeitrag zum Landschaftsplan Bochum, Nr. 150, April 1980
  Land- und forstwirtschaftlicher Fachbeitrag Fröndenberg, Nr. 171, Oktober 1981

/18/ Landesvermessungsamt NW (Hrsg.)
Kreiskarten, M 1:50.000,
- Blatt-Nr. 11, Ennepe-Ruhr-Kreis, Stadt Hagen, 3. Auflage 1978
- Blatt-Nr. 35, Kreis Wesel, 2. Auflage 1978
- Blatt-Nr. 52, Kreis Coesfeld, Stadt Münster, 4. Auflage 1981
- Blatt-Nr. 53, Kreis Recklinghausen, 3. Auflage 1978
- Blatt-Nr. 60, Ruhrgebiet, 4. Auflage 1978

/29/ Minister für Wirtschaft und Verkehr NW, Gruppe Straßen und Brückenbau (Hrsg.), Verkehrsmengen Karte 1958 - Anzahl der Kraftfahrzeuge je 24 Std. (ohne Mopeds) Jahresmittelwerte -, Maßstab 1:200.000

/30/ Minister für Wirtschaft, Mittelstand und Verkehr NW, Abt. Straßenwesen (Hrsg.), Straßenverkehrszählung 1980 - Verkehrsstärken auf den Straßen des überörtlichen Verkehrs, M 1:250.000

4. Vorhandene Untersuchungen für den Untersuchungsraum

Allgemein zugängliche Untersuchungen für den abgegrenzten Untersuchungsraum konnten nicht ermittelt werden.

Aufgrund hydrologischer/-geologischer Ähnlichkeiten mit Bereichen innerhalb des Untersuchungsraums ist folgende Untersuchung von Relevanz:

/1/ Obermann, P.
Hydrochemische/hydromechanische Untersuchungen zum Stoffgehalt von Grundwasser bei landwirtschaftlicher Nutzung
Ministerium f. Ernährung, Landwirtschaft u. Forsten NW (Hrsg.),
Düsseldorf 1981
Besondere Mitteilungen zum Deutschen Gewässerkundlichen Jahrbuch, Nr. 42

5. Literatur

/0/ Wohlrab, B.
Der ländliche Raum als Wasservorranggebiet
Forum Städte-Hygiene, 32. Jg., 1981, Mai/Juni,S. 110-114

/1/ Obermann, P.
Hydrochemische/hydromechanische Untersuchungen zum Stoffgehalt von Grundwasser bei landwirtschaftlicher Nutzung
Besondere Mitteilungen zum Deutschen Gewässerkundlichen Jahrbuch, Nr. 42, Ministerium für Ernährung, Landwirtschaft und Forsten NW (Hrsg.), Düsseldorf 1981

/2/ Petri, H.
Nitrate und die Trinkwasserverordnung
Die Trinkwasserverordnung, S. 75-91, Verlag E. Schmidt, Berlin 1976

/3/ Sattelmacher, P.G.
Methamoglobinämie durch Nitrate im Trinkwasser
Schriftenreihe des Vereins für Wasser-, Boden- und Lufthygiene, Nr. 20, 1962

/4/ Aurand, K., Hässelbarth, U., Müller, G.
Atlas zur Trinkwasserqualität der Bundesrepublik Deutschland
Verlag E. Schmidt, Berlin 1980

/5/ Höll, W., Kichling, B.
Nitrat- und Sulfatentfernung aus Rohwässern mit Anionenaustausch
Vom Wasser Bd. 53, S. 189-202, Verlag Chemie, Weinheim 1980

/6/ Timmermann, F.
Stickstoffauswaschung - Einflußfaktoren und Verhütungsmaßnahmen
Beachtung ökologischer Grenzen bei der Landbewirtschaftung, Berichte über Landwirtschaft..., Hamburg-Berlin 1981, S. 135-145

/7/ Bundesministerium für Ernährung, Landwirtschaft und Forsten, Statistisches Jahrbuch über Ernährung, Landwirtschaft und Forsten der Bundesrepublik Deutschland, Bd. 1978, Münster-Hiltrup 1978

/8/ Bramm, A.
Einfluß der Landbewirtschaftung auf die Gewässerqualität
Berichte über Landwirtschaft...
Hamburg-Berlin 1981, S. 162-186

/9/ Amberger, A.
Zusammenhänge zwischen Landwirtschaft und Grundwasser
Wasser Berlin '81, Kongressvorträge, Berlin 1981, S. 350-363

/10/ Czeratzki, W.
Die Stickstoffauswaschung in der landwirtschaftlichen Pflanzenproduktion
Landbauforschung Völkenrode, Jg. 23, 1973, S. 1-18

/11/ Obermann, P.
Ursachen und Folgen steigender Nitratgehalte im oberflächennahen Grundwasser
Wasser Berlin '81, Kongressvorträge, Berlin 1981, S. 364-374

/12/ Otto, A.
Fremdstoffbelastung der Gewässer in der Bundesrepublik Deutschland durch Land- und Forstwirtschaft
Landwirtschaft-Angewandte Wissenschaft, Heft 214, Bundesministerium für Ernährung, Landwirtschaft und Forsten mit dem Auswertungs- und Informationsdienst für Ernährung, Landwirtschaft und Forsten e.V. (Hrsg.), Münster-Hiltrup 1978

/13/ Mollenhauer, K.
Systematisierung von Empfehlungen zur Bodennutzung in Trinkwasserschutzgebieten
Aurand, K. (Hrsg.) Bewertung chemischer Stoffe im Wasserkreislauf
Berlin 1981, S. 63-68

/14/ Wohlrab, B., Mollenhauer, K.
Beurteilungskriterien zur Bodennutzung in Zone II von Schutzgebieten für Grundwasser. Bericht über die dritte Sitzung des Arbeitskreises "Bodennutzung in Wasserschutz- und Wasserschongebieten" am 4. September 1975 in Regensburg
Mitteilungen der Deutschen Bodenkundlichen Gesellschaft, Band 22, Göttingen 1975, S. 331-337

/19/ Untere Landschaftsbehörde, Kreis Wesel

/20/ Hoffmann, J.
Wassergewinnungsgebiete und Straßenverkehr
gwf-Wasser/Abwasser, 119. Jg., 1978, H. 7, S. 338-348

/21/ Krauth, K.
Beschaffenheit von Straßenoberflächenwasser
Forschungs- und Entwicklungsinstitut für Industrie- und Siedlungswasserwirtschaft sowie Abfallwirtschaft e.V. Stuttgart (Hrsg.), Beeinflussung der Gewässergüte durch die Regenabflüsse von Straßen, Niederschrift des 54. Wasserwirtschaftlichen Kolloquiums an der Universität Stuttgart, 2. März 1979, S. 1-25

/22/ Forschungsgesellschaft für das Straßenwesen e.V. Köln, Arbeitsgruppe Erd- und Grundbau
Richtlinien für bautechnische Maßnahmen an Straßen in Wasserschutzgebieten (RiStWag), Ausgabe 1982

/23/ Golwer, A., Schneider, W.
Belastung des unterirdischen Wassers mit anorganischen Speisenstoffen im Gebiet von Straßen
gwf-Wasser/Abwasser, 120. Jg., 1979, H. 10, S. 461-467

/24/ Golwer, A.
Die Beeinflussung des Grundwassers durch Versickerung von Straßenabflüssen
Forschungs- und Entwicklungsinstitut für Industrie- und Siedlungswasserwirtschaft sowie Abfallwirtschaft e.V. Stuttgart (Hrsg.), Beeinflussung der Gewässergüte durch die Regenabflüsse von Straßen, Niederschrift des 54. Wasserwirtschaftlichen Kolloquiums an der Universität Stuttgart, 2. März 1979, S. 59-84

/25/ Golwer, A., Schneider, W.
Belastung des Grundwassers mit organischen Stoffen im Gebiet von Straßen
gwf-Wasser/Abwasser, 123. Jg., 1982, Heft 7, S. 329-342

/26/ Bischofsberger, W., Dauschek, H.
Tausalzeinfluß auf die Grundwasserbeschaffenheit
Wasser Berlin '81, Kongressvorträge, Berlin 1981, S. 335-349

/27/ Golwer, A.
Beeinflussung des Grundwassers durch Straßen
Zeitschrift der Deutschen Geologischen Gesellschaft, Band 124, Hannover 1973, S. 435-446

/28/ Golwer, A.
Die Auswirkungen von Straßenverkehr auf das Grundwasser
Gewässerschutz/Wasser/Abwasser, Bd. 29, Sicherung der Wasserversorgung durch Gewässerschutz, Wasseraufbereitung und -verbund, Institut für Siedlungswasserwirtschaft der Rhein. Westf. Techn. Hochschule Aachen, Böhnke, B. (Hrsg.), Aachen 1978, S. 463-497

/31/ Bachfischer, R.
Die ökologische Risikoanalyse. Eine Methode zur Integration natürlicher Umweltfaktoren in die Raumplanung, Diss. München 1978

/32/ Damrath, Kobus, Schöttler, Zipfel
Wasserinhaltsstoffe im Grundwasser - Reaktionen, Transportvorgänge und deren Simulation
Umweltbundesamt Berlin (Hrsg.), UBA Berichte 4/79, Berlin 1979

/33/ Mitarbeiter des RP Düsseldorf (Dez. 54) halten einen Bereich von 300m ab Fahrbahnrand für durchaus realistisch.

/34/ Forschungsgruppe A 31 an der Universität Dortmund, Umweltauswirkung von Autobahnen - gezeigt am Beispiel der A 31. Dortmund 1977 (nicht veröffentlicht)

/35/ Kiemstedt, Tromsdorff, Wirth
Gutachten zur Umweltverträglichkeit der Bundesautobahn A 4 - Rothaargebirge
Beiträge zur räumlichen Planung, Schriftenreihe des Fachbereichs Landespflege der Universität Hannover, Heft 1, Hannover 1982

WIRKUNGSPROFIL

VORWIEGEND WECHSELNDER SCHADSTOFFEINTRAG (ÖRTLICH/STOFFLICH)

Deponie als künstlich geschaffene geologische Formation verändert.....

1. Hydrologischer Wirkungszusammenhang

1.1 Verursachende Flächennutzung "Deponie für Haushalts- und hausmüllähnliche Gewerbeabfälle"

Abfallablagerungen sind als künstlich geschaffene geologische Formationen anzusehen, die nicht nur während der "wenigen" Betriebsjahre existieren, sondern über lange Zeiträume eine "Störstelle" im oberflächennahen natürlichen geologischen Aufbau darstellen.

Potentielle Gefährdungen des Grundwassers resultieren aus den entstehenden Sickerwasseremissionen derartiger Ablagerungen. An Deponiestandorten sind dazu die in Abb. 1 dargestellten Konfigurationen des Systems "Deponie-Grundwasser-Sickerwasser" (Wasserhaushalt der Deponie) anzutreffen /1, 1a/.

..... kleinräumig den Wasserhaushalt der Standortumgebung

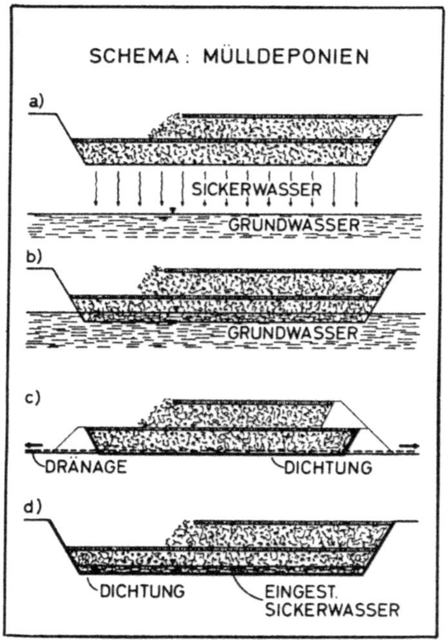

Abb. 1 Schematische Darstellung ' Deponie–Grundwasser–Sickerwasser ' /1/

Struktur / Komponenten des Deponiewasserhaushaltes (quantitativ)

Der Wasserhaushalt einer Mülldeponie weist im Vergleich zu dem eines natürlich gewachsenen Untergrundes gleichzeitig Gemeinsamkeiten und starke Abweichungen auf. Das grundsätzliche Schema der Wasserhaushaltskomponenten gibt Abb. 2 wieder /2/. Differenzen zum Boden treten bei Deponien dadurch auf, daß durch die Ablagerung unterschiedlicher Materialien Strukturen erzeugt werden, die in der Natur nicht auftreten. Als Beispiel dafür sei das Zusammentreffen klüftiger (Bauschutt), stark wasseraufnehmender und organischer (Papier, Speisereste) Strukturen innerhalb eines Deponiekörpers genannt.

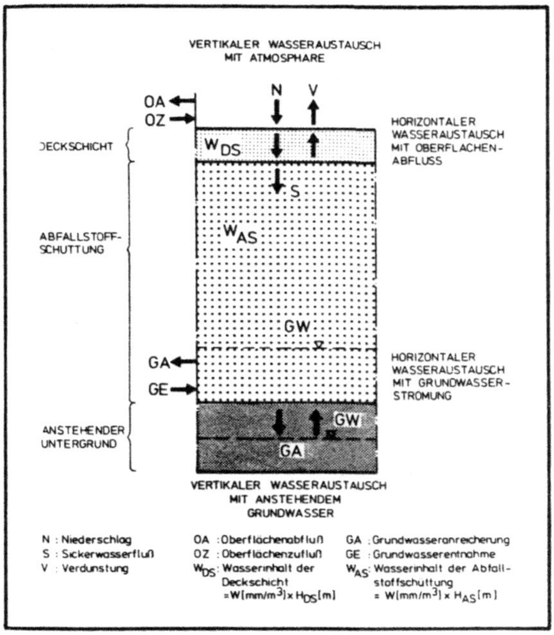

Abb. 2 Wasserhaushaltskomponenten eines Müllkörpers /2/

Der Eintrag von Wasser in den Müllkörper erfolgt durch den Niederschlag, die Eigenfeuchte des eingebrachten Materials und die Entstehung von Wasser durch biologische Umsetzungsprozesse, wobei letztgenannte Menge vernachlässigbar gering ist /3/.

Bei betriebenen Deponien ist die Wasserhaushaltskomponente Oberflächenabfluß nur sehr schwer abzuschätzen. Durch die Unebenheiten der Oberfläche, bedingt durch den Mülleinbau mit Raupen und Kompaktoren, wird ein Großteil des Niederschlages an der Oberfläche oder Oberflächenah gespeichert und durch Evaporation weitgehend wieder abgegeben.

Für die Menge des anfallenden Sickerwassers in Anteilen von Niederschlag und in Abhängigkeit von der Einbautechnik wurden die in Tab. 1 zusammengestellten Werte ermittelt /3/.

	mittlerer Niederschlag [mm/a]	Sickerwasser [% N]
Raupe		
1.	571	31,3 (8,8)[1]
2.	617	~44 - ~48
3.	632	32,3[1]
4.	662	58,2
Kompaktor		
5.	652	15,1
6.	696	17,7[1]
7.	617	~16 - 18
8.	509	~16 - 22
9.	814	17,3
10.	508	4,0[2]
11.	508	4,0[2]
Rottedeponie		
1. - 3. J	716 - 854	3,9 - 7,9
ab 4. J	870 - 936	19,2 - 21,3

1) Rekultiviert 2) Kreislaufführung

Tab. 1 Abflußraten von Deponiesickerwasser in Abhängigkeit von der Einbautechnik /3/

Die zeitliche und mengenmäßige Abhängigkeit des Sickerwasseranfalls vom Niederschlag ist Abb. 3 zu entnehmen.

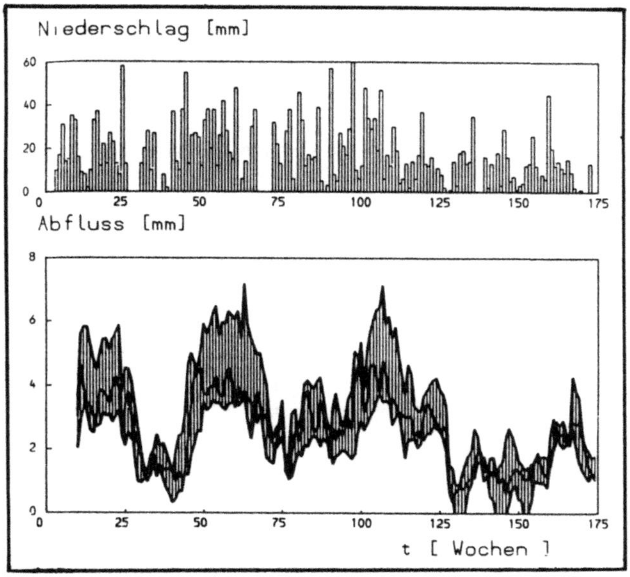

Abb. 3 Zeitliche Verteilung des Niederschlages und errechnete Sickerwasserabflüsse (Dep. Xanten) /2/

Die Versickerungsvorgänge im Deponiekörper laufen wie folgt ab: Die Deckschicht der Deponie muß bis zur Feldkapazität aufgefüllt sein, bevor Sickerwasser in den eigentlichen Müllkörper eintritt. Ein Teil des in den Müllkörper eintretenden Sickerwassers fließt in Bahnen direkt zur Deponiesohle, während in anderen Bereichen erst eine Auffüllung bis zur Feldkapazität erreicht sein muß, bevor ein Abfluß stattfindet (Inhomogenität des eingebrachten Materials) /3/.

Qualitative Veränderungen des Deponiewasserhaushaltes: Sickerwasserkontamination

Die Kontaminierung des Sickerwassers mit organischen Substanzen erfolgt durch Auslaugung und biologische Umsetzungsprozesse, deren Umfang und Intensität größtenteils von der Verteilung des Wassers und den Fließvorgängen in der Deponie bestimmt werden. Finden keine Wasserbewegungen im Müll statt, so erfolgt eine Auslaugung nur bis zum Erreichen einer gesättigten Lösung des im Müll enthaltenen und fixierten Wassers. Erst durch versickerndes ungesättigtes Wasser entsteht ein Lösungsdruck, so daß weitere Anteile löslicher Stoffe in Lösung gehen /5/.

Das Sickerwasser hat somit zwei wesentliche Funktionen:

1. Lösungsmittel und
2. Transportmittel /5/.

Sickerwasserkontamination durch biologische Abbauprozesse im Deponiekörper in 2 Phasen:

Bedingt durch den höheren Anteil von ca. 20-30% organischer Bestandteile im Müllkörper gegenüber 1-4% in Böden laufen in Deponien besonders starke Strukturveränderungen durch biologische Umsetzungsprozesse ab /3/. Diese können sowohl aerober als auch anaerober Natur sein /4/:

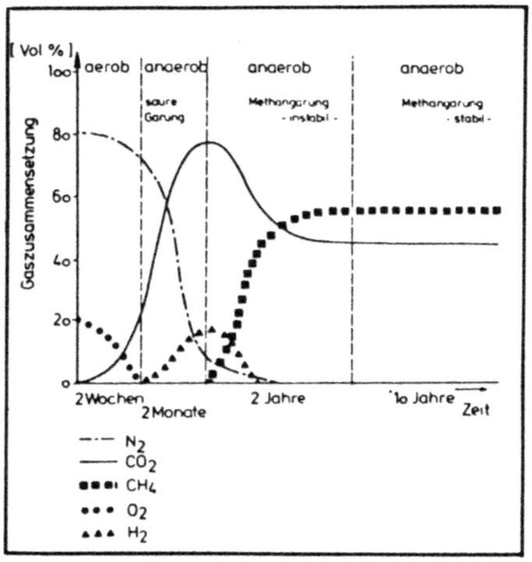

Abb. 4 Deponiegaszusammensetzung in Abhängigkeit von der Art der Müllgärung /3/

Aerober Abbau

- Aerobe Abbauprozesse

  Die daran beteiligten Mikroorganismen benötigen Sauerstoff zum Abbau organischer Substanzen und liefern als Endprodukte CO_2 und Wasser.

  Bei sehr locker geschütteten Deponien besteht die Möglichkeit, daß ein Großteil des Müllkörpers über aerobe Milieubedingungen verfügt. Bei allen übrigen Deponieformen befinden sich lediglich nach dem Schüttvorgang noch Restmengen an Sauerstoff in der aktuellen Schüttzone, so daß nur anfangs aerobe Prozesse stattfinden können, bis diese Mengen verbraucht sind /4/.

Anaerober Abbau

- Anaerobe Prozesse /2,3,4/

Bei anaeroben Prozessen werdn die vorhandenen organischen Substanzen zu CH_4 und CO_2 abgebaut.

Dabei sind zwei Sufen, "die Saure Gärung", die unter fakultativ/anaeroben Bedingungen abläuft und die "Methangärung", die streng anaerobe Bedingungen erfordert, zu unterscheiden.

In der Phase der "Sauren Gärung" zerlegen die beteiligten Organismen die organischen Ausgangssubstanzen in CO_2, H_2 und niedere Fettsäuren. Dieser Abbau ist kaum Störeinflüssen ausgesetzt, da eine große Zahl verschiedener Organismen mit differenzierten, optimalen Wachstumsbedingungen daran beteiligt ist.

In der Phase der "Methangärung" bauen streng anaerobe Organismen die Produkte der "Sauren Gärung" zu CH_4 ab. Der Abbau durch Methanbakterien erfolgt nur unter sehr strengen Milieubedingungen (pH-Werte zwischen 6,5 und 7,5, enge Temperaturbereiche. Darüber hinaus reagieren Methanbakterien empfindlich gegenüber Schwermetallen Alkali- und Erdalkalimetallen sowie Ammonium.

Für einen weitgehenden anaeroben Abbau im Deponiekörper wäre es erforderlich, daß beide Phasen im Gleichgewicht stehen. Dazu wäre es notwendig, daß das Substrat der ersten anaeroben Phase der zweiten Phase genau dosiert zugeführt wird. Diese Bedingungen sind in einer Deponie nicht vorhanden, da die abzubauende organische Substanz nach der Schüttung dem Abbau nur je nach Feuchtigkeitsgehalt zur Verfügung steht. Darüber hinaus stellt die geringe Vermehrungsrate der Methanbakterien einen limitierenden Faktor für die Abbaurate dar.

Im allgemeinen gewinnen mit Ausnahme sehr locker geschütteter Deponien anaerob/fakultative Organismen die Oberhand /2/. In dieser Phase werden die organischen Substanzen in niedere Fettsäuren umgesetzt. Da sie mit dem Sickerwasser ausgetragen werden, sind für diese Phase hohe organische Belastungen kennzeichnend. Der Übergang von aeroben zu anaeroben Milieubedingungen findet schon innerhalb weniger Wochen statt.

Durch das Absinken des pH-Wertes in der ersten Phase des anaeroben Abbaus wird die Löslichkeit einiger Elemente erhöht (Calcium, Strontium, Eisen, Mangan und Zink), so daß deren zeitabhängiger Konzentrationsverlauf dem der organischen Parameter entspricht. Keine zeitliche Konzentrationsveränderung wurde bei Nitrat, Phosphor und dem Großteil der Schwermetalle ermittelt. Chlorid, Ammonium, Kalium und Natrium zeigten anfangs differenzierte, realtiv niedrige Konzentrationen, die sich mit zunehmendem Deponiealter auf hohem Niveau stabilisierten.

Anhaltend hohe Schadstoffkonzentrationen des Deponiesickerwassers

Die Zusammenstellung gemessener Sickerwasserkonzentrationen (Tabelle 2 und 3) zeigt deutlich, daß nach 5-10 Jahren noch hohe Konzentrationen gemessen werden. Hinsichtlich der Konzentrationsverminderung anorganischer Sickerwasserinhaltsstoffe im Zeitablauf ist anzunehmen, daß für eine weitgehende Konzentrationsminderung einige Jahrzehnte anzusetzten sind /3/.

Deponietyp		stark verdichtet (Kompaktoren) 1)	1)	1)	2)	3)					schwach verdichtet (Raupen) 4)			5)	5)	5)	5)	6)
Deponie		A	B	R	P	H	D	J	K	G	F	E	C	O	L	M	N	S
Mittleres Alter (a)		8,5	4,5	1,5	3,0	9,4	2,9	3,6	3,0	2,4	3,9	5,8	7,1	3,3	1,8	1,8	1,8	5,1
pH (-)	x̄	7,95	8,0	6,8	8,1	8,0	6,4	6,1	6,2	6,9	6,9	8,2	8,1	8,1	8,3	7,8	7,6	8,1
	s	0,2	0,2	0,6	0,2	0,1	0,3	0,2	0,1	0,4	0,3	0,1	0,1	0,1	0,2	0,1	0,2	0,1
Leitf. (µS/cm)	x̄	20515	23155	12207	16601	15467	16015	12247	10966	11784	3915	13159	16520	3605	12104	5443	3570	15608
	s	1004	1317	3836	3796	1007	1533	986	3108	3215	1129	3451	2658	901	6306	1521	1237	1213
Cl (mg/l)	x̄	3639	4011	1487	2666	3001	1551	895	977	1181	359	2529	2645	446	1905	684	379	2215
	s	245	252	490	1340	559	196	269	349	439	72	790	495	133	992	162	128	178
NH_4-N (mg/l)	x̄	1102	1337	307	633	1089	775	293	364	508	59	646	1114	97	722	261	157	1384
	s	190	275	152	274	299	242	148	198	271	39	312	324	87	656	116	91	552
NO_3-N (mg/l)	x̄	3,0	3,5	1,2	5,1	3,5	2,5	1,4	1,7	3,3	0,8	2,8	7,2	35,0	34,0	6,7	1,6	6,3
	s	0,4	0,4	0,8	2,2	0,6	0,7	0,3	0,6	1,1	1,0	1,0	6,0	36,9	55,9	6,8	4,6	1,0
ges P (mg/l)	x̄	7,7	10,4	2,3	11,1	4,1	5,8	1,5	2,4	9,5	0,6	4,1	4,8	1,0	5,0	2,5	2,7	7,8
	s	1,3	2,1	2,0	3,3	0,6	2,0	0,7	1,1	7,0	0,2	1,2	1,1	0,4	2,2	2,0	2,0	1,2
BSB_5-F (mg/l)	x̄	204	244	9199	304	102	19346	14296	13944	10759	2594	143	99	10	202	35	74	234
	s	56	65	5396	265	27	4392	2531	5022	3238	1479	48	32	6	331	21	118	54
COD-F (mg/l)	x̄	2866	3393	14910	2874	2540	31681	22980	22881	17840	4186	2182	3096	274	2875	685	444	3963
	s	181	241	8272	1082	288	4515	3188	8007	5230	2282	763	709	99	2329	235	219	573
TOC-F (mg/l)	x̄	1279	1602	5896	1296	1110	11341	7928	8182	6474	1487	1005	1384	146	1536	337	210	1420
	s	253	287	4072	386	267	3619	969	1802	1861	1128	378	367	63	965	175	113	241
org N-F (mg/l)	x̄	913	1105	462	804	1036	551	454	507	669	110	831	977	145	993	408	153	681
	s	537	974	320	473	956	383	220	286	294	64	827	756	110	884	232	105	345
HCO_3 (mg/l)	x̄	11029	13247	6860	8185	6789	10435	7715	7013	6872	2060	6212	8926	1323	5777	2851	1897	7866
	s	367	3988	3027	2764	488	2546	2300	2869	2751	985	2077	1404	605	3831	634	548	507
Alkalinity ($mgCaCO_3$/l)	x̄	9040	10859	5623	6709	5565	8553	6324	5748	5633	1689	5092	7316	1084	4735	2337	1555	6448
	s	301	3269	2481	2266	400	2087	1885	2351	2255	807	1702	1151	496	3140	520	450	416
SO_4 (mg/l)	x̄	44,6	66,6	83	549	41,9	1058	366	604	501	116	209	96	277	270	52	34,2	40,8
	s	18,6	33,9	40	550	22,5	287	105	250	311	75	222	85	92	176	34	21,3	18,7

1) Sickerwasser wird im Kreislauf gefahren
2) Ablagerung in Schichten von 0,2 m
3) untere Schichten sind locker gelagert
4) Sickerwasser wird eingestaut
5) Schichthöhe = Endhöhe (ca. 4 - 7 m)
6) sogenannte Rottedeponie

$\bar{x}$ = Mittelwert s = Standardabweichung

Tab. 2 Konzentrationswerte von Deponiesickerwasser /3/

Deponietyp		stark verdichtet (Kompaktoren)									schwach verdichtet (Rauben							
		1)	1)	1)	2)	3)					4)			5)	5)	5)	5)	6)
Deponie		A	B	R	P	H	D	J	K	G	F	E	C	O	L	M	N	S
Mittleres Alter (a)		8,5	4,5	1,5	3,0	9,4	2,9	3,6	3,0	2,4	3,9	5,8	7,1	3,3	1,8	1,8	1,6	5,1
Li	x̄	0,40	0,40	88,1	0,46	0,35	0,51	0,26	0,24	0,59	0,08	0,45	0,47	0,07	0,16	0,09	0,09	0,13
(mg/l)	s	0,03	0,08	30,1	0,12	0,18	0,13	0,06	0,08	0,71	0,03	0,11	0,06	0,02	0,10	0,02	0,161	0,03
K	x̄	1771	2008	785	931	893	1083	604	639	827	116	953	1278	297	1260	455	270	1286
(mg/l)	s	180	245	263	225	78	94	66	192	270	110	260	204	88	671	110	90	97
Na	x̄	2370	2827	704	2839	1559	878	761	623	714	186	1585	1578	322	968	450	235	1099
(mg/l)	s	292	564	209	1468	351	126	119	178	215	75	290	266	94	364	116	84	140
Ca	x̄	55	68	983	94	72	1749	1592	1518	783	507	150	93	135	109	107	128	56
(mg/l)	s	9	18	508	29	19	375	228	517	282	165	47	97	43	72	24	25	12
Mg	x̄	454	353	682	109	104	816	482	435	517	149	283	207	88	147	88	75	75
(mg/l)	s	44	34	261	52	20	127	60	160	191	33	44	27	14	39	18	16	7
Sr	x̄	1,02	0,74	7,02	0,75	1,10	10,5	7,8	7,9	4,8	2,2	2,0	1,0	0,76	0,82	0,57	0,53	0,75
(mg/l)	s	1,27	0,12	3,95	0,30	0,23	1,66	1,16	2,6	0,71	0,88	0,58	0,51	0,20	0,21	0,13	0,14	0,16
Fe	x̄	12,6	8,2	669	17,1	16,4	1349	994	795	766	206	15,5	28,2	2,7	11,1	22,6	36,5	7,7
(mg/l)	s	1,5	1,8	496	8,0	9,7	276	144	259	454	111	6,3	50,0	3,2	5,8	31,4	10,2	2,9
Mn	x̄	0,19	2,04	9,16	0,67	0,31	37,3	26,7	31,3	21,0	12,6	0,61	0,94	0,62	0,57	1,24	2,20	0,25
(mg/l)	s	0,06	8,5	6,15	0,46	0,21	8,5	3,6	10,0	4,6	6,8	0,27	2,47	0,28	0,35	0,30	0,47	0,05
Co	x̄	0,059	0,077	0,019	0,041	0,047	0,183	0,096	0,117	0,342	0,028	0,048	0,057	0,011	0,068	0,018	0,010	0,089
(mg/l)	s	0,026	0,043	0,010	0,020	0,011	0,086	0,029	0,039	0,248	0,024	0,014	0,021	0,005	0,031	0,008	0,004	0,014
Ni	x̄	0,242	1,129	0,066	0,235	0,233	0,274	0,217	0,277	0,345	0,050	0,155	0,309	0,051	0,195	0,079	0,048	0,334
(mg/l)	s	0,080	4,738	0,033	0,122	0,119	0,076	0,078	0,105	0,188	0,028	0,065	0,079	0,023	0,100	0,033	0,019	0,073
Cu	x̄	0,032	0,063	0,106	0,096	0,048	0,052	0,032	0,113	0,095	0,022	0,038	0,318	0,074	0,076	0,059	0,025	0,137
(mg/l)	s	0,017	0,018	0,098	0,026	0,024	0,031	0,030	0,112	0,098	0,015	0,014	0,099	0,032	0,027	0,042	0,013	0,068
Zn	x̄	0,272	0,690	1.380	12,6	0,719	7,42	1,74	4,78	12,9	0,506	0,955	0,911	0,216	0,702	0,168	0,146	0,866
(mg/l)	s	0,094	0,219	1,240	18,2	0,298	3,77	1,17	3,33	16,2	0,632	0,314	0,609	0,083	0,273	0,070	0,070	0,273
Cd	x̄	0,008	0,008	0,022	0,009	0,007	0,012	0,003	0,007	0,018	0,005	0,007	0,009	0,003	0,007	0,004	0,005	0,011
(mg/l)	s	0,012	0,005	0,016	0,005	0,006	0,004	0,003	0,006	0,016	0,003	0,007	0,004	0,002	0,005	0,006	0,006	0,011
Pd	x̄	0,130	0,326	0,310	0,236	0,079	0,079	0,018	0,054	0,249	0,038	0,160	0,148	0,041	0,143	0,079	0,041	0,199
(mg/l)	s	0,036	0,115	0,131	0,088	0,023	0,029	0,010	0,049	0,215	0,040	0,040	0,052	0,020	0,080	0,057	0,016	0.061
Cr	x̄	0,302	0,395	0,184	0,664	1,182	0,265	0,452	0,426	0,448	0,111	0,342	0,586	0,093	0,278	0,113	0,104	0,782
(mg/l	s	0,070	0,127	0,092	0,143	0,221	0,093	0,140	0,114	0,292	0,069	0,117	0,129	0,097	0,196	0,045	0,056	0,163
As	x̄	0,166	0,187	0,190	0,231	0,144	0,266	0,144	0,270	0,254	0,080	0,218	0,236	0,080	0,082	0,105	0,056	0,141
(mg/l)	s	0,084	0,074	0,174	0,128	0,164	0,197	0,097	0,378	0,368	0,092	0,228	0,278	0,121	0,047	0,100	0,069	0,086

Tab. 3 **Metallgehalte von Deponiesickerwasser /3/**

WS

Schadstoffkonzentrationsvergleich Deponiesickerwasser – Kommunales Abwasser

Die Tabellen 4 und 5 /5/ geben beispielhaft einen Vergleich von Sickerwasserkonzentrationen und den Konzentrationen kommunalen Abwassers wieder.

Parameter [1]	Sickerwasser aus Hausmüll	Kommunales Abwasser
Cl	750 - 4 400	130 - 200
NH_4-N	120 - 1 800	40 - 50
NO_3-N	0 - 20	Sp.
PO_4-P	0 - 3	3 - 5
K	300 - 2 400	20 - 35
Na	1 000 - 3 500	260 - 320
Ca	30 - 660	65 - 95
Mg	300 - 1 200	6
Mn	Sp. - 75	Sp.
Fe	Sp. - 50	0,17 - 0,36
Cu	Sp. - 0,50	0,01 - 0,08
Cr	Sp. - 0,65	0,02 - 0,04
Zn	0,01 - 13,0	0,07 - 0,09
Pb	0,03 - 0,25	n.n. - 0,08
Hg (µg/l)	Sp. - 0,50	0,03
Cd	n.n. - 0,10	0,008 - 0,012
Al	0,02 - 0,33	n.n. - Sp.
Sr	0,70 - 10.0	0,2 - 0,3
As	n.n. - 0,07	0,02 - 0,03
CO_3^{--}	0 - 3 000	12 - 30
HCO_3^{-}	1 300 - 10 000	260 - 440
SiO_3^{--}	15 - 50	25 - 50
SO_4^{--}	60 - 1 400	n.b.

alle Angaben in mg/l

Sp. ≙ Spur

n.n. ≙ nicht nachweisbar

n.b. ≙ nicht bestimmt

[1] abgerundete Extremwerte aus Tabelle 7, Seite 42, ohne die der Deponien EM und EC, da diese größere Anteile Nicht-Hausmüll enthalten

Tab. 4 Anorganische Inhaltsstoffe in Deponiesickerwasser und kommunalem Abwasser /5/

Parameter	Alter der Deponie 0 - 2,5 Jahre	Alter der Deponie 3 - 5 Jahre	Kommun. Abwasser [1]
BSB_5-F (mgO_2/l)	1 500 - 45 000	250 - 16 000	290
COD-F (mgO_2/l)	3 600 - 62 000	2 800 - 19 000	480
TOC-F (mgC/l)	1 900 - 23 000	1 800 - 10 000	200
$\frac{BSB_5\text{-F}}{\text{COD-F}}$ $\left(\frac{mgO_2}{mgO_2}\right)$	0,4 - 0,7	0,1 - 0,8	0,6
$\frac{BSB_5\text{-F}}{\text{TOC-F}}$ $\left(\frac{mgO_2}{mgC}\right)$	0,8 - 2,0	0,1 - 1,6	1,5
$\frac{\text{COD-F}}{\text{TOC-F}}$ $\left(\frac{mgO_2}{mgC}\right)$	2,0 - 2,7	1,6 - 2,0	2,5

[1] Kommunales Abwasser Braunschweig (230 000 E, Mischsystem)
... -F bedeutet filtrierte Probe
(Membranfilter, Porenweite ~ 8 μ)

Tab. 5 Konzentration organischer Inhaltsstoffe des Sickerwassers in Abhängigkeit vom Deponiealter /5/

Ausbreitungsverhalten von Deponiesickerwasser in Grundwasserleitern

Bisherige Untersuchungen zur Grundwasserbeeinflussung durch Ablagerungen von Abfallstoffen machen deutlich, daß die räumliche Ausdehnung des veränderten Grundwasserchemismus bei Ablagerungen im Grundwasserleiter ohne techn. Maßnahmen zur Sickerwassersammlung und -aufbereitung nicht auf die oberflächlich sichtbare Abgrenzung des Deponiebereichs beschränkt bleibt /25,26,27,28/.

Nach Eintritt des Sickerwassers in das Grundwasser ließen sich im Unterstrom untersuchter Ablagerungen folgende zonale Gliederungen von Abbauvorgängen erkennen: Reduktionszone, Übergangszone und Oxidationszone.

Die Minderungen der gelösten Inhaltsstoffe des Grundwassers im Unterstrom der Aufschüttungen wurden auf folgende Vorgänge zurückgeführt:

1. Verdünnung
2. Chemische Ausfällung und Mitfälleffekte
3. Adsorption und Ionenaustausch
4. Mikrobieller Abbau.

Form, Geschwindigkeit und Konzentrationsverteilung der Schadstoffausbreitung (vgl. Abb. 5 und 6) sind im wesentlichen von hydrogeologischen Standorteigenschaften wie

- Mächtigkeit des Grundwassers im Aquifer,
- Durchlässigkeit des Aquifer,
- Grundwassergefälle und
- Grundwasserfließgeschwindigkeit

abhängig.

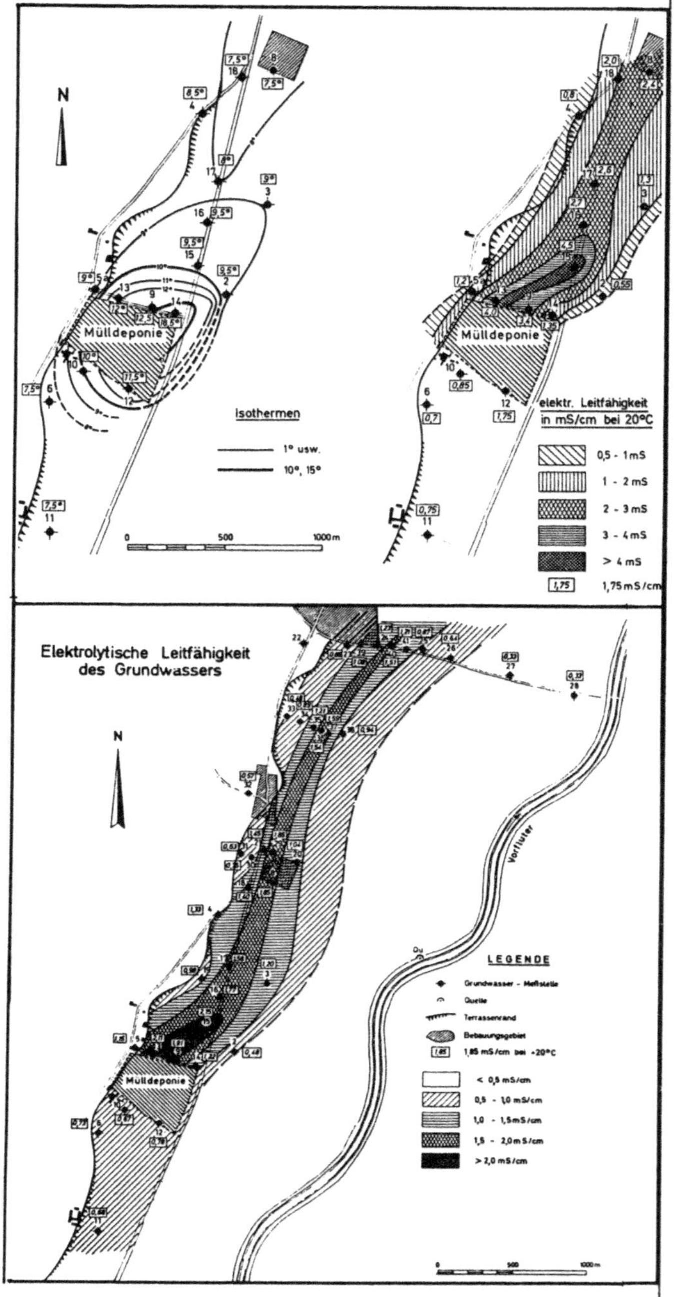

Abb. 5 und 6 Schadstoffausbreitung im Unterstrom einer Mülldeponie (27.3.1968/3.5.1971) /25,26/

1.2 Verursachende Flächennutzung "Deponie für Sonderabfälle"

Aufgrund der stofflichen Zusammensetzung und den damit zusammenhängenden wassergefährdenden Eigenschaften (vgl. dazu /19/) stellen die Emissionen von Sonderabfall - Ablagerungen auf das Grundwasser ein besonderes Gefährdungspotential dar.

Derzeitige Praktiken der Ablagerung von Sonderabfällen

Die derzeitige Praxis der Sonderabfall-Ablagerungen läßt sich wie folgt zusammenfassen /6/:

1. Einbau in Mülldeponien ohne Sickerwasserdränage, jedoch unter Anwendung spezieller Praktiken, die dazu angetan sind, den Sondermüll im Müllkörper zu isolieren.
2. Einbau in undrainierte Mülldeponien durch Vermischung mit Müll, um den Sonderabfall räumlich zu verteilen, die darin enthaltenen Schadstoffe zu verdünnen und Reaktionen mit dem Müll zu fördern, wobei diese der Fixierung und ggf. Unschädlichmachung dieser Stoffe im Müllkörper dienen.
3. Ablagerungen in Monodeponien ohne besondere Maßnahmen, jedoch auf einem Gelände, das geeignet erscheint, in Lösung gehende und ausgewaschene Schadstoffe im engsten Deponiebereich zu absorbieren.
4. Ablagerungen in Deponien mit Sickerwassersammlung und -behandlung.
5. Ablagerung in Tongruben unter weitgehendem Abschluß von Niederschlagswasser, bei Zwischen- bzw. Endabdeckung mit wenig durchlässigem bindigem Material, so daß Wechselwirkungen zwischen Sonderabfall und Grund- bzw. Oberflächenwasser langfristig sehr beschränkt bleiben.
6. Ablagerungen in Salzbergwerken.

Wegen der Problematik der Sickerwasserbehandlung werden deponietechnische Verfahren.....

...zur zeitlichen Streckung der Schadstoffabgabe unter Ausnutzung der natürlichen Reinigungsleistung des Bodens, ...

Die Verfahren 1 bis 3 laufen darauf hinaus, die Auslaugungs- und Auswaschungsvorgänge zeitlich zu strecken, d.h. einen Verdünnungseffekt über die Zeit zu erzielen, um mobilisierbare Schadstoffe in kleinen Mengen pro Zeiteinheit an die Umwelt abzugeben. Ein geeigneter Untergrund ist in der Lage, gewisse Schadstoffe aus dem unfiltrierten Sickerwasser zurückzuhalten oder unschädlich zu machen, ehe diese das Grundwasser erreichen oder einem Vorfluter zufließen (Filtration, Zonenaustausch, Adsorption, Neutralisation etc.). Solche Vorgänge sind besonders effektiv in der ungestättigten Bodenzone von feinkörnigen Porenwasserleitern. Auch bei der Gewinnung von Uferfiltrat macht man sich derartige Vorgänge zu nutze, doch sind aus dem Bereich der Wassergewinnung und Abwasserbeseitigung auch die Grenzen der Reinigungsleistung von Boden und Sedimenten bekannt /7,8,9/.

Die Sonderabfallablagerung wirft das besondere Problem auf, daß Voraussagen über das Deponieverhalten einzelner Komponenten und die daraus resultierende Sickerwasserbelastung fast unmöglich sind. Dies gilt sowohl für gemischte Ablagerungen von Haus- und Sondermüll als auch für seine Sondermülldeponien. Zuvor kann man unterstellen, daß im Deponiekörper selbst Reinigungsvorgänge stattfinden, jedoch sollte berücksichtigt werden, daß das Sickerwasser für viele in Sonderabfälle vorkommende Stoffe ein kräftigeres Lösungsmittel ist als reines Niederschlagswasser.
Außerdem sind neben ggf. wirksamen Reinigungsvorgängen im Müllkörper auch synergetische Wirkungen denkbar, die durchaus zu einem Aufbau von Schadstoffen führen könnten anstatt zur Unschädlichmachung /6/.

...der 'geologischen Konservierung'.....

Das Verfahren Nr. 5, auch "geologische Konservierung" genannt, wurde bisher mit unterschiedlichem Erfolg in die Praxis umgesetzt. Probleme ergaben sich hauptsächlich mit der Wasserhaltung, wobei das Problem vor allem bei der Endabdeckung lag, d.h. das es bisher kaum möglich war, den Eintrag von Wasser in die Abfallablagerung zu verhindern.
Darüber hinaus ist eine hohlraummassive Einbringung der Abfälle zumeist nicht möglich (Sonderabfälle werden meist in Behältnissen angeliefert). So verbleiben z.B. beim Aufstapeln von Fässern offene Räume, die sich mit dem Auftrag von Zwischenabdeckungen nicht verfüllen lassen. Bis in die siebziger Jahre wurden vielerorts Behälter mit Flüssigkeiten und nicht stichfesten Schlämmen auf diese Weise abgelagert /6/.
Es ist zu vermuten, daß in bestehenden Gruben die einzelnen verfüllten Polder in der Regel wassergesättigt sind und daß das Wasser mit den eingebrachten Abfällen reagiert. Die entstehenden Lösungen müssen als hochgradig kontaminiert angesehen werden.

...oder zur Verfestigung und Immobilisierung der Abfälle eingesetzt

Auch die neuesten deponietechnischen Entwicklungen wie Verfestigungs- und Immobilisierungsverfahren dienen nicht der Dekontamination des entstehenden Sickerwassers /6a/. Die als Konditionierungsverfahren zu klassifizierenden Methoden dienen in erster Linie zur Verbesserung physikalischer Eigenschaften der Abfälle in Form ihrer Überführung in festes, wasserschwerdurchlässiges Material (Immobilisierungseffekt).

1.3 Verursachende Flächennutzung "Bergehalden"

Wasserhaushalt von Bergehalden

Die Struktur des Wasserhaushalts in Bergehalden entspricht im wesentlichen derjenigen für Hausmülldeponien (vgl. 1.1).

Niederschlagswasser wird in den Haldenkörper infiltriert bzw. fließt oberflächlich ab. Am Haldenfuß bildet sich aus Oberflächenabfluß und anstehendem Sickerwasser ein Strom zum nächsten Vorfluter bzw. Abfanggraben. Ein Teil des Sickerwassers infiltriert in die Bodenschichten unter dem Haldenkörper, gelangt ins Grundwasser und fließt vermischt und verdünnt entsprechend der Grundwasserfließrichtung dem Fließgewässer des Einzugsgebietes zu. Über Qualität und Quantität des Oberflächenflusses und des Sickerwassers entscheiden folgende Faktoren /10/ (vgl. 1.1):

1. Niederschlag
   - Häufigkeit
   - Intensität
   - Dauer
   - pH-Wert
   - Evaporation
2. Haldenkörper
   - chem. Zusammensetzung (insbesondere Schwefelgehalt)
   - Alter der Aufhaldung
   - Korngrößenmäßige Zusammensetzung
   - Verdichtungsgrad
   - Form des Haldenkörpers
   - Temperatur
   - Mikroorganismen
3. Oberflächenabfluß/Sickerwasser
   - Fließstrecke zum Fließgewässer bzw. im Grundwasser
   - Verdünnung
   - Kontaktzeit von Material und Regenwasser.

Chemismus der Stoffumwandlungen im Haldenkörper

Der grundlegende Chemismus an der Haldenoberfläche und im Haldenkörper besteht darin, daß der Pyritschwefel ($Fe\ S_2$) - in Waschbergehalden in Anteilen bis zu 2% nachweisbar - durch Sauerstoffzufuhr (sauerstoffhaltiger Niederschlag, Luftsauerstoff) einer ständig fortschreitenden langsamen Oxidation zu Sulfat unterworfen ist. Die ebenfalls vorhandenen Chloride gehen nach der Ablagerung mit dem versickernden Niederschlagswasser sofort in Lösung, so daß zu erwarten ist, daß die Chloridbelastung des Sickerwassers relativ rasch abklingt /12/.

Untersuchungen an Bergehalden ohne Schutzmaßnahmen (Verdichtung, Drainage, Abdeckung) und Anschüttungen (Bahndämme, Straßen- und Wegebau) zeigen, welche Ausmaße eine Sulfatanreicherung im Grundwasser annehmen kann /13/.

Salzhaltige Sickerwässer (Sulfat, Chlorid)

So wurden z.B. in einem Wasseraustritt am Fuße einer Halde im Raume nördlich Krefeld über 5000 mg/l Sulfat festgestellt. Sickerwasser einer Bergehalde auf Lockergestein im Niederterassenbereich des Rheins verursachten 500m grundwasserstromabwärts in den Anlagen einer industriellen Grundwassergewinnung eine Aufsalzung innerhalb von 15 Jahren von 100 mg/l Sulfat (unbeeinflußt) auf 260 mg/l /12/. Im Grundwasser unmittelbar unter einer Bergehalde im Raum Dinslaken wurden ca. 2000 mg/l Sulfat, 300 mg/l Chlorid und stark saure Reaktionen (ph-Wert: 3,7) festgestellt /14/.

Langzeitverhalten von Bergehalden, Konzentrationsverlauf der Salzbelastung des Sickerwassers

Über die Veränderungen der Sickerwasserkonzentrationen im Zeitablauf, d.h. dem Langzeitverhalten von Bergehalden, liegen bisher kaum gesicherte Erkenntnisse vor.

Die Annahme, daß die Chloridbelastungen des Grundwassers im Einwirkungsbereich von Bergehalden bereits nach Beendigung der Haldenaufschüttung nachlassen würde /17/, scheint sich nach Ergebnissen neuerer Untersuchungen an Bergehalten im Reg. Bez. Münster und Lysimeterversuchen mit verdichtetem Bergematerial nicht zu bestätigen /15/. Genauere Kenntnisse über diese Wirkungsmechanismen sind von folgenden derzeit in Bearbeitung befindlichen Forschungsprojekten im Bereich Bergewirtschaft zu erwarten /16/:

1. Westfälische Berggewerkschaftskasse Bochum (WBK), Institut für angewandte Geologie: Erarbeitung von Empfehlungen für die Verwahrung von Bergehalden.

2. Ruhr-Universität-Bochum (Institut für angewandte Geologie), Fachhochschule Bochum, Universität Kiel, Hygiene Institut Gelsenkirchen: Auswirkungen von Bergematerial auf Grund-/ Trinkwasser, Hydrogeologische Untersuchungen.

Die Langzeitbelastung des Grundwassers im Bereich von Bergehalden ohne technische Schutzmaßnahmen wird z.Zt. wie folgt beurteilt /15/:
Der Wassergehalt in verdichteten Haldenkörpern ist sehr gering. Von 700 mm jährlichen Niederschlags versickern lediglich etwa 10%. Somit fallen ständig geringe Sickerwassermengen an, die infolge von Auswaschungs- und Auslaugungsprozessen sehr hohe Konzentrationen an Sulfat und Chlorid enthalten. In o.g. neueren Untersuchungen wurden an der Haldenbasis Chloridkonzentrationen von bis zu 1000 mg/l nachgewiesen, die Werte für Sulfat lagen etwas niedriger.

Unterschiede in der Schadstoffausbreitung aus verfüllten Abgrabungen je nach Flurabstand des Grundwassers

1.4 Verursachende Flächennutzung "Verfüllte Abgrabungen"

Bei der Ablagerung von Abfallstoffen in Abgrabungen von Steinen und Erden ist eine Gefährdung von Oberflächengewässern meist nicht zu besorgen bzw. durch geeignete Schutzmaßnahmen relativ leicht zu vermeiden.

Qualitative Veränderungen des Grundwassers durch Verfüllung der Abgrabungen von Steinen und Erden und durch Ablagerung in Gruben und Geländemulden resultieren aus

- dem Schadstoffeintrag ins Grundwasser durch kontaminierte Sickerwässer bei Ablagerungen über dem Grundwasserschwankungsbereich
- dem direkten Zutritt kontaminierter Sickerwässer und durch Auslaugungs- bzw. Auswaschungen nicht biogener Substanzen durch das Grundwasser (Ablagerungen im Grundwasserschwankungsbereich bzw. Grundwasserbereich).

Dabei ist die Kontamination des Sickerwassers im wesentlichen abhängig von der Quantität und Qualität der abgelagerten Stoffe und den chemisch-biologischen Prozessen im Ablagerungskörper (vgl. Abschnitt 1.1 bis 1.3).

Die hauptsächliche Schadwirkung der abgelagerten Stoffe läßt sich zusammenfassend folgendermaßen charakterisieren /20/:

Art/Herkunft der Abfälle	Hauptschadwirkung
Hausmüll/Gewerbeabfälle	vorwiegend durch organische Stoffe
Landwirtschaftl. Abfälle u. Schlämme aus kommunalen Kläranlagen	durch organische Stoffe, Gefahr durch Bakterien, Viren u. Zooparasiten
Industrieabfälle	durch organische Stoffe, durch Inhaltsstoffe mit abbauhemmender und ausgesprochen toxischer Wirkung

Die letztlich in das Grundwasser gelangenden Stoffe werden hauptsächlich durch folgende Vorgänge umgewandelt bzw. abgebaut /20,21/:

- Verdünnung
- chemische Füllung
- Adsorption und Zonenaustausch
- mikrobieller Abbau im Grundwasserleiter.

Ausbreitungsverhalten der Schadstoffe von hydrogeologischer Standortsituation abhängig

Das dem Kontaminationsbereich zuströmende unbeeinflußte Grund- und Sickerwasser verdünnt die Schadstoffe. In porösen Lockergesteinen werden gelöste Stoffe infolge der Dispersion in Grundwasserfließrichtung aufgefächert, so daß eine in Fließrichtung gestreckte Kontaminationszone entsteht. In klüftigen Felsgesteinen erfolgt eine Dispersion in Richtung der Kluftmaxima, auch wenn diese quer zum Grundwassergefälle stehen.

Verfüllungen mit Bergematerial (Grubenberge, Waschberge)

Ein für den Untersuchungsraum spezifisches Problem stellen die Verfüllungen mit Bergematerial dar. Bei der Rekultivierung von Abgrabungsflächen z.B. für landwirtschaftliche Nutzungen werden Waschberge des Steinkohlenbergbaus in großem Umfang als Füllmaterial verwandt /24/. Der Frage der möglichen Grundwasserbeeinträchtigung wurde in der Literatur bisher wenig Beachtung geschenkt. Gleichwohl weisen ältere Veröffentlichungen auf das Problem der Aufsalzung des Grundwassers hin /12,13/.

Die Veränderungen des Grundwassers durch Bergeverkippungen sind im wesentlichen von folgenden Faktoren abhängig /12/:

- korngrößenmäßige Zusammensetzung der Berge,
- Wasserdurchlässigkeit,
- Durchflußgeschwindigkeit,
- Sauerstoffnachlieferung,
- Rekultivierung und technische Maßnahmen

Dabei stellte sich die Sauerstoffnachlieferung nach bisherigen Erkenntnissen als der wichtigste Faktor heraus.

Während die oft höheren Chloridwerte nach Abschluß der Verfüllung relativ schnell wieder abnehmen, konnte dieser Konzentrationsverlauf für Sulfat nicht festgestellt werden. Starke Konzentrationsschwankungen des Sulfats sind bei Verfüllungen festzustellen, in denen das Bergematerial im Grundwasserschwankungsbereich liegt. Die Sulfatabgabe erfolgt dabei über einen Zeitraum von einigen Jahrzehnten /12/.

2. Räumliche Abgrenzung und Ausprägung

Wie die Altlasten-Erhebung in Nordrhein-Westfalen zeigt /23/, stößt die Erfassung, möglichst exakte räumliche Abgrenzung und die Differenzierung der Ausprägung der der Wirkungsart "Vorwiegend wechselnder Schadstoffeintrag (örtlich/stofflich)" zugrundeliegenden verursachenden Flächennutzungen auf einige Probleme.

Ein Problem grundsätzlicher Art besteht wie bei der Abgrenzung und Differenzierung der Ausprägung der anderen Wirkungsarten darin, daß das tatsächliche Ausmaß qualitativer Grundwasserveränderungen flächendeckend für den Untersuchungsraum nicht erfaßbar ist. Dies betrifft vor allem Kontaminationsgrad und Ausbreitungsbereich von grundwassergefährdenden Stoffen aus Altablagerungen. Es liegen zwar für einzelne Altlasten inzwischen entsprechende Untersuchungsergebnisse vor, doch sind die gefundenen Werte aufgrund der spezifischen hydrologischen und hydrogeologischen Standortverhältnisse auf nicht analysierte Wirkungsbereiche verursachender Flächennutzungen nicht übertragbar. Als durchgängig anzuwendendes Abgrenzungskriterium ist daher nur die Ablagerungsfläche (Emissionsquelle) herangezogen worden.

Entsprechend der methodischen Zielsetzung, die bis 1980 entstandene Brutto-Wirkungsfläche für den Untersuchungsraum zu ermitteln, sind Altlasten nur insoweit der Wirkungsart "vorwiegend wechselnder Schadstoffeintrag (örtlich/stofflich)" zugeordnet worden, als sie flächenmäßig nicht durch andere Wirkungsarten erfaßt werden. Der gültigen Altlastendefinition /23/ entsprechend handelt es sich dabei um

"- verlassene und stillgelegte Ablagerungsplätze sowie wilde Ablagerungen und
- Aufhaldungen und Verfüllungen mit umweltgefährdenden Produktionsrückständen, auch in Verbindung mit Bergematerial und Bauschutt."

Aufgrund des Flächenwirksamkeitskriteriums werden daher

"- Schadstoffanreicherungen auf dem Gelände stillgelegter oder noch betriebener Anlagen und
- Schadstoffanreicherungen durch Kriegseinwirkungen, Unfälle, defekte Abwasserkanäle, unsachgemäße Lagerung wassergefährdender Stoffe u.a.."

weitgehend durch die Wirkungsart "Oberflächenversiegelung" erfaßt. Der methodische Fehler einer unkorrekten Wirkungszuordnung mußte in Kauf genommen werden, um das Ziel der regionalen Brutto-Wirkungsflächenermittlung zu erreichen.

Eine Differenzierung der Ausprägung der Wirkungsart "Vorwiegend wechselnder Schadstoffeintrag (örtlich/stofflich)" ist im eigentlichen Sinne, d.h. nach ausschließlich stofflichen Kriterien wegen der komplexen Zusammensetzung und Umsetzung der abgelagerten Stoffe nicht möglich. Hilfsweise sind daher deponietechnische Kriterien heranzuziehen, die eine grobe Einschätzung der Beeinträchtigungswirkung erlauben. In Anlehnung an die einschlägigen Richtlinien zur Altlasten-Erfassung und Überwachung stillgelegter Deponien /23,29/ kommen folgende Kriterien in Betracht:

- Menge, Art/Zusammensetzung und Herkunft der abgelagerten Abfälle und Rückstände
- Alter der Ablagerung (Betriebszeit; Entstehungszeitraum)
- Art der Ablagerung (Ablagerungsbedingungen, Einbauverfahren, Aufschüttung, Verfüllung, Hangschüttung)
- Vorhandene Einrichtungen zur Vermeidung und Kontrolle von Boden- und Grundwasserkontaminationen (Basisabdichtung, Sickerwassersammlung und behandlung, Kontrollbrunnen)

Aus Gründen der Darstellbarkeit, Übersichtlichkeit und des Querschnittscharakters der vorliegenden Analyse sowie der Datenverfügbarkeit wurden nur die Ausprägungskriterien "Art der Ablagerung" und "Alter der Ablagerung" verwendet.

Als Ergebnis zeigt **KARTE 4 "Entwicklung der Flächeninanspruchnahme durch Aufschüttungen und Verfüllungen"** die zeitliche Entwicklung der Flächenbeanspruchung durch Abfallablagerungen in rein additiver Darstellung ohne Berücksichtigung von Rekultivierungen und/oder Folgenutzungen. Die Art der Veränderung der hydrogeologischen Raumausstattung wird durch die Differenzierung in "Aufschüttung" und "Verfüllung" berücksichtigt.

3. Datengrundlage

/29/ Siedlungsverband Ruhrkohlenbezirk (SVR) (Hrsg.):
Karte des Siedlungsverbandes Ruhrkohlenbezirk: Flächennutzung Stand 1954, Maßstab 1:50.000
Blätter: Kleve, Bocholt, Haltern, Lüdinghausen, Ahlen, Kevelaer, Wesel, Recklinghausen, Dortmund-Nord, Hamm, Straelen, Duisburg, Essen, Dortmund-Süd, Arnsberg-Wuppertal, Lüdenscheid.

/30/ Ministerium für Landwirtschaft und Forsten NW und Siedlungsverband Ruhrkohlenbezirk (SVR) (Hrsg.)
Wassergewinnung und Lagerung von Abfallstoffen im Ruhrkohlenbezirk, Maßstab 1:50.000,
bearbeitet im Institut für Wasserwirtschaft und Hydrogeologie der Westfälischen Berggewerkschaftskasse, Bochum
Blatt 1: Kleve-Wesel, Bearbeitzungszeitraum: Frühjahr bis Sommer 1968
Blatt 2: Dorsten-Recklinghausen, Bearbeitungszeitraum: Herbst 1965 bis Sommer 1966
Blatt 3: Lünen-Hamm, Bearbeitungszeitraum: Sommer bis Herbst 1968
Blatt 4: Geldern-Moers, Bearbeitungszeitraum: Sommer 1969
Blatt 5: Duisburg-Essen, Bearbeitungszeitraum: Frühjahr bis Sommer 1967
Blatt 6: Dortmund-Unna, Bearbeitungszeitraum: Sommer 1967 - Frühjahr 1968
Blatt 7: Kaldenkirchen-Krefeld, Bearbeitungszeitraum: Herbst 1968 - Frühjahr 1969
Blatt 8: Düsseldorf-Wuppertal, Bearbeitungszeitraum: Frühjahr bis Sommer 1969
Blatt 9: Hagen-Iserlohn, Bearbeitungszeitraum: Sommer bis Herbst 1969

/31/ STAWA Düsseldorf
Altlastenerhebung gem.Rd. Erl MELF NW v. 26.3.1980
Kartengrundlagen: Topographische Karte M 1:25.000, Erhebungsstand Jan. 1981 - April 1982
Blätter: 4304 Xanten
4305 Wesel
4205 Dingden
4204 Rees
4203 Kalkar
4306 Drevenack
4404 Issum
4405 Rheinberg
4406 Dinslaken
4407 Bottrop
4406 Gelsenkirchen
4505 Moers
4506 Duisburg
4507 Mühlheim
4508 Essen
4608 Velbert
4607 Heiligenhaus
4606 D'dorf-Kaiserswerth
4605 Krefeld
4307 Dorsten

/32/ STAWA Hagen,
Altlastenerhebung gem. Rd. Erl. MELF NW v. 26.3.1980
Kartengrundlagen: Top. Karte M, 1:25.000, Erhebungsstand Juni 1982
Blätter: 4412 Unna
4510 Witten
4511 Dortmund-Hörde
4610 Hagen
4611 Hohenlimburg

/33/ STAWA Lippstadt
Altlastenerhebung gem. Rd. Erl. MELF NW v. 26.3.1980
Kartengrundlage: Topographische Karte 1:25.000, Erhebungsstand Mai 1982
Blätter: 4206 Brünen
4207 Raesfeld
4208 Wulfen
4209 Haltern
4210 Lüdinghausen
4211 Ascheberg
4212 Drensteinfurt
4213 Ahlen
4307 Dorsten
4308 Marl
4305 Recklinghausen
4310 Datteln teln
4311 Lünen
4312 Hamm
4406 Dinslaken
4407 Bottrop
4408 Gelsenkirchen
4409 Herne
4410 Dortmund
4411 Kamen
4412 Unna
4510 Witten
4511 Schwerte

/34/ Regierungspräsident Arnsberg
Gebietsentwicklungsplan Regierungspräsident Arnsberg,
Teilabschnitt Dortmund-Unna-Hamm (Entwurf), M 1:50.000
Stand: 20./21. November 1980

/35/ Regierungspräsident Münster
Bergehaldenkonzept für den Regierungsbezirk Münster,
- Entsorgung der Schachtanlagen bis zum Jahr 2000 -
M 1:50.000, Stand: Mai 1980

/36/ Regierungspräsident Arnsberg
"Haldenkonzept", Auszug aus dem Vorentwurf des Gebietsentwicklungsplanes Regierungsbezirk Arnsberg, Teilabschnitt Dortmund-Unna-Hamm,
Bereiche für Aufschüttungen, o.J.

/37/ Regierungspräsident Düsseldorf
Gebietsentwicklungsplan, Teilabschnitt Bereiche für Aufschüttungen des Steinkohlenbergbaus, -Bergewirtschaft- (Entwurf)
Düsseldorf, März 1981

/38/ Regierungspräsident Düsseldorf, Dez. 64
Karte: Auskiesung und Aussandung im Kreis Wesel,
Stand 1980, M. 1:50.000

/39/ Abfallbeseitigungsplan Nordrhein-Westfalen
- Teilabschnitt Siedlungsabfälle -
RdErl. des Ministers für Ernährung, Landwirtschaft und Forsten
vom 30.10.78, III C 8 - 931 - 24378

/40/ Bergbau AG Lippe
Bergehalden (Übersichtsplan) M 1:50.000, o.J.

/41/ Bergbau AG Niederrhein
Bergehalden (Übersichtsplan), M 1:50.000,
Stand August 1980

/42/ Bergbau AG Westfalen
"Bergewirtschaft" (Übersichtsplan), M 1:50.000,
Stand November 1977

4. Vorhandene Untersuchungen für den Untersuchungsraum

/2/ Ehrig, H.J.
Beitrag zum quantitativen und qualitativen Wasserhaushalt von Mülldeponien
Veröffentlichung des Instituts f. Stadtbauwesen, TU Braunschweig, Heft 26, Braunschweig 1978

/12/ Siebert, G., Werner, H.
Bergeverkippung und Grundwasserbeeinflussung am Niederrhein
Fortschritte in d. Geologie v. Rheinland u. Westfalen, Bd. 17, Krefeld 1969, S. 263-278

/13/ Semmler, W.
Verdorbenes Grundwasser
Schlägel u. Eisen, 1960, Nr. 8, S. 534-541

/16/ a) Obermann, P., von Berk, W.
Zwischenbericht über die Untersuchungen zu der Art, die Größe und den Umsetzungen des Stoffaustrages aus Bergeablagerungen des Steinkohlenabbaues in Grundwasserleitern des Niederrheins
Ruhr-Universität Bochum, Bochum Nov. 1983

b) Westf. Berggewerkschaftskasse, Inst. f. Angewandte Geologie
Lagerung von Abgängen des Steinkohlenbergbaus. Entwicklung von Basisabdichtungen bei der Anlage von Bergehalden in Grundwasserreserveräumen
LOBA-Projekt-Nr. 65.11-55-6

/24/ Sunkel, R.
Die Eignung von Waschbergen zum Verfüllen von Kiesgruben
Mitteilungen der LÖLF NW, 6. Jg., 1981, Heft 1, S. 16-18

/30/ Dewey, W.-J., Ahting, D., Alens, F.U.
Vergleichende Untersuchungen über das Langzeitverhalten von Deponiebasisabdichtungen unter praxisbezogenen Bedingungen
Stief, K. (Hrsg.), Deponiebasisverdichtung, Berlin, Jan. 1979, S. 86-94

/31/ Institut f. Umweltschutz, Univ. Dortmund
Wasserhaushaltsuntersuchungen an Versuchsdeponien
Forschungsgeber: UBA, Berlin; Forschungsbericht Nr. 103 02 201/01, Dortmund 1980 (unveröffentlicht)

/32/ Institut für Umweltschutz, Univ. Dortmund
Erarbeitung von Empfehlungen zur Datenerfassung und Überwachung von Sickerwässern aus Deponien für Siedlungsabfälle
Forschungsgeber: MWF NW, Az. IV B3-FA9050, Dortmund 1982 (unveröffentlicht)

5. Literatur

/1/ Kayser R., Knoch, J., Stegmann R., Geisler, Chr.
Untersuchungsergebnisse von Sickerwässern aus Mülldeponien
B. Böhnke (Hrsg.), Gefährdung von Grund und Oberflächenwässern durch Gifte und Reststoffe aus Abwasser und Ablagerungen, Gewässerschutz-Wasser-Abwasser, Bd. 10, Aachen 1973, S. 593-609

/1a/ Gas- und Wasserhaushalt von Mülldeponien - Internationale Fachtagung 29.9. - 1.10.1982 Braunschweig
Veröffentlichungen des Instituts für Stadtbauwesen der TU Braunschweig, Heft 33, Braunschweig 1982

/2/ Ehrig, H.J.
Beitrag zum quantitativen und qualitativen Wasserhaushalt von Mülldeponien
Veröffentlichung des Instituts für Stadtbauwesen, Technische Universität Braunschweig, Heft 26, Braunschweig 1978

/3/ Ehrig, H.J.
Sickerwasser aus Deponien: Herkunft, Menge, Zusammensetzung
Jäger, B., Kayser, R. (Hrsg.)
Aktuelle Probleme der Deponietechnik, 8. Abfallwirtschaftsseminar an der Technischen Universität Berlin, Berlin 1978

/4/ Ehrig, H.J.
Menge und Zusammensetzung von Sickerwasser aus Mülldeponien
Wasserwirtschaft, 70. Jg., 1980, H. 6, S. 227-231

/5/ Knoch, J.
Untersuchung und biologische Reinigung von Sickerwasser aus Mülldeponien
Veröffentlichung des Instituts für Stadtbauwesen, Technische Universität Braunschweig, Heft 15, Braunschweig 1974

/6/ Wiedemann, H.U.
Beispiele aus der Praxis der Ablagerung von Sonderabfällen in der Bundesrepublik Deutschland
Umweltbundesamt (Hrsg.), Berichte 2/77, Berlin 1977

/6a/ Verfahren zur Verfestigung von Sonderabfällen und Stabilisierung von verunreinigten Böden - Stand der Erkenntnisse und Anwendungsmöglichkeiten
Umweltbundesamt (Hrsg.), UBA-Bericht 1/82, Berlin 1982

/7/ Schmidt, K.
Grundwassererneuerung und Wassergewinnung
Zbl. Bakt. Hyg. I. Abt. Orig. B 172, S. 134-155, 1980

/8/ Moser, H.
Die Trinkwassergewinnung und -aufbereitung der Städtischen Werke Essen
gwf-Wasser/Abwasser, 119. Jg., 1978, Heft 1, S. 13-22

/9/ Kunowski, J.v., Aurand, K., Milde, G., Neumayr, V.
Zur Veränderung des Reinigungsvermögens langjährig mit Abwasser belasteter Böden
Karl Aurand (Hrsg.), Bewertung chemischer Stoffe im Wasserkreislauf, Berlin 1981

/10/ Dawis, E.C., Boegly, W.J.
A Review of Water Quality Issues Associated with Coal Storage
Journal of Environmental Quality, Vol. 10, April-June 1981, No. 2, S. 127-133

/11/ Colonna, R.A.
Uprading Land Disposal Sites, EAS-ISWA '81 Dokumentation, EAS-Sekretariat c/o ATV (Hrsg.), München 1981, S. 831-858

/12/ Siebert, G., Werner, H.
Bergeverkippung und Grundwasserbeeinflussung am Niederrhein
Geologisches Landesamt NW (Hrsg.), Fortschritte in der Geologie von Rheinland und Westfalen, Bd. 17, Krefeld 1969, S. 263-278

/13/ Semmler, W.
Verdorbenes Grundwasser
Schlägel und Eisen, 1960, Nr. 8, S. 534-541

/14/ Der Rat von Sachverständigen für Umweltfragen, Umweltprobleme des Rheins
3. Sondergutachten, Stuttgart-Mainz, März 1976, S. 86

/15/ persönliche Mitteilung Dez. 54, Regierungspräsident Münster, 8.10.81

/16/ ITZ (Hrsg.)
Schwerpunktheft ITZ, Ausgabe Nr. 2, 1. Jg., 1982, S. 33

/17/ Ruhrkohle Aktiengesellschaft (RAG) (Hrsg.)
Fragen zur Bergewirtschaft, Essen, Februar 1981

/18/ Lang, O.
Landschaftspflege - Ablagerung und geordnete Deponien, Vortrag auf der Internationalen Studientagung der Schweizerischen Vereinigung für Gewässerschutz und Lufthygiene, Geordnete Deponien und Raumplanung, Krattigen, 23.-26.10.1979

/19/ Katalog wassergefährdender Stoffe
- Bek. d. BMI v. 11.9.1980 - U II 4 - 523 074/3 - GMBL.S.430

/20/ Vorreyer, Ch.
Probleme der Ablagerung von Abfallstoffen in Abgrabungen von Steinen und Erden im Hinblick auf den Gewässerschutz
Landesausschuß für landwirtschaftliche Forschung, Erziehung und Wirtschaftsberatung beim Ministerium für Ernährung, Landwirtschaft und Forsten NW, Forschung und Beratung Reihe C, Heft 22. Rekultivierung der Abgrabungen von Steinen und Erden, Münster-Hiltrup, Mai 1973, S. 155-172

/21/ Schenkel, W.
Theorie der geordneten Deponie in Abgrabungen von Steinen und Erden unter Berücksichtigung des Gewässerschutzes
Landesausschuß für landwirtschaftliche Forschung, Erziehung und Wirtschaftsberatung beim MELF NW, Forschung und Beratung Reihe C, Heft 22, Rekultivierung der Abgrabungen von Steinen und Erden, Münster-Hiltrup, Mai 1973, S. 173-186

/22/ Vgl. Bericht der Landesregierung NW gem. § 32 des Landesplanungsgesetzes Landesentwicklungsbericht 1980, Düsseldorf, Oktober 1981

/23/ Erfassung von Altlasten
Rd.Erl. des Ministers für Ernährung, Landwirtschaft u. Forsten NW vom 26.3.1980 (MBL.NW.1980, S. 769)

/24/ Sunkel, R.
Die Eignung von Waschbergen zum Verfüllen von Kiesgruben
Mitteilungen der Landesanstalt für Ökologie Landschaftsentwicklung und Forstplanung Nordrhein-Westfalen (LÖLF NW), 1981
6. Jg., Heft 1, S. 16-18

/25/ Exler, H.J.
Ausbreitung und Reichweite von Grundwasserverunreinigungen im Unterstrom einer Mülldeponie
gwf-Wasser/Abwasser, 113. Jg., 1972, H. 3, S. 101-112

/26/ Exler, H.J.
Das Ausmaß von Grundwasserverunreinigungen unterhalb einer Mülldeponie
Gewässerschutz, Wasser, Abwasser, Bd. 10,
B. Böhnke (Hrsg.), Gefährdung von Grund- und Oberflächenwässern durch Gifte und Reststoffe aus Abwasser und Ablagerungen, Aachen 1973, S. 523-537

/27/ Golwer, A., Mattheß, G., Schneider W.
Selbstreinigungsvorgänge im aeroben und anaeroben Grundwasserbereich
VOM WASSER, 36. Band, 1969, S. 64-91

/28/ Grammel, U.
Über die Auswirkungen einer Salzschlackeablagerung auf das Grundwasser
gwf-Wasser/Abwasser, 113 Jg., 1972, H. 3, S. 113-116

/29/ Überwachung der Errichtung und des Betriebes von Deponien, Überwachung stillgelegter Deponien
RdErl. d. Ministers f. Ernährung, Landwirtschaft u. Forsten NW v. 25.5.81 (MBL.NW. 1981, S. 1259)

WIRKUNGSPROFIL

ENTFERNUNG VON DECKSCHICHTEN UND GRUNDWASSERLEITERN

1. Hydrologischer Wirkungszusammenhang

Geologisch bedingtes Zusammentreffen abbauwürdiger Sand- und Kiesvorkommen und bedeutender Grundwasservorkommen

Durch den oberflächennahen Abbau von Steinen und Erden kann der örtliche Wasserhaushalt nachhaltig qualitativ und quantitativ negativ beeinflußt werden. Dies trifft im Untersuchungsgebiet vor allem für den Abbau von hochwertigen quartären Sanden und Kiesen zu, da naturgemäß die Verbreitungsgebiete dieser Lockergesteine weitestgehend mit sehr ergiebigen bis ergiebigen Grundwasservorkommen ausgestattet sind. Aufgrund der Tatsache, daß im Untersuchungsraum kein Braunkohletagebau stattfindet, unterbleibt die Darstellung des Wirkungszusammenhangs zwischen Wasserhaushalt und Braunkohletagebau. Wegen der untergeordneten Bedeutung wird auf Torfabbau ebenfalls nicht eingegangen.

Durch Abgrabungen werden...

Unabhängig von der jeweiligen Abbautechnik (Trocken- oder Naßbaggerung) werden im Bereich der Abbaufelder die schützenden Deckschichten und nahezu vollständig der Sand- und Kieskörper des Aquifers entfernt. Dadurch bedingte potentielle Beeinträchtigungen sind auf folgende Teilwirkungen zurückzuführen (vgl. dazu Abb. 1 /1/):

1. Qualitative Beeinträchtigungswirkungen:

...qualitative Veränderungen...

- Beseitigung bzw. Zerstörung der oberen, belebten und biologisch aktiven Bodenzone mit biologischer Abbau-, Sorptions- und Filterwirkung
- Beseitigung der meist geringmächtigen lehmigen oder schluffig-sandigen Deckschichten mit Sorptions- und Filterwirkung
- Beseitigung des Aquifers mit Reinigungszone (Sorption, Filtration, hydrobiologische Vernichtung pathogener Keime) in Grundwasserfließrichtung
- Folgenutzungen mit biologischen und hydrochemischen Veränderungen des Grundwassers

2. Quantitative Beeinträchtigungswirkungen:

...und quantitative Veränderungen der hydrogeologischen Raumausstattung hervorgerufen

- Veränderungen des Grundwasserspiegels, des Gefälles und der Fließgeschwindigkeit bei flächenhafter Aufdeckung des Grundwassers
- Stark erhöhte Verdunstungsverluste durch Freilegung des Grundwassers und Verwandlung in ein Oberflächengewässer
- Änderung, meist Herabsetzung der Fließgeschwindigkeit des Grundwassers bei Verfüllung von Abgrabungen mit Füllmaterial meist geringerer Durchlässigkeitsbeiwerte

Natürliche 'Alterung' der entstandenen Oberflächengewässer (Baggerseen) kann...

Das entstandene Oberflächengewässer (Baggersee) unterliegt zunächst ohne weiteren anthropogenen Einfluß einer "Alterung", d.h. es findet eine natürliche

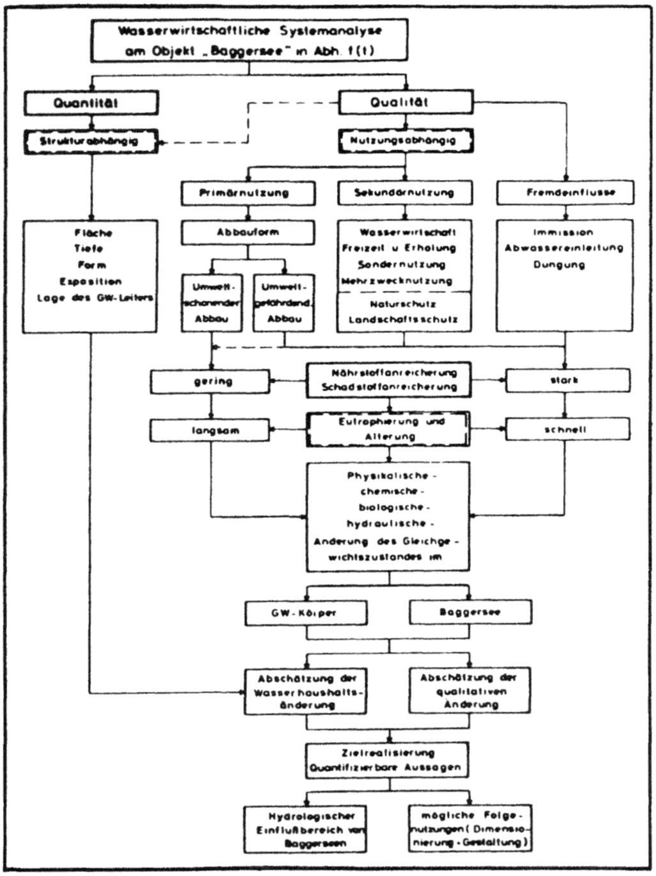

Abb. 1 Schema der Wirkungsanalyse 'Entfernung von Deckschichten und Grundwasserleitern' (Baggerseen) /1/

Nährstoffanreicherung (Eutrophierung) statt. Wie in natürlichen Seen bildet sich eine vertikale Temperaturschichtung im Wasserkörper mit Epilimnion, Metalimnion und Hypolimnion aus. Voraussetzung dafür ist allerdings eine ausreichende Wassertiefe von mindestens 4 ./. 5 m, im Höchstfall von ca. 10 m /1,2/. So haben von insgesamt ca. 3900 in der BRD untersuchten Baggerseen immerhin ca. 750 Seen eine in diesem Zusammenhang ungünstige Wassertiefe T $\lesssim$ 2,0 m /1/.

...durch Folgenutzungen anthropogen beschleunigt werden

Durch Folgenutzungen kann der Prozeß der Eutrophierung beschleunigt werden. Bei gegebener Ausgangssituation nimmt die Eutrophierung durch folgende Nutzungen in der angegebenen Reihenfolge zu /2/:

- Naturschutzgebiet
- Landschaftssee
- Extensive Sportfischerei
- Wassersportsee (Segeln, Surfen, Rudern) /3/
- Extensive Badenutzung /3/
- Intensiver Badebetrieb /3/
- Fischhaltung mit gelegentlicher Fütterung
- Intensivfischhaltung (z.B. Netzgehege).

Wirkungszusammenhang der Folgenutzung 'Verfüllung' siehe Wirkungsprofil WS

Über o.g. auf rein biologischen Wirkungszusammenhängen beruhende Qualitätsverschlechterungen hinaus ist auf kontrollierte und vor allem unkontrollierte Ablagerungen hinzuweisen, deren wasserlösliche, nichtbiogene Inhaltsstoffe in den Grundwasserkörper direkt eintreten können /4/. Weitere Ausführungen zu Veränderungen der hydrogeologischen Raumausstattung in Form von Verfüllungen der Abgrabungen von Steinen und Erden und die Beschreibung der daraus resultierenden, dargebotsverändernden Wirkungsmechanismen sind im Wirkungsprofil "vorwiegend wechselnder Schadstoffeintrag (örtlich/stofflich)" zu finden.

Kleinräumige quantitative Veränderungen der Grundwasserlandschaft in Form von...

Bei Naßbaggerungen (Grundwasserfreilegung) verschiebt sich der Grundwasserspiegel gegenüber der dem natürlichen Gefälle folgenden ursprünglichen Lage (vgl. Abb. 2).

...Grundwasserspiegelveränderungen...

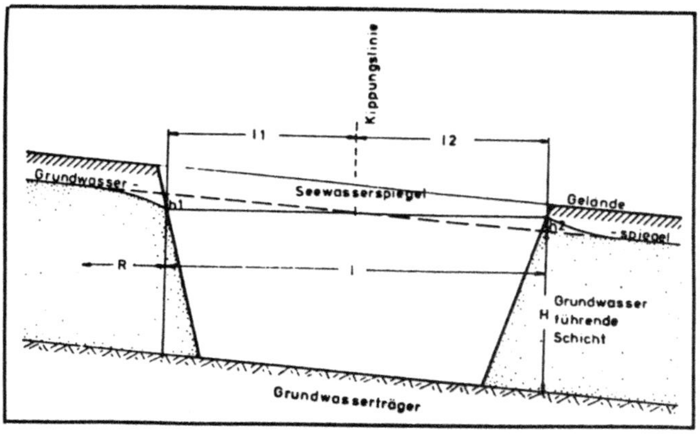

Abb. 2 Veränderung des Grundwasserspiegels durch naßgebaggerte Abgrabungen /2/

Die Höhe der oberstromigen Grundwasserabsenkung (h_1) und des unterstromigen Grundwasseraufstaus (h_2) hängen ab von

- Länge des Baggersees in Grundwasserfließrichtung,
- Lage der Kippungslinie,
- Grundwassergefälle und
- Eintrittswiderstand der Bodenporen am unterstromigen Ufer /2/.

...und verringertem Grundwasserdurchfluß

Dieser Eintrittswiderstand wird zunächst dadurch erhöht, daß schon beim Baggern aufgewirbelte Schwebstoffe die Poren zusetzen. Dieser Prozeß setzt sich mit zunehmender Alterung und Eutrophierung des Wasserkörpers weiter fort, so daß im Extremfall eine vollständige Abdichtung ("Badewanneneffekt") eintritt. In jedem Fall aber nimmt der Grundwasserdurchfluß und damit die Erneuerung des Wasserkörpers ab.

Die Beeinflussung des Grundwasserstroms geht wesentlich über die dem Baggersee entsprechende Ausdehnung hinaus (vgl. Abb. 3 u. 4) /1,11/.

Bereich der Grundwasserbeeinflussung deutlich größer als Abgrabungsfläche

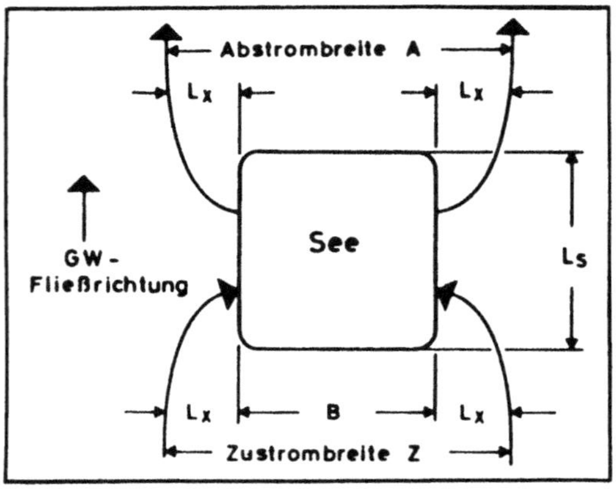

Abb. 3 Prinzipskizze der Grundwasserstrombeeinflussung von naßgebaggerten Abgrabungen /1/

Die Breite der beeinflußten Zu- und Abstromstreifen sowie die Reichweite der Grundwasserspiegelabsenkungen sind von Faktoren wie Grundwasserabsenkung, Form und Lage des Baggersees, Grundwassergefälle und Durchlässigkeitsbeiwerte K_f des Aquifers abhängig /1,5/.

Additive Wirkung auf die Grundwasserabsenkung bei gereihten Abgrabungen in geneigtem Gelände

Hinsichtlich der Grundwasserabsenkung ist außerdem die Tatsache der additiven Wirkung in Grundwasserfließrichtung nahe aneinander grenzender Baggerseen, wie in Abb. 5 schematisch dargestellt, von Bedeutung.

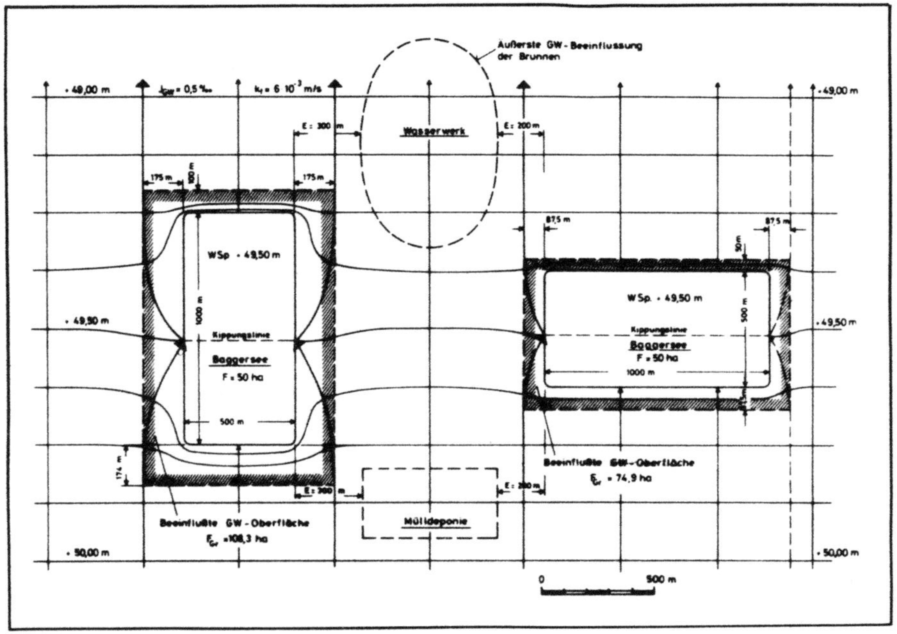

Abb. 4 Ausdehnung der Grundwasserbeeinflussung durch Naßabgrabungen (Schema) /1/

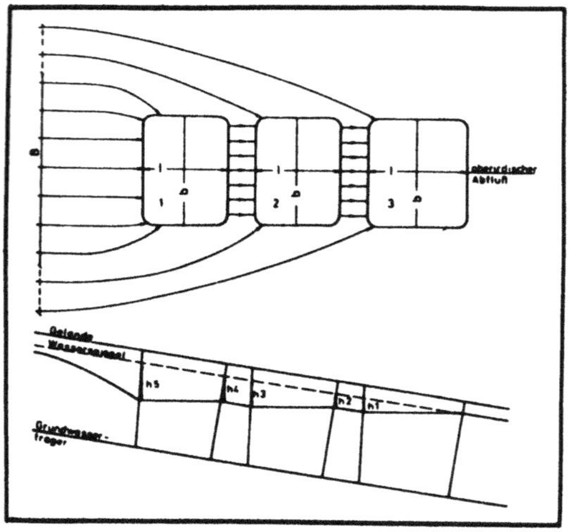

Abb. 5 Additive Grundwasserabsenkungswirkung von in Grundwasserfließrichtung aufgereihten Naßabgrabungen /2/

Erhöhte Verdunstung gegenüber bewachsenen Landflächen in der Größenordnung von 20 Prozent

Als weitere quantitative Veränderungen des Dargebots durch Naßbaggerungen sind die Verdunstungsverluste von der großflächig freigelegten Grundwasseroberfläche zu nennen /1/. An heißen Sommertagen kann die Verdunstung von freien Wasserflächen ca. 6-11 mm/d betragen /5/. Nach Tabelle 1 kann für den Untersuchungsraum die jährliche Mehrverdunstung durch Baggerseen mit 100 ./. 160 mm/a angenommen werden.

NATURRAUM	Jahres-temperatur	Nieder-schlag	V_s	V_a	ΔV	Bereich von ΔV
	(°C)	(mm/a)	(mm/a)	(mm/a)	(mm/a)	(mm/a)
Norddeutsche Tief-ebene	8,4	757	609	483	126	110-150
Westfälische Tief-landsbucht	9,1	741	597	490	107	100-120
Niederrheinische Bucht	9,8	748	630	508	122	100-160
Oberrheinische Tief-ebene einschl. Main-tal	9,9	731	671	491	180	180-240
Fränkisches Stufen-land	8,0	636	608	479	129	120-160
Alpenvorland	8,0	906	617	539	78	70-100

(V_a - aktuelle Verdunstung von bewachsenen Landflächen,
V_s - Evaporation von Wasserflächen)

Tab. 1 Mehrverdunstung von Baggerseen gegenüber Landflächen aus der Jahresreihe 1951–1965 /1/

Letztendlich sei noch auf quantitative Veränderungen des Grundwasserdargebots bei Trockenbaggerungen hingewiesen. Analog zur Technik des Braunkohlenbergbaus gewinnt beim Abbau im Grundwasserbereich die Technik der Grundwasserabsenkung aus Gründen des höheren Rohstoffausbringens an Bedeutung /2/. Diese Technik birgt bei unzureichender Beachtung der hydrogeologischen Gegebenheiten eines Abbaustandortes die Gefahr einer bleibenden Störung des Grundwasserhaushaltes in sich.

2. Räumliche Abgrenzung und Ausprägung

Die Entwicklung der Flächenbeanspruchung durch den Abbau von Steinen und Erden im Untersuchungsraum für den Zeitraum von 1954-1980/81 veranschaulicht **KARTE 3 "Flächeninanspruchnahme durch Abgrabungen"**.

Tatsächliche qualitative und/oder quantitative Veränderungen des Grundwasserdargebots und deren räumliche Ausdehnung infolge des Abbaus von Steinen und Erden sind im wesentlichen abhängig von der kleinräumigen hydrogeologischen Raumausstattung und der speziellen Abbautechnik am Standort. Die Ermittlung und die räumliche Konkretisierung von Dargebotsveränderungen setzt somit eine Vielzahl detaillierter Standortuntersuchungen voraus, die im Rahmen dieser regionalen Analyse nicht zu leisten waren. Auch der ansatzweisen Beschreibung der Intensität potentieller Dargebotsveränderungen mit Hilfe einheitlicher Indikatoren sind mit den verfügbaren zu verschiedenen Zeitpunkten und nach verschiedenen Kriterien durchgeführten Bestandsaufnahmen der Abgrabungen von Steinen und Erden Grenzen gesetzt. In diesem Zusammenhang ist auf das derzeit in Aufstellung befindliche Abgrabungskataster der Landesanstalt für Ökologie, Landschaftsentwicklung und Forstplanung NW hinzuweisen, das als ein wichtiger Schritt zur laufenden Raumbeobachtung im Bereich der Ressourcennutzung anzusehen ist /18/.

Flächendeckend für den Untersuchungsraum liegt diese Erhebung nicht vor. Entsprechend differenzierte Bestandsaufnahmen für frühere Zeitpunkte (1954/60er Jahre) sind nicht verfügbar.

Die räumliche Abgrenzung der Wirkungsart "Entfernung von Deckschichten und Grundwasserleitern" hatte sich daher an der Daten- und Informationslage zu orientieren. Aufgrund des Bearbeitungsmaßstabs konnten nur Flächen ≥ 1 ha berücksichtigt werden.

Eine an sich wünschenswerte Differenzierung der Ausprägung der Wirkungsart anhand themenbezogener Kriterien (vgl. Erhebungsbogen Abgrabungskataster) war flächendeckend für den Betrachtungszeitraum 1954-1980 nicht durchzuführen.

3. Datengrundlage

/12/ Siedlungsverband Ruhrkohlenbezirk (SVR) (Hrsg.)
Karte des Siedlungsverbandes Ruhrkohlenbezirk: Flächennutzung Stand 1954, Maßstab 1:50.000
Blätter: Kleve, Bocholt, Haltern, Lüdinghausen, Ahlen, Kevelaer, Wesel, Recklinghausen, Dortmund-Nord-Hamm, Straelen, Duisburg, Essen, Dortmund-Süd, Arnsberg, Wuppertal, Lüdenscheid.

/13/ Ministerium für Landwirtschaft und Forsten NW und Siedlungsverband Ruhrkohlenbezirk (SVR) (Hrsg.)
Wassergewinnung und Lagerung von Abfallstoffen im Ruhrkohlenbezirk, Maßstab 1:50.000,
bearbeitet im Institut für Wasserwirtschaft und Hydrogologie der Westfälischen Berggewerkschaftskasse, Bochum
Blatt 1: Kleve-Wesel, Bearbeitungszeitraum Frühjahr bis Sommer 1968,
Blatt 2: Dorsten-Recklinghausen, Bearbeitungszeitraum Herbst 1965 bis Sommer 1966
Blatt 3: Lünen-Hamm, Bearbeitungszeitraum Sommer bis Herbst 1968
Blatt 4: Geldern-Moers, Bearbeitungszeitraum Sommer 1969
Blatt 5: Duisburg-Essen, Bearbeitungszeitraum Frühjahr bis Sommer 1967
Blatt 6: Dortmund-Unna, Bearbeitungszeitr. Sommer 67 - Frühjahr 1968
Blatt 7: Kaldenkirchen-Krefeld, Bearbeitungszeitraum Herbst 68 - Frühjahr 1969
Blatt 8: Düsseldorf-Wuppertal, Bearbeitungszeitraum Frühjahr bis Sommer 1969
Blatt 9: Hagen-Iserlohn, Bearbeitungszeitraum Sommer bis Herbst 1969

/14/ Regierungspräsident Arnsberg, Dezernat 62 (Bezirksplanungsbehörde)
Abgrabungskataster Reg. Bez. Arnsberg, Stand 1979
Kartengrundlagen: Topographische Karte 1:25.000

Blätter: 4212 Hamm	4410 Dortmund
4213 Ahlen	4411 Kamen
4310 Datteln	4412 Unna
4311 Lünen	4508 Essen
4313 Welver	4509 Bochum
4408 Gelsenkirchen	4510 Witten
4409 Herne	4511 Dortmund-Hörde
	4608 Velbert
	4609 Hattingen
	4610 Hagen

/15/ STAWA Düsseldorf
Altlastenerhebung gem. Rd.Erl. des Ministers für Ernährung, Landwirtschaft und Forsten NW v. 26.3.1980 (MBl, NW, 1980, S. 769)
Kartengrundlagen: Topographische Karte 1:25.000

Blätter: 4304 Xanten	Erhebungsstand: Feb. 1981
4305 Wesel	Feb. 1981
4205 Dingden	Feb. 1981
4204 Rees	Jan. 1981
4203 Kalkar	Jan. 1981
4306 Drevenack	Feb. 1981
4404 Issum	Feb. 1981
4405 Rheinberg	Feb. 1981
4406 Dinslaken	Jan. 1981

4407	Bottrop	Aug. 1981
4408	Gelsenkirchen	Aug. 1981
4505	Moers	Aug. 1981
4506	Duisberg	April 1981
4507	Mühlheim	Aug. 1981
4508	Essen	Sept. 1981
4608	Velbert	März 1982
4607	Heilginhaus	Sept. 1981
4606	D'dorf-Kaiserswerth	April 1982
4605	Krefeld	April 1982
4307	Dorsten	Feb. 1981

/16/ STAWA Hagen,
Altlastenerhebung gem. Rd. Erl. MELF NW v. 26.3.1980
Kartengrundlagen: Top. Karte: 1:25.000, Erhebungsstand Juni 1982
Blätter: 4412 Unna
4510 Witten
4511 Dortmund-Hörde
4610 Hagen
4511 Hohenlimburg

/17/ STAWA Lippstadt
Altlastenerhebung gem. Rd. Erl. MELF NW v. 26.3.1980
Kartengrundlage: Topographische Karte 1:25.000, Erhebungsstand Mai 1982
Blätter:

4206 Brünen	4310 Datteln
4207 Raesfeld	4311 Lünen
4208 Wulfen	4312 Hamm
4209 Haltern	4406 Dinslaken
4210 Lüdinghausen	4407 Bottrop
4211 Ascheberg	4408 Gelsenkirchen
4212 Drensteinfurt	4409 Herne
4213 Ahlen	4410 Dortmund
4307 Dorsten	4411 Kamen
4308 Marl	4412 Unna
4309 Recklinghausen	4510 Witten
	4511 Schwerte

/18/ Landesanstalt für Ökologie, Landschaftsentwicklung und Forstplanung Nordrhein-Westfalen
Abgrabungskataster
Kartengrundlage: Topographische Karte 1:25.000
Blätter:

4203 Kalkar 2/I/80	4506 Duisburg 2/II/81
4204 Rees 2/I/80	4606 D'dorf Kaiserw. 3/II/81
4205 Dingden 2/I/80	4507 Mülheim 3/II/81
4304 Xanten 2/I/80	4508 Essen 3/II/81
4307 Dorsten 3/II/81	4509 Bochum 3/II/81
4405 Rheinberg 3/II/81	4510 Witten 3/II/81
4406 Dinslaken 3/II/81	4607 Heiligenhaus 3/II/81
4407 Bottrop 3/II/81	4608 Velbert 3/II/81
4408 Gelsenkirchen 3/II/81	4610 Hagen 3/II/81
4409 Herne 3/II/81	4709 Wuppertal-Bur. 3/II/81
4505 Moers 3/II/81	

4. Vorhandene Untersuchungen für den Untersuchungsraum

Bagner, J.
Der Abbau von Steinen und Erden in Nordrhein-Westfalen
Schriftenreihe der Landesanstalt f. Ökologie, Landschaftsentwicklung und Forstplanung NW, Bd. 2, Düsseldorf 1978

Krämer, F.
Folgenutzungen der Abgrabungen von Steinen und Erden in Nordrhein-Westfalen
Schriftenreihe d. Landesanstalt für Immissions- u. Bodennutzungsschutz des Landes NW, Heft 34, Essen 1975, S. 77-85

5. Literatur

/1/ Lübbe, E.
Baggerseen; Bestandsaufnahme, Hydrologie und planerische Konsequenzen
Schriftenreihe des Kuratoriums für Wasser- und Kulturbauwesen, Heft 29, Hamburg 1978

/2/ Dingethal, J., Jürging, P., Kaule, G., Weinzierl, W. (Hrsg.)
Kiesgrube und Landschaft, Handbuch über den Abbau von Sand und Kies
Verlag Paul Parey, Hamburg u. Berlin 1981

/3/ Voß, J., Hatzfeld, F.
Wassersportanlagen in Nordrhein-Westfalen
Schriftenreihe Landes- und Stadtentwicklungsforschung des Landes NW, Landesentwicklung, Bd. 1028, ILS Dortmund 1981

/4/ Vorreyer, Ch.
Probleme der Ablagerung von Abfallstoffen in Abgrabungen von Steinen und Erden
Landesausschuß f. landwirtschaftliche Forschung, Erziehung und Wirtschaftsberatung beim MELF (Hrsg.), Rekultivierung der Abgrabungen von Steinen und Erden - Erfahrungen in Nordrhein-Westfalen, Reihe C, wiss. Berichte und Diskussionsbeiträge, Heft 22, Hiltrup 1973

/5/ Wrobel, J.-P.
Wechselbeziehungen zwischen Baggerseen und Grundwasser in gut durchlässigen Schottern
gwf-Wasser/Abwasser, 121. Jg., 1980, Heft 4, S. 165-173

WIRKUNGSPROFIL

GELÄNDEABSENKUNG DURCH UNTERTÄGIGEN MASSENVERLUST

1. Hydrologischer Wirkungszusammenhang

Für das Ruhrgebiet von besonderer Bedeutung sind die bergbauspezifischen Eingriffe in den Wasserhaushalt. Großflächige Veränderungen der hydrogeologischen Raumausstattung (Bergsenkung) als Folge des untertägigen Steinkohleabbaus und punktuell starke Beanspruchungen des natürlichen Grundwasserdargebots führen unter Umständen zu nachhaltigen Grundwasserstandsveränderungen, die die Nutzung örtlicher Grundwasservorkommen zur Trinkwasserversorgung möglicherweise einschränken bzw. potentielle Nutzungsmöglichkeiten verloren gehen lassen /1/.

Wirkungsschema von Bergsenkungen auf den Wasserhaushalt

Abb. 1 zeigt das Wirkungsschema von der Entstehung bergbaulicher Eingriffe in den Wasserhaushalt bis zur Wirkung auf Grundwasservorkommen in Form von Grundwasserstandsänderungen /2/.
Der Abbau von Steinkohle bedeutet einen Massenverlust durch unterirdische Entnahme von

- Gestein (Berge) zur Schaffung der untertägigen Infrastruktur und
- Kohle (Flöze), die mit Bergen versetzt zutage gefördert wird.

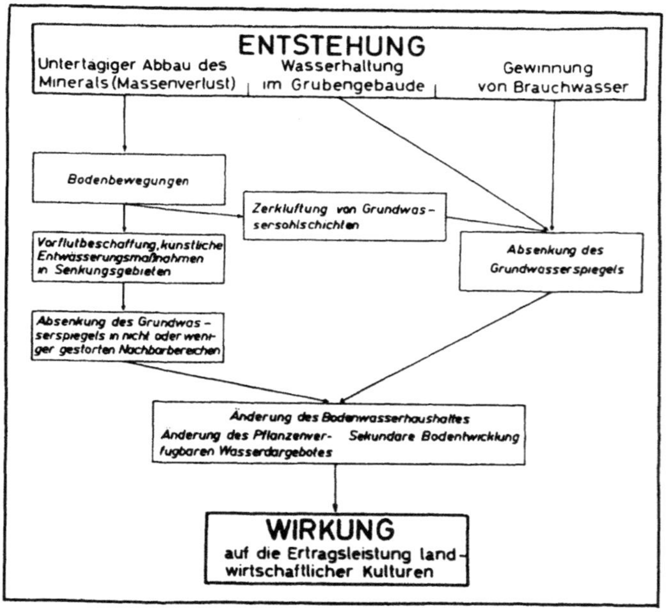

Abb. 1 Wirkungsschema Untertägiger Massenverlust – Wasserhaushalt /2/

Boden- und Gebirgsmechanik von Bergsenkungen

Die geförderten Mengen hinterlassen im Untergrund einen Hohlraum, der sich nach dem Abbau durch Zubruchgehen des Hangenden weitgehend schließt und mehr oder weniger starke oberirdische Senkungen nach sich zieht /3/. Einzelne Komponenten der Bodenbewegungsvorgänge und der resultierenden hydrologischen Senkungsmulde bei klüftigem Deckgebirge (Ruhroberkarbon) geben Abb. 2 u. 3 wieder /4,5/.

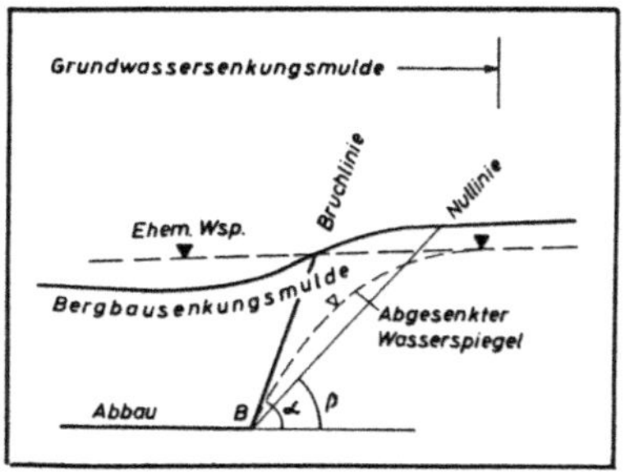

Abb. 2 Wirkung des Flözabbaues auf Gebirge und Grundwasser /5/

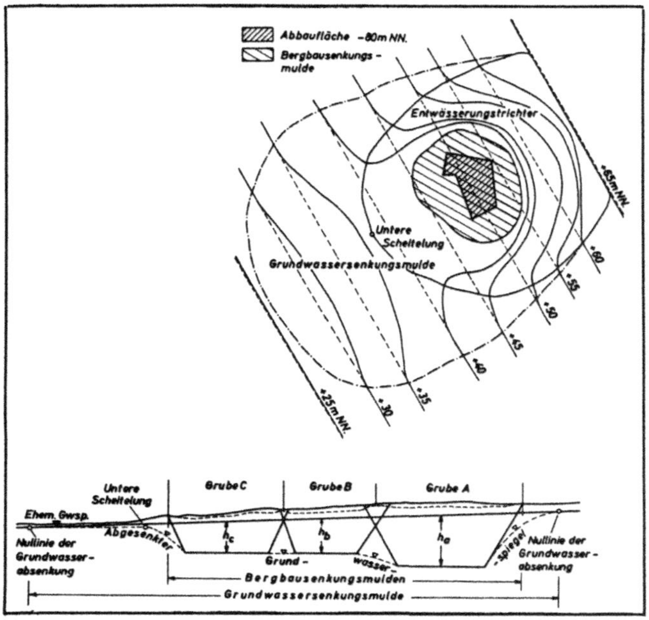

Abb. 3 Hydrogeologische Veränderungen durch mehrere Grubenbaue in klüftigem Flözgebirge /5/

Zwischen den beiden Schenkeln der Grenzwinkel bildet sich eine Mulde, deren Größe vor allem von der tektonischen und petrographischen Beschaffenheit der Lagerstätten und ihrer Zwischenschichten abhängt. Die Senkung der Erdoberfläche ist etwa in der Mitte am stärksten und wird zu den Rändern hin zunehmend geringer (Abb. 2). Dieser auf Schwerkraftwirkungen beruhende Vorgang führt neben der eigentlichen Senkung noch zu weiteren Veränderungen an der Erdoberfläche in Form von Zerrungen, Pressungen, Schieflagen und Verschiebungen. Durch großflächigen Abbau eines oder mehrerer Flöze werden die Zerrungs- und Pressungszonen an den Rånd einer mehr oder weniger großen gleichmäßigen Senkungsmulde verlagert (Abb. 3).

Übertägige qualitative und quantitative Beeinträchtigungen des Wasserhaushalts

Beeinträchtigungen des Wasserhaushalts durch Bergsenkungen machen sich durch

- Zutagetreten des Grundwassers (Versumpfung)
- Vorflutstörungen von Oberflächengewässern und/oder
- Grundwasserversinkungen

bemerkbar /4/.

Maßgebend für die flächige Ausdehnung von Versumpfungen sind der Flurabstand des Grundwassers, die Änderung der Grundwasserfließrichtung in Richtung des Senkungstiefs und vor allem die Ausdehnung der Absenkung unter Grundwasserspiegel.

Sind Baugebiete, Verkehrsanlagen oder sonstige Anlagen von Versorgungsträgern betroffen, so ist eine Entwässerung über Pumpwerke unumgänglich. Bei Freiflächen ohne Abwassereinleitung ist man in den letzten Jahren dazu übergegangen, versumpfte Flächen in ihrem Zustand zu belassen, da sich schützenswerte Sekundärbiotope ausgebildet haben. In jedem Fall geht aber das örtliche Grundwasservorkommen der hochwertigen potentiellen Nutzung als Trinkwasser verloren. Während im ersten Fall durch Überpumpen in den nächsten Vorfluter hauptsächlich eine quantitative Veränderung des Dargebots vorliegt, kann es bei Bergsenkungen und -teichen (ohne wirksamen Biotopschutz) zu folgenden qualitativen und quantitativen Beeinträchtigungen kommen:

- Unkontrollierte Ablagerung von Abfallstoffen (wilde Kippen),
- Schadstoffeintrag ins Grundwasser über eine Bodenschlammanreicherung von Luftschadstoffen /6/
- Eutrophierung und /7/
- Verdunstungsverlust /8,9/.

Werden Wasserläufe von Bergsenkungen betroffen, kann es zu Störungen oder sogar zur Beseitigung der Vorflut kommen. Die örtlichen topographischen Verhältnisse (Gefällereserve des Vorfluters) und Flächennutzungen entscheiden darüber, ob zur Schaffung bzw. Erhaltung der Vorflut

- Vertiefungen der Sohle
- Aufhöhung der Sohle und Eindeichung und/oder
- Umlegung des Wasserlaufes inklusive Bau eines Pumpwerkes

notwendig werden.
Beeinträchtigungen des Wasserhaushaltes können auch über den Einwirkungsbereich von Bergsenkungen hinausgehen. Auf der Grundlage von Senkungsvorausberechnungen werden Vorfluter von vornherein entsprechend tief auch durch senkungsfreies oder weniger absinkendes Gelände, z.T. am Rande und außerhalb des Abbaugebietes, geführt. Zwangsläufig entziehen diese Vorfluter dann einem beidseitigen Streifen das Grundwasser, wobei die Breite dieses Streifens vom Aufbau und der Durchlässigkeit örtlicher Bodenschichten abhängt. Da sich außerdem das Einzugsgebiet des mit Rücksicht auf künftige Bodensenkungen geplanten und ausgebauten Entwässerungsnetzes nicht mit dem an Ausdehnung zunehmenden Bergsenkungsgebiet deckt, werden immer Flächen von Grundwasserentzug betroffen sein /4/.

Untertägige Beeinträchtigungen des Wasserhaushalts

Neben den oberflächig sichtbaren bzw. oberflächennahen Veränderungen der natürlichen Grundwasserverhältnisse kann der Durchbauungsgrad des Gebirges infolge des überwiegend betriebenen Bruchbaus u.U. zu Grundwasserentzug führen. Durch das Zubruchgehen des Deckgebirges über der gebauten Lagerstätte können Grundwassersohlschichten zerklüftet werden; mögliche Folge können Grundwasserversinkungen/ Wassereinbrüche in Grubengebäude aus einem oder mehreren Stockwerk(en) sein (vgl. Abb. 3).

Entscheidende Faktoren für derartige Vorgänge sind neben dem Ausmaß der Bewegungsvorgänge im Hangenden die Eigenschaften der Grundwassersohlschichten, wie

- Mächtigkeit,
- Biegsamkeit,
- Neigung zur Quellung und Verschlämmung und
- von der Tektonik erfaßte oder ungestörte Lagerung /4,5/.

Fernwirkung der Wasserhaltung der Grubengebäude auf oberflächennahe Wasservorkommen

Als eine weitere Entstehungsart bergbaubedingter Grundwasserstandsveränderungen ist die Wasserhaltung der Grubengebäude zu nennen. Zur Sicherung des Kohleabbaus ist die Hebung großer Wassermengen erforderlich (Wasserzuflüsse vgl. Abb. 4 /11/). Die quantitative Bedeutung der Wasserhaltung kann an dem Förderverhältnis m^3 Grubenwasser/t verwertbare Förderung abgelesen werden, das sich im Bereich der derzeitigen Schachtbauzone auf $0{,}9 m^3/t$ v. F. beläuft /4,10/. Abgesehen von den Folgen bergbaubedingter Bodenbewegungen ist ein direkter Einfluß der Wasserhaltung des Grubengebäudes auf die obere Grundwasserführung dann weitgehend auszuschließen, wenn abbauwürdige Lagerstätten von einer bzw. mehreren undurchlässigen Schichten (Grundwassersohlschichten einzelner Grundwasserstockwerke) überlagert werden. Jedes Grundwasservorkommen besitzt allerdings ein Regenerationsgebiet, aus dem es einen Zufluß erhält. Die Erneuerung erfolgt bei zutagetretenden grundwasserführenden Schichten direkt aus dem versickernden Niederschlagswasser. Sie kann auch herrühren von übertretendem Kluft- bzw. Grundwasser aus wasserführenden Nachbargesteinen. Darüber hinaus stehen Lagerstättenschichten auch oft mit durchlässigen Gesteinen in Verbindung, in die ein unterirdischer Abfluß erfolgt. Die Grubenwasserhaltung kann also eine Fernwirkung auf Spiegellage und Wasserführung der Regenerations- und unterirdischen Abflußgebiete haben /4/.

GA

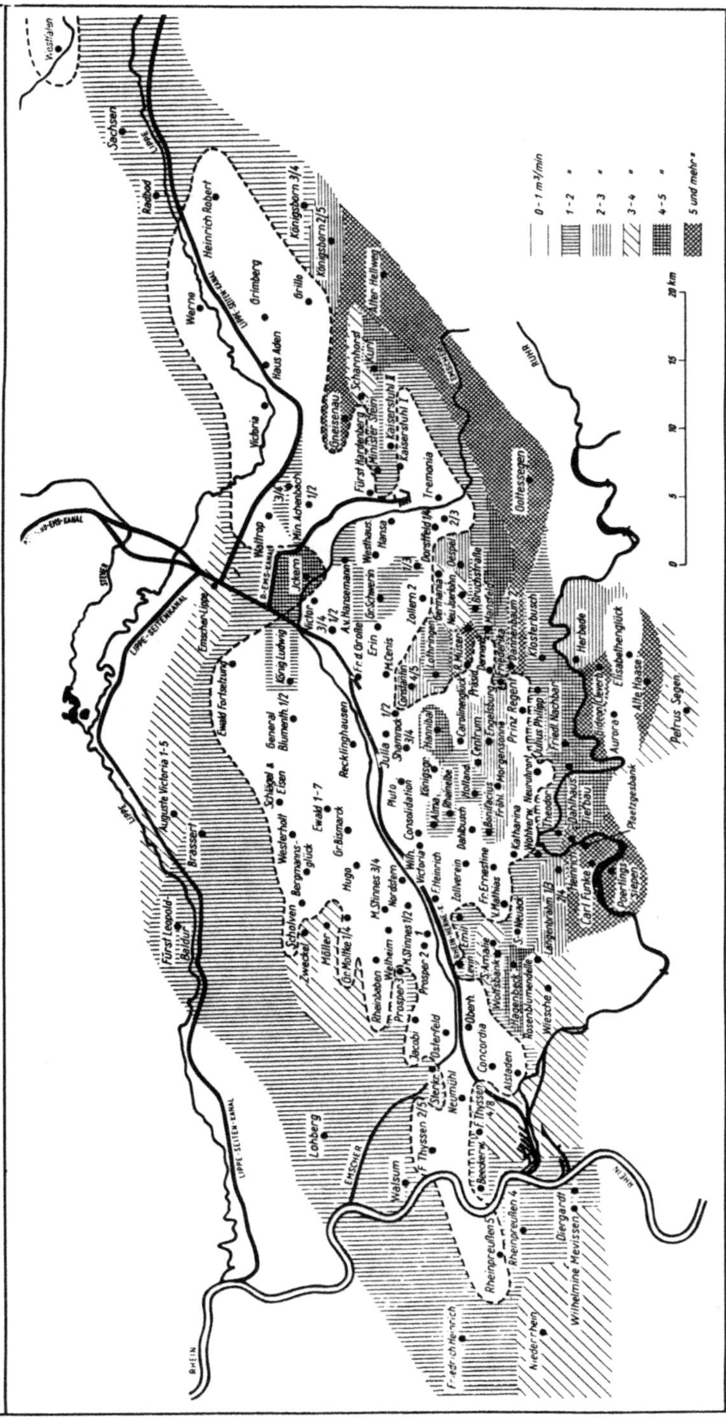

Abb. 4 Zonen gleicher Wasserzuflüsse im Ruhrbergbau 1954 /11/

2. Räumliche Abgrenzung und Ausprägung

Grundlage zur Formulierung unterschiedlicher Wirkungsarten bilden übertägige flächennutzungsbezogene Eingriffe in den natürlichen Wasserkreislauf, die quantitative und qualitative ober- und unterirdische Abflußveränderungen zur Folge haben. Ihre räumliche Konkretisierung erfolgt durch Zuordnung maßgeblich verursachender oberirdischer anthropogener Nutzungen und deren reale Flächenausdehnung. Im Gegensatz dazu stellt der Abbau von Steinkohle im Untersuchungsgebiet einen großflächigen untertägigen Eingriff in den (Natur-)Wasserhaushalt dar. Oberflächlich wird dieser sichtbar in Form von Bergsenkungen.

An der Tagesoberfläche des Lippeverbandsgebietes entstand beispielsweise bis Ende 1974 ein Massendefizit von 913 x $10^6 m^3$. Die unterbaute Lippeverbandsoberfläche erfuhr eine durchschnittliche Senkung von 1,38m, wobei die größte Senkung seit Beginn des Bergbaus bis 1974 12,70m betrug /3/.

Die mit dem Vordringen des Mineralöls einsetzende Strukturkrise zwang den Steinkohlenbergbau zu umfassender Rationalisierung. Der Abbau der Kohle wurde weitgehend mechanisiert. Kostspieliger Abbau mit Vollversatz trat in den Hintergrund, wohingegen der Abbau ohne anschließenden Versatz der Hohlräume zunehmend an Bedeutung gewann (93-95% der Gesamtförderung im Bruchbau /12/), so daß die heutigen Abbauverhältnisse weitaus größere Senkungen verursachen. Darüber hinaus wird der Durchbauungsgrad des Gebirges ständig vergrößert. Das Gebirge befindet sich in ständiger Verformung und Bewegung, so daß eine Wiederverfestigung des Gesteinsschichtenverbandes nicht stattfindet. Dies hat zur Folge, daß sich Senkungen an der Erdoberfläche schneller bemerkbar machen.
Die Vorausberechnung derartiger Senkungen erfolgt in den bergtechnischen Abteilungen der Entwässerungsgenossenschaften. Planungsrisse (Abbaugrundrisse, Profile, Zeitpläne) des Abbaus bilden die Grundlage für Senkungsvorausberechnungen, deren Ergebnisse in Senkungsplänen dargestellt werden /3/. Bergschadensrechtliche Gründe lassen jedoch eine Kartierung der Senkungsgebiete im Bearbeitungsmaßstab nicht zu, da insbesondere die Festsetzung der Null-Linie (äußere Begrenzung von Senkungsgebieten) mit erheblichen entschädigungsrechtlichen Problemen behaftet ist /13/.

Zur räumlichen Abgrenzung der Wirkungsart "Bodensenkung durch untertägigen Massenverlust" werden als Bezugsflächen bergbaulicher Beeinflussungen des Wasserkreislaufs hilfsweise die Poldergebiete der Emschergenossenschaft, des Lippeverbandes und der Linksniederrheinischen Entwässerungsgenossenschaft ausgewählt. Die räumliche Abgrenzung der Wirkungsart auf dieser Grundlage schließt auch die Bereiche ein, die zwar nicht direkt bergbaulich beeinflußt sind, die aber infolge notwendiger Maßnahmen zur Abflußregulierung mittelbare Eingriffsbereiche in den Wasserhaushalt darstellen. Hinsichtlich oberflächennaher anthropogener Grundwasserstandsänderungen infolge des untertägigen Steinkohleabbaus ist darauf hinzuweisen, daß in den Sümpfungsbereichen der LINEG und den Poldergebieten der Emschergenossenschaft und des Lippeverbandes völlig unterschiedliche Verhältnisse vorliegen. Hohe Grundwasserstände und geringe Flurabstände in linksrheinischen Entwässerungsbereichen machen dort Grundwasserpumpanlagen zur Grundwasserspiegelabsenkung notwendig. Das Ausmaß der quantitativen Beanspruchung örtlicher Grundwasservorkommen läßt sich am Neubau von Grundwasserpumpanlagen und der Entwicklung der geförderten Grundwassermengen verdeutlichen (vgl. Tab. 1 /22/).

geförderte Grundwassermengen (Jahresmittelwert von 4 Jahren)[1]	
7 Grundwasserpumpanlagen (Stand 31.12.1960)	
1956/60	2.962.154 m^3/a
44 Grundwasserpumpanlagen (Stand 31.12.1980)	
1976/80	22.005.901 m^3/a

1) Die angegebenen Fördermengen beinhalten auch die z.T. mehrfachen Wasserhebungen an den Vorflutern. Sie übersteigen daher deutlich die dem Aquifer tatsächlich entnommene Menge.

Tab. 1 Entwicklung der Grundwassersümpfung im Verbandsgebiet der LINEG /22/

Im Gegensatz dazu ist das Ausmaß der quantitativen bergbaulichen Beeinträchtigung von Grundwasservorkommen in den Entwässerungsgebieten der Emschergenossenschaft und des Lippeverbandes nicht näher konkretisierbar. Gezielte Grundwasserspiegelabsenkungen erfolgen nicht, so daß mögliche quantitative Veränderungen des Grundwasserdargebots hier im wesentlichen aus Vorflutregulierungen bzw. aus der unkontrollierbaren Ableitung des grundwasserbürtigen Abflusses resultieren. Zum quantitativen Größenordnungsvergleich mit den Verhältnissen am linken Niederrhein kann lediglich der grundwasserbürtige Abfluß bei Trockenwetter mit 0,95 ./. 1,90 $m^3/s \mathrel{\hat{=}} 1{,}248 \times 10^6$ ./. $2{,}497 \times 10^6\ m^3/a$ als Anhalt dienen /23/. Bergbaubedingte Änderungen dieses Abflußanteiles sind nicht angebbar.

Die Darstellung der flächenhaften Entwicklung der Polder- und Sümpfungsgebiete war in einer Beikarte "Entwicklung der bergbaubedingten Polder- und Sümpfungsgebiete" /17, 18,19,20,21/ vorgesehen. Sie wurde in /24/ übernommen.

3. Datengrundlage

/14/ Ministerium für Ernährung, Landwirtschaft und Forsten NW und Siedlungsverband Ruhrkohlenbezirk (Hrsg.)
Wassergewinnung und Lagerung von Abfallstoffen im Ruhrkohlenbezirk
M 1:50.000, Blätter 1-9, Bearbeitungszeitraum Herbst '65 - Herbst 1969

/15/ Westfälische Berggewerkschaftskasse Bochum (WBK)
Hydrologische Karte des Rheinisch-Westfälischen Steinkohlenbezirks
M 1:10.000, Bearbeitungsstand 1982

/16/ Landesamt für Wasser und Abfall NW (Hrsg.)
Hydrologische Karte von NW
M 1:25.000

/17/ LINEG
Deckblatt zur Übersichtskarte, M 1:50.000
Poldergebiet der LINEG, Stand: 31.12.1980

/18/ LINEG
Deckblatt zur Übersichtskarte, M 1:50.000
Poldergebiet der LINEG, Stand: 31.12.1959

/19/ Lippeverband / Emschergenossenschaft
Niederschlagsmeßstationen im Emscher- und Lippegebiet
Stand: Januar 1981, M 1:100.000 (mit Einzugsgebieten der Pumpwerke)

/20/ Emschergenossenschaft
Anlagen der Emschergenossenschaft, Stand: Ende 1956
M 1:100.000

/21/ Lippeverband
Pumpwerke, Stand 31. März 1955

/22/ LINEG
Vermerk vom 12.8.1982, geförderte Wassermengen 1956-60; 1976-80

/23/ Technische Berechnungen im Geschäftsbereich Wasserabfluß der Emschergenossenschaft und des Lippeverbandes - Arbeitsunterlagen für die Aufstellung von Entwürfen unter Verwendung der bei den Verbänden gewonnenen Erfahrungen, Essen (Eigenverlag)

4. Vorhandene Untersuchungen im Untersuchungsraum

Im gesamten Untersuchungsraum liegen für die Schachtbauzonen Abbaupläne der bergbautreibenden Unternehmen vor, aus denen der verbandsgesetzlichen Aufgabenstellung entsprechend die bautechnische Abteilung von Emschergenossenschaft und Lippeverband Senkungspläne erstellt /3/. Auch die einschlägigen Stadtämter der betroffenen Kommunen (meistens Kataster- und Liegenschaftsamt) verfügen über entsprechende Senkungspläne.
Aus Geheimhaltungsgründen waren diese Informationen nicht beschaffbar.

5. Literatur

/1/ Deutscher Verband für Wasserwirtschaft und Kulturbau e.V. (DVWK) (Hrsg.)
Ermittlung des nutzbaren Grundwasserdargebots
Schriftenreihe des DVWK, Heft 58/2, Hamburg, Berlin 1982

/2/ Wohlrab, B.
Grundwasserentzug als Folge wasserwirtschaftlicher oder bergbaulicher Eingriffe; seine Auswirkungen auf die landwirtschaftliche Bodennutzung
Mitteilungen der Geologischen Gesellschaft Essen, Heft 4, Essen 1961, S. 32-50

/3/ Lippeverband (Hrsg.)
Fünfzig Jahre Lippeverband, Dortmund/Essen 1975

/4/ Wohlrab, B.
Auswirkungen wasser- und bergbaulicher Eingriffe auf die Landeskultur, Untersuchungen zu ihrer Klärung und für ihren Ausgleich
Landesausschuß für landwirtschaftliche Forschung, Erziehung und Wirtschaftsberatung beim Ministerium für Ernährung, Landwirtschaft und Forsten des Landes Nordrhein-Westfalen (Hrsg.), Forschung und Beratung, Reihe C, Wissenschaftliche Berichte und Diskussionsbeiträge, Heft 9
Münster Hiltrup, September 1965

/5/ Keller, G.
Angewandte Hydrogeologie
Hamburg 1969

/6/ Vreden, N., Matter, L.
Wasserqualität von Oberflächenwasser eines Industrieballungsgebietes
gwf-Wasser/Abwasser, 120 Jg., 1979, H. 4, S. 174-175

/7/ Wrobel, J.P.
Wechselbeziehung zwischen Baggerseen und Grundwasser in gut durchlässigen Schottern
gwf-Wasser/Abwasser, 121. Jg., 1980, H. 4, S. 165-173

/8/ Lübbe, E.
Baggerseen: Bestandsaufnahme, Hydrologie und planerische Konsequenzen
Schriftenreihe des Kuratoriums für Wasser- und Kulturbauwesen, Heft 29, Hamburg 1978

/9/ Landesanstalt für Umweltschutz Baden-Württemberg, Institut für Wasser und Abfallwirtschaft: Wasserwirtschaftliche Untersuchung Baggerseen
1. Bericht, Karlsruhe 1975

/10/ Meinck, F., Stooff, H., Kohlschütter, H.
Industrie-Abwässer, Stuttgart 1968

/11/ Semmler, W.
Die Herkunft der Grubenwasserzuflüsse im Ruhrgebiet
Glückauf, 96. Jg., 1960, Heft 8, S. 502-511

GA

/12/ Minister für Wirtschaft, Mittelstand und Verkehr NW, Berichte über die Tätigkeit der Bergbehörden des Landes NW, Verschiedene Jahrgänge, Anlagen 34-37

/13/ persönliche Mitteilung v. Dr. Hansel, RAG Essen

/24/ Euler, H.
Umweltverträglichkeit von Energieversorgungskonzepten
BfLR (Hrsg.), Forschungen zur Raumentwicklung, Bd. 12, Bonn 1984

WIRKUNGSPROFIL

SCHADSTOFFEINTRAG IN GRUNDWASSERANREICHERUNGS- UND UFERFILTRATIONSBEREICHE DURCH BELASTETE OBERFLÄCHENGEWÄSSER

1. Hydrologischer Wirkungszusammenhang

Erweiterung des nutzbaren Grundwasserdargebots durch Uferfiltration und Grundwasseranreicherung

Zur Erweiterung des natürlichen Grundwasserdargebots wird in großem Umfang Oberflächenwasser zur Anreicherung des Grundwassers herangezogen. Den örtlichen Verhältnissen entsprechend werden verschiedene Verfahren praktiziert, die sich in zwei Hauptgruppen einteilen lassen /1/:

- Uferfiltration, die durch Grundwasserabsenkung mittels Entnahmebrunnen in der Nähe von Oberflächengewässern hervorgerufen wird
- Anreicherung des Grundwassers durch Versickerung von Oberflächenwasser an der Erdoberfläche oder Einleitung von Oberflächenwasser in Schluckbrunnen.

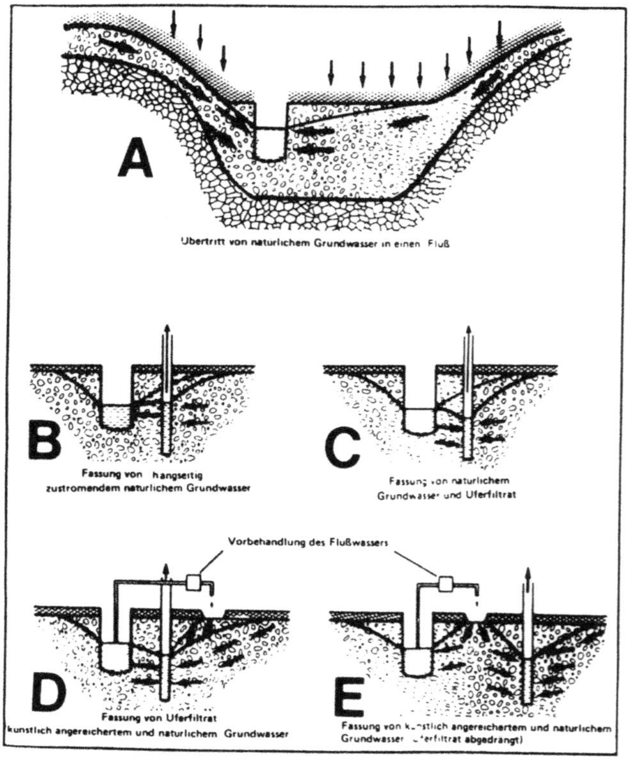

Abb. 1: Beziehungen zwischen Grund- und Oberflächenwasser in einem Flußtal /2/

Bei der Infiltration von Oberflächenwasser und der Uferfiltration finden Reinigungsvorgänge statt, die denen der natürlichen Selbstreinigung in Gewässern sehr ähnlich sind bzw. diese beträchtlich intensivieren. Diese natürlichen Reinigungsmechanismen des Untergrundes setzen sich aus einer Reihe sehr unterschiedlicher physikalischer, chemischer und biologischer Vorgänge zusammen /3/. Die Reinigungsleistung beginnt mit den Vorgängen an der Infiltrationsfläche bzw. in der unmittelbar darunter liegenden Infiltrationsschicht, in der sich absiebbare Schwebstoffe und Sedimente ansammeln /2,4/. Verdichtungen der Infiltrationsfläche und -schicht sind unerwünschte Erscheinungen dieser mechanischen Reinigungswirkungen.

Verdichtung der Infiltrationsflächen und -schichten (Kolmation) als unerwünschte Begleiterscheinung der Uferfiltration und Grundwasseranreicherung

In Anlagen zur künstlichen Grundwasseranreicherung können diese verdichteten und mit unterschiedlichen Wasserinhaltsstoffen angereicherten Zonen durch Abheben nach Trockenlegung oder durch Absaugen unter Wasser entfernt werden. Beseitigung bzw. Behandlung der bei der Reinigung des abgetragenen Materials anfallenden Schlammrückstände bleiben als Folgeproblem.

Entstehung und Wirkungsweise einer Kolmation sind im wesentlichen abhängig von
- hydraulischen und hydrodynamischen Einflüssen und
- von der Art, der Größe und den Eigenschaften der eingetragenen Stoffe /5/,

wobei zu unterscheiden ist zwischen
- äußerer Kolmation: Ablagerung bzw. Absiebung von Feinmaterial auf der Flußsohle und
- innerer Kolmation: Ablagerung von verdichtetem Material in den Poren des Grundwasserleiters /2/.

Eine der wichtigsten Ursachen für Kolmationserscheinungen sind die in infiltrierendem Wasser enthaltenen Schwebstoffe, die durch oberflächliches Ablagern oder durch Verstopfen der Poren die Durchlässigkeit reduzieren. Der Grad der Selbstabdichtung hängt dabei neben den Eigenschaften des porösen Mediums von der Art, der Größe und Konzentration der suspendierten Stoffe sowie von der infiltrierten Wassermenge ab /5/.

Desweiteren können durch Gasbläschen Durchlässigkeitsabnahmen eintreten. Gas wird beispielsweise frei, wenn infiltrierendes Wasser durch das natürliche Grundwasser oder durch den Aquifer erwärmt wird oder wenn biologische Abbauprozesse eingetragener organischer Substanzen im Untergrund stattfinden /5/.

Darüber hinaus tragen verschiedene chemische Reaktionen zur Kolmation bei /5,6/.
Letztendlich sei auf Selbstabdichtungserscheinungen infolge biologischer Vorgänge im Filtermedium - verursacht durch Mikroorganismen von flockiger oder schleimiger Konsistenz /2/ und deren Stoffwechselendprodukte - hingewiesen, die ebenfalls zur Beeinträchtigung der Durchlässigkeit führen können. Die Wirksamkeit von Mikroorganismen steht dabei in Zusammenhang mit dem Nahrungsangebot durch das infiltrierende Wasser /5/.

Eine zusammenfassende Übersicht über die an der Selbstabdichtung beteiligten Prozesse gibt Tabelle 1.

Bereich	Maßgebender Vorgang	Einzelprozesse
I Freies Gewässer	Materialzufuhr	Transport von gelösten und nicht gelösten Wasserinhaltsstoffen und reaktionsfähigem Material
II Kolmationsschicht (Grenzbereich über der ursprünglichen Gewässersohle)	Ablagerung von kolmatierendem Material	Auflandung, physikalische Verfestigung (Aggregation) chemische und biologische Prozesse (Fällung, Produktion von organischem Material)
III Invasionsschicht	Auffüllung des freien Porenraumes unter Beteiligung biologischer Prozesse	Einlagerung von Festmaterial, Ausfällung und Abscheidung gelösten Materials, Produktion von organischem Material
IV Unbeeinflußter Grundwasserleiter	Sickerströmumg des gereinigten Grundwassers	Transport nicht ausfällbarer gelöster Wasserinhaltsstoffe

Tab. 1: Übersicht über die an der Selbstabdichtung beteiligten Prozesse /7/

Kolmationsvorgänge können u.U. zu einer raschen Ergiebigkeitsabnahme bzw. zu einer völligen Beendigung einer Uferfiltration führen, wenn im Flußbett nicht eine gewisse Regeneration erfolgen würde. Dies kommt im wesentlichen zustande

- durch die Strömung im Flußbett, durch die oberflächliche Ablagerungen an der Flußsohle direkt vom Wasser oder durch die schmirgelnde Wirkung des sich entlang der Sohle rollend und springend fortbewegenden Geschiebes zerstört werden /5/,
- durch Veränderungen der Fließrichtung in der Infiltrationsschicht mit ablaufenden Hochwasserwellen /2/,
- durch Erosionstätigkeit, bei der außer oberflächlichen Ablagerungen auch die obersten Schichten des Flußbettes zusammen mit den eingetragenen Inhaltsstoffen abgetragen werden /5/,
- durch den Schiffsverkehr infolge erodierender Wirkungen der Schiffsschrauben, die durch Pulsation und hohe örtliche Turbulenzen hervorgerufen werden /5/
- und zum Teil durch die Wühltätigkeit tierischer Besiedler der Flußsohle /2/.

Verhalten und Eliminierung von Schadstoffen in biologischen Filtern (Uferfiltration und Grundwasseranreicherung)

Bei der Infiltration trifft das Wasser mit seinen gelösten Inhaltsstoffen auf vielfältige biogene und abiogene Oberflächenstrukturen des durchströmten Filtermediums. Sehr bedeutsam im Hinblick auf die Reinwasserqualität sind Anreicherungsvorgänge an den Phasengrenzen zwischen Wasser und belebten oder unbelebten Partikeln im Filterkörper. Dadurch können beispielsweise abbaubare Substanzen lokal in Konzentrationsbereiche gebracht werden, in denen sie für Mikroorganismen erst verwertbar werden. Eine gute Anreicherung kann auch deshalb erfolgen, weil die flüssige Phase gegenüber der festen ständig ausgetauscht wird und Mikroorganismen sich aus dem vorbeifließenden Wasser diejenigen Stoffe beschaffen können, die sie für ihren Stoffwechsel benötigen /2/.
Das Verhalten und der Eliminierungsgrad von Verunreinigungen in einem biologischen Filter sind vor allem von folgenden Faktoren abhängig /2/:

1. Chemische und physikalische Eigenschaften des Verunreinigungsstoffes.
2. Konzentration, Dauer und Herkunft der Verunreinigung.
3. Biologische Verwertbarkeit bzw. Persistenz des Stoffes.
4. Intensität und Art der belebten und unbelebten organischen Belegung des Filtermaterials.
5. Reaktionsmöglichkeiten der Schadsubstanz mit anderen Stoffen des Systems.
6. Wirkstoffunktion der Schadsubstanz.

Polarität, Wasserlöslichkeit und Molekülgröße sind entscheidende chemische und physikalische Stoffeigenschaften für die Adsorbierbarkeit /2/. Von besonderer Bedeutung für die Wirksamkeit natürlicher Filter ist die biologische Verwertbarkeit bzw. Persistenz der Verunreinigungsstoffe /2/.

Spontaner Abbau (durch mehrere Species ohne Adaption)
Leichtverzögerter Abbau (nach enzymatischer Adaption)
Verzögerter Abbau (nur durch Vermehrung von "Spezialisten")
Langsamer Abbau als Stoffwechselbegleitreaktion
Endgültiger Abbau bis zu anorganischen Endprodukten
Unvollkommener Abbau bis zu organischen "refraktären" Endprodukten
Kein Abbau bei persistenten Stoffen

Abb. 2: Verschiedene Typen des biologischen Abbaus bei Langsamsandfiltration und Untergrundpassagen /2/

Abbildung 3 "zeigt schematisch die am Schadstoffumsatz beteiligten Phasen beim Abbau einer leicht löslichen Substanz: Das Korngerüst des Filtermaterials, eingelagerte Tonmineralien, den biologischen Bewuchs des Filtermaterials, bestehend aus Algen, Bakterien und Pilzen, die Schwebestoffe, die Wasserphase, die Schadstoffe (Kreise), die von Bakterien unter Zuhilfenahme von Nährstoffen (Quadrate) abgebaut werden, wobei ein harmloses Abbauprodukt (Dreiecke) entsteht. Die Pfeile deuten die Intensität des Stofftransportes zwischen den Phasen an. Hervorzuheben ist, daß biologische Filter gegenüber der Zunahme der Konzentration abbaubarer Stoffe im Rohwasser einen Selbstregulationsmechanismus besitzen, indem sich die am Abbau beteiligten Mikroorganismen vermehren und so zusätzlich Adsorptionsstellen und mehr Abbaukapazität schaffen.

In Abb. 4 ist der Stofftransport bei einer Stoßbelastung mit einer nicht abbaubaren, gut adsorbierenden Substanz dargestellt. Die Festlegung erfolgt vornehmlich im organischen Material der obersten Schicht des Filterkörpers.

Hält die Belastung mit persistenten Schadstoffen an (Abb. 5), so nähern sich die Verhältnisse in den obersten Schichten dem Gleichgewichtszustand bei entsprechender Schadstoffkonzentration. Der Bereich besonders intensiver Schadstoffestlegung verlagert sich allmählich in die Tiefe. Wenn er die Filterschichten erreicht, die nur noch einen geringen oder keinen biologischen Bewuchs haben, verringert sich für viele Stoffe die Adsorptionskapazität der festen Phase und die Durchwanderung des Filterkörpers wird merklich beschleunigt.

Desorptions- bzw. Remobilisierungsvorgänge

Geht die Verunreinigung des Rohwassers wieder zurück (Abb. 6), wird das bestehende Schadstoffgleichgewicht zwischen Wasser und fester Phase gestört und es wird so viel Schadstoff desorbiert, bis sich wieder ein neues Gleichgewicht eingestellt hat. Desorptionsvorgänge führen bei schwankender Wasserqualität gelegentlich dazu, daß im Grundwasser höhere Schadstoffkonzentrationen gefunden werden als im Flußwasser.
Stirbt der biologische Bewuchs ab und zerfällt, so werden die absorbierten oder kumulierten Schadstoffe wieder freigesetzt (Abb. 7). Bekannt sind vor allem Schadstofffreisetzungen aus absterbenden Algen, die für viele Substanzen recht hohe Anreicherungsfaktoren besitzen.
Durch Reaktionen mit anderen Wasserinhaltsstoffen kann ein Schadstoff aus den primär wirkenden Adsorptionsgleichgewichten herausgenommen werden. Beispiele sind die sogenannte Sulfidfalle für einige Schwermetalle im anaeroben Milieu oder die Ausfällung von Mangan als Braunstein oder von Eisen als Oxidhydrat. Eine andere Art der Herausnahme aus den Gleichgewichtsreaktionen zwischen flüssiger und fester Phase ist die Bildung von Komplexen mit natürlichen und anthropogenen Komplexbildnern" /2; S. 146-148/.

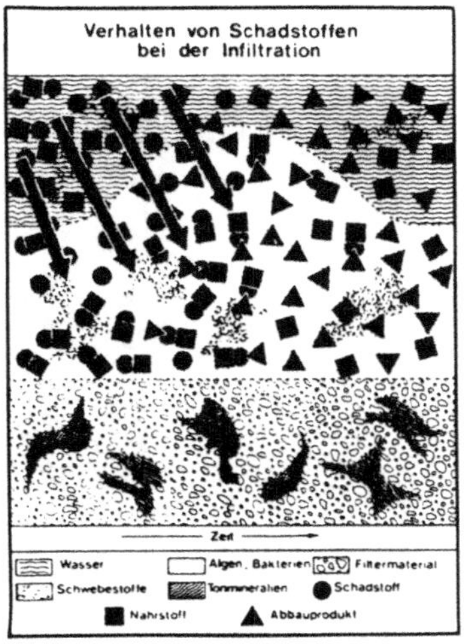

Abb. 3: Schema zur Eliminierung einer leicht löslichen, abbaubaren Substanz in einem biologischen Filter /2/

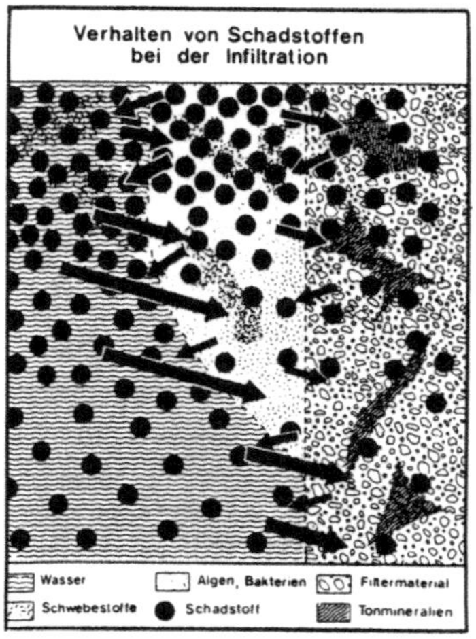

Abb. 4: Schema zur Sorption einer persistenten, gut adsorbierbaren Substanz bei Kurzzeitbelastung in einem biologischen Filter /2/

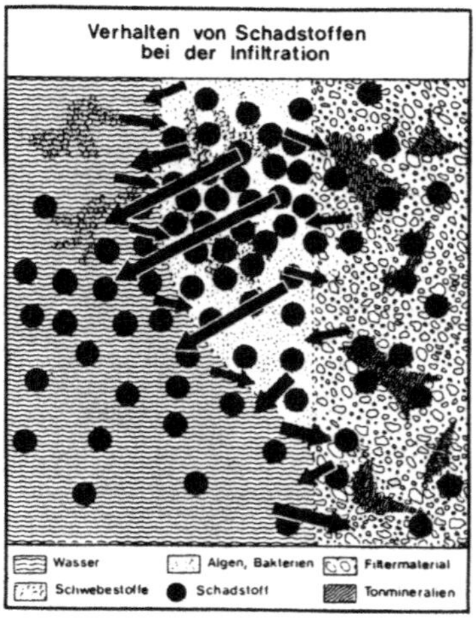

Abb. 5: Schema zur Sorption einer persistenten, leicht adsorbierbaren Substanz bei Langzeitbelastung in einem biologischen Filter /2/

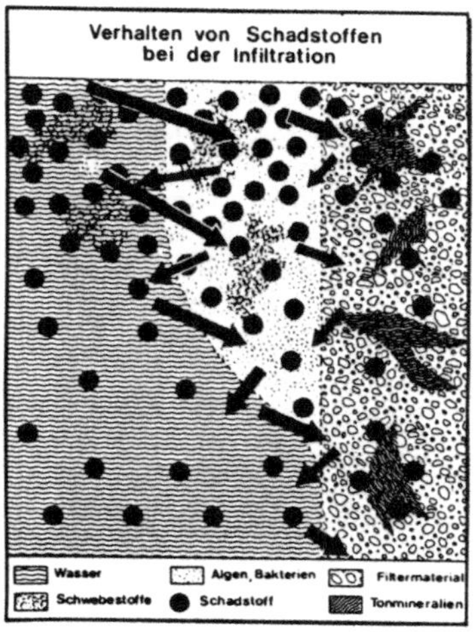

Abb. 6: Schema zur Desorption nach vorübergehender Belastung eines persistenten, gut adsorbierbaren Stoffes in einem biologischen Filter /2/

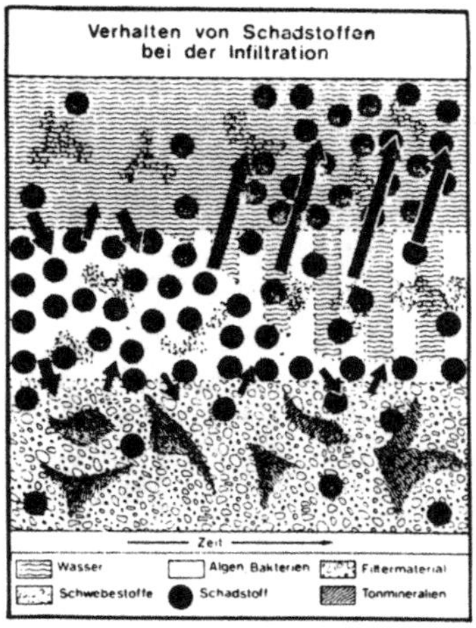

Abb. 7: Schema zur Wiederfreisetzung von Schadstoffen nach Absterben des biologischen Bewuchses infolge Milieuänderung in einem biologischen Filter /2/

Hinweise auf Remobilisierungsraten von Spurenelementen untersuchter Filterstrecken im Ruhrtal gibt die stark vereinfachte Tabelle 2.

Umfangreiche Untersuchungen der letzten Jahre haben eine Vielzahl unterschiedlicher Verhaltensmuster und Eliminierungsraten anthropogener Schadstoffe aufgezeigt, deren detaillierte Darstellung den Rahmen dieser Untersuchung sprengen würde. Es wird deshalb auf die entsprechende Literatur verwiesen /3,8,9/.

Filterstrecke	Cd	Cr	Cu	Fe	Mn	Pb	Ni	Zn	DOC
Uferfiltration 1 - 2	44	81	-273	-4824	22	-11	59	55	70
Überstauwiesen + Uferfiltration 1 - 3	41	81	-167	- 429	60	- 2	58	73	66
Kiesvorfiltration 1 - 4	27	28	42	57	74	29	8	30	27
Langsamsandfiltration + Untergrundpassage 4 - 5	15	55	- 12	24	-585	1	53	62	45
Künstliche Grundwasseranreicherung Hengsen 1 - 5	43	70	36	73	- 96	30	54	76	59
Uferfiltration 6 - 7	55	84	- 34	- 273	82	13	78	76	69
Langsamsandfiltration + Uferfiltrat 6 - 8	56	76	22	- 221	92	14	60	82	65
Langsamsandfiltration + Uferfiltration 4 - 10	7	63	-577	- 193	-1864	-43	33	39	26
Künstliche Grundwasseranreicherung Villigst 1 - 10	37	76	-274	- 35	-334	-12	36	60	44

unter 50% Eliminierung — Mobilisierung

Tab. 2: Vereinfachte Darstellung mittlerer Eliminierungsraten für die untersuchten Filterstrecken über einen Untersuchungszeitraum von 15 Monaten in o/o Eliminierung /3/

2. Räumliche Abgrenzung und Ausprägung

Der Anteil von 79,3% des als Uferfiltrat und angereichertes Grundwasser geförderten Oberflächenwassers im Untersuchungsraum macht die quantitative Bedeutung dieser Gewinnungsmethoden deutlich. Die ökonomische Bedeutung dieser Verfahren sei am Beispiel der Uferfiltration verdeutlicht (Abb. 8) /2/. Im oberen Teil ist die Verringerung der Schadstoffkonzentrationen vom ungereinigten Abwasser bis zur Trinkwasserqualität dargestellt. Der zwischen Abwasserreinigung und Trinkwasseraufbereitung dargestellte Bereich umfaßt alle konzentrationsmindernden Vorgänge in einem Oberflächengewässer. Zur Aufrechterhaltung der Selbstreinigungsvorgänge im Gewässer ist die Einhaltung einer oberen Belastungsgrenze (C_S) erforderlich, beispielsweise um das Umkippen eines Flusses durch Sauerstoffmangel zu verhindern. Diese Reinigungsleistungen stehen kostenlos zur Verfügung. Die untere Bildhälfte zeigt die Einschaltung der Uferfiltration.

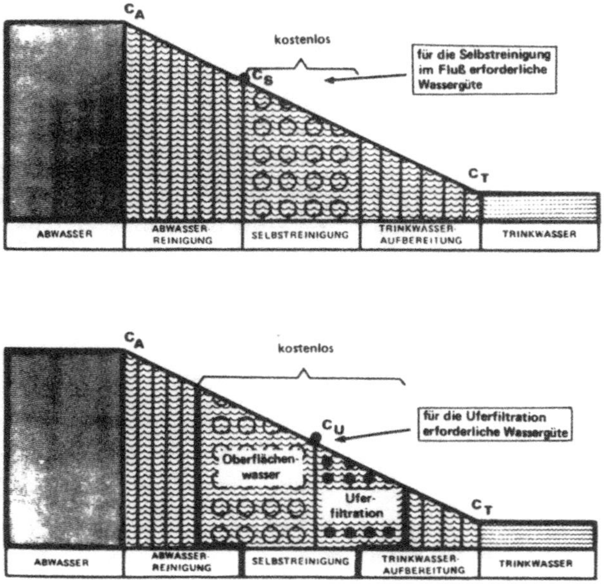

Abb. 8: Verringerung der Schadstoffkonzentration vom Abwasser zum Trinkwasser /2/

Durch sie wird eine zusätzliche Ausnutzung kostenloser natürlicher Reinigungsmechanismen geschaffen. Sollen die Selbstreinigungskraft der Gewässer und die Funktionsfähigkeit der Untergrundpassagen auf Dauer erhalten bleiben, so ist die Einhaltung der Grenzkonzentration bestimmter Schadstoffe (C_s) und (C_u) unabdingbar. Diese können u.U. niedriger liegen als diejenigen für eine direkte Wasseraufbereitung mit verstärktem Einsatz chemischer und physikalischer Methoden /2/.

Die exakte Ermittlung der von infiltrierendem Oberflächenwasser durchströmten Uferbereiche bzw. Anreicherungsbereiche stößt auf erhebliche Probleme, da z.B. auch die Anteile echten, hang- bzw. landseitig zuströmenden Grundwassers nur größenordnungsmäßig angegeben werden können.

Zur näherungsweisen räumlichen Abgrenzung der Wirkungsart "Schadstoffeintrag in Grundwasseranreicherungs- und Uferfiltrationsbereiche durch belastete Oberflächengewässer" wird daher die Bemessungsgrundlage für die Schutzzone II "Engere Schutzzone" gem. DVWG- und LAWA-Richtlinien, die sog. 50-Tage-Linie, herangezogen /1,37,38,39/. Die entsprechenden Flächen wurden ohne Berücksichtigung des geltenden Rechtsstatus (festgesetzt, geplant) zum Stand 1980 aus den Planwerken der wasserwirtschaftlichen Fachdienststellen übernommen und im **Wirkungsbild (Karte 8)** als entsprechende Wirkungsart flächenhaft dargestellt.

Die Ausprägung der Wirkungsart in Form des erreichten Kolmations- und Schadstoffanreicherungsgrades ist direkt durch die geeigneten Parameter für das gesamte Untersuchungsgebiet nicht darstellbar. Da aber die Eigenschaften des genutzten Oberflächenwassers entscheidenden Einfluß auf die genannten Phänomene haben, wird im anschließenden Exkurs hilfsweise die Güteentwicklung im Betrachtungszeitraum von 1954-1980 der zur Erweiterung des Grundwasserdargebots herangezogenen Oberflächengewässer Rhein, Ruhr und Halterner Stausee mit Stever und Mühlenbach dargestellt.

EXKURS

Entwicklung der trinkwasserversorgungsbezogenen Qualität der Oberflächengewässer Rhein, Ruhr und Halterner Stausee (Stever, Halterner Mühlenbach)

1. Methodik und Ergebnisse der Gewässergütebestimmung

1.1 Ermittlung des LAWA-Index

Die Länderarbeitsgemeinschaft Wasser (LAWA) hat zur Beurteilung des Gewässerzustandes in der Bundesrepublik Deutschland einheitliche Kriterien festgelegt. Man bewertet dabei in erster Linie die Saprobität, d.h. einen rein biologischen Parameter. Ergänzend dazu werden chemische und physikalische Parameter berücksichtigt, insbesondere solche die den Sauerstoffhaushalt eines Gewässers charakterisieren (BSB_5, O_2, NH_4) (Abb. 9) /11/.

Güteklasse	Grad der organischen Belastung	Saprobität (Saprobiestufe)	Saprobienindex	Chemische Parameter		
				BSB_5 (mg/l)	Ammonium (mg N/l)	Sauerstoffminima (mg/l)
I	unbelastet bis sehr gering belastet	Oligosaprobie	1,0 - < 1,5	1	höchstens Spuren	> 8
I - II	gering belastet	Oligosaprobie mit betamesosaprobem Einschlag	1,5 - < 1,8	1 - 2	um 0,1	> 8
II	mäßig belastet	ausgeglichene Betamesosaprobie	1,8 - < 2,3	2 - 6	< 0,3	> 6
II - III	kritisch belastet	alpha-betamesosaprobe Grenzzone	2,3 - < 2,7	5 - 10	< 1	> 4
III	stark verschmutzt	ausgeprägte Alphamesosaprobie	2,7 - < 3,2	7 - 13	0,5 bis mehrere mg N/l	> 2
III - IV	sehr stark verschmutzt	Polysaprobie mit alphamesosaprobem Einschlag	3,2 - < 3,5	10 - 20	mehrere mg N/l	< 2
IV	übermäßig verschmutzt	Polysaprobie	3,5 - < 4,0	> 15	mehrere mg N/l	< 2

Abb. 9: Gewässergüteklassen in der BRD /12/

Bereits zu Beginn des Untersuchungszeitraums wurde der biologische Zustand bzw. Saprobienbesatz des Gewässers für Gütekartierungen herangezogen. Abb. 10 zeigt eine solche Karte (Stand: 1949/51) mit einer Grobeinteilung in 4 Gütestufen. Gleichzeitig beinhaltet sie den Versuch einer umfassenden Darstellung durch die Berücksichtigung einer Vielzahl von Hinweisen auf industrielle Qualitätseinflüsse, die sich verstärkt nach dem Krieg bemerkbar machten /13/.

Diese Darstellung bewährte sich aus Gründen der Übersichtlichkeit in der Folgezeit nicht, so daß man sich auf allgemeinere Aussagen (Abb. 9) beschränkte.

Güteveränderungen der Fließgewässer im Untersuchungsraum im Zeitraum 1960-1980, dargestellt auf der Grundlage der LAWA-Klassifizierung, sind den Abb. 11 und 12 zu entnehmen.

Aus diesen Karten wird ersichtlich, daß gegenüber 1960 nicht überall eine Verbesserung erzielt wurde. Dies ist im wesentlichen dadurch zu erklären, daß der Aufschwung der Industrie nach 1960 zunächst zu einer erheblichen zusätzlichen Gewässerbelastung führte, die teilweise bis heute noch nicht beseitigt werden konnte (z.B. Rhein im Raum Duisburg). So hatte der Rhein seinen biologischen Gütetiefstand etwa 1969/70 erreicht /14/. Zum anderen erhielt eine Vielzahl von Kläranlagen erst später biologische Reinigungsstufen und führte somit den Gewässern unzureichend geklärte Abwässer zu. Daneben stieg in diesem Zeitraum die Anzahl der an Kläranlagen angeschlossenen Einwohner, die sich etwa verdreifachte. Dies führte teilweise auch zu nachteiligen Veränderungen besonders in oberen Flußgebieten und kleineren Gewässern /14/. Wesentlich günstiger sieht die Differenzenkarte 1970-1980 aus. Zwar werden hier die Anstrengungen der letzten Jahre gut sichtbar, nur ist zu beachten, daß das Bezugsjahr 1970 schlechtere Werte als 1960 aufwies. Auffallend sind auch nach 1970 die Verschlechterungen an kleineren Wasserläufen /14/.

OG

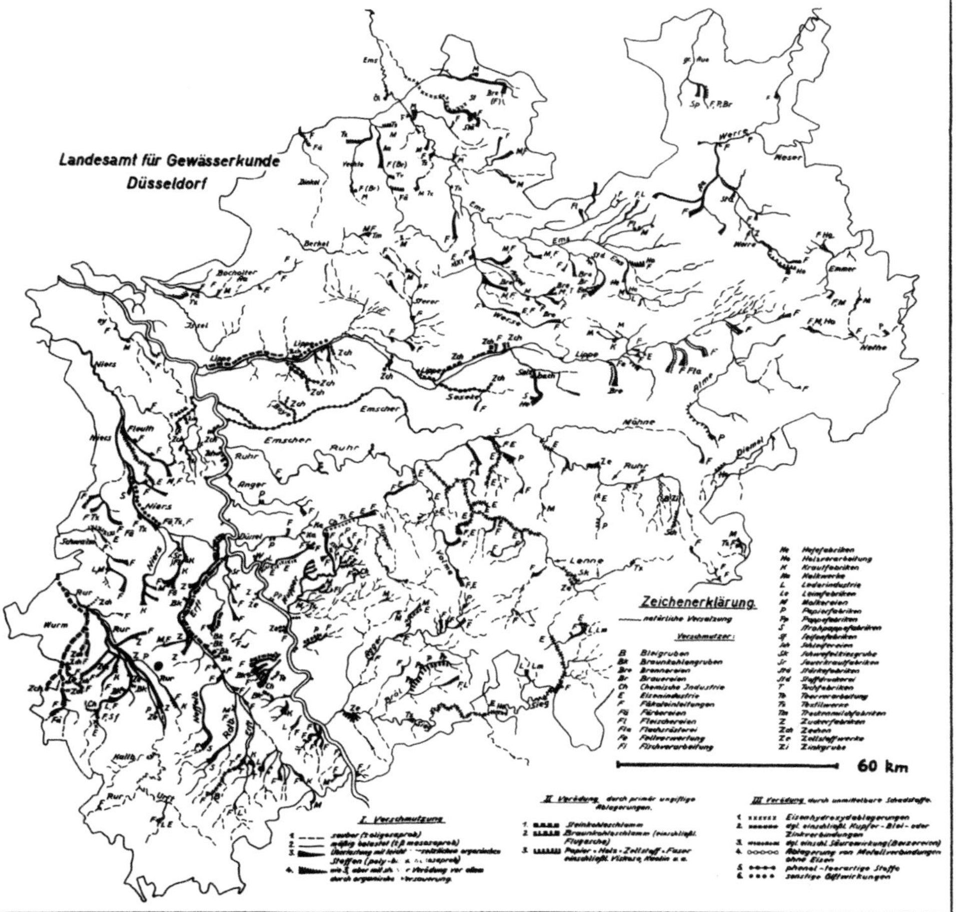

Abb. 10 Gewässerverunreinigungen in Nordrhein–Westfalen
(Bearbeitung 1949–1951) /13/

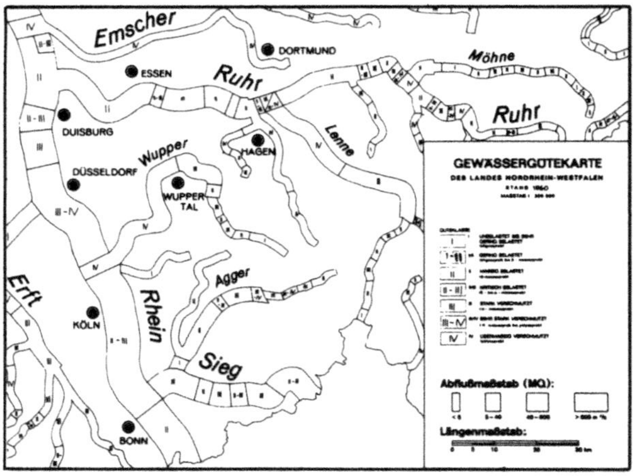

Abb. 11 Gewässergütekarte von Nordrhein–Westfalen, Stand: 1960 (Ausschnitt) /14/

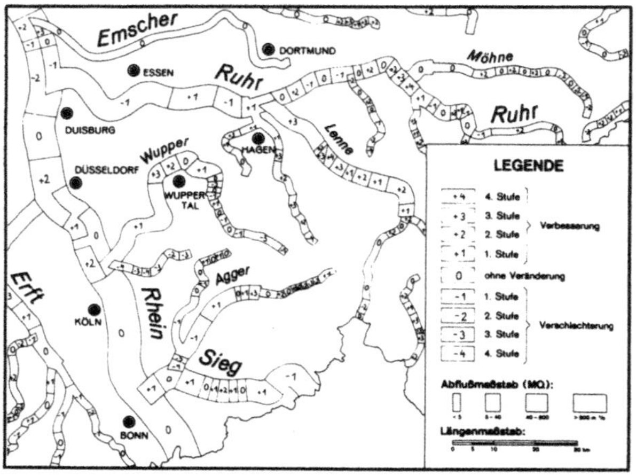

Abb. 12 Veränderung der Gewässergüte in Nordrhein–Westfalen, 1960 – 1980 (Ausschnitt) /14/

1.2 Ermittlung des IAWR-Index (Rhein)

Für differenzierte Beurteilungen etwa der Eignung eines Gewässers für spezielle Nutzungen reicht die o.a. Güteklassifizierung allein nicht aus /11/. Viele andere Einflußgrößen und Bewertungskriterien, die beispielsweise für die Trinkwasserversorgung wichtig und oft entscheidend sind, werden bei dieser Bewertung nicht berücksichtigt /15/.

Seit Ende der 70er Jahre werden verschiedene Vorstellungen über die Ergänzung dieser Gewässergüteklassifizierung durch weitere Parameter diskutiert, wobei in jüngster Zeit eine Zweiteilung in eine Zustands- und eine nutzungsbezogene Gütegliederung der Fließgewässer gefordert wird /12/. Beispiel für ein nutzungsbezogenes Verfahren zur Gewässergütedarstellung ist der Vorschlag der IAWR zur Bewertung der Wasserqualität des Rheins.

Für die Ermittlung von Angaben über die Gewässerqualität werden in diesem Vorschlag Kriterien verwendet, die für die besonderen Probleme der Trinkwasserversorgung im Rheineinzugsgebiet wichtig sind und für die eine Funktion für die näherungsweise gültige Beschreibung der Abhängigkeit der Konzentration von der Wasserführung bekannt ist. Im einzelnen sind dies folgende Meßgrößen /15/:

- Gelöster organischer Kohlenstoff (g/m^3) : DOC
- Ammonium (g/m^3) : NH_4
- Sauerstoff-Sättigungsdefizit (%) : O_2
- Neutralsalzbelastung, ausgedrückt in Chlorid (g/m^3) : NS
- Gelöstes organisch gebundenes Chlor (mg/m^3) : DOCl

Zur Beurteilung des Gewässerzustandes für einen bestimmten Parameter der Wasserqualität wird die beim langjährigen Mittel der Wasserführung zu erwartende Konzentration $\bar{c}$ und eine repräsentative, nach den vorliegenden Meßwerten zu erwartende Maximalkonzentration c_{max} ermittelt. Die errechneten repräsentativen Konzentrationen werden in Kennzahlen übertragen, die ein leicht verständliches Maß für den Gewässerzustand aus der Sicht der Trinkwasserversorgung darstellen (Tabelle 3).

Parameter Parametre Parameter	Gewässerqualität Qualité des cours d'eau Water quality	1	1–2	2	2–3	3	3–4	4
DOC	$\bar{c}$	< 1,5	1,5–2,5	2,5–3,5	3,5 -4,5	4,5 -6,0	6,0 -8,0	> 8,0
g/m³	c_{MAX}	< 3,0	3,0–4,0	4,0–5,5	5,5–7,0	7,0 -8,5	8,5 -11,0	> 11,0
NH_4^+	$\bar{c}$	< 0,1	0,1–0,3	0,3 -0,8	0,8–1,3	1,3 -2,0	2,0–4,0	> 4,0
g/m³	c_{MAX}	< 0,3	0,3 -0,7	0,7 -1,5	1,5 -2,5	2,5 -4,0	4,0 -7,5	> 7,5
ΔO_2	$\bar{c}$	< 15	15– 20	20– 25	25 - 30	30– 40	40 - 50	> 50
%	c_{MAX}	< 25	25– 40	40– 60	60– 70	70– 80	80 - 90	> 90
Σ NS	$\bar{c}$	< 40	40– 70	70–110	110–150	150–200	200–250	> 250
g Cl /m³	c_{MAX}	< 70	70–140	140 -210	210 -280	280–350	350–425	> 425
DOCl	$\bar{c}$	< 0,01	0,01–0,02	0,02–0,04	0,04–0,06	0,06–0,1	0,1–0,15	> 0,15
g Cl/m³	c_{MAX}	< 0,04	0,04–0,07	0,07–0,10	0,10–0,17	0,17–0,25	0,25 -0,40	> 0,40

Tab. 3: Tabelle zur Ermittlung der Kennzahlen für die Gewässergütequalität /15/

Es sind dabei analoge Kennzeichnungen gewählt worden, wie sie - wenn auch für ganz andere Parameter - bei der Gewässergüteklassifizierung der LAWA Verwendung finden. Dabei ist bei Rohwasser bis zur Qualität 2 im Prinzip mit bekannten und vielfach bewährten Aufbereitungsverfahren noch mit ausreichender Sicherheit einwandfreies Trinkwasser zu erreichen. Bei einer Gewässerqualität von 3 abwärts ist ein unvertretbar großer Aufwand notwendig, wobei Wässer der Qualität 4 nur in Ausnahmefällen für die Trinkwassergewinnung Verwendung finden und mit besserem Wasser gemischt werden sollten.

Aus den fünf einzelnen Kennzahlen wird eine Gesamtkennzahl für die Wasserqualität in der Weise ermittelt, daß der höchste Wert für einen der Parameter eingesetzt wird. Zur Vermeidung von Informationsverlusten werden jedoch stets die Kennzahlen für alle Parameter für eine Beurteilung mitbeachtet und neben der Zahl für die Gesamtqualität mit angegeben /15/.

Einen Vergleich der Gewässergüte nach den Angaben der IAWR mit der Qualitätsbeurteilung der LAWA zeigt Abb. 13 /15/.

OG

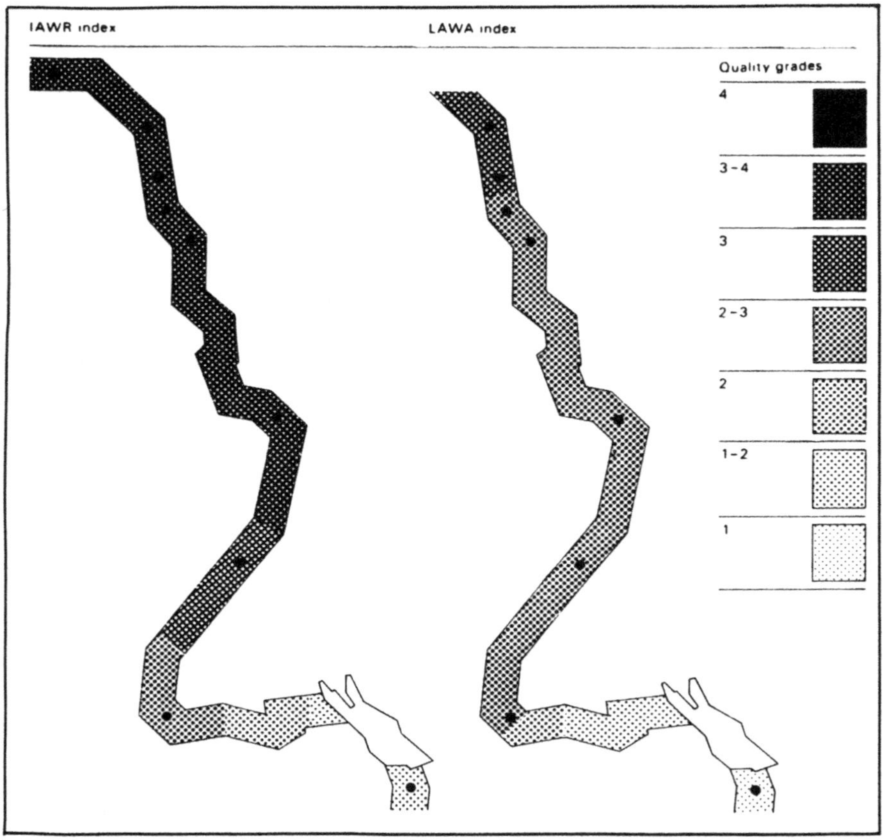

Abb. 13: Vergleich der Gewässergüte nach den Angaben der IAWR mit der Qualitätsbeurteilung der LAWA /15/

Eine Übereinstimmung ist nur im Oberlauf erkennbar. Bereits ab Karlsruhe ist die Wasserqualität aus der Sicht der Trinkwasserversorgung ungünstiger als nach dem Saprobienindex. Die Unterschiede des im Untersuchungsgebiet gelegenen Rheinabschnitts betragen eine Gütestufe. Maßgebend dafür sind vor allem die Neutralsalzbelastung und der DOCl-Wert /15/.

1.3 System der Güteüberwachung der Ruhr

Seit Mitte der dreißiger Jahre finden alljährlich in Gemeinschaftsarbeit des Ruhrverbandes und des Hygiene-Instituts Gelsenkirchen zwei Ruhrlängsuntersuchungen und Güteuntersuchungen der Ruhrnebenläufe statt. Dabei erfolgt eine Arbeitsteilung dahingehend, daß der Ruhrverband die physikalischen und chemischen, das Hygieneinstitut die bakteriologischen und biologischen Untersuchungen durchführt /20/.

Die bakteriologischen Untersuchungen umfassen die Bestimmung der Koloniezahl, den Nachweis von E.coli-Bakterien sowie von Salmonellen.

Biologische Untersuchungen beschränkten sich bis Ende 1961 auf eine Aufzählung einzelner gefundener Arten von Planktonorganismen und deren Menge. Seit 1962 wurde zur Beurteilung des Gütezustands der Saprobien-Index eingeführt. Aus diesem Grunde eignet sich für vergleichende Betrachtungen der biologischen Ruhrwassergüte erstmals das Jahr 1962 /20/.

Im Jahre 1972 wurde der Arbeitskreis "Wassergüte" im Ausschuß der Ruhrwasserwerke gegründet, in dem die ruhrwasseruntersuchenden Laboratorien des Ruhrverbandes, des Hygieneinstituts Gelsenkirchen und der Wasserwerke tätig sind /22/. Vor 1972 orientierte sich der Umfang von Ruhrwasseruntersuchungen vorwiegend an den Aufgaben der jeweiligen Institutionen, nämlich der Gewässerreinhaltung oder der Trinkwasserversorgung. Eine Abstimmung der Probenahme- und Untersuchungstätigkeit und eine systematische Zusammenstellung aller Ergebnisse fand bis 1972 nicht statt /23/. Hier sah der Arbeitskreis "Wassergüte" eine wichtige und dringende Aufgabe und es entstand als eines der ersten Arbeitsergebnisse ein gemeinsames Untersuchungsprogramm, das folgende Festlegungen enthielt /23/:

- Örtlichkeiten der Probenahmen (Abb. 14)
- untersuchende Laboratorien
- Häufigkeit der Probenahmen
- Untersuchungsumfang
- Ergebnismitteilung.

Das nach dem genannten Programm erarbeitete Datenmaterial wird seit 1974 in Tabellenform und ab Wasserwirtschaftsjahr 1975 ergänzt durch graphische Darstellungen jährlich veröffentlicht /23,24,25,26,27, 28,29/. Letztere /24-29/ bilden die Grundlage zur Darstellung der Gewässergüteentwicklung im Zeitraum 1975-1980.

OG

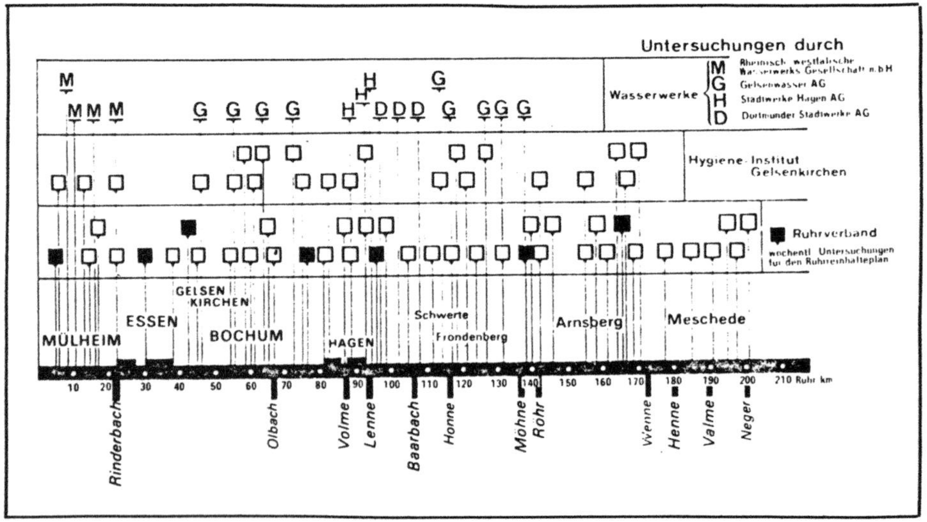

Abb. 14: Übersicht über die Probeentnahmestellen für die Überwachung der Ruhrwasserqualität /22/

1.4 Gewässergüte - Überwachungskonzept NW

Die behördlichen Aktivitäten zur Gewässergüteüberwachung werden seit 1980 im neuen Gewässergüte-Überwachungskonzept des Landes NW zusammengefaßt /16/. Danach werden die nordrhein-westfälischen Gewässer in vier Überwachungsstufen eingeteilt. Umfang und Häufigkeit der Kontrollen gibt schematisch Abb. 15 wieder /16/. Vorhandene oder beabsichtigte Nutzungen der Gewässer sind ausschlaggebend für die Einordnung in entsprechende Überwachungsstufen. Unbelastete Gewässer, die nicht der Trinkwassergewinnung dienen, werden nicht berücksichtigt. Gewässer bzw. Gewässerabschnitte mit komplexer Nutzung, vor allem bei gleichzeitiger Nutzung zur Trinkwassergewinnung und zur Ableitung industriellen und kommunalen Abwassers, fallen unter die Überwachungsstufe 1. Der Rhein und die Mündungen der großen rechtsrheinischen Nebenflüsse wurden in diese Stufe eingeordnet. Probenahmestellen und Probenarten in der Überwachungsstufe 1 gibt Tabelle 4 wieder /16/.

33 Parameter werden regelmäßig im Abstand von 4 Wochen analysiert (Tab. 5), weitere 65 organische Einzelstoffe mindestens sechsmal im Jahr (Tab. 6) /16/.

Das chemisch-physikalische Meßprogramm wird in der Überwachungsstufe 1 durch ein biologisches Meßprogramm ergänzt, in dem wöchentlich aus Stichproben

- der Chlorphyllgehalt
- der Phaeophytingehalt
- das Sauerstoffproduktionspotential
- die Sauerstoffzehrung in 24 Stunden

und im Abstand von vier Wochen

- die Zahl der gesamtcoliformen Keime und
- die Zahl der fäkalcoliformen Keime

bestimmt wird /16/.

Darüber hinaus wird in der Meßstation Rhein-Nord wöchentlich das Phytoplankton bestimmt (Zusammensetzung nach Art und Häufigkeit der wesentlichen Algengruppen) und jährlich die Makrobenthosbesiedlung der Ufer des nordrhein-westfälischen Rheinabschnitts erfaßt und bewertet /16/.

Die Auswertung der Meßwerte erfolgt durch die Ermittlung von Perzentilen für alle untersuchten Parameter aus jeder Meßreihe. Dazu werden als Kenndaten das 50- und 90-Perzentil gewählt. Durch einen Vergleich der Kenngrößen von zeitlich aufeinander folgenden Meßreihen sind somit Aussagen über Belastungsentwicklungen möglich. Darüber hinaus ist der Unterschied zwischen 50- und 90- Perzentil ein Maß dafür, wie stark die Meßwerte innerhalb einer Meßreihe schwanken /16/.

Über-wachungs-stufe	Unter-suchungs-häufigkeit	Untersuchungsprogramme				
3	1 x / 2 Jahre				Chemische Parameter Programm 3	Biologische Parameter Programm 3
2	1 x / Jahr			Chemische Parameter Programm 2	Chemische Parameter Programm 3	Biologische Parameter Programm 3
	+					
	3 x / Jahr				Chemische Parameter Programm 3	
2i	1 x / Jahr		Chemische Parameter Programm 2i	Chemische Parameter Programm 2	Chemische Parameter Programm 3	Biologische Parameter Programm 3
	+					
	3 x / Jahr			Chemische Parameter Programm 2	Chemische Parameter Programm 3	
1	12 x / Jahr	Chemische Parameter Programm 1	Chemische Parameter Programm 2i	Chemische Parameter Programm 2	Chemische Parameter Programm 3	Biologische Parameter Programm 1
	+					
	1 x / Jahr				Chemische Parameter Programm 3	Biologische Parameter Programm 3

Abb. 15: Schema der abgestuften Gewässergüteüberwachung /16/

Tab. 4:

Probenahmestellen und Probenarten in der Überwachungsstufe 1 /16/

Probenahmestelle			Bezeichnung Ortslage	Probenart
Rhein	km	640 r	WKSt.* Rhein-Süd Bad Honnef	24h-Mischprobe
Rhein	km	698,8 r	WKSt. X 21 Leverkusen	24h-Mischprobe
Rhein	km	729 m	Düsseldorf	1h-Mischprobe
Rhein	km	775,7 r	WKSt. Duisburg	24h-Mischprobe
Rhein	km	864,9 l	WKSt. Rhein-Nord Kleve-Bimmen	24h-Mischprobe
Sieg	km	2,6		Stichprobe
Wupper	km	0,6		Stichprobe
Ruhr	km	1,0		Stichprobe
Emscher	km	0,1		Stichprobe
Lippe	km	2,4		Stichprobe

* WKSt. = Wasserkontrollstation

Tab. 5: Physikalisch–chemische Parameter der Überwachungsstufe 1 /16/

Wassertemperatur
pH-Wert
Leitfähigkeit
Sauerstoffgehalt
absetzbare Stoffe, gelöste Stoffe
Chlorid
Sulfat
Nitrat, Nitrit
Ammonium
Gesamtphosphor
Chemischer Sauerstoffbedarf (CSB)
Gesamter organisch gebundener Kohlenstoff (TOC)
Biochemischer Sauerstoffbedarf (BSB_5)
Calcium
Magnesium
Natrium
Kalium
Eisen
Chrom
Kupfer
Nickel
Zink
Mangan
Blei
Cadmium
Quecksilber
Gesamtphenole
Detergentien (MBAS)
Kohlenwasserstoffe
UV-Extinktion bei 254 nm
Extrahierbares organisch gebundes Chlor (EOCl)
Organische Einzelstoffe nach Tabelle 8
(größtenteils nur 6x im Jahr gemessen)

in Klammern: Angabe der Bestimmungsgrenze in µg/l für Stoffe, die nicht nachgewiesen werden konnten.

niedermolekulare Chlorkohlenwasserstoffe

Dichlormethan (< 1)
Trichlormethan
Tetrachlormethan
1,2-Dichlorethan
1,1,1-Trichlorethan
1,1,2-Trichlorethan (< 0,05)
1,1,2,2-Tetrachlorethan (< 0,1)
Pentachlorethan (< 0,1)
Hexachlorethan (< 0,1)
1,1-Dichlorethen (< 1)
Trichlorethen
Tetrachlorethen

höhermolekulare Chlorkohlenwasserstoffe

Hexachlorbutadien
1,2-Dichlorbenzol
1,3-Dichlorbenzol (< 0,5)
1,4-Dichlorbenzol (< 0,5)
1,2,4-Trichlorbenzol (< 0,1)
Pentachlorbenzol
Hexachlorbenzol
2,4-Dichlortoluol (< 0,5)
PCB

polycyclische aromatische Kohlenwasserstoffe

3,4-Benzfluoranthen
11,12-Benzfluoranthen
3,4-Benzpyren
1,12-Benzperylen
Fluoranthen
Indeno (1,2,3-cd)pyren
Anthracen
Pyren
Perylen
Benzo (a) anthracen

Chlorphenole

2-Chlorphenol
2,4-Dichlorphenol
2,3-Dichlorphenol
2,5-Dichlorphenol (< 0,1)
2,6-Dichlorphenol (< 0,1)
3,4-Dichlorphenol (< 0,1)
2,4,5-Trichlorphenol (< 0,1)
Pentachlorphenol

Nitro- und Chlornitroaromaten

Nitrobenzol (< 0,1)
2-Nitrotoluol
3-Nitrotoluol (< 0,1)
4-Nitrotoluol (< 0,1)
2-Chlor-4-nitrotoluol (< 0,1)
1-Chlor-2,4-dinitrobenzol (< 0,1)
3-Chlor-4-nitrotoluol (< 0,1)
4-Chlor-3-nitrotoluol (< 0,1)
5-Chlor-2-nitrotoluol (< 0,1)
4-Chlornitrobenzol (< 0,1)
1,2-Dichlor-4-nitrobenzol (< 0,1)
1,3-Dichlor-4-nitrobenzol (< 0,1)

Biozide

α-Hexachlorcyclohexan
γ-Hexachlorcyclohexan
4,4'-DDT (< 0,01)
4,4'-DDE (< 0,01)
4,4'-DDD (< 0,01)
Aldrin (< 0,01)
Dieldrin (< 0,01)
Endrin (< 0,01)
α-Endosulfan (< 0,01)
β-Endosulfan (< 0,01)
Dichlobenil (< 0,05)
Heptachlor (< 0,01)
Methoxychlor (< 0,05)
Bis-(2-chlor)isopropylether (< 10)

Tab. 6: 1981 im Rhein gemessene organische Einzelstoffe /16/

2. Nutzungsbezogene Güteentwicklung der Oberflächengewässer

2.1 Rhein

Das im Untersuchungszeitraum veröffentlichte Datenmaterial zur Rheinwasserqualität im Untersuchungsgebiet erfordert infolge der im Betrachtungszeitraum stets verfeinerten und weiter differenzierten Meß- und Analysemethoden sowie aus Gründen der Vergleichbarkeit eine zeitlich differenzierte Betrachtungsweise für die Zeiträume 1954-1969 und 1970-1980. In Tabelle 7 sind die Jahresmittelwerte gemessener Parameter für die Niederrheinstrecke zusammenfassend dargestellt /17/. Annähernd zuverlässige Aussagen über die Entwicklung der Rheinwasserqualität bis 1969 ergeben sich durch den Vergleich derjenigen Jahre, in denen etwa die gleiche Wasserführung herrschte wie 1969. Dabei handelt es sich um die Jahre 1955, 1957, 1960 und 1962.

Die Jahre 1959, 1963 und 1964 sind charakteristisch für eine deutlich niedrigere Wasserführung, während zwischen 1965 und 1968 die Abflußmengen höher lagen /17/.

Anhand dieser Einteilung lassen sich folgende Tendenzen der Rheinwasserverschmutzung formulieren /17/:

1. Hinsichtlich der Salzbelastung ist ein Anstieg der Chlorid- und Nitratgehalte von ca. 50% festzustellen, wobei die Frachten ab 1965 etwa gleichblieben. Der Anstieg beim Sulfat ist merklich geringer und seit 1962 kaum mehr zu beobachten.

2. Der Ammoniakgehalt ist in diesen 15 Jahren fast auf das Vierfache gestiegen. Zurückzuführen ist dies vermutlich nicht nur auf eine Erhöhung der eingeleiteten Mengen, sondern auch auf die stärkere Belastung mit sauerstoff-verbrauchenden organischen Stoffen und dem damit zwangsläufigen Rückgang der Ammoniakoxidation.

3. Ein Ansteigen der Verschmutzung äußert sich beim Kaliumpermanganat nicht. Die Ursache dafür dürfte die Zunahme der Belastung durch solche organische Stoffe sein, die mit Permanganat nicht erfaßbar, also schwer zu oxydieren sind.

4. Günstige Verhältnisse ergeben sich hinsichtlich der kupplungsfähigen Substanzen. Hier ist für die Jahre 1965-1968 ein Trend zur Verringerung der Konzentrationen zu erkennen.

5. Die Colizahlen lassen einen relativ deutlichen Anstieg erkennen. Darüber hinaus ist eine Erhöhung der Geruchsschwellenwerte klar erkennbar.

Jahr	1954	1955	1956	1957	1958	1959	1960	1961
Wasserführung (P. Ruhrort) m^3/s	1900	2050	2290	1970	2810	1600	2060	2340
Sichttiefe, cm	19,2	19,8	18,9	23,4	22,1	28,0	31,0	30,0
pH-Wert	7,4	7,8	7,4	7,5	7,5	7,5	7,5	7,5
Chlorid, Cl^-, mg/l	98	91	86	101	84	127	111	106
Nitrat, NO_3^-, mg/l	-	-	-	9,6	9,1	6	11	11,4
Sulfat, SO_4^-, mg/l	-	-	-	71	68	87	71	74
Ammoniak, NH_4^+, mg/l	0,89	0,46	0,42	0,86	0,51	0,93	0,81	0,74
Eisen, Fe, mg/l	1,19	1,14	1,11	1,29	2,81	1,7	1,63	1,45
Mangan, Mn, mg/l	-	-	-	-	-	-	-	-
flücht. Phenole, mg/l	0,042	0,028	0,02	0,024	0,022	0,025	0,025	0,022
kupplungsfähige Stoffe, (Gesamtphenole) mg/l	-	-	-	0,19	0,16	0,26	0,27	0,28
Sauerstoffgehalt, % des Sättigungswertes	72,7	90,6	86,6	70,4	72,1	67,6	70,0	69,0
$KMnO_4$-Verbr., mg/l	34,9	30,6	26,9	30,7	28,0	37,0	38,0	31,0
Keimzahl, Keime/cm^3	-	20500	29500	52800	53100	48000	43000	44300
Colizahl, Keime/cm^3	-	380	147	115	101	200	211	257
Geruchsschwelle	-	-	-	-	-	-	-	-

Jahr	1962	1963	1964	1965	1966	1967	1968	1969 *)
Wasserführung (P. Ruhrort) m^3/s	2015	1800	1450	3170	3015	2386	2840	2140
Sichttiefe, cm*)	33	31	30	25	28	32	31	31
pH-Wert	7,8	7,5	7,5	7,4	7,4	7,4	7,4	7,4
Chlorid, Cl^-, mg/l	119	128	150	106	103	119	100	141
Nitrat, NO_3^-, mg/l	11	11	12	12	12	12	13	14
Sulfat, SO_4^-, mg/l	79	75	88	73	69	70	70	82
Ammoniak, NH_4^+, mg/l	0,97	1,44	1,85	1,09	0,90	0,87	1,12	1,14
Eisen, Fe, mg/l	1,43	1,67	1,78	1,91	1,51	1,31	1,25	-
Mangan, Mn, mg/l	0,13	0,15	0,19	0,17	0,16	0,12	0,11	-
flücht. Phenole, mg/l	0,025	0,031	0,038	0,032	0,030	0,024	0,023	-
kupplungsfähige Stoffe, (Gesamtphenole) mg/l	0,24	0,24	0,32	0,22	0,16	0,16	0,16	-
Sauerstoffgehalt, % des Sättigungswertes	63	61	64	65	65	65	64	52
$KMnO_4$-Verbr., mg/l	35	35	41	29	26	28	26	30
Keimzahl, Keime/cm^3	6000	39399	41000	38400	31900	27000	26100	29600
Colizahl, Keime/cm^3	310	350	750	361	570	640	670	790
Geruchsschwelle	64	80	89	97	106	101	96	157

Tab. 7: Analysewerte des Rheinwassers; Jahresmittelwerte 1954 - 1969 der untersuchten Niederrheinstrecke /17/

Legt man die Grenzwerte (A) für natürliche Reinigungsverfahren der Wasseraufbereitung der IAWR, des DVGW und der EG-Richtlinie als Maß zur Beurteilung der potentiellen Belastung von Untergrundpassagen zugrunde, so ergibt sich für den Zeitraum 1954-1969 folgendes Bild:

1. Die Chloridkonzentrationen lagen ab 1959 sowohl bei hohen als auch niedrigen Wasserführungen über den Grenzwerten A der IAWR und des DVGW.

2. Nitrat- und Sulfatkonzentrationen erreichten diese Grenzwerte nicht.

3. Der Ammoniakgehalt lag in allen Jahren deutlich über den Grenzwerten A der IAWR und des DVGW, schwankte ab 1963 um den Richtwert A2G der EG-Richtlinien, wobei bei Niedrigwasserführung im Jahre 1964 und auch 1969 die Grundwerte B (IAWR, DVGW) und A2I (EG-Richtlinie) deutlich überschritten wurden.

4. Das O_2-Defizit lag ab 1957 bei allen Wasserführungen über den Grenzwerten A (IAWR, DVGW), ab 1959 über dem Richtwert A1 (EG-Richtlinie), wobei bei Niedrigwasserführung 1964 und auch 1969 die Grenzwerte B (IAWR, DVGW) deutlich überschritten wurden.

Tabelle 8 gibt einen Überblick über die Entwicklung der Gewässerqualitätskennzahlen für den Niederrhein von 1970-1979 /18/.

Ort	Jahr	DOC	NH_4^+	$\Delta\ O_2$	Σ NS	DOCl	Mittlere Qualitätskennzahl
NIEDERRHEIN							
Köln/Leverkusen	1970-74	3-4	3-4	3	3-4	3	3-4
	1975-77	2-3	2-3	3	3	3	3
	1978-79	2-3	2	2	3	3	2-3
D-Benrath/Flehe	1970-74	3-4	3-4	3-4	3-4	3	3-4
	1975-77	3	3	2-3	3-4	3	3
	1978-79	2-3	2-3	2-3	3	3	2-3
Wittlaer/Krefeld	1970-74	3-4	3-4	3-4	3-4	3-4	3-4
	1975-77	3	2-3	3	3-4	3-4	3
	1978-79	2-3	2-3	2-3	3	3	2-3
Orsoy/Wesel	1970-74	3-4	3-4	3-4	4	3-4	3-4
	1975-77	3	3-4	2-3	3-4	3-4	3
	1978-79	2-3	2-3	2	3-4	3	2-3

Tab. 8: Gewässerqualitätskennzahlen für den Niederrhein im Bereich der ARW von 1970–1979 /18/

Die Zahlenwerte lassen eine Verbesserung der Rheinwasserqualität in den letzten Jahren deutlich erkennen. Die Entwicklung der einzelnen Güteparameter ist wie folgt zu beurteilen:

Gelöste organische Stoffe (DOC)

Tabelle 9 gibt den Vergleich der repräsentativen DOC-Konzentration $\bar{c}$, $c_{5\%}$, c_{max} im Rhein für die Untersuchungsperioden '70-'74, '75-'77 und '78-'79 wieder.

Die für diese Konzentrationen geltenden 90% - Vertrauensbereiche zeigt die Abb. 16 für die Zeitabschnitte '75-'77 und 78/79 /18/.

An den Probeentnahmestellen Wittlaer/Krefeld und Orsoy/Wesel haben sich die DOC-Konzentrationen im Rheinwasser verbessert. Dies gilt vor allem bei niedriger Wasserführung. Dabei ist am Mittelrhein eine deutlichere Verbesserung als am Niederrhein festzustellen.

Das Ausmaß dieser Entwicklung zeigt zusammen mit den Angaben für die dafür geltenden Vertrauensbereiche Abb. 17 /18/, wo neben den Differenzen der $\bar{c}$-Werte auch die für niedrige Wasserführung geltenden Konzentrationsdifferenzen der $c_{5\%}$-Werte dargestellt sind.

OG

	$Q_{5\%}$ $Q_{50\%}$	Jahr	$\bar{c}$ g/m³	$c_{5\%}$ g/m³	$c_{max.}$ g/m³	Qualitäts-klasse
MITTELRHEIN						
Mainz-Wiesbaden	$Q_{5\%}$ = 720m³/s $Q_{50\%}$ =1430m³/s	1970-74 1975-77 1978-79	6,2 4,2 3,2	9,4 5,6 3,4	10,9 6,8 4,3	3-4 2-3 2-3
NIEDERRHEIN						
Köln-Leverkusen	$Q_{5\%}$ = 900m³/s $Q_{50\%}$ =1850m³/s	1970-74 1975-77 1978-79	5,9 4,4 4,0	8,1 5,7 3,9	9,4 6,6 4,9	3-4 2-3 2-3
Benrath/Flehe	$Q_{5\%}$ = 900m³/s $Q_{50\%}$ =1850m³/s	1970-74 1975-77 1978-79	6,4 4,7 3,9	9,3 6,5 4,0	10,8 7,5 4,8	3-4 3 2-3
Wittlaer/Krefeld	$Q_{5\%}$ = 900m³/s $Q_{50\%}$ =1850m³/s	1970-74 1975-77 1978-79	6,4 4,7 4,0	9,0 6,7 4,0	10,1 8,0 4,8	3-4 3 2-3
Orsoy/Wesel	$Q_{5\%}$ =1000m³/s $Q_{50\%}$ =2000m³/s	1970-74 1975-77 1978-79	6,2 4,9 4,5	8,3 6,4 5,1	9,8 7,6 6,3	3-4 3 2-3

Tab. 9: Vergleich der repräsentativen DOC–Konzentrationen $\bar{C}$, C5%, Cmax im Rhein für die Untersuchungsperioden 1970–1974, 1975–1977, 1978/1979 /18/

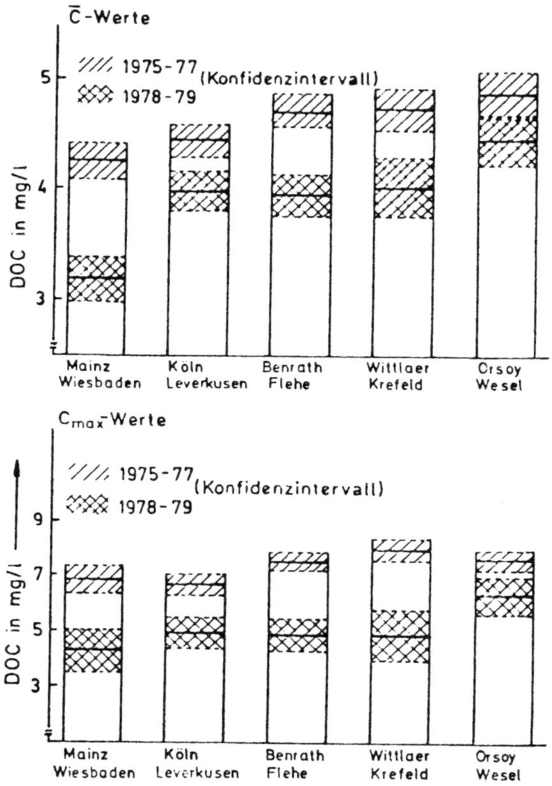

Abb. 16: Repräsentative DOC–Konzentrationen ($\bar{C}$, Cmax) und Konfidenzintervalle für fünf Rheinwasser-untersuchungsbereiche der ARW /18/

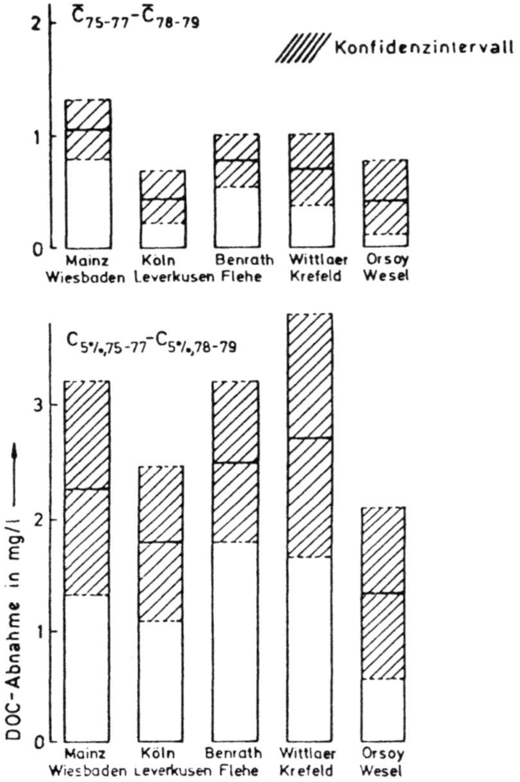

Abb. 17: Abnahme der DOC–Konzentrationen $\bar{C}$ und C 5 % zwischen den Jahren 1975–1977 und 1978/1979 an fünf Bereichen von ARW–Rheinuntersuchungsstellen /18/

Während am Niederrhein zwischen Benrath/Flehe und Wittlaer/Krefeld noch recht gute Belastungsverringerungen festzustellen sind, ist dies am unteren Niederrhein weniger deutlich. Das geringere Ausmaß der Verbesserung kann durch zusätzliche Belastungen infolge vermehrter Abwassereinleitungen erklärt werden /18/.

Unter Zugrundelegung der Grenzwerte A u. B (IAWR, DVGW) ist festzustellen, daß bei der Probeentnahmestelle Wittlaer die $\bar{c}$ und $c_{5\%}$ seit 1978 unter den Grenzwerten liegen und die Konzentrationen an den Probeentnahmestellen Orsoy und Wesel die Werte geringfügig übersteigen. Bei den repräsentativen Konzentrationen c_{max} ist ebenfalls eine Annäherung an den Grenzwert A im Zeitraum '70-'80 festzustellen.

Ammoniumkonzentration und Sauerstoffdefizit (NH_4^+ und O_2)

Daß auch bei diesen Parametern Verbesserungen eingetreten sind, verdeutlichen die Tabellen 10 und 11 und Abb. 18 /18/.

Probenahmestelle	Jahr	$\overline{\Delta O_2}$ %	$\Delta O_{2_{5\%}}$ %	$\Delta O_{2_{max}}$ %	Qualitäts-klasse
NIEDERRHEIN					
Köln/Leverkusen	1970-74	38	57	62	3
	1975-77	31	33	63	3
	1978-79	21	34	57	2
Benrath/Flehe	1970-74	47	65	86	3-4
	1975-77	29	41	62	2-3
	1978-79	26	32	55	2-3
Wittlaer/Krefeld	1970-74	45	62	85	3-4
	1975-77	34	48	69	3
	1978-79	26	42	58	2-3
Orsoy/Wesel	1970-74	41	59	83	3-4
	1975-77	22	37	62	2-3
	1978-79	19	32	52	2

Tab. 10: Vergleich der repräsentativen Werte für das Sauerstoff–Sättigungsdefizit in den Untersuchungsperioden 1970–1974, 1975–1977, 1978/1979 /18/

Dabei ist auffällig, daß sich die repräsentativen Ammoniumkonzentrationen mit der Fließstrecke bis Wesel erhöhen (vgl. auch Abb. 18).

OG

Probenahmestelle	Jahr	$\bar{c}$ g/m³	$c_{5\%}$ g/m³	c_{max} g/m³	Qualitätsklasse
NIEDERRHEIN					
Köln/Leverkusen	1970-74	1,5	3,2	4,7	3-4
	1975-77	1,0	1,2	2,2	2-3
	1978-79	0,5	0,3	1,2	2
Benrath/Flehe	1970-74	1,7	3,9	5,3	3-4
	1975-77	1,0	1,7	2,7	3
	1978-79	1,0	1,4	2,4	2-3
Wittlaer/Krefeld	1970-74	1,9	3,4	4,7	3-4
	1975-77	1,0	1,1	1,9	2-3
	1978-79	1,0	1,1	2,0	2-3
Orsoy/Wesel	1970-74	2,4	5,2	7,2	3-4
	1975-77	1,6	2,5	4,1	3-4
	1978-79	1,0	1,1	2,1	2-3

Tab. 11: Vergleich der repräsentativen Ammoniumkonzentrationen in den Untersuchungsperioden 1970–1974, 1975–1977, 1978/1979 /18/

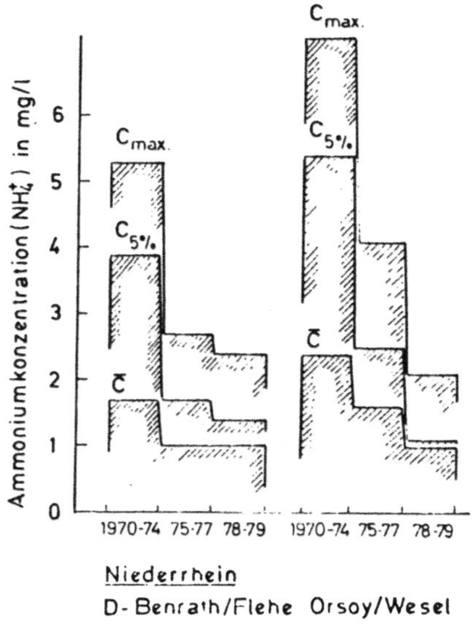

Abb. 18: Änderung der repräsentativen Ammoniumkonzentrationen im Niederrhein in den Perioden 1970–1974, 1975–1977, 1978/1979 /18/

Die repräsentativen Ammoniumkonzentrationen liegen im Untersuchungsraum 1970-80 durchweg über dem Grenzwert A (IAWR, DVGW). Während bei den Probeentnahmestellen Krefeld und Orsoy $\bar{c}$ und $c_{5\%}$ im Zeitraum 1978-80 unter dem Richtwert A2 (EG-Richtlinie) liegen, übersteigen sie diesen deutlich im Bereich Wesel, wobei die Maximalkonzentrationen im Bereich Wesel den Richtwert A3 (EG-Richtlinie) erheblich überschreiten.

Die repräsentativen O_2-Defizit-Konzentrationen überschreiten im Zeitraum 1970-80 bei Wittlaer, Orsoy und Wesel die Grenzwerte A (IAWR, DVGW) wobei $\bar{c}$ bei der Probeentnahmestelle Orsoy im Zeitraum 75-77 und 78-80 unterhalb liegt. Der Richtwert A1 der EG-Richtlinie wird im Zeitraum 70-80 durch $c_{5\%}$ und c_{max} an den Probenahmestellen Wittlaer und Wesel durchweg überschritten. Die repräsentativen Maximalkonzentrationen erreichen bzw. überschreiten an allen 3 Probeentnahmestellen den Richtwert A2 der EG-Richtlinie (Tab. 10).

Salzbelastung (Σ NS)

Die Entwicklung der Neutralsalzbelastung am Niederrhein gibt Tab. 12 wieder /18/. Geringfügige Verringerungen der repräsentativen Konzentrationen liegen noch im Schwankungsbereich der Auswertungsmethode und sind nicht signifikant /18/. Tabelle 12 verdeutlicht beispielsweise, daß die äquivalenten Chlorid-Konzentrationen an den Probeentnahmestellen Wittlaer, Orsoy und Wesel im Zeitraum 78-80 deutlich über den Grenzwerten A (IAWR, DVGW) liegen, wobei $c_{5\%}$ und c_{max} die Grenzwerte B (IAWR/DVGW) durchweg übersteigen. Dabei ist eine tendenzielle Erhöhung der repräsentativen Konzentrationen mit der Fließrichtung feststellbar.

Probenahmestelle	Jahr	$\bar{c}$ g/m³	$c_{5\%}$ g/m³	c_{max} g/m³	Qualitäts-klasse
NIEDERRHEIN					
Köln/Leverkusen	1970-74	203	298	354	3-4
	1975-77	195	266	340	3
	1978-79	189	264	315	3
Benrath/Flehe	1970-74	216	344	398	3-4
	1975-77	201	303	366	3-4
	1978-79	190	265	326	3
Wittlaer/Krefeld	1970-74	215	322	371	3-4
	1975-77	201	272	339	3-4
	1978-79	197	240	301	3
Orsoy/Wesel	1970-74	234	390	503	4
	1975-77	224	347	408	3-4
	1978-79	219	343	385	3-4

Tab. 12: Vergleich der repräsentativen Neutralsalzkonzentrationen im Niederrhein (Cl^-, SO_4^{2-}, NO_3^- äquivalent auf Cl umgerechnet) in den Untersuchungsperioden 1970–1974, 1975–1977, 1978/1979 /18/

Die repräsentativen NO_3-Konzentrationen liegen bis auf die $c_{5\%}$ und c_{max} Werte bei Wittlaer im Zeitraum 1978-80 unter den Grenzwerten A, B (IAWR, A (DVGW) und dem Richtwert A_1 der EG-Richtlinie.

Organische Chlorverbindungen (DOCl)

Die Resultate der repräsentativen Konzentrationen organischer Chlorverbindungen seit 1975 gibt Abb. 19 für die Probeentnahmestelle Wittlaer wieder /18/. Daraus ist zu erkennen, daß sich seit 1975 diese gerade für die Trinkwasserversorgung bedeutsame Belastung nicht wesentlich verringert hat. Im Jahresbericht 1980 der ARW heißt es dazu, daß sich die Verhältnisse bei organischen Chlorverbindungen weiterhin eher verschlechtert haben /19/.

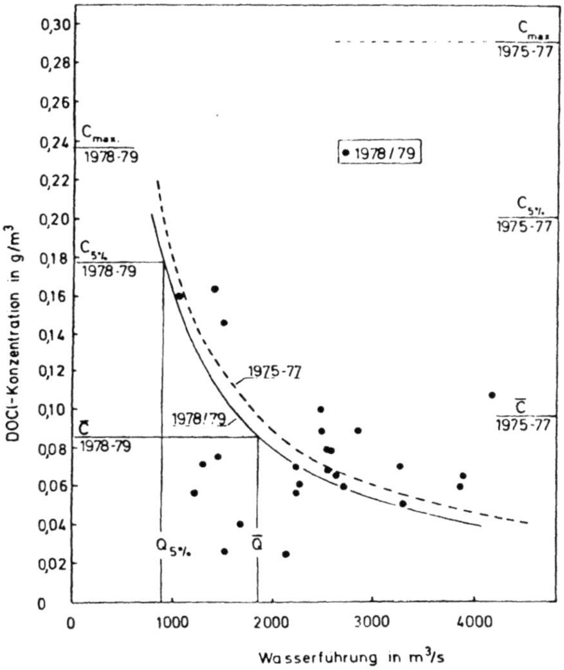

Abb. 19: Konzentration des organisch gebundenen Chlors (DOCL) im Rhein bei Wittlaer (Strom-Km 757,4); Ausgleichskurven der Analysenwerte 1975–1977, 1978/1979; Einzelwerte 1978/1979; repräsentative Konzentrationen /18/

2.2 Ruhr

Bakteriologische Parameter

Kolonie-, Coli-Koloniezahlen, S-Werte (Saprobien-Index) sowie Salmonellenbefunde für 1962 und 1972 geben Abb. 20, 21 und 22 wieder. Der Gütezustand der Ruhr ist jeweils in Kurvenform, der der einmündenden Nebenläufe als Säule dargestellt. In Abb. 23 wurde durch entsprechende Markierung das Vorhandensein von Salmonellen dargestellt; mehrere Zeichen bedeuten den Nachweis entsprechend vieler Salmonellentypen /20/.

Insgesamt gesehen sind beide Kurvenverläufe für die bakterielle Verunreinigung der Ruhr im Jahre 1972 ausgeglichener als 1962, sie verzeichnen aber in der Regel unterhalb von Kläranlageneinläufen (z.B. zwischen km 88,8 und 84,0) oder dem Zufluß verunreinigter Nebenläufe (z.B. zwischen km 68,8 und 65,0) entsprechende Anstiege der Bakterienkoloniezahlen. Deutlich werden dagegen 1972 die sich gegenüber dem bakteriologischen Gütezustand von 1962 in Kolonie- und E.coli-Koloniezahl-Verminderungen ausdrückenden Reinigungsleistungen neuer bzw. erweiteter Kläranlagen (z.B. zwischen km 76,2 und 68,8). So weist der Anstieg der Bakteriengehalte 1972 gegenüber 1962 auf Schwerpunkte notwendiger Kläranlagenerweiterungen hin (bspw. km 42) /20/.

Die Entwicklung der bakteriologischen Beschaffenheit der Nebenläufe ist im Zeitraum '62-'72 unterschiedlich. Zum Teil hat sie sich verschlechtert (bspw. zwischen km 183,2 und 179,5 oder zw. km 68,8 und 65,0), zum Teil wurde sie auch besser (bspw. zwischen km 112,5 und 107,0 oder zwischen km 91,0 und 88,8) /20/.

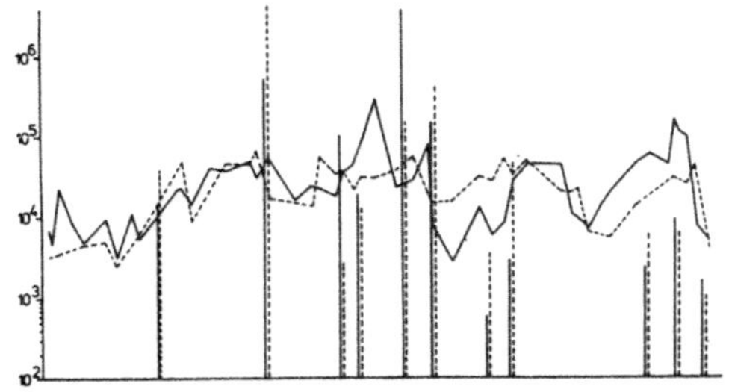

Abb. 20: Koloniezahl 1962 und 1972*

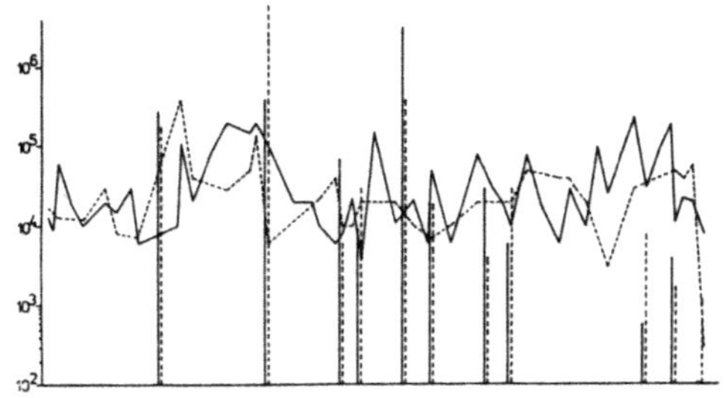

Abb. 21: E.–Coli–Koloniezahl in 100 ml 1962 und 1972*

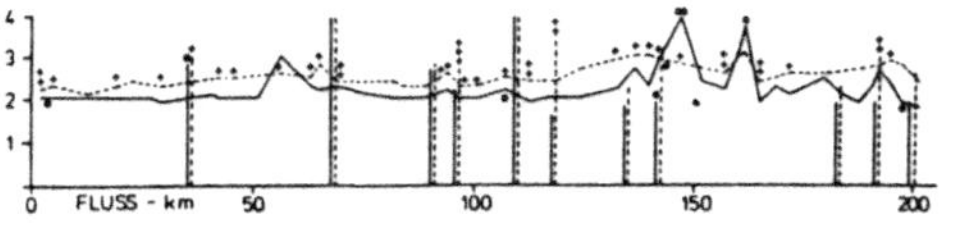

Abb. 22: S–Wert und Salmonellen–Nachweis 1962 und 1972* /20/

∪ = 1962 + = 1972

*) ———— = 1962 – – – – = 1972

Für den Saprobiegrad der Ruhr gilt auch, daß er 1972 gegenüber 1962 ausgeglichener war, jedoch im Gesamtverlauf - als arith. Mittel errechnet - vom S-Wert 2,35 auf 2,66, d.h. von der ß-mesaproben in die a-mesaprobe Stufe gelangte. Bei einer Auswertung aller elf Ruhrbegehungen von 1962-1972 konnte 1962 bei 50 Entnahmestellen an 28 (56%), 1972 bei 38 Entnahmestellen an keiner Stelle der niedrigste aller S-Werte, 1962 an zwei Stellen (4%), 1972 an 9 Stellen (23,6%) der höchste aller S-Werte festgestellt werden. Schlechtere S-Werte wurden nur noch im Trockenjahr 1964 festgestellt (an 17 von 49 Entnahmestellen), wobei der Saprobienindex 1964 mit 2,65 noch knapp unter dem S-Wert von 2,66 im Jahre '72 lag /20/.

Hinsichtlich des Vorhandenseins von Salmonellen lassen sich für die Vergleichsgröße '62-'72 deutliche Unterschiede aufzeigen. Während 1962 von 50 Ruhrwasserproben 6 (12%) salmonella-positiv waren, gelang der Nachweis 1972 bei 38 Probeentnahmen in 25 Proben (65%). Dabei waren 1962 in den 6 positiven Proben siebenmal Salmonellen, die fünf Typen angehörten, 1972 dagegen in den 25 positiven Proben 30 Salmonellenbefunde 14 verschiedener Typen nachweisbar. Auch in den Proben der Nebenläufe konnte von 1962-1972 eine Steigerung der Salmonellenbelastung festgestellt werden /20/.

Zusammenfassend kommt das Hygiene-Institut für den Zeitraum 1962-72 zu dem Ergebnis, daß die enormen finanziellen und baulichen Anstrengungen des Ruhrtalsperrenvereins (RTV) und des Ruhrverbandes (RV) nicht ausgereicht haben, den Gütezustand der Ruhr in bakteriologischer und biologischer Hinsicht auf dem Stand von 1962 zu halten /20/.

Auch die Auswertung des umfangreichen statistischen Untersuchungsmaterials des Ruhrverbandes über die Ruhrwasserqualität der 50er und 60er Jahre zeigt einen Trend zur zunehmenden Verschmutzung bis 1972 /21/.

Abb. 23 zeigt die Zunahme an organischer Verschmutzung der Ruhr bei Essen in den Jahren 1966-72, gemessen am $KMnO_4$-Verbrauch /21/.

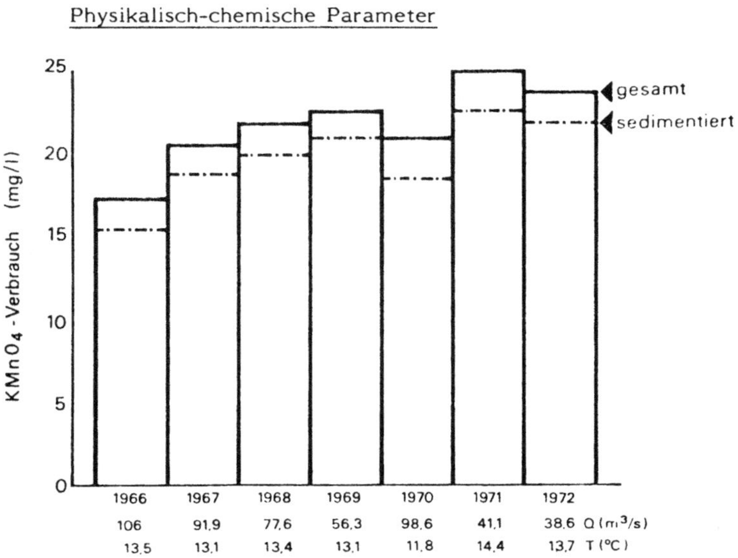

Abb. 23: Zunahme der organischen Belastung des Ruhrwassers in den Jahren 1966–1972 /21/

Der Durchschnitt der Jahresmittelwerte der Zeiträume 1950-60 und 1961-71 zeigt ebenfalls eine Zunahme der Schmutzstoffe bei Essen-Rellinghausen unabhängig von der gemittelten Wasserführung, wobei die Verschmutzungszunahme auch in Echthausen, Halingen, Witten und Steele-Horst festgestellt wurde /21/.

	Gesamtgehalte	sedimentierte Wasserprobe	Wasserführung bei Hattingen
1950–1960	18,2 mg/l	15,9 mg/l	59,8 m³/s
1961–1971	20,4 mg/l	18,3 mg/l	74,6 m³/s
Zunahme	÷ 12%	÷ 15%	

Tab. 13: Durchschnittswerte der Jahresmittelwerte für $KMnO_4$–Verbrauch /21/

	1954	1971
mittlere Wasserführung der Ruhr bei Hattingen	55,9 m^3/s	41,1 m^3/s
$KMnO_4$-Verbrauch in:		
Echthausen	14,2 mg/l	17,8 mg/l
Halingen	16,6 mg/l	18,3 mg/l
Witten	16,6 mg/l	23,0 mg/l
Steele-Horst	17,2 mg/l	23,8 mg/l
Essen-Rellinghausen	20,7 mg/l	24,9 mg/l
Mittelwerte des $KMnO_4$-Verbrauches	17,8 mg/l	21,6 mg/l

Tab. 14: Zusammenstellung der organischen Belastung der Ruhr für verschiedene Jahre an mehreren Probenahmestellen (ausgedrückt durch den $KMnO_4$–Verbrauch in mg/l der Jahresmittelwerte /21/

Unter Zugrundelegung der EG-Richtlinie /10/ ergibt sich bei einem Soll/Ist-Vergleich der Gewässergüte-Parameter für das Wasserwirtschaftsjahr 1978 das in Tab. 15 u. 16 erkennbare Bild /27/, wobei im Rahmen dieser Untersuchung die Ergebnisse für die Ruhrabschnitte m,u von Interesse sind.

Tabelle 17 enthält eine Auflistung derjenigen Parameter, für die es noch keine EG-Sollwerte (zumindest nicht für die Kategorie A_1) oder keine brauchbaren Analyseverfahren gibt /27/.

Die Abbildungen 24-37 geben für ausgewählte Parameter der Tabellen 15, 16 u. 17 Ergebnisse der jährlichen Ruhrlängsuntersuchungen in graphischer Form für die Jahre 1975/76 bis 1980 wieder.

Die Entwicklung der Schwermetallbelastung wird wegen ihrer besonderen gütewirtschaftlichen Bedeutung entgegen der Tabellenreihenfolge gesondert dargestellt.

EG-Nr.	Parameter	Zahl der Untersuchungen 1978 Winz bis Mündung	Hengsen bis Hattingen	Quelle bis Halingen	Gesamte Ruhr
1	pH	337	357	345	1039
3	Suspendierte Stoffe insg.	81	96	81	258
4	Temperatur	348	411	368	1127
5	Leitfähigkeit	289	260	273	822
7	Nitrate	285	301	268	854
8	Fluoride	12	14	10	36
13	Zink	12	41	10	63
14	Bor	12	6	10	28
19	Arsen	10	14	12	36
22	Blei	14	38	10	62
23	Selen	9	12	7	28
26	Zyanide	12	8	10	30
27	Sulfate	22	93	90	205
28	Chloride	69	81	125	275
29	Grenzflächenaktive Stoffe	232	212	158	602
34	Pestizide	9	14	6	29

Tab. 15: Wassergüte—Parameter, die den Sollwerten der Kategorie A1 entsprechen /30/

Symbol	Probenanteil mit Überschreitung des jeweiligen EG-Grenzwertes	EG-Richtwertes
	über 70,0 %	über 70,0 %
	40,1–70,0 %	40,1–70,0 %
	20,1–40,0 %	20,1–40,0 %
	5,1–20,0 %	10,1–20,0 %
	0,0– 5,0 %	0,0–10,0 %
kein Kästchen	keine Festlegung eines EG-Grenz- oder Richtwertes	
Symbol	**Ruhrstrecke**	
o	oberhalb Fluß-km 110 (Quelle bis Halingen)	
m	Fluß-km 55–110 (Hengsen bis Hattingen)	
u	unterhalb Fluß-km 55 (Winz bis Mündung)	
Kategorie	**Definition der Standard-Aufbereitungsverfahren zur Aufbereitung von Oberflächenwasser**	
A 1	Einfache physikalische Aufbereitung und Entkeimung, z. B. Schnellfilterung und Entkeimung	
A 2	Normale physikalische und chemische Aufbereitung und Entkeimung, z. B. Vorchlorung, Koagulation, Flockung, Dekantierung, Filterung und Entkeimung (Nachchlorung)	
A 3	Physikalische und verfeinerte chemische Aufbereitung, Oxidation, Adsorption und Entkeimung, z. B. Brechpunkt-Chlorung, Koagulation, Flockung, Dekantierung, Filterung, Oxidation, Adsorption (Aktiv-Kohle), Entkeimung (Ozon, Nachchlorung)	

Tab. 16: Wassergüte Parameter, die nicht den Sollwerten der Kategorie A1 entsprechen (Teil 1, Zeichenerklärung) /30/

OG

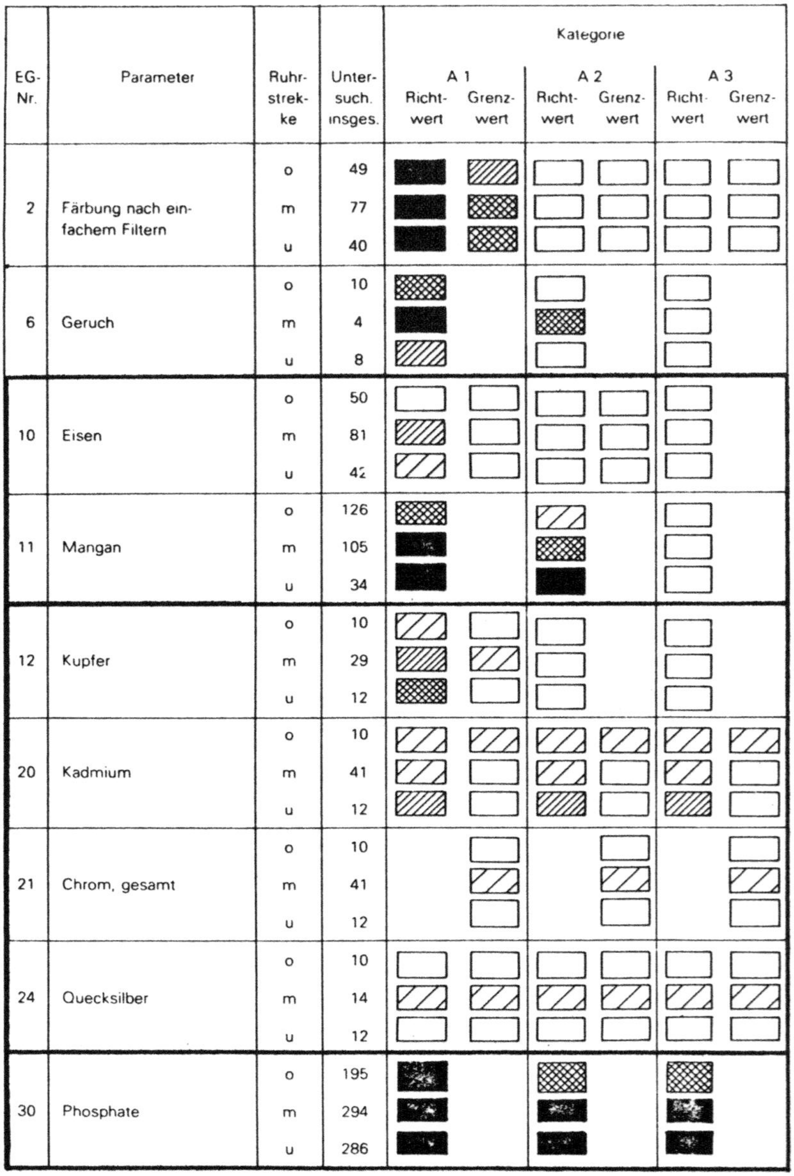

EG-Nr.	Parameter	Ruhrstrekke	Untersuch. insges.	Kategorie A 1 Richtwert	A 1 Grenzwert	A 2 Richtwert	A 2 Grenzwert	A 3 Richtwert	A 3 Grenzwert
2	Färbung nach einfachem Filtern	o	49						
		m	77						
		u	40						
6	Geruch	o	10						
		m	4						
		u	8						
10	Eisen	o	50						
		m	81						
		u	42						
11	Mangan	o	126						
		m	105						
		u	34						
12	Kupfer	o	10						
		m	29						
		u	12						
20	Kadmium	o	10						
		m	41						
		u	12						
21	Chrom, gesamt	o	10						
		m	41						
		u	12						
24	Quecksilber	o	10						
		m	14						
		u	12						
30	Phosphate	o	195						
		m	294						
		u	286						

Tab. 16a: Wassergüte–Parameter, die nicht den Sollwerten der Kategorie A1 entsprechen (Teil 2, bis EG–Nr. 30) /30/

EG-Nr.	Parameter	Ruhrstrek-ke	Unter-such. insges.	Kategorie A 1 Richtwert	A 1 Grenzwert	A 2 Richtwert	A 2 Grenzwert	A 3 Richtwert	A 3 Grenzwert
31	Phenole	o	6		■	■	▩	▨	□
		m	6		■	■	■	■	□
		u	10		■	■	■	▩	□
32	gelöste oder emulgierte Kohlenwasser-stoffe	o	10		▩		▨	▧	□
		m	4		▩		□	□	□
		u	8		■		▨	▨	□
33	Polyzyklische Aromate	o	7		▧		▧		□
		m	14		▨		▨		□
		u	9		▨		▨		□
36	Sauerstoffsättigung	o	199	□		□		□	
		m	259	□		□		□	
		u	283	▨		□		□	
37	Biochemischer Sauerstoffbedarf	o	168	▩		▧		□	
		m	202	■		▨		▧	
		u	232	■		▨		▧	
38	Kjeldahl-Stickstoff	o	12	□		□		□	
		m	10	▨		▧		□	
		u	13	□		□		□	
39	Ammoniak	o	275	■		□	□	□	□
		m	301	■		▩	▨	□	□
		u	289	■		▩	▨	▧	□
43	Gesamt-Coli	o	183	■		■		□	
		m	125	■		■		▧	
		u	47	■		■		□	
44	Coli faec.	o	24	■		■		▩	
		m	44	■		■		▩	
		u	12	■		■		▧	

Tab. 16b: Wassergüte–Parameter, die nicht den Sollwerten der Kategorie A1 entsprechen (Teil 3, ab EG–Nr. 31) /30/

EG-Nr.	Parameter	Bemerkung
9	Gesamtes extrahierbares organisches Chlor.	Bisher keine Grenz- oder Richtwerte festgesetzt
15	Beryllium	Wie vor
16	Kobalt	Wie vor
17	Nickel	Wie vor
18	Vanadium	Wie vor
25	Barium	In der Verwaltungsvorschrift noch keine Untersuchungshäufigkeit festgesetzt
35	Chemischer Sauerstoffbedarf (CSB)	Nur A 3-Richtwert festgesetzt (dieser wurde bei insgesamt 86 Bestimmungen an keiner Stelle überschritten)
40	Chloroformextrahierbare Stoffe	Laut Verwaltungsvorschrift keine brauchbare Untersuchungsmethode vorhanden
41	Organischer Kohlenstoff gesamt	Bisher keine Grenz- oder Richtwerte festgesetzt
42	Organischer Kohlenstoff nach Flockung und Membranfiltration	Wie vor
45	Streptococcus faec.	Bemäß Verwaltungsvorschrift nur im Falle besonderen Verdachts zu untersuchen
46	Salmonellen	Wie vor

Tab. 17: Wassergüte—Parameter ohne die Möglichkeit eines Vergleiches mit den Sollwerten der Kategorie A1 /30/

Suspendierte Stoffe

Die geometrischen Jahresmittelwerte liegen 1976 -1979 unter dem Wert A_1G der EG-Richtlinie, wobei die Max-Werte in allen Jahren punktuell deutliche Überschreitungen des Sollwertes aufweisen.

ph-Wert

Die geometrischen Jahresmittelwerte liegen 1975-1980 durchgängig unter dem Sollwert A_1G (EG-Richtlinie). 1976 ist bei Ruhr-km 90 eine erhebliche Überschreitung des Max-Wertes festzustellen, die sich in den darauffolgenden Jahren allerdings nicht wiederholt.

elektr. Leitfähigkeit

Sowohl Max-Werte als auch geometrische Mittelwerte liegen bis auf eine Überschreitung des Max-Wertes bei Ruhr-km 10 im Jahre 1977 durchgängig unter dem Richtwert A_1G der EG-Richtlinie.

Nitrat

Max-Werte und geometrische Mittelwerte liegen durchgängig etwa bis Ruhr-km 40 unter dem Sollwert, wobei im Bereich Essen-Mühlheim in allen Jahren eine Überschreitung des Sollwertes durch die Max- Werte auffällt.

Sulfat/Chlorid

Eine Überschreitung des EG-Richtwertes A_1G ist sowohl bei den Max-Werten als auch den geometrischen Mittelwerten zwischen 1976 und 1980 nicht festzustellen. Entsprechendes gilt für die Chloridkonzentrationen.

Tenside

Die geometrischen-Mittelwerte zeigen zwischen 1977 und 1980 keine Überschreitung des EG-Richtwerts A_1G, wohingegen die Maximalwerte ab Ruhr-km 90 1977 durchgängig Überschreitungen aufweisen. 1978-80 treten Richtwertüberschreitungen bei Ruhr-km 10,30-40,70-80 u. 100-120 auf.

Eisen (Fe), gelöst

Die geometrischen Jahresmittelwerte überschreiten in den Jahren '75, '76 und '78 zwischen Ruhr km 80 und 90 den Richtwert der EG-Richtlinie, wobei bei den Max-Werten in allen Jahren deutliche Überschreitungen feststellbar sind ('75 Ruhr-km 70-100; 1976 Ruhr-km 10-20, 90; 1977 Ruhr-km 40-50; 1978 Ruhr-km 75-90; 1979 Ruhr-km 90-100).

Mangan

Es ist eine tendenzielle Zunahme der Mangangehalte im Ruhrwasser feststellbar. Verschlechterungen der Ruhrwasserqualität hinsichtlich des Sauerstoffgehaltes (Sauerstoffsättigung im Baldeneysee und unterhalb derselben unterschritten 1978 den A Grenzwert häufig um 70%). Der Anstieg der Konzentrationen von Ammoniak, Gelatbildnern usw. führten dazu, daß sich im Zuge der Bodenpassage das im Ruhrwasser vorhandene Mangan schlechter abscheidet und daß das im Untergrund reichlich vorhandene Mangan stärker als früher mobilisiert wird /30/.

Phosphor (gesamt)

Max-Werte und geometrische Jahresmittelwerte überschreiten die Richtwerte A_2/A_3 der EG-Richtlinie im gesamten für diese Untersuchung relevanten Ruhrabschnitt deutlich.

Oxidierbarkeit, gesamt

Die geometrischen Jahresmittelwerte liegen 1976-1980 unter dem Richtwert A der EG-Richtlinie. Vereinzelte Überschreitungen der Max-Werte sind erkennbar, wobei 1980 zwischen Ruhr-km 30 und 120 deutliche Überschreitungen sichtbar werden.

BSB_5

Überschreitungen des Richtwertes A_1 durch die geometrischen Jahresmittelwerte sind 1975-1980 durchgängig feststellbar (Ruhr-km 40-70), wobei die Max-Werte in allen Jahren den Richtwert A_2 der EG-Richtlinie deutlich überschreiten. Der angestrebte Mittelwert von 4,5 mg/l /32/ wurde bis 1980 nicht erreicht.

Ammonium

Die geometrischen Jahresmittelwerte überschreiten in allen Jahren die Richtwerte A_1 der EG-Richtlinie und bis 1979 teilweise auch die Richtwerte A_2. Maximale Werte liegen durchgängig über dem Grenzwert A_2 der EG-Richtlinie.

Bei der Langsamsandfiltration findet vor allem im Winter ein ungenügender Ammoniumabbau statt (Wassertemperatur, Verweilzeit). Dies war in früheren Jahren der Grund für die Rohwasser-Hochchlorung an der unteren Ruhr. Erhöhte Ammoniumgehalte bedeuten im Trinkwasser die Gefahr ungenügender Desinfektion, ferner das Risiko, daß die vorgeschriebenen Konzentrationen an freiem Chlor zu schnell in gebundenes Chlor übergehen und daß wegen des erhöhten Chloreinsatzes vermehrt chlororganische Verbindungen entstehen /30/.

Abb. 24 Suspendierte Stoffe

1976

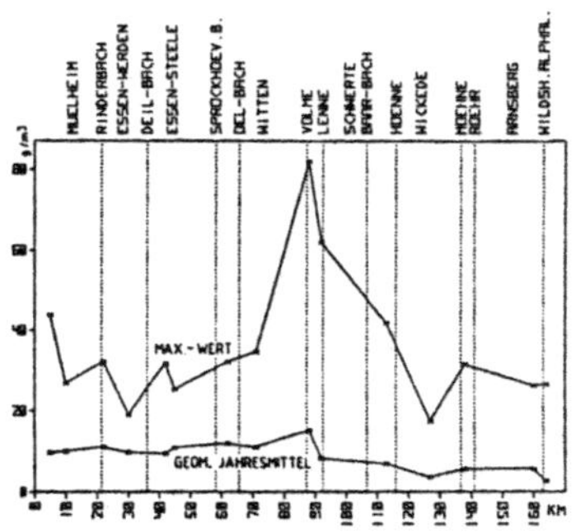

1977

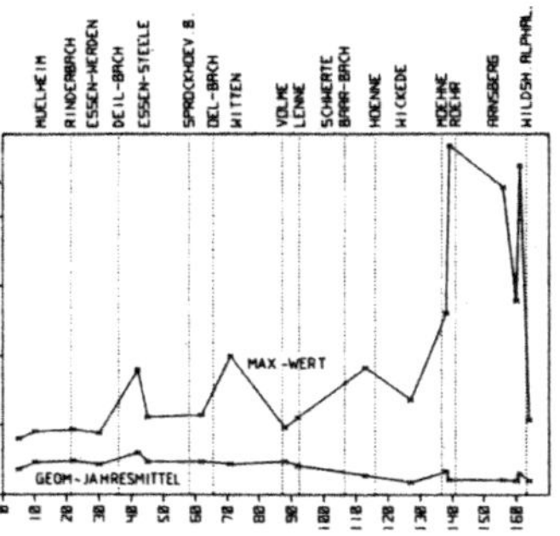

1978

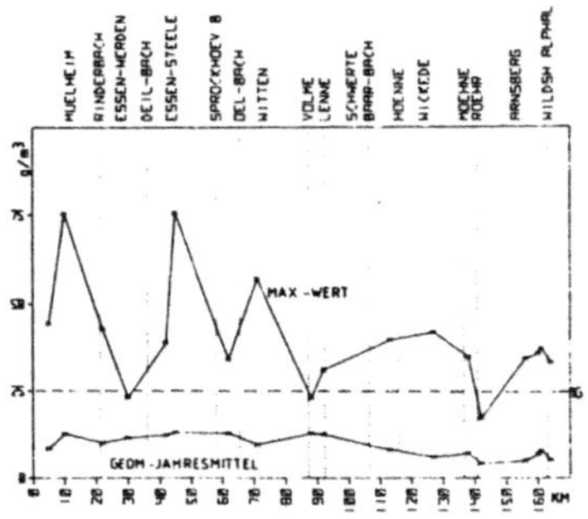

1979

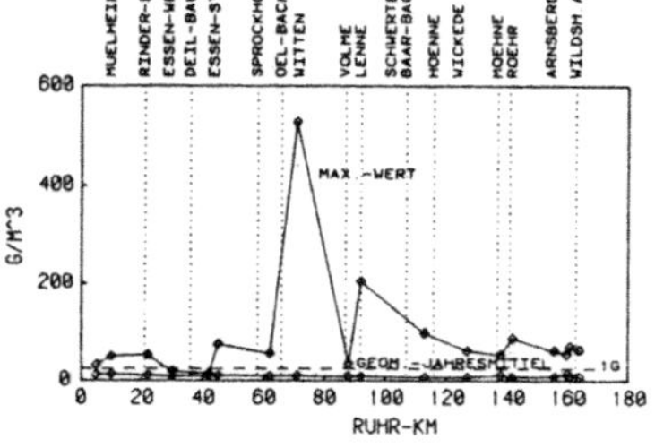

Abb. 25 pH–Wert

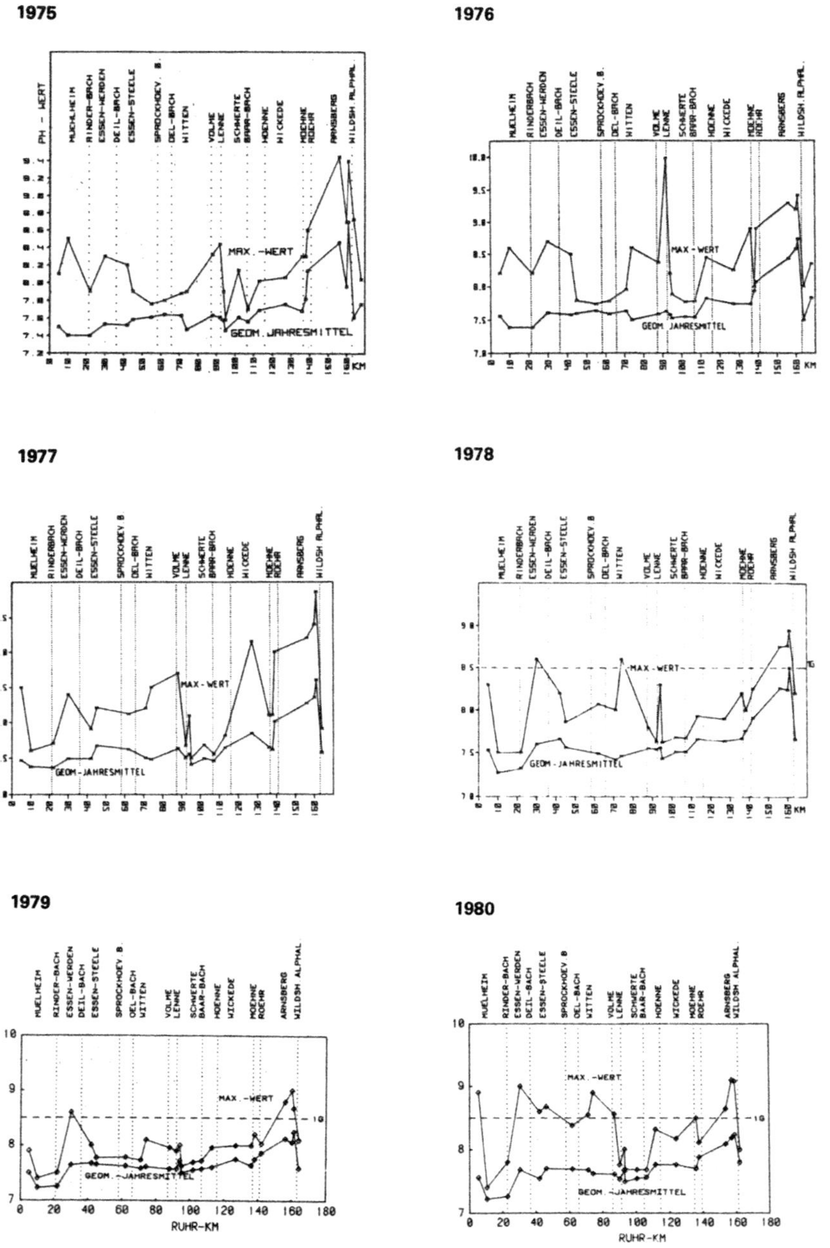

Abb. 26 **Wassertemperatur**

1975

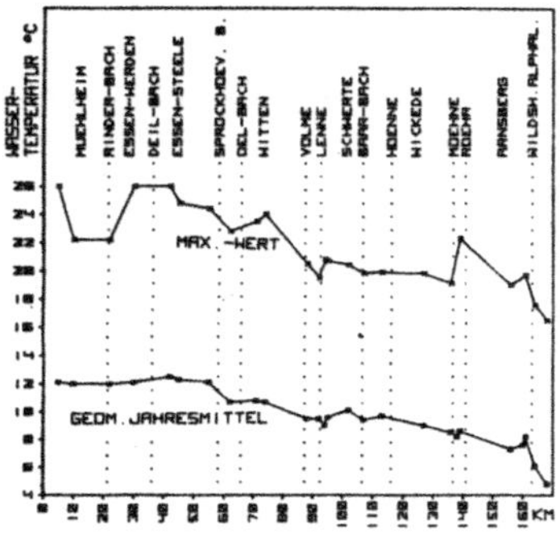

1977

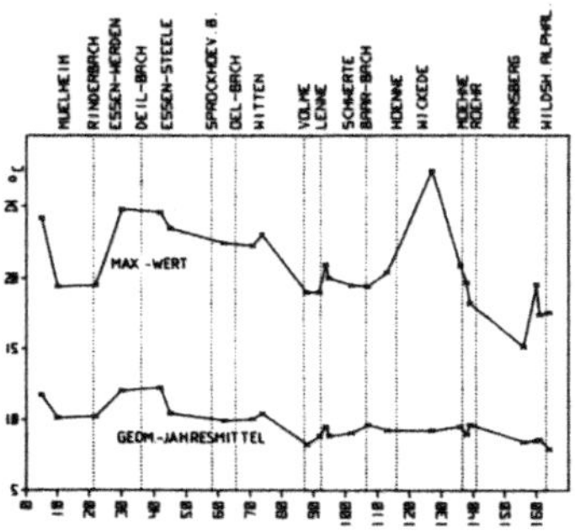

1978

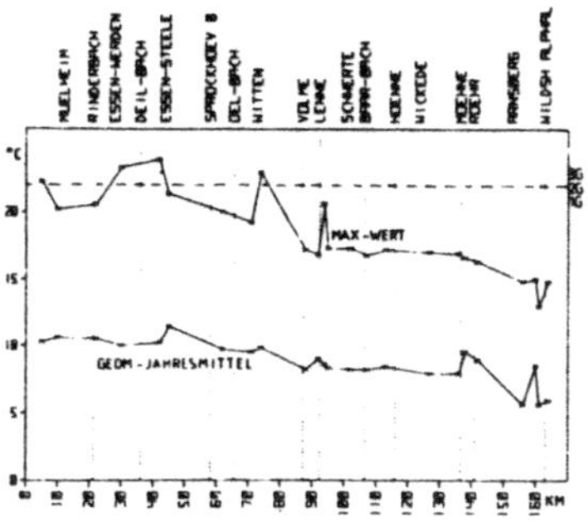

1979

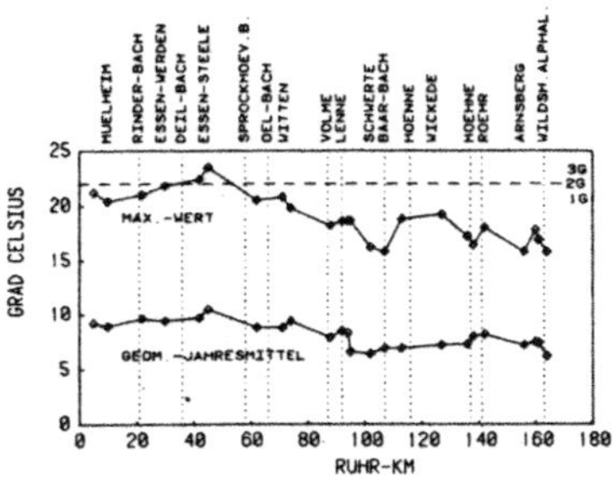

1980

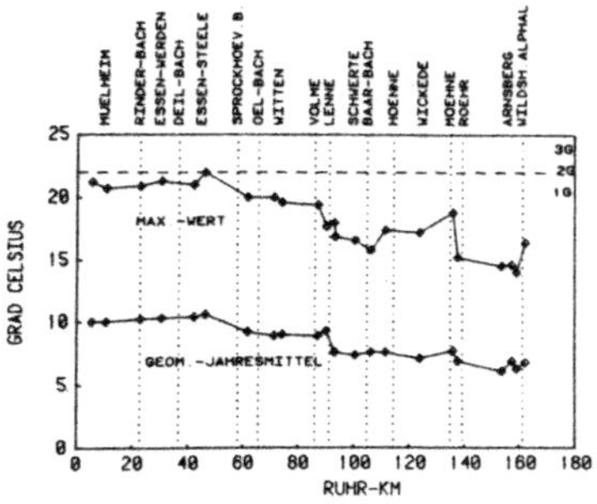

OG

Abb. 27 elektrische Leitfähigkeit

1976

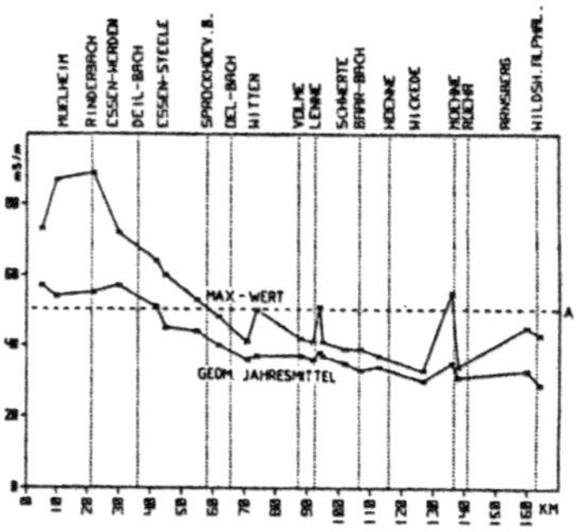

1977

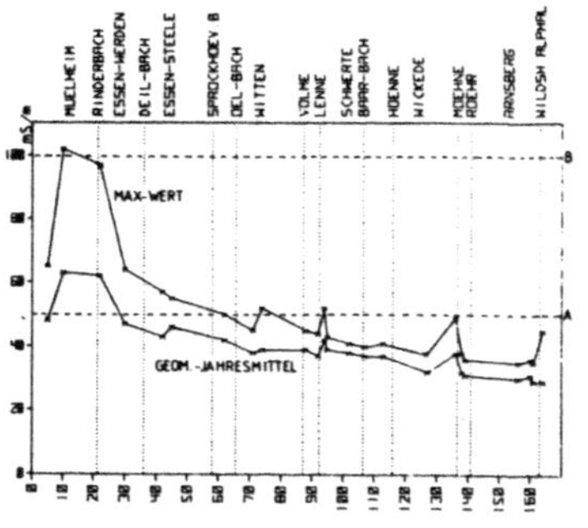

1978

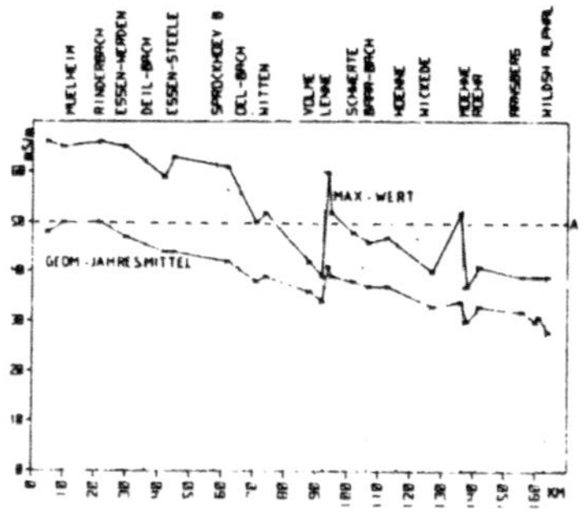

1979

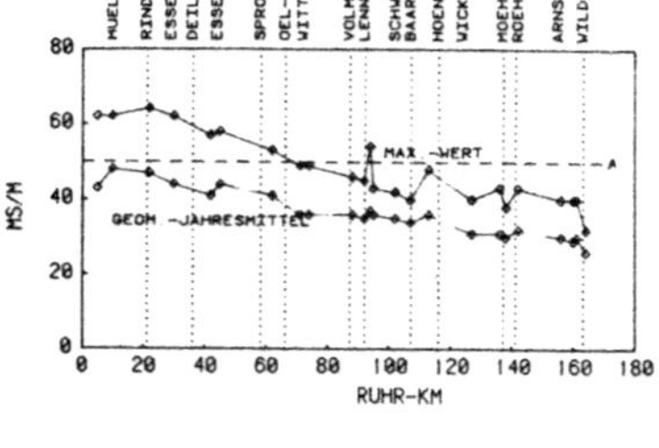

1980

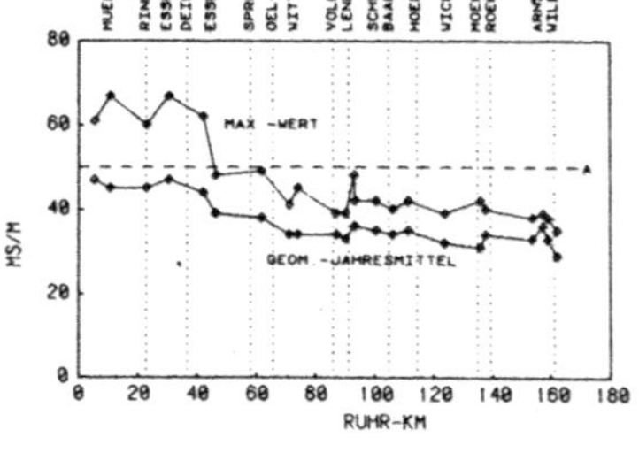

Abb. 28 **Nitrat (NO_3)**

1975

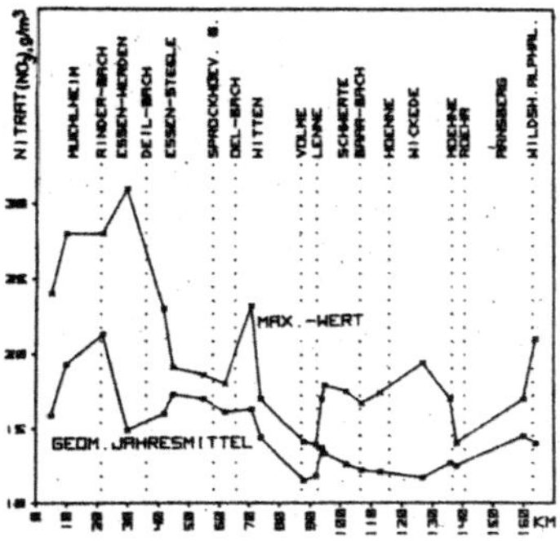

1976

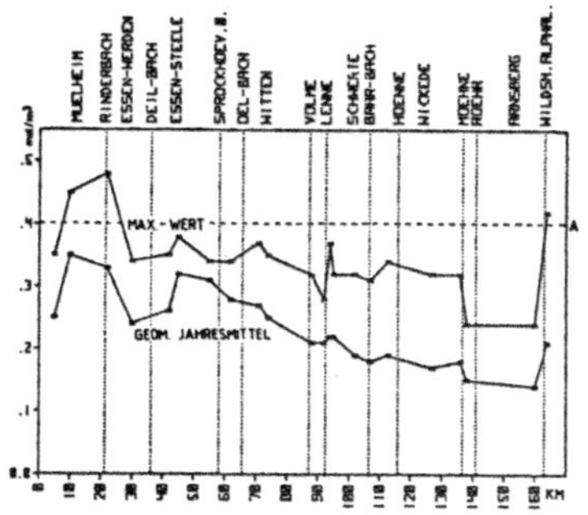

1977

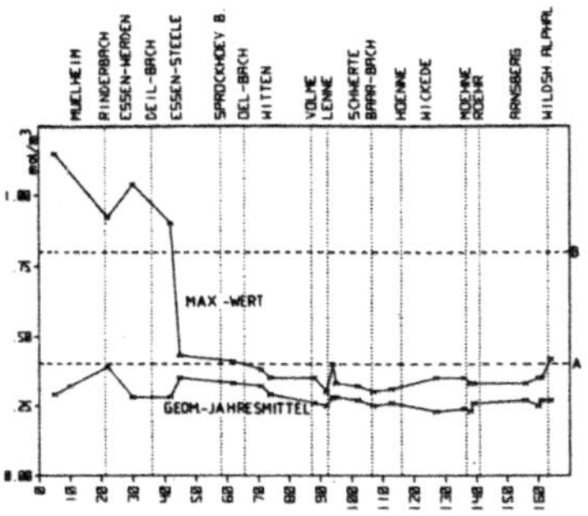

1978

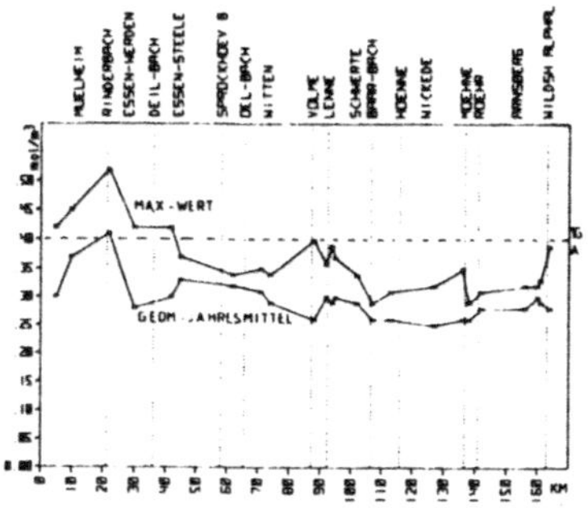

1979

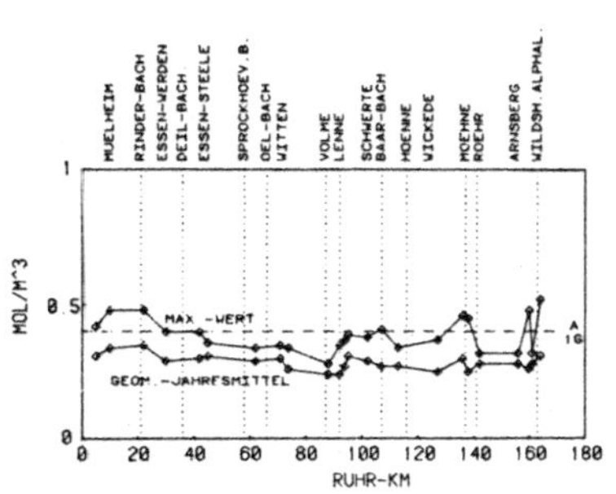

1980

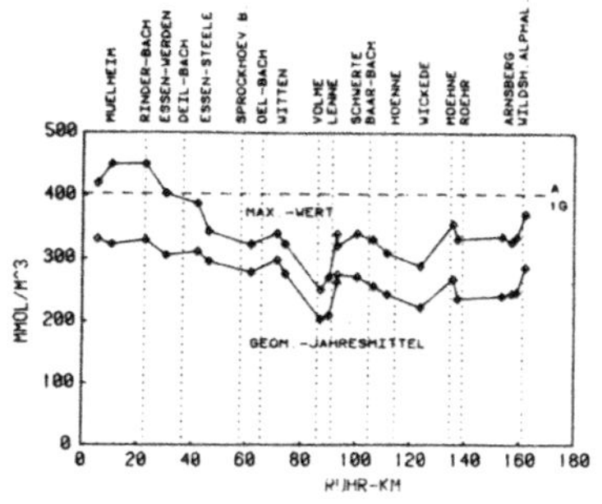

Abb. 29 **Sulfat**

1976

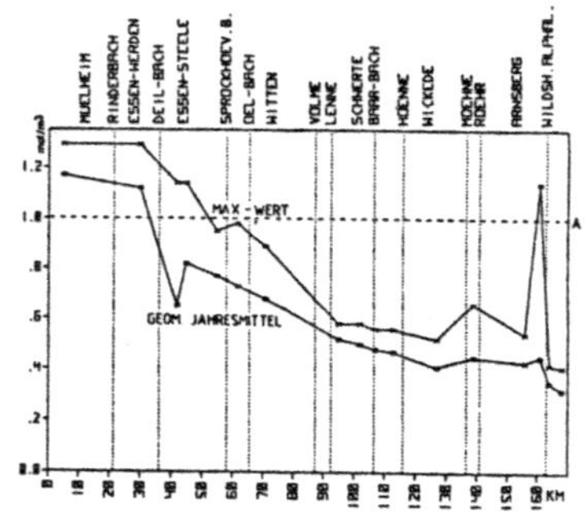

1977

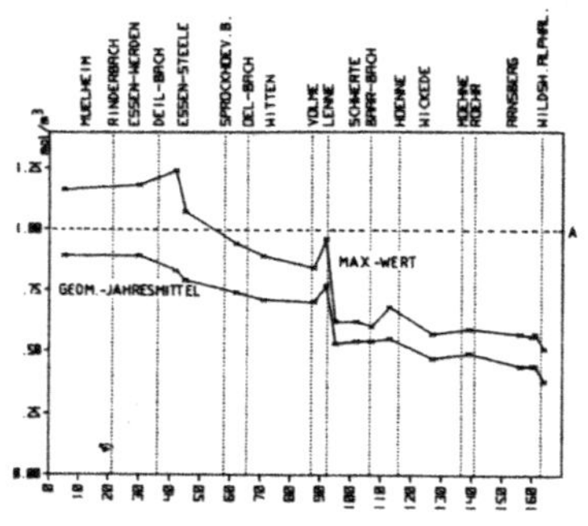

1978

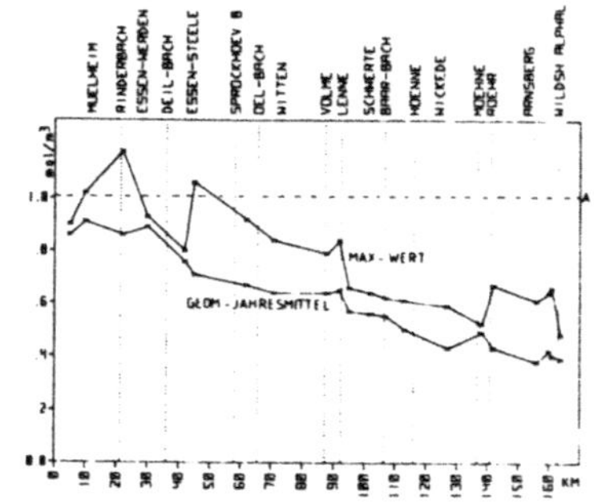

1979

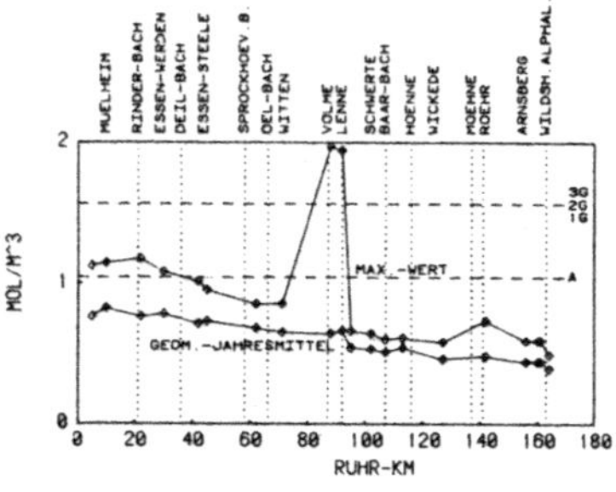

1980

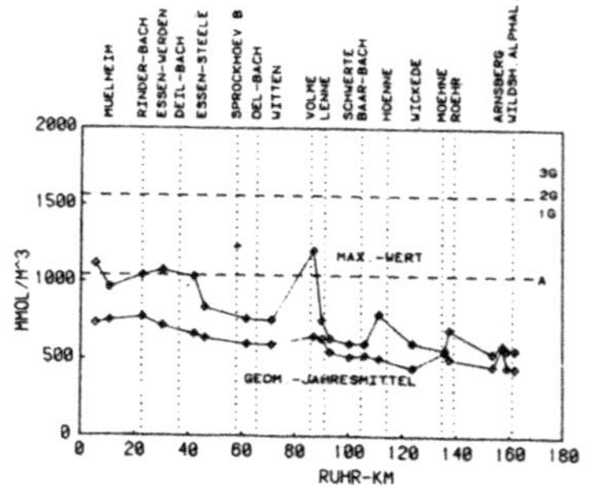

Abb. 30 Chlorid

1976

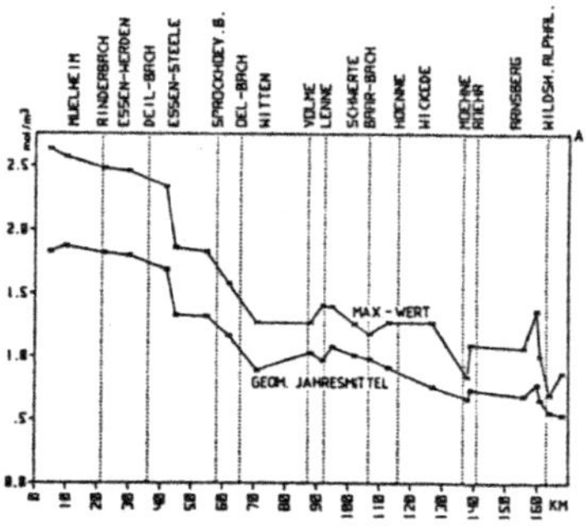

1977

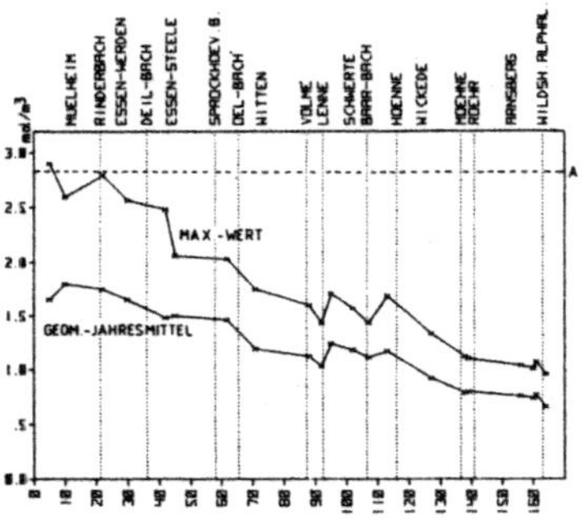

1978

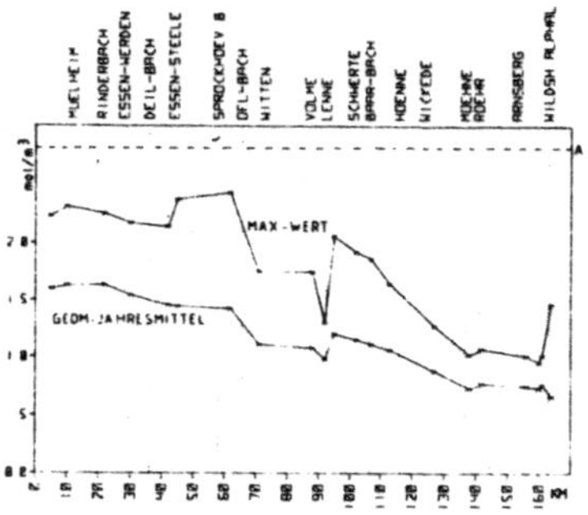

1979

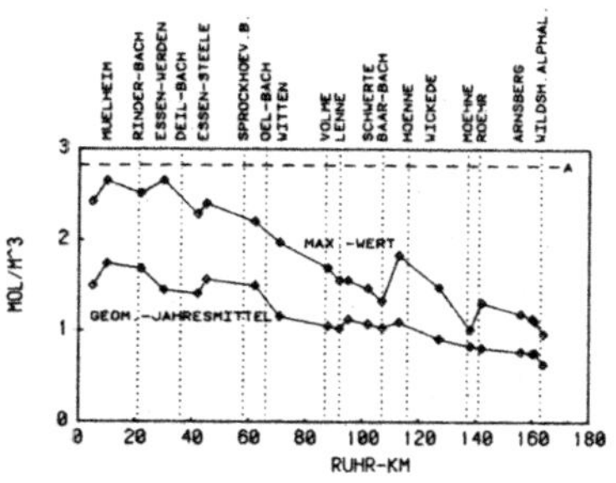

1980

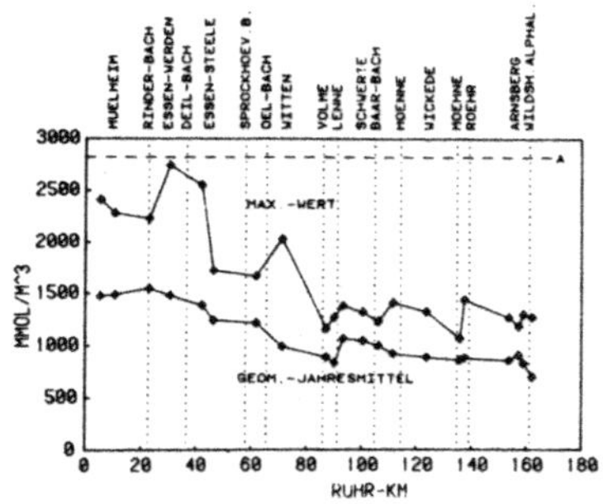

Abb. 31 Tenside

1977

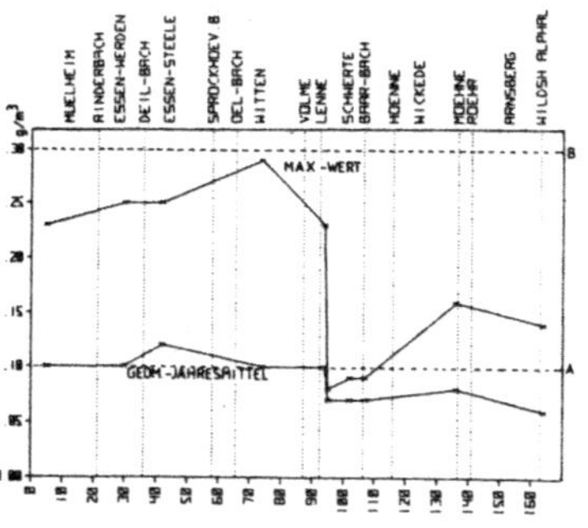

1978

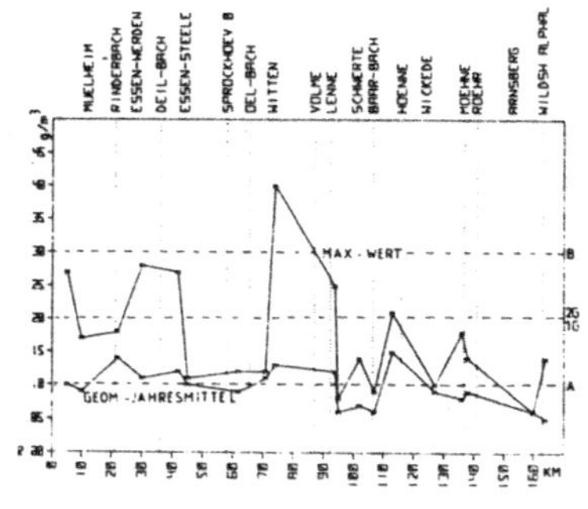

1979

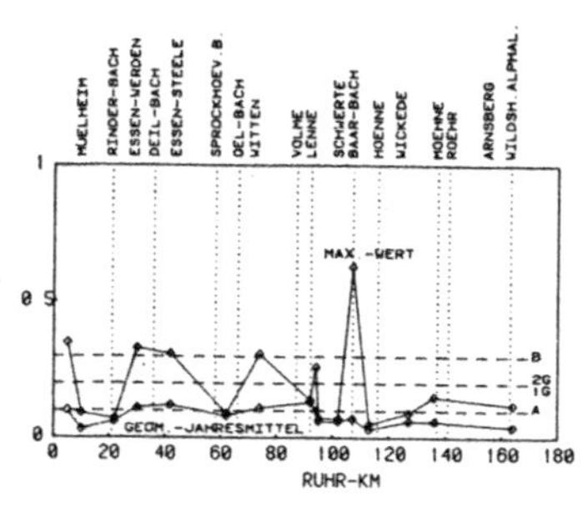

1980

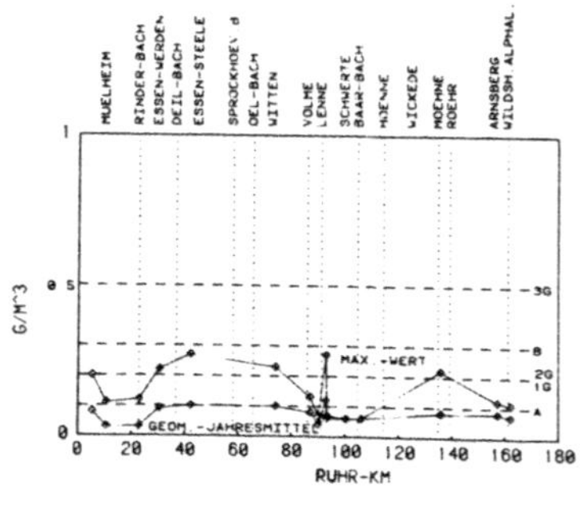

Abb. 32 **Eisen, gelöst**

1975

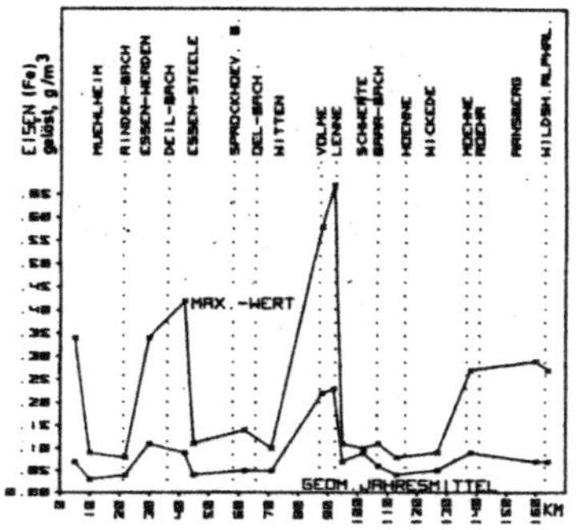

1976

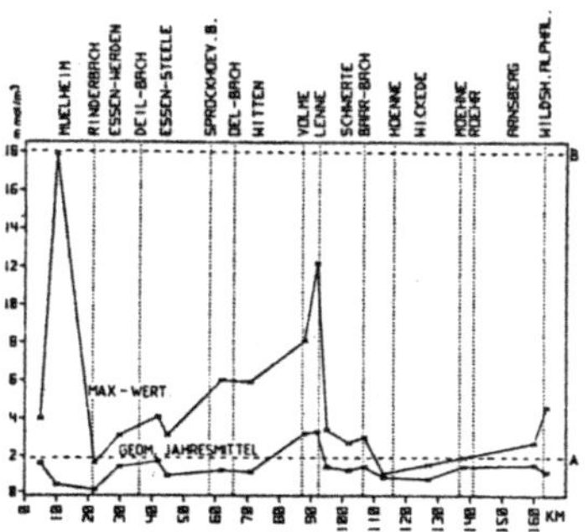

1977

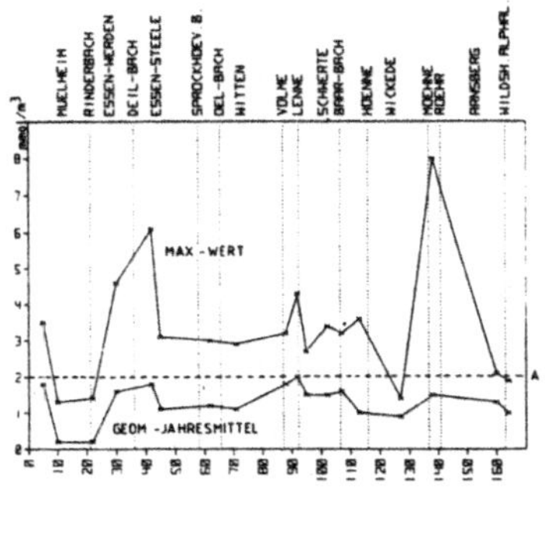

1978

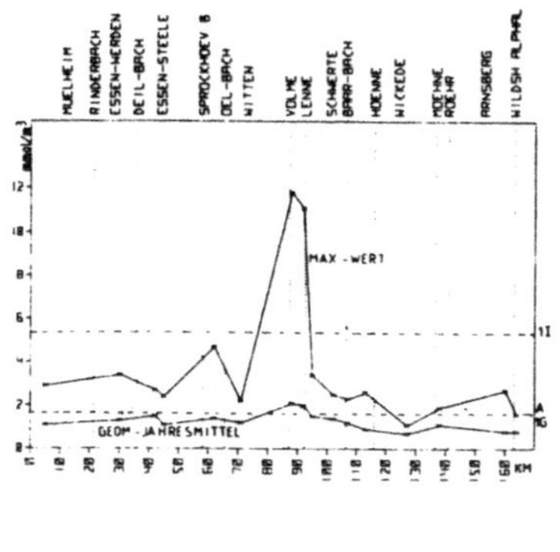

1979

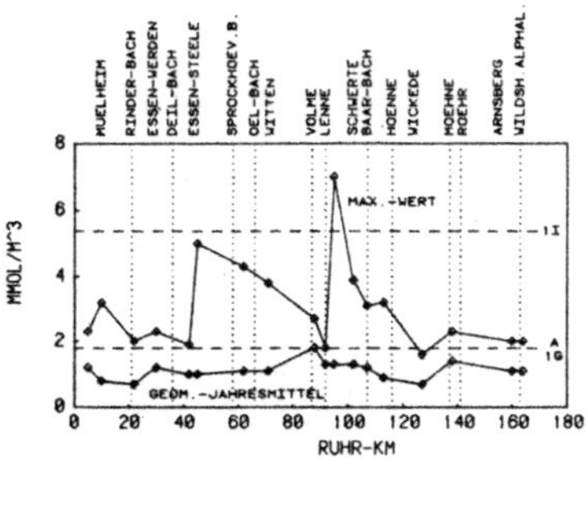

1980

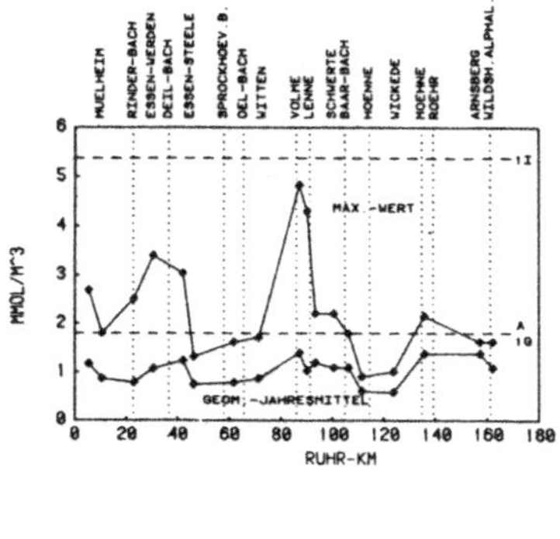

Abb. 33 **Mangan, gelöst (1975–1977)**
gesamt (1978–1980)

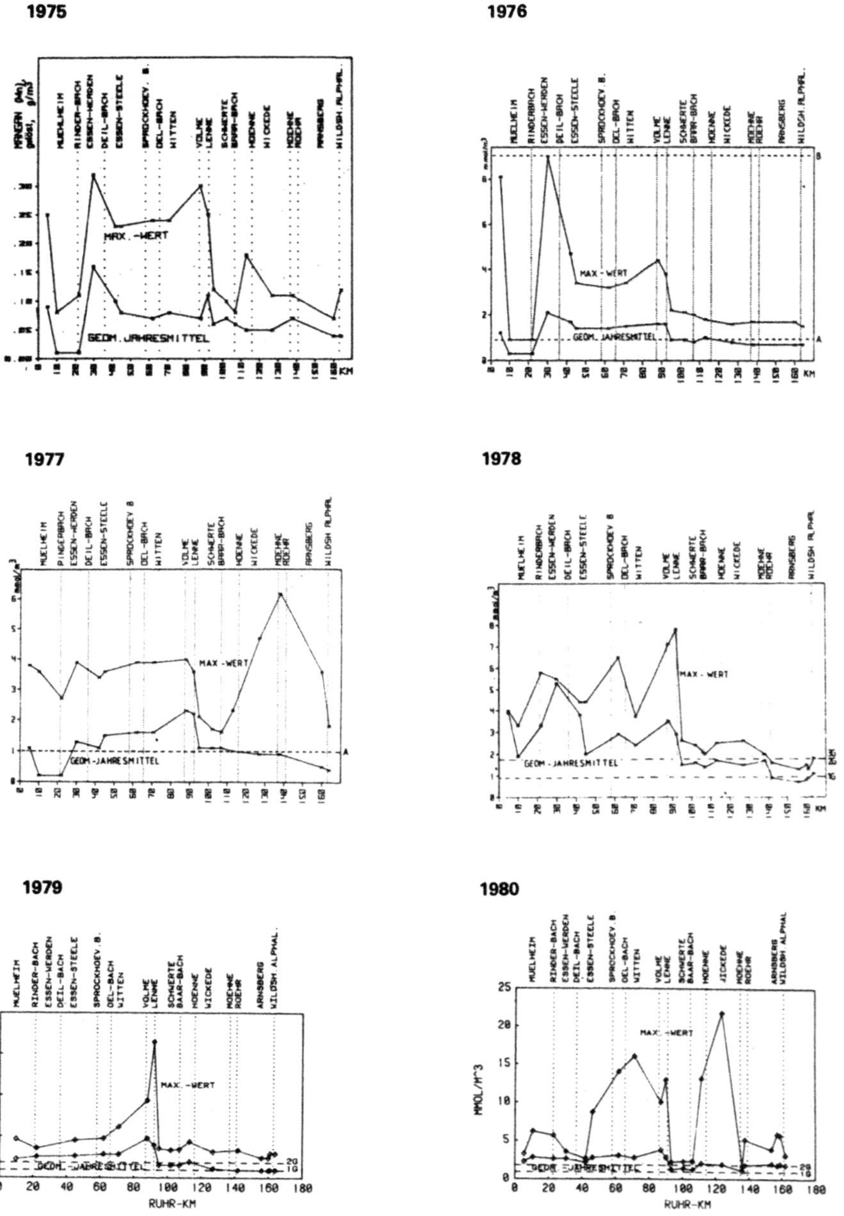

Abb. 34 Phosphor, gesamt

1975

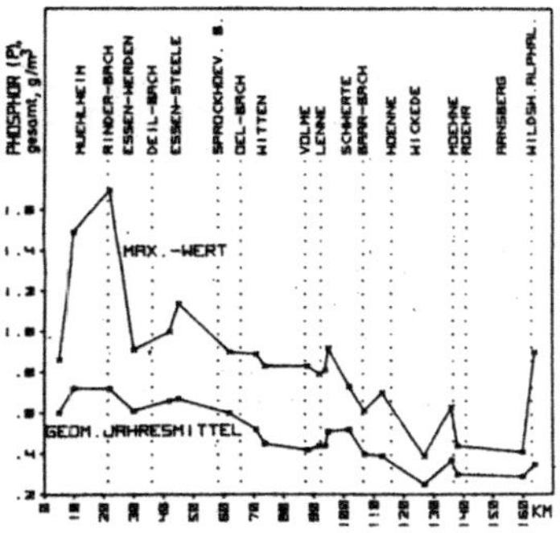

1976

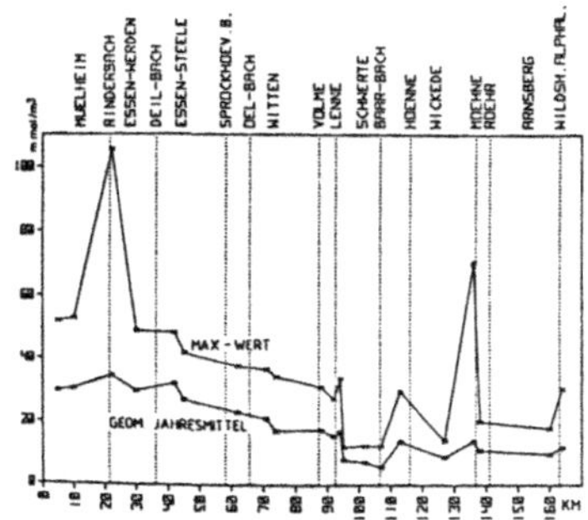

1977

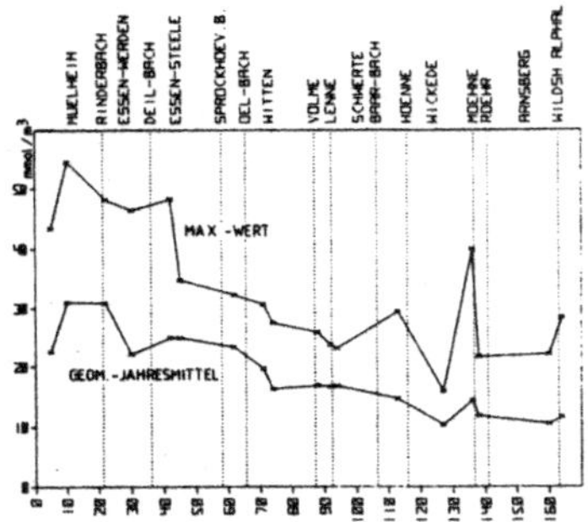

1978

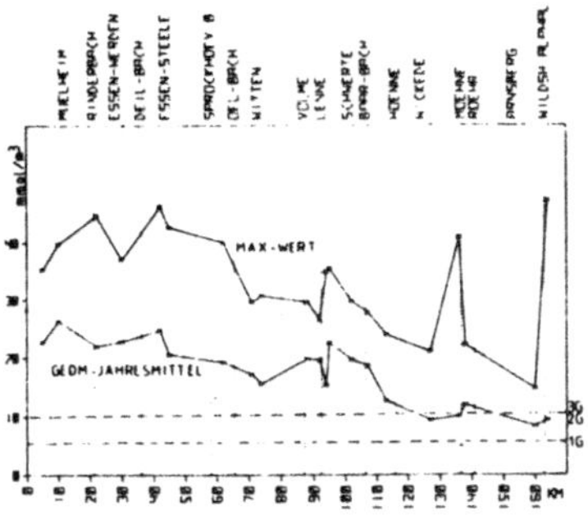

1979

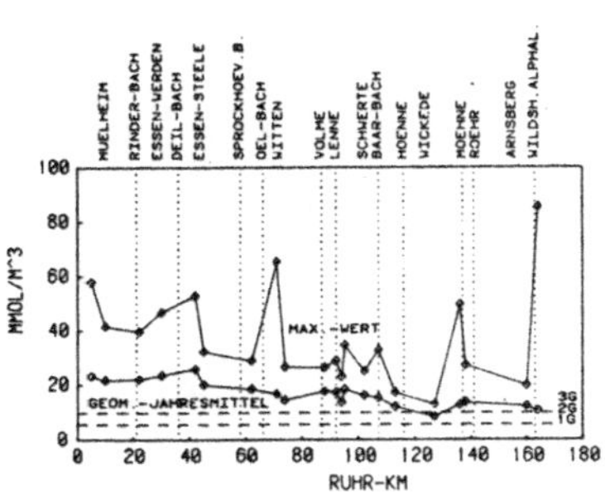

1980

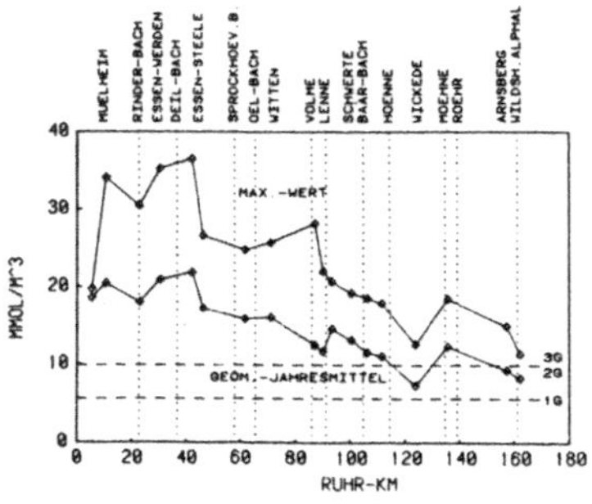

Abb. 35 **Oxidierbarkeit, gesamt, Cr VI– III (1976–1977)**
gesamt, Cr VI– III (als O_2) (1978–1980)

1976

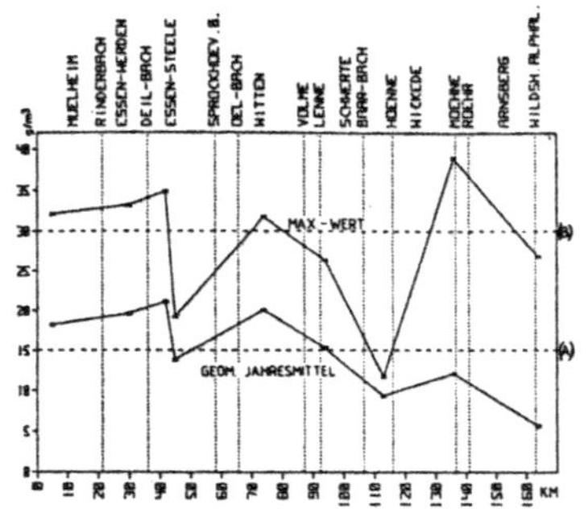

1977

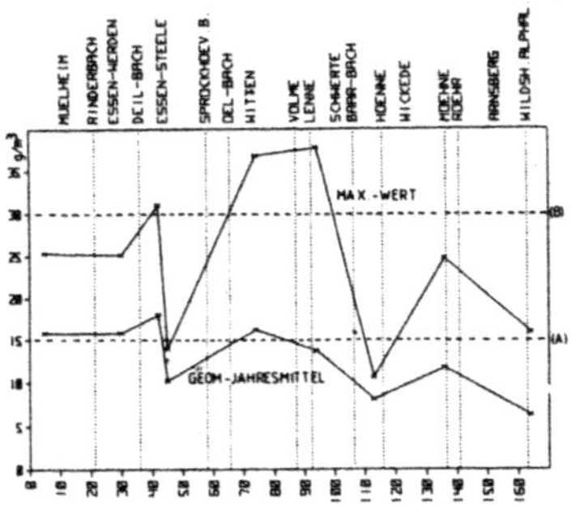

1978

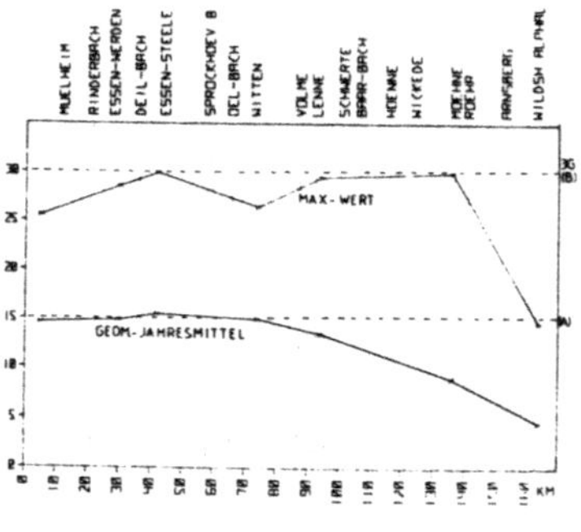

1979

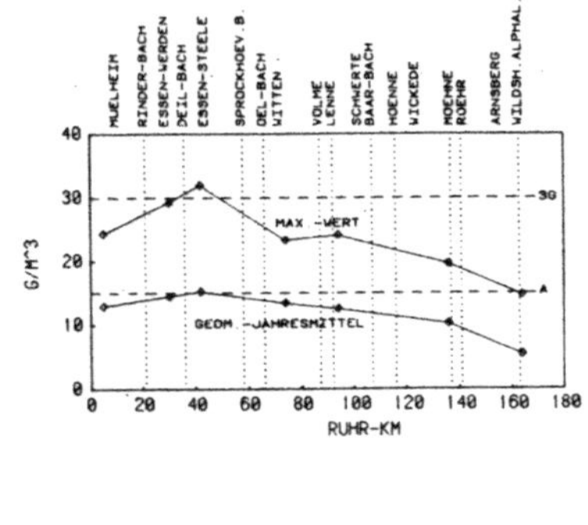

1980

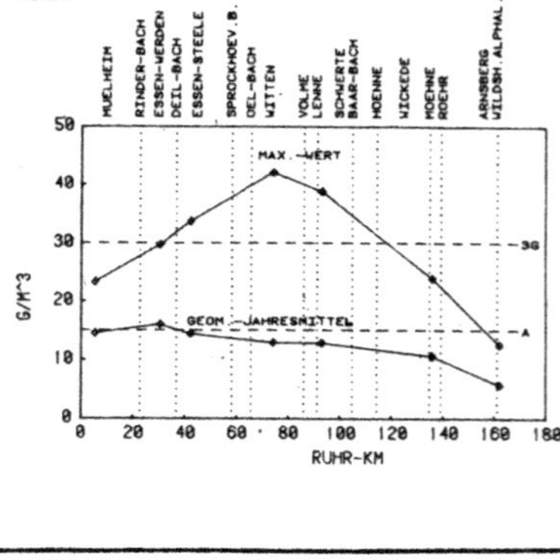

Abb. 36 BSB$_5$

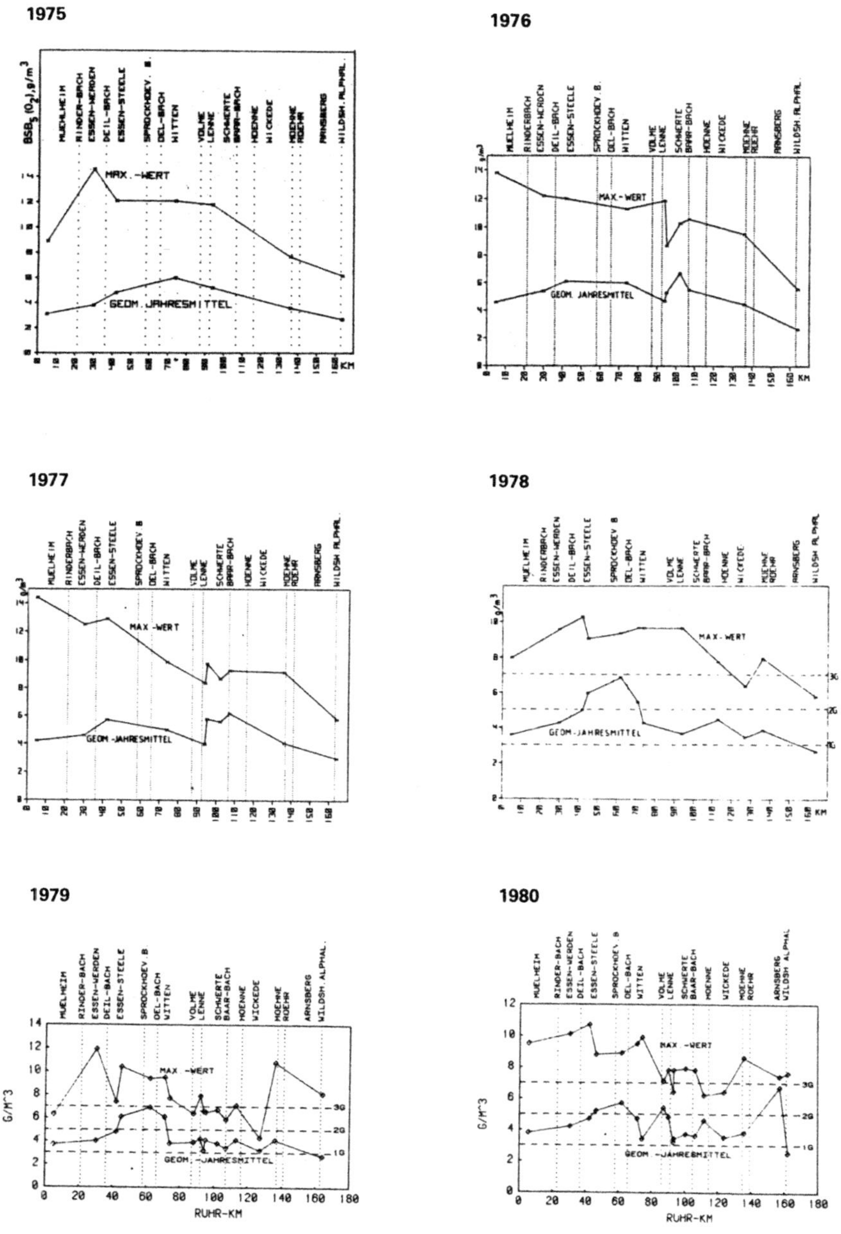
1975
1976
1977
1978
1979
1980
MUELHEIM
RINDER-BACH
ESSEN-WERDEN
DEIL-BACH
ESSEN-STEELE
SPROCKHOEV. B
OEL-BACH
WITTEN
VOLME
LENNE
SCHWERTE
BAAR-BACH
HOENNE
WICKEDE
MOEHNE
ROEHR
ARNSBERG
WILDSH. ALPHAL.
MAX.-WERT
GEOM. JAHRESMITTEL
3G
2G
1G
G/M^3
RUHR-KM
KM

Abb. 37 Ammonium (NH_4)

1975

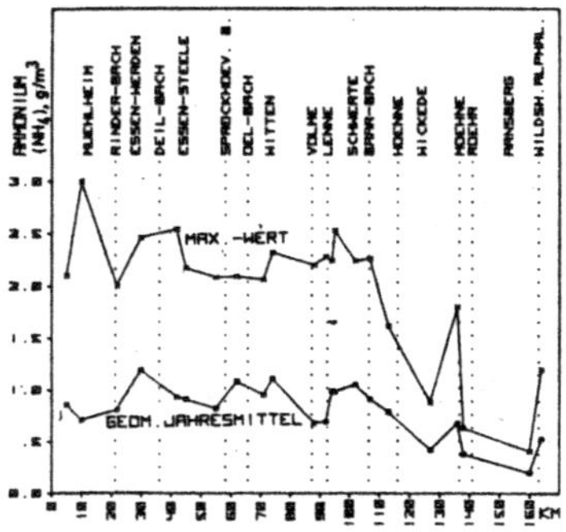

1976

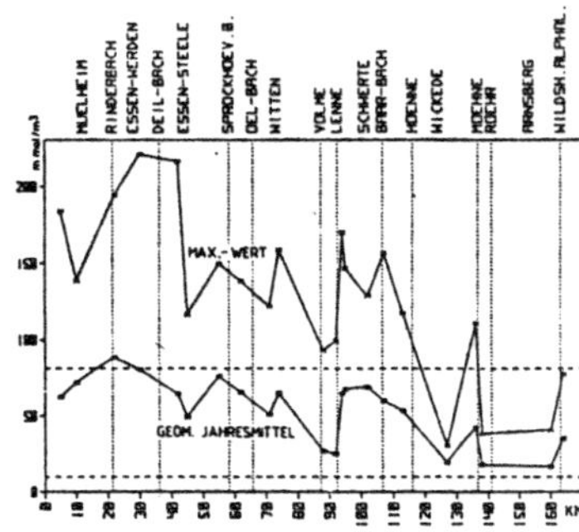

1977

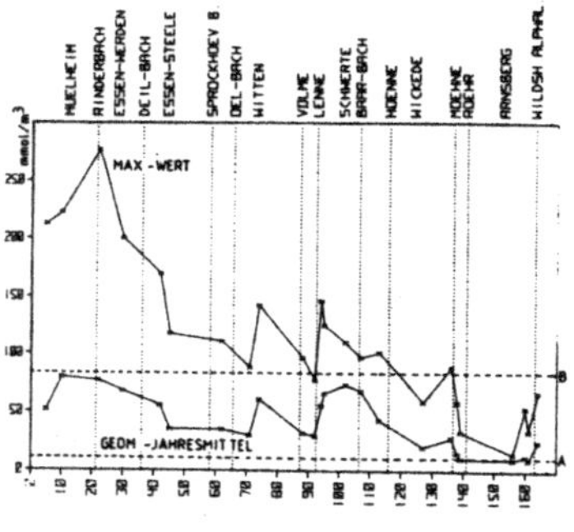

1978

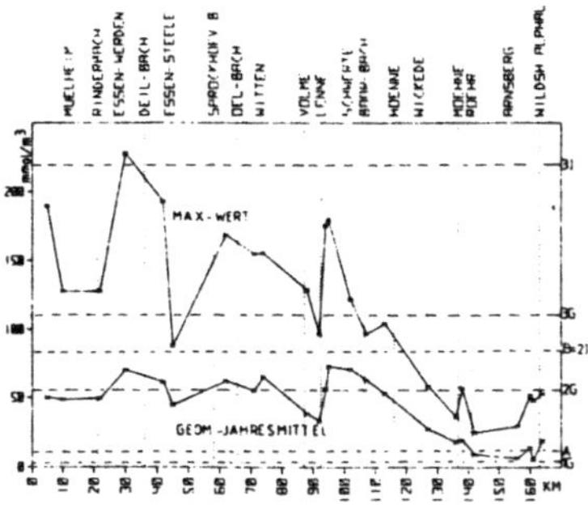

1979

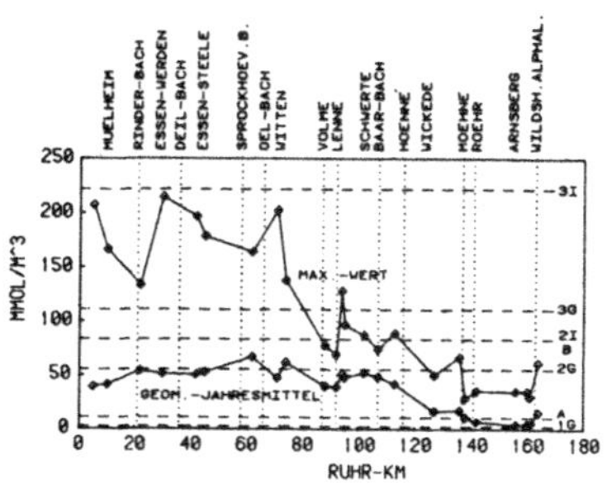

1980

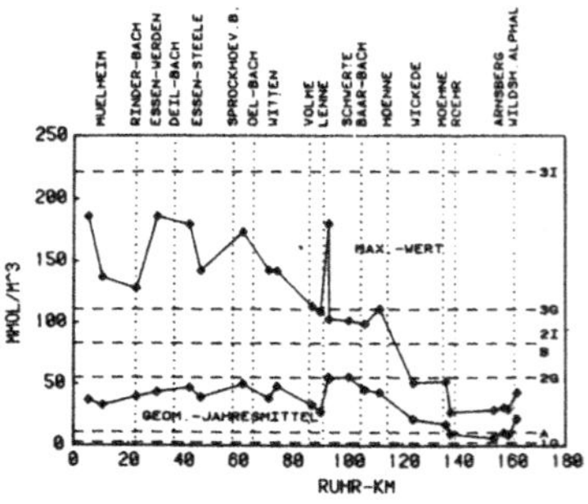

Schwermetalle

Von 1970-1978 wurde ein besonderes Programm für die Erforschung der Schwermetalle in den Gewässern des Ruhreinzugsgebietes durchgeführt /31/.

Tabelle 18 zeigt die Mittelwerte für sieben Schwermetalle an vier Meßstellen der Ruhr. Daraus ist zu ersehen, daß für alle Schwermetalle (mit Ausnahme von Blei) die Konzentration in Fließrichtung zuerst zunimmt und bei Wetter ihren Höhepunkt erreicht, wohingegen in Kettwig alle Konzentrationen gegenüber Wetter wieder niedriger liegen, was nicht zuletzt auf die Wirkungen der Stauseen Baldeney und Kettwig zurückzuführen ist.

	Probenahmestelle			
km oberhalb Ruhrmündung	Echthausen 127,5	Westhofen 94,7	Wetter 82,4	Kettwig 21,6
Untersuchungszeitraum	1972–1974	1972–1974	1972–1978	1972–1978
Zink	69	102	226	136
Nickel	16	47	62	49
Kupfer	9	24	44	26
Chrom	6	16	20	10
Blei	21	17	17	10
Cadmium	1,4	2,1	2,3	1,4
Quecksilber	0,04	0,06	0,07	0,05

Tab. 18: Durchschnittswerte der gelösten Schwermetalle im Ruhrwasser (mg/l) /31/

Die Häufigkeitsverteilungen dieser sieben Elemente für die Probenahmestelle Wetter sind in Abb. 38 und 39 dargestellt /31/, wobei die Grenzwerte der EG-Richtlinie A_3I - soweit sie festgelegt sind - eingetragen wurden (für Cu auch A_1I).

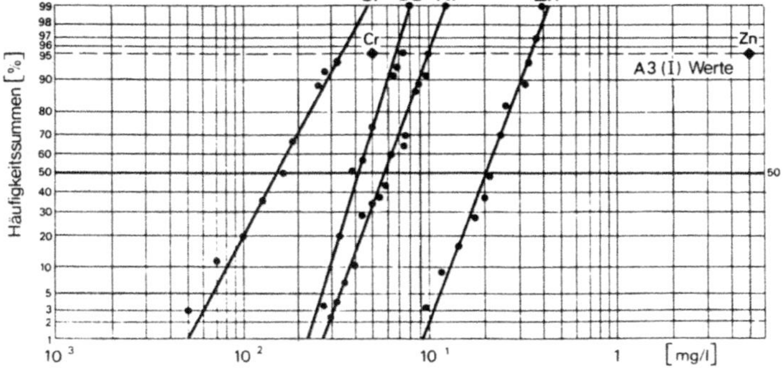

Abb. 38: Häufigkeitsverteilung der Konzentrationen an gelösten Schwermetallen im Ruhrwasser bei Wetter (Monatsmischproben aus 6 Jahren) /31/

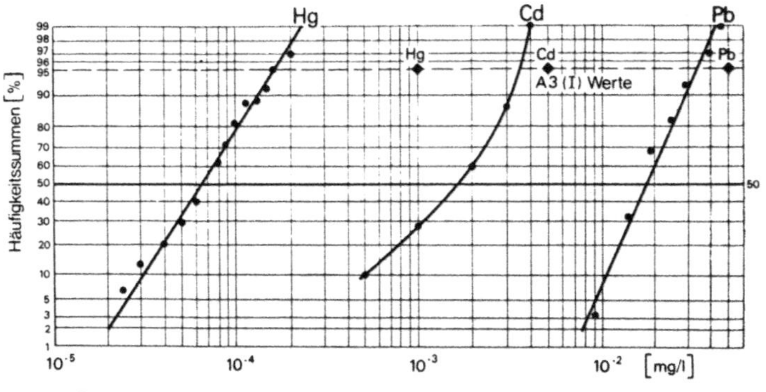

Abb. 39: Häufigkeitsverteilung der Konzentrationen an gelösten Schwermetallen im Ruhrwasser bei Wetter (Monatsmischproben aus 6 Jahren) /31/

Liegen die Häufigkeitssummenlinien rechts der eingezeichneten Grenzwerte, so überschreiten sie diese. Das ist an der Ruhr bis auf den Grenzwert A_1I (Cu) der EG-Richtlinie nicht der Fall.

Die Bilanzierung nach Herkunft und Verbleib dieser Schwermetalle geben Abb. 40 und 41 wieder /31/.

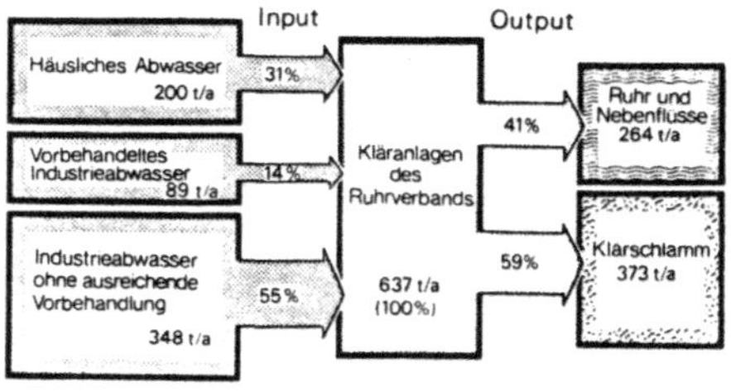

Abb. 40: Bilanz der Schwermetallfrachten in den Kläranlagen des Ruhrverbandes (Summe Zn, Ni, Cu, Cr, Cd) /31/

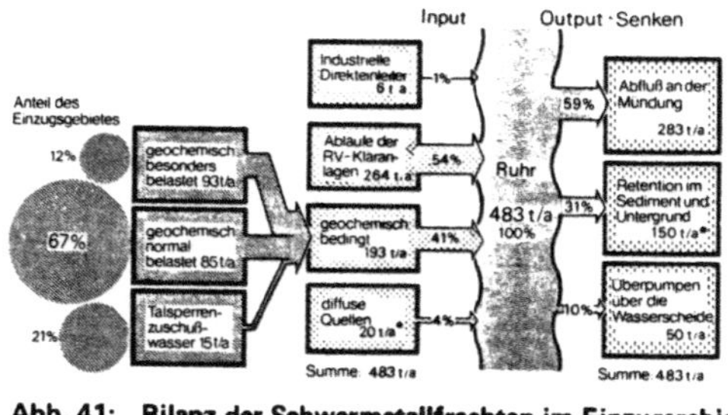

Abb. 41: Bilanz der Schwermetallfrachten im Einzugsgebiet der Ruhr in einem Jahr ohne Hochwasser (Summe Zn, Ni, Cn, Cr, Cd, Pb, Hg) /31/

Aus Abbildung 41 wird deutlich, daß ca. 31% der Schwermetallfrachten jährlich im Sediment (Ruhrstauseen) und im Untergrund retendiert werden.

Die folgenden Tabellen 19, 20, 21 geben für einzelne Wasserwerte die Konzentrationen für Schwermetalle sowie die daraus errechneten prozentualen Retentionsgrade an /31/:

	Ruhrwasser (μg/l)	Trinkwasser (μg/l)	Mittlerer Retentionsgrad (%)	rel. Streuung der Mittelwerte des Retentionsgrades
Nickel	37,9	7,9	76,4	3,9
Mangan	104	32,8	63,5	17,8
Zink	122	37,9	66,2	3,1
Kupfer	35,7	22,7	30,7	34,7
Blei	6,3	4,0	31,0	–

Tab. 19: Retention der Metalle im Wasserwerk Witten 1 (künstliche Grundwasseranreicherung) unter Berücksichtigung der Verringerung des Borgehaltes /31/

	Ruhrwasser (μg/l)	Trinkwasser (μg/l)	Mittlerer Retentionsgrad (%)	rel. Streuung der Mittelwerte des Retentionsgrades
Nickel	37,9	4,6	84,5	1,7
Mangan	104	348	– 321	26,0
Zink	122	14,6	85,3	3,1
Kupfer	35,7	17,3	39,6	36,4
Blei	6,3	4,0	21,0	–

Tab. 20: Retention der Metalle im Wasserwerk Witten 2 (Uferfiltration) unter Berücksichtigung der Verringerung des Borgehaltes /31/

	Ruhrwasser (μg/l)	Trinkwasser (μg/l)	Mittlerer Retentionsgrad (%)	rel. Streuung der Mittelwerte des Retentionsgrades
Nickel	39,1	7,9	72,9	3,1
Mangan	115	39,7	57,3	10,5
Zink	106	48,0	42,2	22,7
Kupfer	22,4	37,0	– 86,1	36,4
Blei	5,3	4,0	17,0	–

Tab. 21: Retention der Metalle im Wasserwerk Essen (künstliche Grundwasseranreicherung) unter Berücksichtigung der Verringerung des Borgehaltes /31/

In Essen ist die Abnahme an Schwermetallen bei künstl. Grundwasseranreicherung starken Schwankungen unterworfen. Beim Wasserwerk I in Witten, das ebenfalls künstl. Grundwasseranreicherung betreibt, ist bei höheren Konzentrationen der Retentionsgrad größer. Die größte Retention findet bei länger andauernder Uferfiltration im Wasserwerk II Witten statt. Bemerkenswert ist, daß die durchschnittliche Konzentration von Kupfer in Essen zunimmt. Mobilisierungs- und Remobilisierungsprozesse im Boden sind eine denkbare Ursache für diesen Effekt /31/.

2.3 Halterner Stausee (Stever, Halterner Mühlenbach)

Das Wasserwerk Haltern betreibt die Talsperre Haltern als Rohwasserspeicher für die Grundwasseranreicherung, die ca. 80% der gesamten Fördermenge ausmacht /33/. Gespeist werden die Stauhaltungen durch die Vorfluter Stever und Mühlenbach. Die anteilige Flächennutzung beider Flußgebiete, differenziert nach Wald, Grünland, Ackerland und bebauter Fläche gibt Tabelle 22 wieder.

	Stever	Mühlenbach	Insgesamt
Größe			
km²	570	310	880
%	65	35	100
Nutzung			
Wald	19 %	31 %	23 %
Grünland	31 %	28 %	30 %
Ackerland	47 %	37 %	44 %
bebaut	3 %	4 %	3 %
	100 %	100 %	100 %

Tab. 22: Einzugsgebiet der Stevertalsperre Haltern /34/

Die Abwasserbelastung von Stever und Mühlenbach sowie der Trophiegrad der Talsperre veranlaßten die Gelsenwasser AG und den Lippeverband, bereits 1965-1967 spezielle Untersuchungen über die Phosphor- und Stickstoffbelastung ihrer Zuflüsse anzustellen. Diese Jahre waren sehr niederschlagsreich. Um auch niederschlagsarme Jahre zu erfassen, wurden diese Untersuchungen in den Jahren 1970-1972 von der Gelsenwasser AG nochmals aufgenommen.

Abb. 42 gibt den Vergleich der Untersuchungsergebnisse von 1967 bis 1972 wieder /34/.

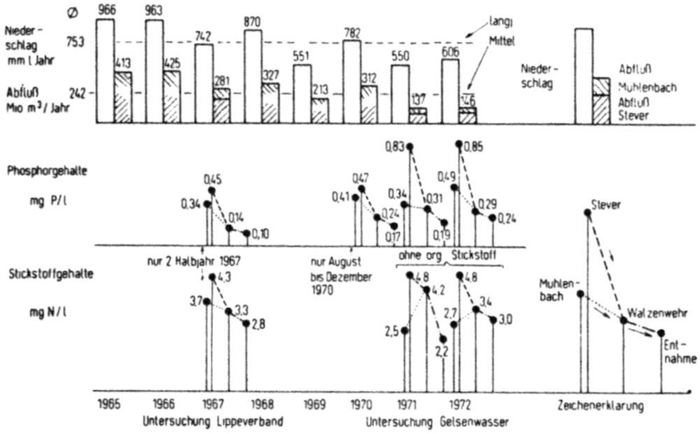

Abb. 42: Nährstoffgehalte (Jahresmittelwerte 1967 bis 1972) in Abhängigkeit von wasserwirtschaftlichen Daten /34/

Die Phosphoruntersuchungen der Jahre 1967 und 1970 beziehen sich beide jeweils auf das zweite Halbjahr. In beiden Fällen sind es Jahre mit mittleren Niederschlägen. Im Gegensatz dazu zeigen die Jahre 1971 und 1972 einen wesentlich höheren Jahresdurchschnittswert für Phosphor (insbesondere die Stever). Dies steht mit dem verminderten Gesamtabfluß dieser Jahre in Zusammenhang /34/.

Bei dem Vergleich der Stickstoffgehalte des Jahres 1967 und der Jahre 1971 und 1972 ist zu beachten, daß in den letztgenannten Jahren der organisch gebundene Stickstoff nicht miterfaßt wurde /34/.

Abbildung 43 gibt die Gesamtphosphor- und Stickstoff-Frachten für die einzelnen Jahre wieder (Werte des Halbjahres '67 auf das gesamte Jahr 1967 hochgerechnet) /34/.

OG

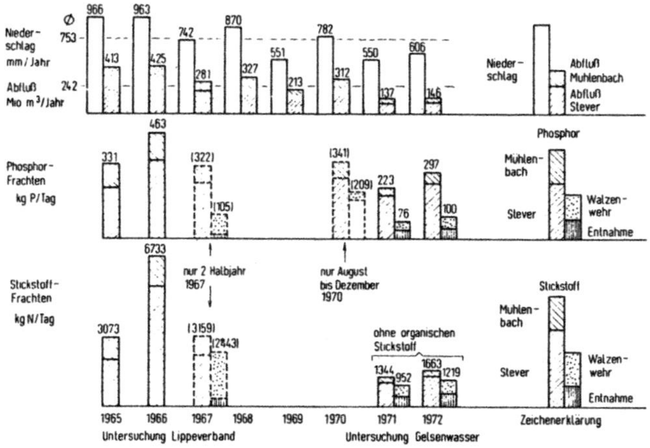

Abb. 43: **Nährstoff–Frachten (Jahresmittelwerte 1965 bis 1972; Meßergebnisse 1967 und 1970 auf das ganze Jahr extrapoliert) in Abhängigkeit von wasserwirtschaftlichen Daten /34/**

Hinsichtlich der Phosphorfrachten ist auch hier eine Übereinstimmung zwischen den wasserwirtschaftlich vergleichbaren Jahren 1967 und 1970 festzustellen. Die Jahre 1971 und 1972 weisen geringere und das Jahr 1966 höhere Phosphorfrachten auf.

Beim Stickstoff sind besonders die hohen Nitratfrachten im Jahre 1966 auffällig.

Die Entwicklung der Phosphorkonzentrationen im Zulauf des Südbeckens in den Jahren 1975-1979 gibt Abb. 4 wieder /33/.

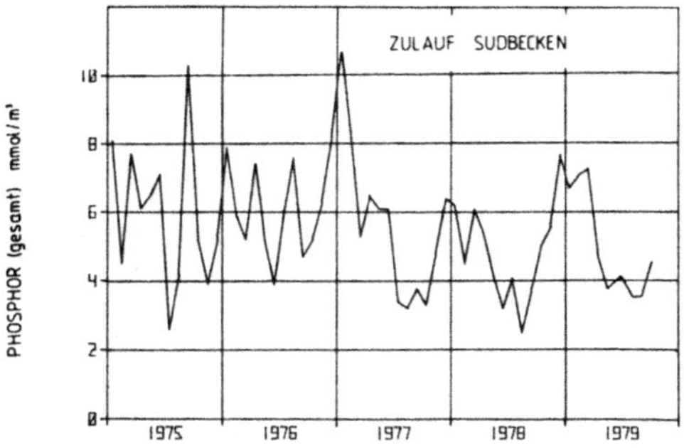

Abb. 44: **Phosphor im Zulauf des Südbeckens der Talsperre Haltern von 1975 bis 1979 (geometrische Monatsmittelwerte) /33/**

Zur Verringerung der Phosphor-Konzentrationen und damit zur Vermeidung externer Massenentfaltungen von Algen und deren nachteiliger Auswirkungen im Südbecken der Stevertalsperre betreibt die Gelsenwasser AG seit 1976 eine Phosphat-Fällung /33/.

Die graphische Darstellung der geometrischen Monatsmittelwerte des Phospors im Ablauf des Südbeckens der Talsperre zeigt sehr deutlich die Auswirkungen der Fällung (Abb. 45).

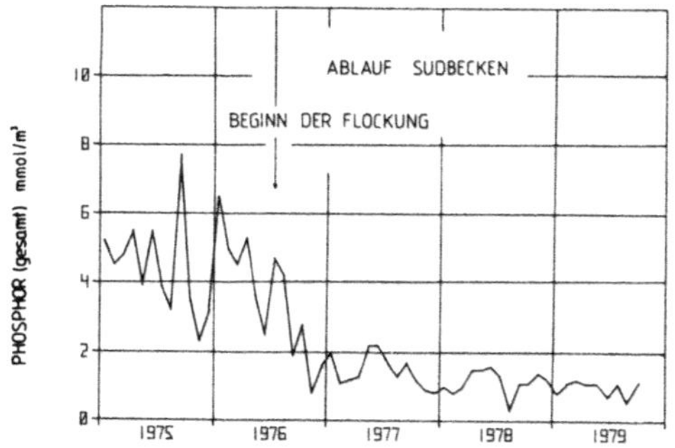

Abb. 45: Phosphor im Ablauf des Südbeckens der Talsperre Haltern von 1975 bis 1979 (geometrische Monatsmittelwerte) /33/

Die Einzelmeßwerte für die Chlorophyll-a-Konzentration (Maß für die Phytoplanktonproduktion) für die Jahre '75-'79 gibt Abbildung 46 wieder.

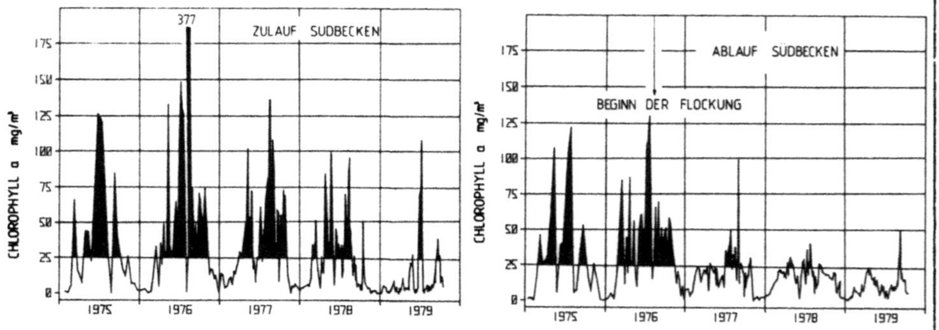

Abb. 46: Chlorophyll–a–Konzentration im Zu- und Ablauf des Südbeckens der Talsperre Haltern von 1975 bis 1979 /33/

Es wird deutlich, daß durch die Phosphatfällung ab 1977 die Biomassenproduktion des Phytoplanktons auch in der Hauptvegetationszeit deutlich gehemmt wird /33/.
Unter Berücksichtigung der Einwohnerzahl, der Entwässerungsverhältnisse und der Phosphor- bzw. Stickstoffeliminierungsraten in den Kläranlagen im Einzugsgebiet der Seezuflüsse entstammen im Jahr 1965 35-40% der Phosphorfrachten und 10-15% der Stickstofffrachten dem häuslichen Sektor /35/.

Unter der Voraussetzung, daß die genannten Phosphor- und Stickstofffrachten im Jahre 1966 im wesentlichen die gleichen wie im Vorjahr waren, ergab sich für dieses Jahr ein ähnliches Bild, wobei die Gesamtmenge an Phosphor um rd. 1/3 und die Gesamtmenge an Stickstoff gegenüber dem Vorjahr um das Doppelte gestiegen war. Dies wird damit erklärt, daß sich die Niederschlagsmengen in übereinstimmenden Zeitabschnitten beider Jahre beträchtlich unterschieden. Gerade in den Hauptdüngungszeiten waren die Niederschlagsmengen des Jahres 1966 gegenüber denen des Vorjahres bei etwa gleicher Jahresgesamthöhe stark erhöht /35/.

Die verbleibenden Restmengen der o.g. Berechnungen wurden dem landwirtschaftlichen Sektor zugeschrieben. Ausschlaggebend dafür war die reale Bodennutzungsstruktur beider Einzugsgebiete (Tabelle 22).

Im Gegensatz zu Sprenger kam Kötter /33/ bei den Untersuchungen in den Jahren 1970-72 zu dem Ergebnis, daß der häusliche Sektor in Trockenjahren die wesentliche Phosphor- und auch eine bedeutende Stickstoffquelle darstellen kann. Darüber hinaus weist er darauf hin, daß bei beiden Untersuchungen zwei bedeutende Phosphorquellen unberücksichtigt blieben, die auch nicht der Landwirtschaft zuzuordnen sind:

1. Regenüberläufe der Kanalisation und
2. der gewerbliche Bereich.

Der Phosphoreintrag in beide Vorfluter durch Perkolation landwirtschaftlicher Flächen beträgt nach Kötter anteilmäßig 19% /34/.

Nach Sprenger beläuft sich der durch die Landwirtschaft verursachte Phosphoranteil durch Perkolation und Erosion auf 65% der ermittelten Gesamtfracht /35/. Die tatsächlich durch die Landwirtschaft verursachten Phosphorfrachten im Einzugsgebiet der Halterner Talsperre konnten in beiden Untersuchungen nicht eindeutig festgestellt werden.

Hinsichtlich der Gehalte und Frachten an Nitratstickstoff kommen Sprenger und Kötter übereinstimmend zu dem Ergebnis, daß sie den landwirtschaftlich genutzten Flächen entstammen müssen. Die Beziehungen zwischen Nitrat-Stickstoff und Wasserführung zeigten deutlich zusätzliche Stickstoffbelastungen nach stärkeren Niederschlägen. Diese zusätzlichen Frachten stammen offenbar vorwiegend von landwirtschaftlich genutzten Flächen. Von diesen werden sie durch stärkere Niederschläge aufgrund ihrer guten Löslichkeit abtransportiert, ohne den beabsichtigten Düngeeffekt erbracht zu haben /34/.

3. Datengrundlage

/37/ Regierungspräsident Düsseldorf, Dez. 54 (Hrsg.)
Fernleitungen für wassergefährdende Stoffe
(Wasserschutzzonen Stand 1981), M 1:100.000, Stand: Januar 1982

/38/ STAWA Hagen
Festgesetzte und geplante Wasserschutzgebiete im Verlauf der Ruhr (Stand: 9/79 bis 1/80), M 1:25.000 (im Blattschnitt der TK 25)

Blätter: 4508 Essen
4509 Bochum
4510 Witten
4511 Hörde
4512 Menden
4513 Neheim-Hüsten
4608 Velbert
4609 Hattingen
4610 Hagen
4611 Hohenlimburg
4710 Radevormwald

/39/ Regierungspräsident Münster (Bearbeiter: ORBR G. Grosser)

Wasserbedarf und Wasserbedarfsdeckung der öffentlichen Wasserversorgung im Regierungsbezirk Münster für die kommenden 20 Jahre, Münster im Juli 1980

Anlage 4: Bedeutsame Grundwassergewinnungsgebiete für die öffentliche Wasserversorgung, Stand: 1979, M 1:200.000, Blätter 3 u. 4

4. Vorhandene Untersuchungen für den Untersuchungsraum

/17/ Arbeitsgemeinschaft Rheinwasserwerke e.V. (Hrsg.)
26. Bericht der ARW, Chemische physikalische Untersuchungen
Januar-Dezember 1969

/18/ Arbeitsgemeinschaft Rheinwasserwerke e.V. (Hrsg.)
36. Bericht der ARW, Physikalisch-chemische Untersuchungen
Januar-Dezember 1979

/19/ Arbeitsgemeinschaft Rheinwasserwerke e.V. (Hrsg.)
37. Bericht der ARW, Physikalisch-chemische Untersuchungen
Januar-Dezember 1980

/20/ Althaus, H.
Der bakteriologische und biologische Gütezustand der Ruhr 1962 und 1972
gwf-wasser/abwasser, 114 Jg., 1973, H. 5, S. 210-213

/21/ Ruhrverband, Ruhrtalsperrenverein (Hrsg.)
Die zunehmende Gefährdung der Trinkwasserversorgung aus der Ruhr, Denkschrift des Ruhrverbandes und Ruhrtalsperrenvereins
Essen, September 1973

/22/ Ruhrverband (Hrsg.)
Bericht über die Ruhrwassergüte im Wasserwirtschaftsjahr 1973
Essen, Februar 1975

/23/ Ruhrverband (Hrsg.)
Bericht des Ruhrverbandes, Ruhrwassergüte im Wasserwirtschaftsjahr 1974, Aus der Tätigkeit der Ruhrwasserwerke
Essen, Juli 1975

/24/ Ruhrverband (Hrsg.)
Bericht des Ruhrverbands, Ruhrwassergüte im Wasserwirtschaftsjahr 1975, Aus der Tätigkeit der Ruhrwasserwerke
Essen, Juli 1976

/25/ Ruhrverband (Hrsg.)
Bericht des Ruhrverbandes, Ruhrwassergüte im Wasserwirtschaftsjahr 1976, Aus der Tätigkeit der Ruhrwasserwerke
Essen, Juli 1977

/26/ Ruhrverband (Hrsg.)
Bericht des Ruhrverbandes, Ruhrwassergüte im Wasserwirtschaftsjahr 1977, Aus der Tätigkeit der Ruhrwasserwerke
Essen, Juli 1978

/27/ Ruhrverband (Hrsg.)
Bericht des Ruhrverbandes, Ruhrwassergüte im Wasserwirtschaftsjahr 1978, Aus der Tätigkeit der Ruhrwasserwerke
Essen, Juni 1979

/28/ Ruhrverband (Hrsg.)
Bericht des Ruhrverbandes, Ruhrwassergüte im Wasserwirtschaftsjahr 1979, Aus der Tätigkeit der Ruhrwasserwerke,
Essen, Juli 1980

/29/ Ruhrverband (Hrsg.)
Bericht des Ruhrverbandes, Ruhrwassergüte im Wasserwirtschaftsjahr 1980, Aus der Tätigkeit der Ruhrwasserwerke,
Essen, Juli 1981

/30/ Kötter, K.
Die Beschaffenheit des Ruhrwassers 1978 im Vergleich zur Oberflächenwasser-Richtlinie der Europäischen Gemeinschaft
in: Ruhrverband (Hrsg.), Bericht des Ruhrverbandes, Ruhrwassergüte im Wasserwirtschaftsjahr 1978, Essen Juni 1979, S. 42-49

/31/ Imhoff, K.R., Koppe, P., Dietz, F.
Resultate der mehrjährigen Untersuchungen über Herkunft, Verhalten und Verbleib von Schwermetallen in der Ruhr
Sonderdruck aus gwf-wasser/abwasser, 121. Jg. (1980), H. 8, S. 383-391

/32/ Koenig , H.W., Imhoff K.R
Wassergüte und Wasserwirtschaft an der Ruhr
gwf-wasser/abwasser, 114. Jg. (1973), H. 9, S. 406-412

/33/ Pätsch, B., Kötter, K.
Verminderung der Algenentwicklung in der Talsperre Haltern durch Phosphat-Fällung
gwf-wasser/abwasser, 121. Jg., 1980, H. 10, S. 496-498

/34/ Kötter, K.
Zum Nährstoffhaushalt der Stevertalsperre Haltern
Vom Wasser, 43. Band, 1974, S. 74-106

/35/ Sprenger, F.-J.
Untersuchungen über die Phosphor- und Stickstoffbelastungen der Zuflüsse eines Sees
I. Teil: Jahrbuch "Vom Wasser" 34, 1968, S. 146-157
II. Teil: Jahrbuch "Vom Wasser" 35, 1969, S. 137-149

5. Literatur

/1/ Deutscher Verband für Wasserwirtschaft und Kulturbau e.V. (DVWK) (Hrsg.)
Ermittlung des nutzbaren Grundwasserdargebots (1. u. 2. Teilband)
Schriftenreihe des Deutschen Verbandes für Wasserwirtschft und Kulturbau e.V., Hefte 58/1 und 58/2
Hamburg, Berlin, 1982

/2/ Schmidt, K.
Grundwassererneuerung und Wassergewinnung
Zbl. Bakt. Hyg. I. Abt. Orig. B 172. 134-155 (1980)

/3/ Schöttler, U.
Das Verhalten von Spurenelementen bei der Wasseraufbereitung unter besonderer Berücksichtigung der künstlichen Grundwasseranreicherung
Veröffentlichungen des Instituts für Wasserforschung GmbH Dortmund und der Hydrologischen Abteilung der Dortmunder Stadtwerke AG, Nr. 31, Dortmund 1980

/4/ Frank, W.H.
Die künstliche Grundwasseranreicherung an der Ruhr in ihrer geschichtlichen Entwicklung und zukünftigen Bedeutung
Sonderdruck aus gwf-wasser/abwasser, 106. Jg., H. 40, 1965

/5/ Riesen van, S.G.
Uferfiltratminderung durch Selbstabdichtung an Gewässersohlen
Diss. Karlsruhe, 1975

/6/ Holluta, J.
Chemisch-biologische Untersuchungen steigender Rheinverschmutzung auf Veränderungen des Flußgrundes
Gutachten Institut für Wasserchemie Karlsruhe, 1965

/7/ Geldner, P.
Selbstabdichtungserscheinungen in Gewässern und ihre Auswirkungen.
1. Fortschrittsbericht zum Forschungsvorhaben DFG-Ko 528/21, Bericht Nr. 543, Institut f. Hydromechanik
Universität Karlsruhe, Karlsruhe 1977

/8/ Schöttler, U.
Ausbreitung und Eliminierung von Spurenelementen bei Infiltration und Untergrundpassage, Literaturstudie
Veröffentlichung des Instituts für Wasserforschung GmbH Dortmund und der Hydrologischen Abteilung der Dortmunder Stadtwerke AG, Nr. 27, Dortmund 1977

/9/ Zullei, N.
Eliminierung von organischen Schadstoffen bei Infiltration und Untergrundpassage unter besonderer Berücksichtigung der Pestizide, Literaturstudie
Veröffentlichung des Instituts für Wasserforschung GmbH Dortmund und der Hydrologischen Abteilung der Dortmunder Stadtwerke AG, Nr. 26, Dortmund 1977

/10/ EG-Richtlinie über die Qualitätsanforderungen an Oberflächengewässer für die Trinkwassergewinnung in den Mitgliedsstaaten
75/440/EWG, Amtsblatt Nr. L 194 vom 25.7.1975, S. 34, geändert durch Art. 12 der Richtlinie vom 9.10.1979, 79/869 EWG

/11/ Landesamt für Wasser und Abfall NW (Hrsg.)
Gewässergütekarte des Landes Nordrhein-Westfalen, Stand 1980, Düsseldorf 1980

/12/ Quentin, K.-E.
Nutzungsbedingter Wasserkreislauf und nutzungsbezogene Wassergüte
- Zusammenhänge und Folgerungen -
Wasser Berlin `81 , Kongreßvorträge S. 291-306

/13/ Referat Wasserwirtschaft - Gewässerkunde im Ministerium für Wirtschaft und Verkehr des Landes Nordrhein-Westfalen (Hrsg.)
50 Jahre Gewässerkunde, Beiträge zur Gewässerkunde,
Düsseldorf, April 1952

/14/ Zayc, R.
Die Gewässerbeschaffenheit und ihre Veränderung in Nordrhein-Westfalen
Wasser und Boden, 2/1982 , S. 46-51

/15/ Vorschlag der IAWR zur Bewertung der Gewässergütequalität am Beispiel des Rheins, veröffentlicht auf der Sitzung des Europarates in Straßburg und der 7. IAWR Arbeitstagung in Basel, 29. Mai 1979

/16/ Landesamt für Wasser und Abfall Nordrhein-Westfalen (Hrsg.)
Gewässergütebericht 1981, Düsseldorf, August 1982

/36/ Bundesverband der Deutschen Gas- und Wasserwirtschaft e.V.
92. Wasserstatistik für die Bundesrepublik Deutschland, Berichtsjahr 1980
Bonn, November 1981

WIRKUNGSPROFIL

HAVARIEN LEITUNGSGEBUNDENER TRANSPORTSYSTEME FÜR WASSERGEFÄHRDENDE STOFFE

1. Hydrologischer Wirkungszusammenhang

Der Betrieb von Mineralölfernleitungen und Produktenleitungen ist wegen der Förderung großer Mengen wassergefährdender Stoffe mit potentiellen Gefahren für das Wasserdargebot verbunden. Beim Bruch einer derartigen Leitung muß mit dem Austritt beträchtlicher Mengen des Fördergutes gerechnet werden, die den örtlichen Wasserhaushalt nachhaltig negativ beeinflussen können. Besonders groß ist die Gefahr in Bergsenkungsgebieten und Flußdükern /1,2/.
Im allgemeinen unterscheidet man folgende Ursachen für Schadensfälle an Rohrfernleitungen /3,4/:

- Material- und Konstruktionsfehler,
- Naturereignisse,
- Einwirkung Dritter,
- Korrosion und
- mechanisches Versagen.

Die Auswirkungen von Schadensfällen, d.h. das Verhalten austretender Fördergüter in den Untergrund und die damit verbundenen qualitativen Veränderungen des Grundwasserdargebots sollen im folgenden am Beispiel von Mineralölschäden verdeutlicht werden.

Die Eindringtiefe von Mineralölprodukten von der Oberfläche aus in den Untergrund ist im wesentlichen abhängig von
- der Art des Mineralöls,
- der Menge und
- der Untergrundbeschaffenheit /5/.

Benzin weist eine größere Eindringtiefe als bspw. die Mitteldestillate Heizöl EL und Dieselöl auf, diese wiederum eine größere als Rohöl. Ein grobkörniger Untergrund läßt die gleiche Mineralölmenge tiefer wandern als fernkörniges Material. Klüftiger und verkarsteter Untergrund weist die größten Eindringtiefen auf. Einsickernde Mineralölprodukte sinken allerdings nicht in allen Fällen auf den Grundwasserspiegel ab (vgl. Abb. 1 u. 2).

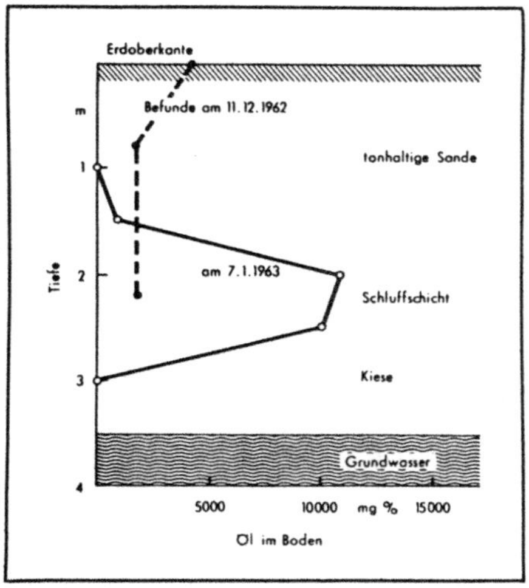

Abb. 1 Hauptölverschmutzung oberhalb des Grundwasserspiegels (/5/. nach /1/)

Wird der Grundwasserspiegel erreicht, verzögert sich die Abwärtsbewegung und das Mineralöl breitet sich vorwiegend an der Grundwasseroberfläche aus. Das auf der Grundwasseroberfläche benetzte Gebiet wird "Imprägnierungszone" genannt. Diese Zone ist in der Regel nicht kreisrund sondern elliptisch grundwasserstromabwärts gedehnt. Die Ausbreitungsgeschwindigkeit des Mineralöls ist anfangs sehr groß, verzögert sich allmählich und kommt nach einiger Zeit zum Stillstand, wenn kein weiteres Öl nachfließt /5/.

In einem Feldversuch mit einer Schadstoffmenge von 3000 l Heizöl wurde bei einer wirksamen Korngröße des Untergrundes von 4 mm und einer Grundwasserfließgeschwindigkeit von 1 bis 2 m/d eine Ausdehnung der Imprägnationszone von 15 m von der Injektionsstelle, wo das Heizöl unmittelbar auf die freigelegte Grundwasseroberfläche gegeben wurde, nachgewiesen (vgl. dazu auch Abb. 3 u. 4).

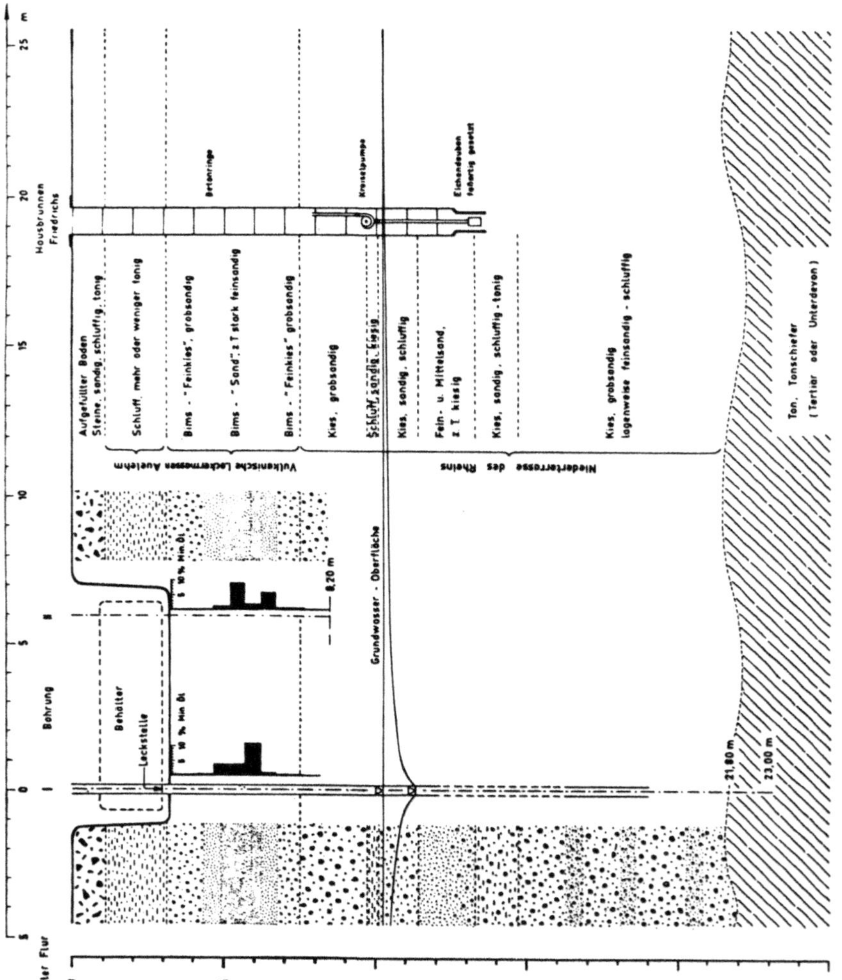

Abb. 2 Ölverschmutzung weit oberhalb des Grundwasserspiegels in Bimssand /5/

HT

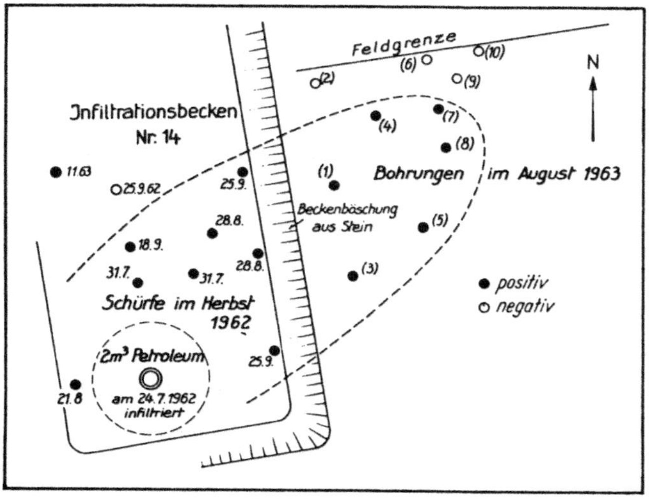

Abb. 3 Ausbreitung von Petroleum in sandigem Boden /1/

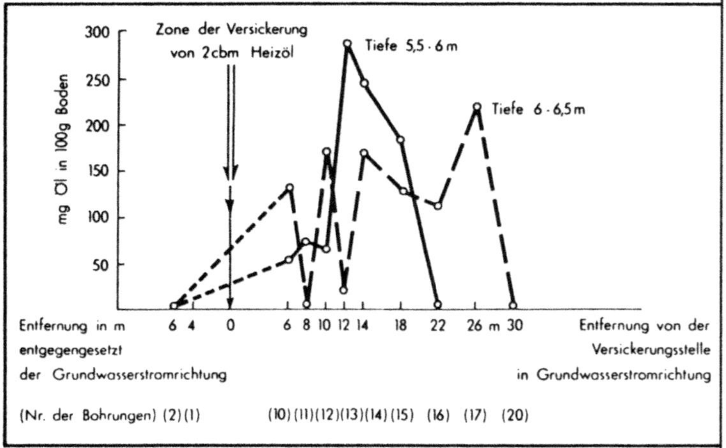

Abb. 4 Wanderung von Heizöl mit dem Grundwasserstrom in Höhe des Grundwasserspiegels /1/

Grundwasserspiegellagen unter dem Mittelwert erbrachten regelmäßig höhere Ölschichtdicken als solche über dem Mittelwert. Bei sehr hohen Grundwasserständen waren die Beobachtungsrohre sogar ölfrei /5/.
Dies ist dadurch zu erklären, daß das Mineralöl durch die ungesättigte Zone in den Kapillarraum dringt und dort ausschließlich den größeren freien Porenraum einnimmt, da durch die Kapillarwirkung die engen Poren im Korngefüge bereits durch das Wasser besetzt sind. Bei fallendem Grundwasserspiegel sinkt das Öl in den großen Porenräumen nach. Bei steigendem Grundwasserspiegel vermag das Öl nicht aufzuschwimmen, da der Dichteunterschied zwischen Wasser (1,00) und Mineralöl (Mitteldestillat: 0,83, Benzin: 0,75) wesentlich geringer als zwischen Wasser und Bodenluft ist. Ein steigender Grundwasserspiegel schließt somit das Öl ein und bei fallendem Grundwasserspiegel kommt es zur Freilegung. Befindet sich ein Grundwasseraufschluß in der Imprägnationszone, so sammelt sich bei tiefem Grundwasserstand Mineralöl in diesem auf dem Grundwasser in Form einer meßbaren Ölschicht an. Steigt das Grundwasser, wird das Öl von den groben Poren aufgenommen, d.h. die Ölschichtdicke nimmt ab.

Die Geruchs- und Geschmacksbeeinflussung ist bei einem Schadensfall in der Anfangsphase am größten. In o.g. Feldversuch reichte sie nach einer Versuchsdauer von 4 Monaten ca. 160 m grundwasserstromabwärts (vgl. Abb. 5). Durch Diffusion waren geruchs- und geschmacksintensive Stoffe sogar 3 m oberhalb der Imprägnationszone nachweisbar.

HT

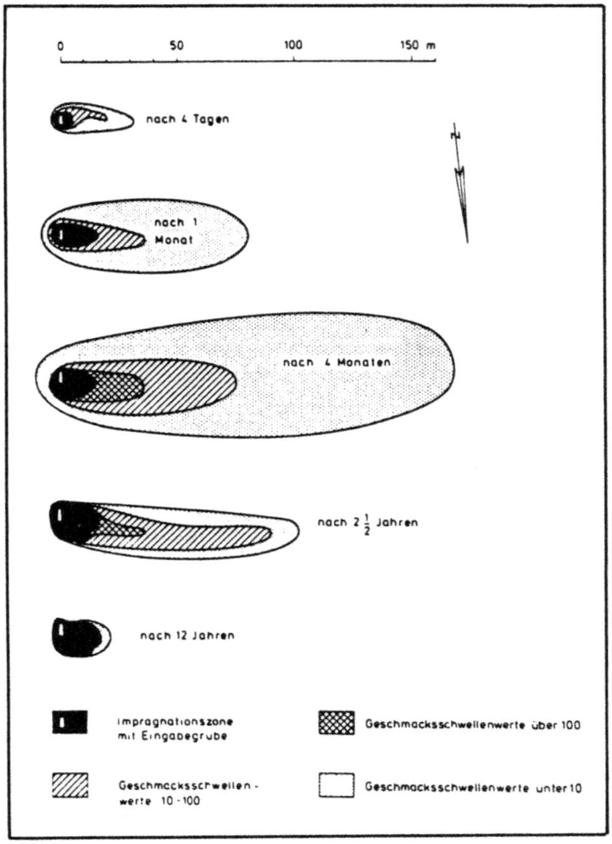

Abb. 5 Ausdehnung der organoleptischen Zone mit Geschmacksschwellenwerten im Versuchsfeld Neudorf / Landkreis Karlsruhe nach verschiedenen Beobachtungszeiten /5/

Aus Abb. 5 geht hervor, daß die Beeinträchtigung sehr dauerhaft ist, d.h. der vollständige Abbau der organoleptischen Zone erfolgt über einen langen Zeitraum.

Bei größeren Schadensfällen tritt nach einigen Monaten Einwirkungszeit eine intensive mikrobielle Abbautätigkeit des Mineralöls ein. Dabei wird der Sauerstoff verbraucht, der zunächst als gelöster Sauerstoff im Grundwasser zur Verfügung steht. Ist dieser verbraucht, wird der chemische Sauerstoff angegriffen. Hand in Hand mit dem Absinken des Sauerstoffgehaltes geht eine weitgehende Verschlechterung der chemischen Eigenschaften des Grundwassers (vgl. Tab. 1) /5/.

		Brauereibrunnen Fuchs (unbeeinflußt)	Abwehrbrunnen Muhlstraße (unterer Rand der Impragnationszone)
Gesamtharte	(mval/l)	6	10
Ammonium	(mg/l)	< 0,1	0,5
Nitrat	(mg/l)	12	0,2
Nitrit	(mg/l)	< 0,02	0,08
Sulfat	(mg/l)	40	40
Eisen	(mg/l)	< 0,1	7,3
Mangan	(mg/l)	< 0,05	3,1
Feststoffinhalt	(mg/l)	400	936
Sauerstoff	(mg/l)	10	1,9
freie Kohlensaure	(mg/l)	20	52
chem. Sauerstoffbedarf mit Permanganat	(mg/l)	1	6
Phenole	(mg/l)	< 0,001	0,11
Kohlenwasserstoffe:			
Benzol	(mg/l)	n.n.	0,044
Toluol	(mg/l)	n.n.	0,055
Ethylbenzol	(mg/l)	n.n.	0,010
weitere KW	(mg/l)	n.n.	0,223
Geschmacksschwellenwert		n.n.	250 x
Temperatur	(°C)	8,5	13,6

Tab. 1 Grundwasserbeschaffenheit außerhalb und im Einflußbereich einer größeren Mineralölversickerung (Mitteldestillat und Vergaserkraftstoff) Entnahmetag: 24.8.1973 /5/

2. Räumliche Abgrenzung und Ausprägung

Aufgrund der methodischen Probleme, die mit der räumlichen Abgrenzung und Ausprägung der beschriebenen Wirkungsart verbunden sind, beschränkt sich die folgende Darstellung auf

- die zeitliche Entwicklung und den Stand des Fernleitungssystems für wassergefährdende Stoffe im Untersuchungsraum sowie
- Angaben zur Unfallstatistik wassergefährdender Stoffe.

Eine Gesamtabgrenzung des Wirkungspotentials für den Untersuchungsraum ist im Rahmen dieser Untersuchung nicht leistbar, da

- eine Verortung der statistisch erhobenen Schadensfälle zu Fernleitungen und Wassereinzugsgebieten aus Datenschutzgründen nicht möglich ist /6,7,8,9,10/,
- Schadensfälle nach Umweltstatistikgesetz erst ab 1975 offiziell erfaßt werden /11/,
- die sehr komplexen Transportverbindungen im Kernbereich des Ruhrgebietes, die auf die historisch gewachsene Verbundindustrie bzw. den Produktionsstammbaum der Ruhrgebietsindustrie zurückgehen, in der vorliegenden großräumigen Untersuchung nicht explizit darstellbar sind (vgl. /12,13,14,15/),
- militärische Transportleitungen für Treibstoff aus Geheimhaltungsgründen nicht erfaßbar waren /16/.

Die Infrastruktur der Mineralölversorgung bestand bis Ende der 50er Jahre ausschließlich aus Binnenwasserstraßen und Eisenbahnverkehrswegen. Straßen und Straßentankwagen spielten nur für die Verteilung der Fertigprodukte eine Rolle, die regional eng begrenzt auch heute noch unverändert ist /4/.

Die ersten in Betrieb genommenen und für den Untersuchungsraum bedeutsamen Rohölfernleitungen waren /17/:

1958 (NWO) Nordwest-Ölleitung vom Hochseehafen Wilhelmshaven nach Wesseling

1959 Gelsenberg-Leitung vom Rheinhafen Wesel nach Gelsenkirchen

1960 (RRP) Rotterdam-Rijn-Pipeline vom Hochseehafen Pernis über Venlo mit einem Abzweig nach Wesel und einem Abzweig nach Wesseling.

Im Kernbereich des Ruhrgebietes existierte bereits zu Anfang des Untersuchungszeitraumes ein aus der Vorkriegszeit überkommenes, aus dem Produktionsstammbaum der Ruhrgebietsindustrie abzuleitendes Leitungssystem für Zwischen- und Fertigprodukte/ (vgl. Abb. 6). Durch den Ausbau der Raffineriekapazitäten und der Kapazitäten petrochemischer Anlagen wurde das zwischenbetriebliche Netz für die anfallenden Produkte erheblich erweitert. Während Mineralölfernleitungen auch zum Transport von Raffinerieprodukten (Kraftstoffe, Heizöl, Rohbenzin) herangezogen werden, sind für andere Stoffgruppen gesonderte Leitungen erforderlich (vgl. /14/). Als Beispiel für die Komplexität des inzwischen entstandenen Verbundsystems seien die Leitungssysteme der Chemischen Werke Hüls und der VEBA-Chemie AG genannt /12,14/.

Zum derzeitigen Bestand der wesentlichen Rohöl- und Produktleitungen des europäischen Verbundes sind den o.g. Systemen hinzuzuzählen /10,13/:

- Parallel-Leitung zur NWO von Wilhelmshaven in den Raum Hünxe
- VTG-Fertigproduktleitung Gelsenkirchen - Hafen Duisburg
- Ethylen-Leitung Scholven-Dormagen-Geleen-Antwerpen mit Stichleitung von Bottrop nach Rheinberg
- RMR-Fertigproduktleitung Rotterdam-Ludwigshafen-Merongen-Dinslaken-Godorf mit Zweigleitung nach Duisburg-Homberg und Essen.

Zur groben Einschätzung des Unfallrisikos werden die für Nordrhein-Westfalen insgesamt statistisch erhobenen Fälle zwischen 1976 und 1980 herangezogen (vgl. Tab. 2). Daraus geht hervor, daß das Unfallrisiko durch das Transportmittel Rohrleitung gegenüber Straßen, Schiff und Schiene nach Anzahl nachrangig einzustufen ist. Oberflächengewässer sind sehr viel häufiger von Unfällen betroffen als Grundwasservorkommen. Die wenn auch vergleichsweise geringe Anzahl von Unfällen in wasserwirtschaftlich bedeutsamen Gebieten inkl. Wasserschutzgebieten ohne erkennbare abnehmende Tendenz ist Beleg für das bleibende Risikopotential. Dies bestätigt auch die Unfallstatistik des westeuropäischen Pipelinenetzes von 1968-1977 (vgl. Tab. 3, Abb. 7). Der Vergleich zwischen der Unfallhäufigkeit durch Lagerung und durch Transport zeigt deutlich das höhere Risikopotential der Lagerung wassergefährdender Stoffe nach Unfallzahl, insbesondere auch in wasserwirtschaftlich bedeutsamen Gebieten inkl. Wasserschutzgebieten.

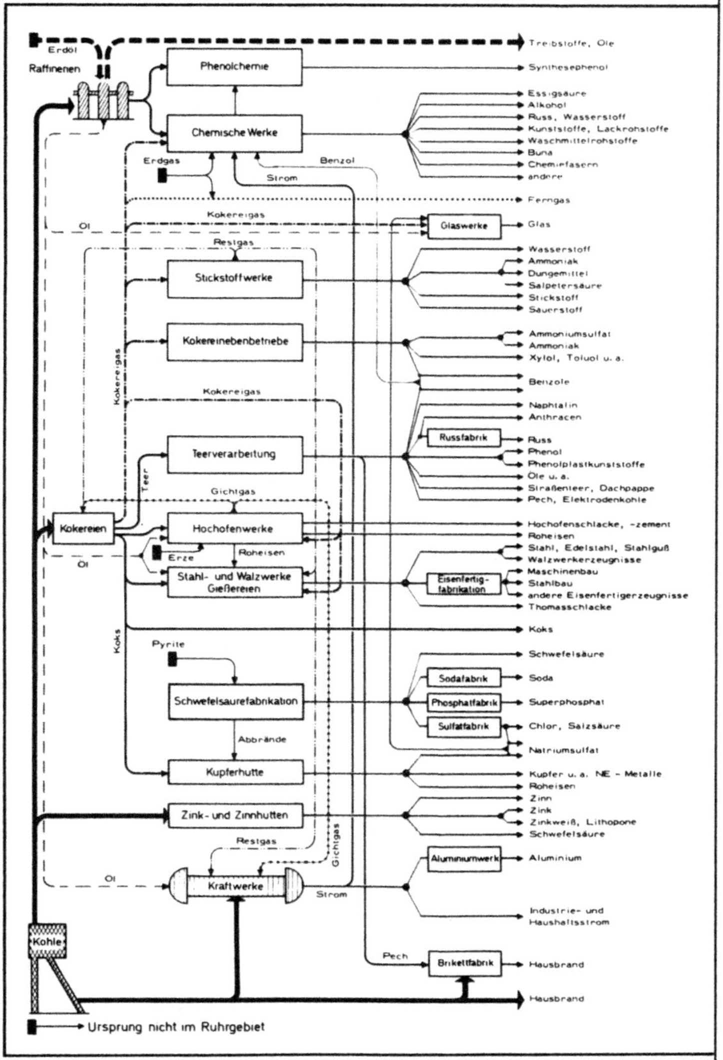

Abb. 6 Traditioneller Produktionsstammbaum der Ruhrgebietsindustrie /18/

	1976 Anzahl	%	1977 Anzahl	%	1978 Anzahl	%	1979 Anzahl	%	1980 Anzahl	%
UNFÄLLE INSGESAMT	139	100	143	100	117	100	189	100	210	100
TRANSPORTMITTEL										
– STRASSENFAHRZEUG	95	68	107	75	92	79	85	45	110	53
– SCHIENENFAHRZEUG	4	3	9	6	3	3	6	3	9	4
– WASSERFAHRZEUG	39	28	21	15	13	11	93	49	77	37
– ROHR- (FERN) LEITUNG	1	0,7	3	2	2	2	2	1	6	3
– SONSTIGE	–	–	3	2	7	6	3	2	9	4
UNFÄLLE IN										
– WASSERSCHUTZGEBIETEN	7	5	25	17	13	11	14	7	10	5
– WASSERWIRTSCHAFTLICH BEDEUTSAMEN GEBIETEN	–1)	–	–1)	–	3	3	1	0,5	1	0,5
– OBERFLÄCHENGEWÄSSERN	36	26	46	32	25	21	108	57	97	46
UNFALLFOLGEN										
– BODENVERUNREINIGUNG	64	46	71	50	58	50	46	24	74	35
– GRUNDWASSERVERUNREINIGUNG	62	44	4	3	4	3	6	3	9	4
– OBERFLÄCHENWASSERVERUNR.			46	32	35	30	114	60	102	49
– GEFÄHRDUNG / VERUNREINIGUNG EINER WASSERVERSORGUNG	4	3	6	4	4	3	7	4	7	3

1) Nicht erhoben bzw. ausgewertet

Tab. 2 Transportunfälle mit wassergefährdenden Stoffen in Nordrhein–Westfalen 1976–1980 /11/

	Leitungslänge km	Durchsatz D Mio m^3	Anzahl der Unfälle	Auslaufmenge A m^3	Verhältnis A zu D %
1968	7000	236	2	1,8	~ 0
1969	12000	248	6	61,5	0,000025
1970	12500	250	11	719,1	0,00029
1971	12800	310	11	2731	0,0009
1972	15800	433	21	2720	0,0006
1973	17300	558	20	1154	0,0002
1974	17350	524	18	1936	0,0004
1975	17900	483	20	397	0,000082
1976	18100	540	14	3165	0,00059
1977	18400	563	19	4924	0,00087

Tab. 3 Mineralölunfälle und Auslaufmengen an westeuropäischen Pipelines, nach /3/

Durch die inzwischen vorbildliche Gesetzgebung zu Lagerung und Transport wassergefährdender Stoffe sowie detaillierte Verordnungen, Richtlinien und Empfehlungen insbesondere für Sofortmaßnahmen bei Unfällen konnte das Gesamtrisiko abgesenkt, jedoch nicht gänzlich aufgehoben werden /19,20, 21,22,23/.

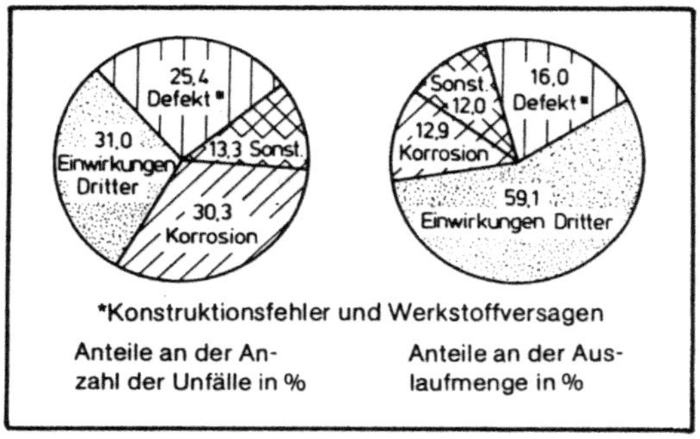

Abb. 7 Schadensursachen bei Unfällen an Mineralölfernleitungen in Westeuropa (1968–1977), nach /3/

Seit neuestem erlauben speziell für Schadensfälle mit persistenten/perseveranten Schadstoffen (CKW) entwickelte numerische Transportmodelle eine grobe räumliche simulative Abgrenzung der Kontaminationszonen /24/.

3. Datengrundlage

/6/ Regierungspräsident Arnsberg
Gebietsentwicklungsplan für den Regierungsbezirk Arnsberg, Teilabschnitt Bochum, Herne, Hagen, Ennepe-Ruhr-Kreis (Entwurf), Stand: 26.11.1981

/7/ Regierungspräsident Münster
Gebietsentwicklungsplan für den Regierungsbezirk Münster, Teilabschnitt Westmünsterland, genehmigt am 7.12.1979

/8/ Regierungspräsident Münster
Gebietsentwicklungsplan für den Regierungsbezirk Münster, Teilabschnitt Nördliches Ruhrgebiet (Entwurf), Stand: Nov. 1982

/9/ Regierungspräsident Düsseldorf
Gebietsentwicklungsplan für den Regierungsbezirk Düsseldorf (Entwurf), Mai 1982

/10/ Regierungspräsident Düsseldorf, Dez. 54 (Hrsg.)
Fernleitungen für wassergefährdende Stoffe, M 1:100.000, Stand: Jan. 1982

/11/ Landesamt für Datenverarbeitung und Statistik NW (Hrsg.)
Unfälle bei Lagerung und Transport wassergefährdender Stoffe in Nordrhein-Westfalen
Statistische Berichte Q I 3, Berichtsjahre 1977-1980

/12/ Dege, W., Dege, W.
Das Ruhrgebiet, 2. Aufl., Geocolleg Bd. 3, Dortmund 1976

/13/ Jahrbuch für Bergbau, Energie, Mineralöl und Chemie
Essen 1980/81, S. 495-500

/14/ VEBA-Chemie AG, Werk Gelsenkirchen
Verbundleitungen VEBA-Chemie AG, Stand: 18.11.1976

/16/ Mitteilung von Herrn Hachen, Regierungspräsident Arnsberg, Dez. 54, vom 10.3.1982

4. Vorhandene Untersuchungen für den Untersuchungsraum

Etwaige bei den Wasserbehörden bzw. wasserwirtschaftlichen Fachdienststellen vorhandene Unfallberichte bzw. -analysen konnten im Rahmen der Untersuchung nicht beschafft und ausgewertet werden.

5. Literatur

/1/ Zimmermann, Wilhelm
Wasser und Mineralöle
Schriftenreihe gwf Wasser/Abwasser, 1967, Heft 13

/2/ Laska, Leonard; Schmitz, Franz Josef
Zur Frage der Sicherheit von Mineralölfernleitungen
VdTÜV (Hrsg.), Technische Überwachung, Bd. 14, Nr. 7 (Juli), Essen 1973

/3/ CONCAWE-Berichte Nr. 9/77, Den Haag, Januar 1978
Nr. 3/78, Den Haag, Oktober 1978
Nr. 6/79, Den Haag, September 1979
Nr. 10/80, Den Haag, Oktober 1980
Nr. 2/82, Den Haag, Februar 1982

/4/ Krass, W. ; Kittel, A.; Uhde, A.
Pipelinetechnik, Mineralölfernleitungen, TÜV-Rheinland GmbH, Köln 1979

/5/ Käß, W.
Neue Erkenntnisse über Behandlung und Sanierung von Grundwasserschadensfällen unter besonderer Berücksichtigung von Mineralölschäden
Aurand, K. (Hrsg.), Bewertung chemischer Stoffe im Wasserkreislauf, Berlin 1981, S. 19 ff.

/15/ Lamberts, W.
Der Strukturwandel im Ruhrgebiet. Eine Zwischenbilanz. 1. Folge: Die Bedeutung des Montankomplexes für die Ruhrwirtschaft
Mitteilungen des Rheinisch-Westfälischen Instituts für Wirtschaftsforschung, Essen, 23. Jg., 1972, Heft 3

/17/ Kuhlmann, A.; Schaffhausen, H.
Der Mineralöltransport in Rohrfernleitungen betrachtet vom Standpunkt der Sicherheit
TÜV Rheinland e.V. (Hrsg.), 1970, S. 22

/18/ Konze, H.
Entwicklung des Steinkohlenbergbaus im Ruhrgebiet (1957-1974). Grundlagen und Strukturdaten für die Stadt- und Regionalplanung
Schriftenreihe Siedlungsverband Ruhrkohlebezirk, Nr. 56, Essen 1975

/19/ Verordnung über wassergefährdende Stoffe bei der Beförderung in Rohrleitungen v. 19.12.1973, (BGBl. I S. 1946), geändert durch VO v. 5.4.1976 (BGBL. I S. 915)

/20/ Katalog wassergefährdender Stoffe, Bek. d. BMI v. 11.9.1980, (GMBl. S. 430)

/21/ Richtlinie für Fernleitungen zum Befördern gefährdender Flüssigkeiten - RFF -, Bkm. des BMA v. 22.9.1971

/22/ Maßnahmen beim Austreten von Mineralölen und sonstigen wassergefährdenden Stoffen (Öl- und Giftalarmrichtlinien). Gem. RdErl. des MELF NW u. des Innenministers NW v. 30.1.1981 (MBL. NW. S. 218)

/23/ Umweltbundesamt (Hrsg.)
Beurteilung und Behandlung von Mineralölschadensfällen im Hinblick auf den Gewässerschutz, Teile 3 und 4
Veröffentlichungen des BMI-Beirates "Lagerung und Transport wassergefährdender Stoffe", Nr. 9 (März 1979) u. Nr. 13.

/24/ Kinzelbach, W.
Numerische Schadstofftransportmodelle und ihre Anwendung auf einen Schadensfall mit Chlorkohlenwasserstoffen
Mitteilungen des Instituts für Wasserbau der Univ. Stuttgart, Heft 54, Stuttgart 1983, S. 311-384

Additional material from *Raumentwicklung und Wasserversorgung des Ruhrgebietes 1954 - 1980,* ISBN 978-3-531-03188-0, is available at http://extras.springer.com

EXTRA
MATERIALS
extras.springer.com

GPSR Compliance

The European Union's (EU) General Product Safety Regulation (GPSR) is a set of rules that requires consumer products to be safe and our obligations to ensure this.

If you have any concerns about our products, you can contact us on ProductSafety@springernature.com

In case Publisher is established outside the EU, the EU authorized representative is:

Springer Nature Customer Service Center GmbH
Europaplatz 3
69115 Heidelberg, Germany

Batch number: 10809636

Printed by Printforce, the Netherlands